Die Forsteinrichtung

Von

Dr. H. Martin
Geh. Forstrat, Professor der Forstwissenschaft i. R.

Vierte
umgearbeitete und erweiterte Auflage

Mit 5 Textabbildungen
und 11 Tafeln

Springer-Verlag Berlin Heidelberg GmbH

1926

ISBN 978-3-642-94030-9   ISBN 978-3-642-94430-7 (eBook)
DOI 10.1007/ 978-3-642-94430-7

Vorwort.

Der nötig gewordenen 4. Auflage dieser Schrift glaube ich die Bemerkung vorausschicken zu sollen, daß an ihrem systematischen Aufbau nichts Wesentliches geändert wurde, obwohl aus dem Inhalt anderer Schriften bekannt ist, daß hierbei auch anders, als ich es getan habe, verfahren werden kann; namentlich können die theoretischen Teile schärfer von den Anwendungen getrennt gehalten werden. Die hier eingehaltene Ordnung des Stoffes hat ihre Ursache in meinen langjährigen Erfahrungen auf dem Gebiete des forstlichen Unterrichts in Eberswalde und Tharandt. Die Vorlesungen des Sommersemesters werden meist mit Übungen im Walde verbunden, und bei diesen empfiehlt es sich, daß von vornherein auch auf die praktische Behandlung der betreffenden Gegenstände Bedacht genommen wird.

Wesentliche Änderungen des Inhalts sind namentlich im dritten und fünften Teile vorgenommen. In jenem sind besonders die Abschnitte über die räumliche Ordnung, die Umtriebszeit und den Hiebssatz umgearbeitet und die waldbaulichen Aufgaben der Betriebsregelung in veränderter Fassung dargestellt. Leitend war hierbei der Gedanke, daß der Waldbau die wichtigste Grundlage für die Betriebsregelung ist und daß die forsttechnischen Maßnahmen der Begründung und Erziehung der Bestände, sowie der Bodenpflege auf Form und Inhalt durch Betriebspläne von großem Einfluß sind.

Im Gegensatz zu den waldbaulichen und ökonomischen Kernpunkten der Forsteinrichtung sind die Teile, welche vorzugsweise formaler oder geschäftlicher Art sind (Schriften, Karten, Formulare für die Pläne und ihre Beilagen, statistische Nachweise u. a.) noch kürzer behandelt, als es schon früher geschehen ist. Hierbei war die Überzeugung bestimmend, daß die hierhergehörigen Gegenstände besser durch die praktische Ausbildung, die dem Studium folgt, behandelt werden können, als durch akademische Vorlesungen und Bücherstudium.

Der letzte, die Forsteinrichtungsverfahren der Gegenwart betreffende Abschnitt mußte neu bearbeitet werden, weil die meisten der jetzt gültigen Forsteinrichtungsanweisungen erst nach dem Erscheinen der letzten Auflage (1910) erlassen sind. Das hier zu behandelnde Material ist einer außerordentlichen Ausdehnung fähig. Ich habe mich aber auf die Darstellung der Verfahren der Staatsforstverwaltungen in Preußen, Bayern, Sachsen, Württemberg, Baden und Hessen beschränkt, während für einige andere Methoden nur die leitenden Gedanken ausgesprochen sind. Den Fachgenossen, welche mich bei der Gewinnung des für diesen Teil nötigen Materials unterstützt haben, spreche ich meinen Dank aus.

Tharandt, im März 1926.

H. Martin.

Inhaltsverzeichnis.

Erster Teil.

Die Vorarbeiten für die Aufstellung der Wirtschaftspläne.

Dritter Teil.

Die Aufstellung der Wirtschaftspläne.

Einleitung.

1. Begriff und Stellung.

Die Forsteinrichtung begreift die grundlegenden und vorbereitenden
Maßregeln, welche getroffen werden müssen, um eine geordnete Forstwirtschaft führen zu können. Sie ist ein Teil der forstlichen Betriebslehre, zu welcher außerdem die Forstvermessung und Holzmeßkunde,
die Waldwertrechnung, die forstliche Statik (Abwägung der Erträge
und Produktionskosten) und die Forsthaushaltungskunde (Forstverwaltung) gehören. Mit diesen Zweigen der Forstwissenschaft steht
die Forsteinrichtung in unmittelbarem Zusammenhang, so daß eine
scharfe Trennung der einzelnen Gebiete oft nicht möglich ist. Auch
zu den verschiedenen Teilen der forstlichen Produktionslehre (Waldbau,
Forstschutz, Forstbenutzung) hat sie vielfache Beziehungen.

Die Forsteinrichtung hat es in der Regel mit dem nachhaltigen
Betriebe zu tun, nicht mit der Behandlung von Flächen, bei denen es sich
um die einmalige Nutzung eines vorhandenen Bestandes handelt. Ihre
wichtigste Aufgabe besteht in der Aufstellung der Wirtschaftspläne,
durch welche die zukünftige Behandlung nachhaltig zu bewirtschaftender
Waldungen geregelt werden soll. Eine solche Regelung ist in jedem
Wirtschaftszweig erforderlich. In der Forstwirtschaft hat sie wegen der
langen Zeit, die von der Begründung bis zur Ernte der Bestände verfließt,
besondere Bedeutung.

Neben dem Ausdruck Forsteinrichtung, Forstbetriebseinrichtung
(von Judeich, Stötzer, Graner, v. Guttenberg gebraucht) sind
in der Literatur und Praxis noch andere Bezeichnungen üblich gewesen
und sind es vielfach noch, die zum Teil dasselbe ausdrücken, zum Teil
eine engere Bedeutung haben. Als solche sind hervorzuheben:

Forsttaxation (angewandt von Hennert, G. L. Hartig, Cotta,
Pfeil, König u. a.). Gleichbedeutend damit ist Forstabschätzung
(von Hundeshagen, Borggreve u. a. gebraucht). Beide Ausdrücke
bezeichnen, wie die Worte sagen, eine Schätzung und können daher
nicht auf solche Gegenstände ausgedehnt werden, für welche eine
Schätzung nicht tunlich ist oder nicht beabsichtigt wird. Wegen der
Verschiedenheit der Begriffe kommt auch die Verbindung beider Worte
Forsteinrichtung und -abschätzung (Cotta u. a.) zur Anwendung.

Ziemlich gleichbedeutend mit Forsteinrichtung sind die Ausdrücke

Betriebsregulierung (v. Klipstein, Wedekind, Karl, Grebe) und Betriebsregelung (in manchen Anleitungen der Praxis).

K. Heyer behandelt die wichtigsten Teile der Forsteinrichtung unter der Bezeichnung Ertragsregelung. Die unmittelbare Bedeutung des Wortes ist eine engere; im weiteren Sinne sind aber alle forstlichen Maßnahmen auf die Regelung des Ertrages von Einfluß.

In Frankreich wird der vorliegende Gegenstand mit dem Wort Aménagement bezeichnet.

2. Einteilung.

Bei der Einteilung des umfangreichen Stoffes, welchen die Forsteinrichtung zu behandeln hat, sind zunächst die theoretischen Grundlagen und die praktischen Anwendungen getrennt zu halten. Theoretischer Natur sind insbesondere die allgemeinen naturwissenschaftlichen, mathematischen und ökonomischen Gesetze und Regeln, welche beim forstwirtschaftlichen Betrieb zu beachten sind. Sie gelangen bei der Forsteinrichtung nicht nach ihrem rein wissenschaftlichen Gehalt zur Anwendung, der vielmehr Gegenstand einzelner besonderer Lehrzweige ist, sondern unter Rücksichtnahme auf die Bedeutung für den Zuwachs, der Grundlage und Maßstab aller Nutzungen ist, und auf den stehenden Vorrat, welcher den wichtigsten Teil des forstlichen Betriebskapitals ausmacht. Grundlegend für die Maßnahmen der Forsteinrichtung sind sodann die Regeln des Waldbaues (Art der Verjüngung, der Durchforstung), des Forstschutzes (Rücksichtnahme auf Sturm, Feuer, Insekten) und der Forstbenutzung (Gebrauchswert des Holzes in verschiedenen Altersstufen). Ihnen hat sich die Forsteinrichtung nach Möglichkeit anzupassen.

Die praktischen Aufgaben der Forsteinrichtung bestehen zunächst in der Ausführung der Vorarbeiten, welche vorgenommen werden müssen, um Wirtschaftspläne aufzustellen; sodann in der Aufstellung der Wirtschaftspläne selbst. Da diese nur für bestimmte Zeit Geltung haben sollen und hinsichtlich ihrer Anwendbarkeit durch wirtschaftliche und natürliche Ereignisse Änderungen erleiden, so bedürfen alle Pläne der Kontrolle, Revision und Fortbildung.

Der systematischen Ordnung würde es am besten entsprechen, daß die Behandlung des Stoffes mit der Theorie der Forsteinrichtung beginnt und die praktischen Teile sich dieser anschließen. Für das Verständnis der Anfänger ist es aber, namentlich wenn der Unterricht durch Exkursionen ergänzt wird, zweckmäßiger, däß zuerst die Vorarbeiten behandelt werden und erst danach die den Zuwachs und Vorrat betreffenden Grundlagen.

Nach Vorstehendem läßt sich der Stoff, den die Forsteinrichtung zu behandeln hat, in folgenden Abschnitten darstellen:

1. Die Vorarbeiten für die Aufstellung der Wirtschaftspläne.
2. Zuwachs und Vorrat als Grundlagen der Ertragsregelung.
3. Die Aufstellung der Wirtschaftspläne.
4. Die Kontrolle, Revision und Fortführung der Wirtschaftspläne.

Als Anhang — nicht als systematisch notwendiger Teil des Ganzen — sind endlich noch

5. die Methoden der Forsteinrichtung anzuschließen. Sie stellen die Verfahren dar, welche in der Literatur vertreten und in der Praxis zur Anwendung gelangt sind. Es sind hierunter Anwendungen aller 4 genannten Hauptteile enthalten.

Die einzelnen hier genannten Teile sind aber nicht für sich abgeschlossen; sie greifen vielmehr vielfach ineinander ein. Eine scharfe Trennung derselben ist daher nicht durchführbar.

3. Geschichte und Literatur[1]).

Die ersten Anfänge einer geordneten Forsteinrichtung gingen aus der Überzeugung hervor, daß die von der Natur gegebenen Holzvorräte nicht·unerschöpflich seien, daß es vielmehr im Interesse der Zukunft geboten sei, ihre Benutzung und Ergänzung zu regeln und dadurch für die Nachhaltigkeit der Nutzungen Sorge zu tragen. Die Geschichte der Forsteinrichtung steht daher in unmittelbarem Zusammenhang mit der Geschichte der Forstwirtschaft überhaupt, deren Entstehung und Ausbildung bekanntlich in der Furcht vor Holzmangel eine ihrer wesentlichsten Ursachen gehabt hat.

Je nach dem Stande der vorliegenden wirtschaftlichen Verhältnisse trat das Bedürfnis, die Nutzungen des Waldes zu regeln, in verschiedenen Ländern in sehr verschiedenem Maße hervor. Auf die Art der Betriebsregelung war ferner der Bildungszustand der Forstwirte von Einfluß. Das Forstwesen lag vor dem Dasein eines gebildeten Forstbeamtenstandes einerseits in den Händen von Kameralisten, die an Hochschulen lehrten, andererseits in den Händen der alten Jäger. Jenen fehlte eine genügende Kenntnis der wirklichen Verhältnisse des Waldes, den Jägern die Fähigkeit der wissenschaftlichen Behandlung der Gegenstände, die sie im Walde sahen und betrieben.

Das Bedürfnis einer Forsteinrichtung machte sich nicht in den Ländern des Holzüberflusses und auch nicht in solchen des völligen Mangels an Waldungen geltend, sondern insbesondere da, wo Holz in

---

[1]) Hier soll nur ein kurzer Überblick über die geschichtliche Entwicklung der Forsteinrichtung gegeben werden, soweit er zum Verständnis der Sache notwendig ist. Ausführlichere Angaben enthalten die Lehrbücher der Forstgeschichte. Die ältere Zeit ist am ausführlichsten von Pfeil, Forsttaxation, 3. Aufl. 1858, dargestellt. Bezüglich der Ertragsregelung vgl. den 5. Teil 1. Abschn.

größeren Mengen gebraucht und zugleich auf die eigene nachhaltige Erzeugung desselben Wert gelegt wurde — in Deutschland, Österreich, Dänemark, Frankreich, im Gegensatz zu den nord- und südeuropäischen Ländern. Insbesondere bildete sich die Ertragsregelung in Gegenden aus, welche beim Mangel anderer Brennstoffe auf den regelmäßigen Bezug von Brennholz angewiesen waren. Einem solchen Bedürfnis entsprach im Laubholzgebiet der Nieder- und Mittelwald in besonderem Maße. Diese beiden Betriebsarten und dem letzteren verwandte Formen waren daher zur Zeit der Entstehung des Forsteinrichtungswesens auch weit verbreitet.

Um die Entwicklung der Forsteinrichtung zu übersehen, empfiehlt es sich, ihre Geschichte in drei Perioden zu zergliedern, wenn die einzelnen literarischen Erscheinungen und praktischen Ausführungen auch nicht immer mit Schärfe auseinandergehalten werden können. Die erste Periode begreift etwa das 18. Jahrhundert, die dritte beginnt um die Mitte des 19. Jahrhunderts.

a) Von den ersten Anfängen der Forsteinrichtung bis zum Auftreten von G. L. Hartig und H. Cotta. Die ersten Anfänge einer geordneten Regelung der Nutzungen bestanden in der Teilung der Fläche. Die gesamte Holzbodenfläche eines Waldes oder Waldteiles wurde in eine den Jahren der Umtriebszeit entsprechende Zahl von Schlägen geteilt. Alljährlich sollte ein Schlag abgetrieben und wieder angebaut werden. Diese einfache Art der Betriebsregelung bedeutete einen wesentlichen Fortschritt für die Wirtschaft gegenüber dem früheren Plenterbetrieb, dessen Mängel, insbesondere hinsichtlich der Verjüngung, in dieser Periode allgemein hervorgehoben wurden. Die meisten Forstordnungen des 17. und 18. Jahrhunderts schrieben in Erkenntnis des schlechten Waldzustandes jener Zeit vor, daß die unregelmäßigen Hiebe (das Ausleuchten, plätzige Hauen) eingestellt und regelmäßige Schläge geführt werden sollten. Die gleiche Forderung wurde in den Schriften der alten Jäger ausgesprochen. Unter ihnen steht nach dem Gehalt seiner Schriften und seiner praktischen Wirksamkeit Karl Christoph Oettelt[1]) an erster Stelle. Als notwendige Bedingung der Durchführung geordneter Abnutzung hob er die Vermessung und Einteilung des Waldes hervor. Deshalb sollte der Mathematik bei der Ausbildung der Forstwirte die gebührende Würdigung zuteil werden. Für die Wahl der Umtriebszeit, von der die Größe der Schläge abhängig war, gab Oettelt zuerst eine sachliche Begründung nach Maßgabe der Standortverhältnisse und Wirtschaftsziele. Eine ähnliche Richtung wie Oettelt befolgten v. Langen, v. Zanthier u. a. Für die Nadelholzforsten der norddeutschen Ebene enthielten die Instruktionen Friedrichs des

---

[1]) Praktischer Beweis, daß die Mathesis bei dem Forstwesen unentbehrliche Dienste tue. 1765.

Großen[1]), deren Inhalt von v. Kropff[2]) ausführlich mitgeteilt wurde, Vorschriften ähnlicher Art.

Es lag in der Natur der Sache, daß bei der Betriebsregelung neben der Fläche auch auf die Feststellung der Holzmasse, aus der der Etat gebildet werden sollte, Gewicht gelegt wurde. Als der erste, welcher nach dieser Richtung bahnbrechend gewirkt hat, ist Joh. Gottl. Beckmann[3]) zu nennen. Er machte zuerst Aufnahmen der Holzmassen und Berechnungen des Zuwachses. Wegen der ihm eigentümlichen Mängel hat sein Verfahren aber keine Anwendung gefunden.

Unter den größeren praktischen Taxationen, die auf Grund einer Ausscheidung der Altersklassen und Bonitäten und der Aufnahme der Holzmassen ausgeführt wurden, waren diejenigen, welche in der Zeit von 1770 bis 1790 in Schlesien durch den Landjägermeister v. Wedell durchgeführt wurden, von hervorragender Bedeutung. Das von v. Wedell angewendete Verfahren ist auch in der Literatur[4]) eingehend dargestellt worden. Unter regelmäßigen Bestandesverhältnissen sollte die Abnutzung der Bestände nach der Fläche (durch Proportionalschläge) erfolgen; unter unregelmäßigen Verhältnissen, die meist vorherrschend waren, wurde die Regelung des Betriebes auf Grund der Massenschätzung bewirkt. Die Bestände wurden nach Maßgabe der Bonitäten und Altersklassen aufgenommen und kartiert, die Massen durch Probeflächen ermittelt und für die ganze Umtriebszeit zusammengestellt. Wenn v. Wedells Verfahren auch nirgends bleibende Anwendung gefunden hat, so war es doch für die Vermessung und Einteilung, die damals die wichtigste Aufgabe der Betriebsregelung bildete, von weittragender Bedeutung.

Nach ähnlichen Grundsätzen wurde einige Jahrzehnte später die Ertragsregelung der Forsten in der Mark und anderen Provinzen Preußens durch den Forstrat K. W. Hennert[5]) durchgeführt. Die von ihm bewirkten Arbeiten erfolgten auf Grund einer systematischen Einteilung in regelmäßige, ständige, von Schneisen begrenzte Wirtschaftsfiguren (Jagen), die, im Gegensatz zur früheren Schlageinteilung, für alle preußischen Staatsforsten vollzogen wurde. Auch von Hennert wurden die Abtriebserträge für die ganze Umtriebszeit berechnet. Die gefundene summarische Holzmasse wurde derart verteilt, daß einerseits die jährlichen Erträge während der ganzen Umtriebszeit möglichst

---

[1]) Aus den Jahren 1740—1783.

[2]) System und Grundsätze bei Vermessung, Einteilung, Abschätzung, Bewitrschaftung und Kultur der Forsten. 1807.

[3]) Anweisung zu einer pfleglichen Forstwirtschaft (2. Teil der Holzsaat). 1759.

[4]) Von Wiesenhavern: Anleitung zu der neuen, auf Physik und Mathematik gegründeten Forstschätzung und Forstflächeneinteilung. 1794.

[5]) Anweisung zur Taxation der Forsten. 1791—1795.

gleich blieben, andererseits aber die jüngeren Bestände nicht früher zur Nutzung herangezogen wurden, als bis sie das haubare Alter erreicht hatten. Unter unregelmäßigen Altersklassenverhältnissen waren diese Forderungen aber nicht miteinander vereinbar.

Auch in Mittel-und Süddeutschland (Sachsen, Thüringen, Bayern, Württemberg) hat das Forsteinrichtungswesen in dieser Zeit eine ähnliche Entwicklung genommen. Die Forsten wurden vermessen und die Maßnahmen der nächsten Periode vorbereitet.

b) Von L. G. Hartig und H. Cotta bis zur neueren Zeit. Durch das Auftreten von Hartig und Cotta wurde das Forsteinrichtungswesen dem durch beide Männer herbeigeführten Fortschritt der forstlichen Technik entsprechend umgestaltet und den Ansprüchen der Wirtschaft sowie dem Bildungsstand des ausführenden Personals angepaßt. Herrschende Methode der Betriebsregelung war seit jener Zeit und fast das ganze 19. Jahrhundert hindurch in den meisten Ländern das Fachwerk[1]. Je nachdem man auf die Gleichstellung der Fläche oder der Masse das größere Gewicht legte, wurden verschiedene Arten des Fachwerks unterschieden: das Massenfachwerk, Flächenfachwerk und kombinierte Fachwerk.

Als Vertreter des Massenfachwerks ist G. L. Hartig[2] zu nennen, der es in seiner Schrift sowie in amtlichen Instruktionen in prägnanter Weise zum Ausdruck brachte. Bei dem Einfluß, den Hartig lange Zeit ausgeübt hat, ist sein Verfahren auch in anderen Staaten eingeführt worden. Eine nachhaltige Anwendung hat es jedoch wegen der Umständlichkeiten der Ertragsberechnung nirgends gefunden.

Das kombinierte Fachwerk ist namentlich von Cotta[3] vertreten worden. Er hat in seinen beiden Schriften aus den Jahren 1804 und 1820 ausgesprochen, daß die Verbindung einer Betriebsregelung nach Fläche und Masse Aufgabe der Forsteinrichtung sein müsse. In welchem Grade von der Massenschätzung Anwendung zu machen sei, müsse von den besonderen Verhältnissen der Waldungen abhängig gemacht werden. Da die Praxis fast immer genötigt war, beide Grundlagen der Wirtschaft, Fläche und Masse, bei der Betriebsregelung in Rücksicht zu ziehen, so hat die von Cotta vertretene Richtung in der Literatur und Praxis am meisten Anwendung gefunden[4].

Das Flächenfachwerk kam um so mehr zur Anwendung, je regelmäßiger die Bestandesverhältnisse waren, und je einfacher die Betriebs-

---

[1] Vgl. hierzu den 5. Teil, 1. Abschn., II.

[2] Anweisung zur Taxation der Forste. 1795.

[3] Systematische Anleitung zur Taxation der Waldungen, 1804; Anweisung zur Forsteinrichtung und -abschätzung. 1820.

[4] Unter den älteren Vertretern der Literatur sind namentlich Pfeil: Die Forsttaxation, 1833. — v. Klipstein: Versuch einer Anweisung zur Forstbetriebsregulierung, 1823. — Grebe: Die Betriebs- und Ertragsregulierung der Forsten, 1867, in diesem Sinne hervorzuheben.

führung gestaltet werden konnte. Schon Cotta hatte hervorgehoben, daß bei sehr regelmäßigen Verhältnissen die Betriebsregelung auf die sachgemäß reduzierte Fläche beschränkt werde. Die gute Einrichtung welche auf die Ordnung der Flächen gerichtet werde, sei wichtiger als die Schätzung der Masse. Demgemäß entwickelte sich das Flächenfachwerk namentlich im Bereiche des Kahlschlagbetriebs. So in Sachsen, in Teilen von Hessen, Hannover und a. a. O.

Ziemlich gleichzeitig mit der Betriebsregelung nach dem Fachwerk, vielfach in bestimmtem Gegensatz dazu, bildeten sich die sogenannten Vorratsmethoden, auch Formelmethoden genannt, aus[1]). Bei ihnen wurde der Etat auf mathematischem Wege hergeleitet, unter Zugrundelegung von Formeln, die aus den Elementen des Ertrags, Zuwachs und Vorrat, gebildet wurden. Es wurde der Begriff des Normalwaldes aufgestellt mit normalem Vorrat, normalem Zuwachs, normaler Altersstufenfolge, dem der Zustand des wirklichen Waldes durch richtige Bestimmung des Etats nach Möglichkeit angenähert werden sollte. Wegen der Einseitigkeit, die den Vorratsmethoden anhaftet, indem sie lediglich dem mathematischen Begriff des Vorrats Ausdruck geben, haben sie in der Praxis fast nirgends Eingang gefunden. Wohl aber haben die Vertreter dieser Richtung durch die Feststellung der auf den Normalzustand bezüglichen Begriffe und Bedingungen zum Fortschritt der Forsteinrichtung wesentlich beigetragen.

Für Norddeutschland hat auf das Forsteinrichtungswesen in dieser Periode Pfeil am meisten Einfluß ausgeübt. Er hat zwar keine bestimmte Methode der Ertragsregelung begründet und vertreten. Indessen wegen der ausführlichen Darstellung der seitherigen Entwicklung des Forsteinrichtungswesens und der kritischen Beleuchtung der angewandten Verfahren muß ihm nicht nur für die Geschichte der Forsteinrichtung, sondern auch für die praktische Gestaltung der Betriebsregelung, insbesondere in den preußischen Staatsforsten, Bedeutung zuerkannt werden.

c) Die neuere Zeit. Sie läßt sich weder zeitlich noch inhaltlich von der vorausgegangenen Periode scharf trennen; der Übergang ist ein allmählicher. Zwei Punkte sind es, welche die Annahme einer neuen, gegenwärtig noch nicht abgeschlossenen Periode in der Geschichte der Betriebsregelung rechtfertigen. Der eine betrifft die volkswirtschaftliche Entwicklung der neueren Zeit, insbesondere das Auftreten des

---

[1]) Vertreter dieser Methoden sind: Hundeshagen: Forstabschätzung auf neuen wissenschaftlichen Grundlagen, 1826 — André: Versuch einer zeitgemäßen Forstorganisation, 1823 — Heyer, K.: Die Waldertragsregelung, 1841; Die Hauptmethoden der Waldertragsregelung, 1848 — Karl: Grundzüge einer wissenschaftlich begründeten Forstbetriebs-Regulierungs-Methode, 1838 u. a. — Vgl. den 5. Teil, 1. Abschn., III.

Handels und der Industrie, der andere die Reinertragslehre. Bezüglich der wirtschaftlichen und technischen Fortschritte müssen folgende Umstände in Betracht gezogen werden:

1. Die Erleichterung der Beförderung der Walderzeugnisse. Holz ist eine Ware, die im Verhältnis zu ihrem Wert ein hohes Gewicht besitzt. Seine Verwendung war deshalb früher örtlich sehr beschränkt. Wegen der Schwere des Holzes und der Entlegenheit der Waldungen konnte sich ein wirksamer Handel in den meisten Gegenden nicht entwickeln. Nur Waldungen, die in der Nähe von Wasserstraßen lagen, bildeten in dieser Hinsicht eine Ausnahme. In der neueren Zeit, mit der Entstehung und Ausdehnung der Eisenbahnen, haben sich diese Verhältnisse von Grund aus verändert. Der Holzhandel hat eine früher ungeahnte Bedeutung erlangt; er erstreckt sich auf alle Waldgebiete und auf fast alle Sortimente.

2. Die Zunahme der Kohlengewinnung. Sie hat zur Folge gehabt, daß bei der Verwendung von Holz der Zweck der Heizung, der früher an erster Stelle stand, sehr zurückgetreten ist. Es müssen deshalb solche Formen des Betriebs, welche vorzugsweise Brennholz erzeugen, wie Buchenhochwald auf mittelmäßigem Standort, Mittelwald und Niederwald, in andere umgewandelt werden, was meist eine Erhöhung der Umtriebszeit und des stockenden Holzvorrats notwendig macht.

3. Die Zunahme des Nutzholzverbrauchs. Sie erstreckt sich auf die wichtigsten Verwendungsarten des Holzes. Der Bedarf an Schneide- und Bauholz wächst mit dem Fortschritt der Industrie, der an Schwellenholz mit der Erweiterung der Eisenbahnnetze. Der Grubenholzverbrauch steht zu der fortgesetzt wachsenden Kohlenförderung in geradem Verhältnis. Der Verbrauch an Holz zur Herstellung von Schleifstoff und Zellulose hat eine außerordentliche Steigerung erfahren, die voraussichtlich von bleibender Natur sein wird.

Bei richtiger Einsicht der Waldeigentümer gehen aus der modernen wirtschaftlichen Entwicklung sehr wohltätige Folgen für die Forstwirtschaft hervor. Durch den Handel wird es ermöglicht, daß die Maßnahmen der forstlichen Technik (Bestandespflege, Durchforstung) gleichmäßiger und vollständiger durchgeführt werden. Betreffs der Ertragsregelung aber ergibt sich, daß die strenge zeitliche Gleichmäßigkeit der Nutzungen, die früher für die einzelnen Reviere, oft sogar für Revierteile, angestrebt wurde, an Bedeutung verloren hat. Die bei der Forsteinrichtung zu regelnde Nachhaltigkeit der Nutzung hat einen anderen Charakter erhalten. Da der Handel den Überfluß und Mangel nicht nur zwischen einzelnen Revieren und Landesteilen, sondern auch zwischen verschiedenen Ländern auszugleichen berufen ist, hat die wirtschaftliche Freiheit nicht nur für die Konsumenten, die statt Holz

Ersatzstoffe verwenden, sondern auch für den Produzenten eine weit höhere Bedeutung erhalten, zumal eine Verpflichtung des Staates zur unmittelbaren Befriedigung des Holzbedarfs seiner Angehörigen nicht mehr besteht. Die wichtigste Grundlage für die Nachhaltigkeit der forstlichen Nutzungen liegt im Prinzip der Rentabilität, deren allgemeinste Forderung, entsprechend der Sachlage in anderen Wirtschaftszweigen, dahin geht, daß die Sortimente erzeugt werden, von denen man glaubt, daß sie den wirtschaftlichen Bedürfnissen am besten entsprechen, daß sie demgemäß am stärksten begehrt und im Verhältnis zu ihren Erzeugungskosten auch am besten bezahlt werden.

Die Reinertragslehre, welche durch die Forderung gekennzeichnet ist, daß alle Produktionskosten und Produktionsgrundlagen bei der Wirtschaftsführung in Rücksicht gezogen werden sollen, hat zwar kein besonderes Verfahren der Betriebsregelung zur Folge gehabt. Die meisten technischen Aufgaben der Forsteinrichtung werden von ihr nicht beeinflußt. Trotzdem ist die aus jenem Grundsatz hervorgehende Auffassung des Holzvorrats als Betriebskapital und die Forderung der Verzinsung dieses Kapitals auf die Ergebnisse der Betriebsregelung von großem Einfluß. Wichtige Aufgaben der Forsteinrichtung, wie insbesondere die Bestimmung der Umtriebszeit, der Bestandesdichte und der Betriebsart, sind davon abhängig. Alle Methoden, welche den normalen Vorrat und das normale Altersklassenverhältnis zur Grundlage haben, entbehren der tieferen Begründung, wenn dem Begriff des Normalen neben der physiologischen und technischen nicht auch eine ökonomische Begründung gegeben wird.

Indem die Reinertragslehre die Forderung der Verzinsung des Vorrats aufstellt, war es nicht mehr — oder aber nicht mehr ausschließlich — die absolute Wertserzeugung, die für den Betrieb bestimmend war, sondern es wurde die Forderung ausgesprochen, daß die Ertragsleistung in einem richtigen Verhältnis zu den Grundlagen, auf denen sie beruht, stehen müsse. Um dieser Forderung, wenn auch nicht in strenger Form, zu entsprechen, mußte einerseits der Wert des Vorrats, andererseits der Zuwachs, sowohl der Masse als auch dem Werte nach, der gutachtlichen Schätzung oder der Berechnung unterzogen werden. Die Anwendung der Reinertragslehre erforderte deshalb eine größere Bestimmtheit bei der Bearbeitung der Wirtschaftsgrundlagen, als früher für notwendig erachtet wurde.

Die erste unmittelbare Anwendung der Reinertragslehre auf die Betriebsregelung wurde von Judeich[1]) gemacht, der die Hiebsreife der Bestände nach dem von Preßler angegebenen Verfahren lehrte.

---

[1]) Die Forsteinrichtung, 1. Aufl. 1871; 8. Aufl., herausgegeben von Neumeister. 1923.

Die gleichen Grundsätze vertrat Kraft[1]) vom Standpunkt der praktischen Verwaltung. Als der entschiedenste Gegner der Reinertragslehre
muß dagegen Borggreve[2]) genannt werden. Am Schlusse seiner gegen
die Forstreinertragslehre gerichteten Schrift hob er hervor, daß man
die Forderung einer Verzinsung nur hinsichtlich der in die Forstwirtschaft von außen eingebrachten Kosten, nicht aber hinsichtlich der im
Walde selbst liegenden Produktionsgrundlagen stellen solle. Er stellte
dem privatökonomischen Prinzip, welches Boden und Vorrat als Betriebskapital behandelt, das gemeinwirtschaftliche gegenüber, welches dahin
gerichtet sein müsse, daß die absolute Werterzeugung des Waldes,
unabhängig von der Höhe des Vorratskapitals, eine möglichst hohe
werde, was sowohl dem Interesse des Waldeigentümers als auch dem
der Gesellschaft am besten entspreche. Den gleichen Standpunkt vertrat später Michaelis[3]).

Von neueren Schriften, die das gesamte Gebiet der Forsteinrichtung
behandeln und deshalb für die Zwecke systematischen Studiums am
besten geeignet erscheinen, sind diejenigen von Graner[4]), Weber[5]),
Stötzer[6]), v. Guttenberg[7]) und Weise[8]) hervorzuheben.

Neben den selbständigen Schriften über das ganze Gebiet der
Forsteinrichtung sind einzelne Teile derselben durch Artikel forstlicher
Zeitschriften und besondere Abhandlungen gefördert worden. Bei der
Menge des bezüglichen Materials kann an dieser Stelle auf dasselbe nicht
eingegangen werden.

Von wesentlichem Einfluß auf die Entwicklung der Forsteinrichtung
waren endlich auch die Arbeiten der forstlichen Versuchsanstalten,
insbesondere derjenigen Zweige derselben, deren Vertreter sich den Nachweis von Masse und Zuwachs der Bestände zum Ziele setzten. Seit langer Zeit war von den Vertretern der Literatur und Praxis erkannt, daß
man für den wünschenswerten Fortschritt der Ertragsregelung bessere
Grundlagen, als sie seither vorlagen, haben müsse. Schon 1845 erließ
Carl Heyer einen Aufruf zur Bildung eines Vereins für forststatische
Untersuchungen, als dessen Aufgabe er die Erforschung der Erträge
an Holz und Nebennutzungen bezeichnete. Im folgenden Jahre verfaßte
Heyer in Verbindung mit anderen Fachgenossen eine Anleitung zu

---

[1]) Über die Beziehungen des Bodenerwartungswertes und der Forsteinrichtungsarbeiten zur Reinertragslehre. 1890.
[2]) Die Forstreinertragslehre. 1878. Die Forstabschätzung. 1888.
[3]) Die Betriebsregulierung in den preußischen Staatsforsten. 1906.
[4]) Die Forstbetriebseinrichtung. 1889.
[5]) Lehrbuch der Forsteinrichtung mit besonderer Berücksichtigung der Zu-
wachsgesetze der Waldbäume. 1891.
[6]) Die Forsteinrichtung. 2. Aufl. 1908.
[7]) Die Forstbetriebseinrichtung. 1903.
[8]) Leitfaden für Vorlesungen aus dem Gebiete der Ertragsregelung. 1904.

forststatischen Untersuchungen, welche die Hauptnutzungserträge, die Nebennutzungen und weitere Untersuchungsgegenstände aus den Gebieten des Waldbaues, der Forstbenutzung, des Forstschutzes und der Ertragsregelung behandelte. Aber der ersehnte Fortschritt auf dem vorliegenden Gebiete wurde wegen des Mangels der Einheitlichkeit in den geltend gemachten Bestrebungen und der Verschiedenheit der Maße in den einzelnen deutschen Ländern lange Zeit gehemmt. Erst nachdem die Einheit der deutschen Volkswirtschaft auch auf forstlichem Gebiet hergestellt war, konnte sich das forstliche Versuchswesen rascher entwickeln. Gelegentlich der Forstversammlung zu Braunschweig 1872 konstituierte sich der Verein der forstlichen Versuchsanstalten Deutschlands[1]) zu dem Zwecke, die Ziele des forstlichen Versuchswesens durch einheitliche Arbeitspläne, zweckdienliche Arbeitsteilung und angemessene Veröffentlichungen der Ergebnisse zu fördern. Die für die Forsteinrichtung wichtigsten Arbeiten des Versuchswesens kamen in der Aufstellung von Ertragstafeln zum Ausdruck.

So wertvoll nun die Arbeiten der Versuchsanstalten für die Forsteinrichtung auch sind, so ist doch stets im Auge zu behalten, daß die Bedingungen, unter denen beide Teile des Forstwesens sich betätigen, sehr verschieden sind. In dem Arbeitsplan des Versuchswesens für die Aufstellung von Holzertragstafeln von 1874 wird bemerkt, daß sich die Erhebung von Masse und Zuwachs auf möglichst normale und gleichgleichartige Bestände zu erstrecken habe. Die Forsteinrichtung hat es dagegen in vielen Fällen mit Beständen zu tun, die von normalen Beständen mehr oder weniger stark abweichen. Sodann hat man sich vor Augen zu halten, daß der Begriff normaler oder vollkommener Bestände sehr verschieden aufgefaßt werden kann. Je nach der Erziehung der Bestände, den leitenden Wirtschaftsprinzipien und der subjektiven Auffassung der ausführenden Personen kann das, was als normal oder vollkommen bezeichnet wird, sehr verschieden verstanden werden. Hieraus geht hervor, daß die aus dem Versuchswesen stammenden Ergebnisse nicht ohne weiteres auf die Forsteinrichtung angewandt werden können; es bedarf im Einzelfall der eingehenden Erwägung, ob und inwieweit sie als brauchbar anzusehen sind. Trotz der hieraus hervorgehenden Beschränkung ihrer unmittelbaren Anwendbarkeit haben die bestehenden Normalertragstafeln der Hauptholzarten theoretische und praktische Bedeutung; sie sind wertvolle Hilfsmittel für alle Ertrags- und Zuwachsschätzungen. Niemals aber darf man sie mechanisch anwenden. Für die Zukunft ist es unter allen Umständen wünschenswert, daß zwischen dem Versuchs- und Forstwesen sachgemäße Beziehungen hergestellt und dauernd erhalten werden.

---

[1]) Vgl. Ganghofer: Das forstliche Versuchswesen. 1881. Vorwort.

Mehr Einfluß als die literarischen Arbeiten haben für die wirkliche Geschichte des Forsteinrichtungswesens die amtlichen Erlasse gehabt, nach welchen die Betriebsregelungen in den größeren Forsten, insbesondere in den Staatsforstverwaltungen zur Ausführung gelangt sind. Die Vorschriften über die Ausführung der Forsteinrichtungsarbeiten sind zum Teil in öffentlichen Instruktionen niedergelegt, zum Teil befinden sie sich nur in den Akten der leitenden Behörden und können nur durch unmittelbare Verbindung mit diesen eingesehen werden.

4. Die Bedeutung der Forsteinrichtung und ihr Verhältnis zum Waldbau.

Aus der Geschichte des Schrifttums und den seitherigen Erfahrungen der Praxis gewinnt man das beste Urteil über die Bedeutung, welche der Forsteinrichtung für die Forstwissenschaft und Forstwirtschaft zukommt. In der neueren Zeit sind in dieser Beziehung starke Gegensätze hervorgetreten. Die hierauf bezüglichen literarischen Kundgebungen, welche meist an die Frage der Organisation des Forsteinrichtungswesens (vgl. 5) anknüpfen, sind zu zahlreich, als daß hier auf sie eingegangen werden könnte. Nur zwei Autoren, Eberbach und Möller, mögen hier genannt werden.

Eberbach[1]) erkennt zwar den Wert einer zeitgemäßen Forsteinrichtung sehr wohl an, spricht aber doch seine Ansicht über ihre Stellung und Bedeutung dahin aus, daß sie unter keinen Umständen auf die wirtschaftlichen Maßnahmen in einem Walde einen leitenden oder zwingenden Einfluß ausüben dürfe. Damit würde aber die treibende und gestaltende Kraft, welche die Forsteinrichtung nach ihrem Wesen und ihrer Geschichte für die Forstwirtschaft haben soll, beseitigt. Denn gerade in dem leitenden Einfluß liegt ihre wesentlichste Aufgabe, ihr Ziel und ihr Zweck. Noch entschiedener trat Möller[2]) der Bedeutung der Forsteinrichtung entgegen. Er vergleicht die Tätigkeit des Forsteinrichters mit der des Buchhalters oder Kassierers eines industriellen Werkes. Wie der technische oder kaufmännische Leiter eines solchen Betriebs sich niemals dem Buchhalter oder Kassierer unterordnen dürfe, so dürfe dies in der Forstwirtschaft seitens des Wirtschaftsführers gegenüber dem Forsteinrichter nicht geschehen. Er fährt dann fort: „Nur zwei gleichwichtige Haupttätigkeitsgebiete gibt es für uns, die Holzerzeugung und die Holzverwertung, nach den üblichen Bezeichnungen als Waldbau und Forstbenutzung benannt". Dem gegenüber kann nicht bestimmt genug betont werden, daß bei der Betriebsregelung nicht Vermessung, Kartierung und Buchführung an erster

---

[1]) Die Ordnung der Holznutzungen auf wirtschaftlicher und geschichtlicher Grundlage. 1913, S. IX.

[2]) Der Dauerwaldgedanke. 1922. IV. Dauerwald und Forsteinrichtung.

Stelle stehen, wenn sie auch als Hilfsmittel wertvoll und unentbehrlich sind. Es sind vielmehr gerade die waldbaulichen Maßnahmen, deren richtige Erfassung den Hauptinhalt einer guten Forsteinrichtung ausmacht. Waldbau und Forsteinrichtung stehen zwar an verschiedenen Stellen des forstwissenschaftlichen Systems. Das hindert aber nicht, anzuerkennen, daß sie aufs innigste miteinander verbunden sind. Der Waldbau ist die wichtigste Grundlage der Forsteinrichtung; beide stehen in vielseitiger Beziehung miteinander. Das gilt nach der ökonomischen und forsttechnischen Seite hin. Der Wirtschafter, der die forsttechnischen Maßnahmen ausführt, muß die ökonomischen Ziele, die auf die Erzeugung von Werten und Reinerträgen gerichtet sind, vor Augen haben; der Forsteinrichter hat alle waldbaulichen Maßnahmen in das Bereich seiner Erwägungen zu ziehen. Hieraus geht die Bedeutung der Forsteinrichtung folgerichtig hervor. Es ergibt sich zugleich, daß als Leiter der Forsteinrichtung und als selbständige Bearbeiter ihrer wichtigsten Aufgaben nur solche Personen in Frage kommen, die den Waldbau, sowohl im allgemeinen als auch nach den vorliegenden konkreten Verhältnissen beherrschen.

5. Die Organisation des Forsteinrichtungswesens.

In bezug auf die Ausführung der Forsteinrichtung standen bis zur neuesten Zeit zwei verschiedene Richtungen einander gegenüber. Auf der einen Seite wurde betont, daß eine gute Durchführung der Forsteinrichtung am besten durch ständige Organe (Forsteinrichtungs-Anstalten oder -Ämter) gewährleistet werde. Als Vorzüge von solchen wurde geltend gemacht, daß die Mitglieder einer ständigen Behörde in allen auf die Forsteinrichtung bezüglichen Arbeitszweigen (Ausscheidung und Vermessung der Bestände, Holzmassenaufnahme, Bonitierung u. a.) eine größere Sicherheit und Gewandtheit erlangten; daß die Arbeiten gleichmäßig und mit der nötigen Präzision ausgeführt würden, was namentlich für größere Waldgebiete von Wert sei; daß endlich die Beziehungen der Forsteinrichtung zu anderen Zweigen der Forstwirtschaft, namentlich zum forstlichen Versuchswesen, zur Forstverwaltung, zur Forstpolitik und Forststatistik, durch eine ständige Behörde sachgemäßer unterhalten und gefördert werden könnten, als durch einen einzelnen. Auf der anderen Seite wurde dagegen geltend gemacht, daß die wichtigste Grundlage für die zukünftige Wirtschaft auf den Erfahrungen beruhe, die in der seitherigen Wirtschaft gemacht seien. Träger der Erfahrung sind aber die ausführenden Oberförster, insbesondere solche, welche längere Zeit auf derselben Stelle tätig gewesen sind. Man wird den beiden hier genannten Richtungen die Anerkennung nicht versagen dürfen, daß sie zutreffende Gedanken enthalten, die überall beachtet werden müssen, namentlich im Großbetrieb.

Das endliche Ergebnis über die vorliegende Frage, die jetzt als abgeschlossen angesehen werden kann, geht dahin, daß ständige Organe
für die Ausführung der Betriebsregelung vorhanden sein müssen, die
entweder für sich bestehen (Forsteinrichtungsämter) oder Glieder einer
größeren Behörde sind (Sachreferate an den Regierungen); daß aber
die Revierverwalter berechtigt und verpflichtet sein müssen, ihr Urteil
über die wichtigsten Aufgaben der Betriebsregelung wirksam zur Geltung zu bringen.

Erster Teil.

Die Vorarbeiten für die Aufstellung der Wirtschaftspläne.

Erster Abschnitt.

Die Feststellung und Abgrenzung des Holzbodens und Nichtholzbodens.

Im Bereich der einzurichtenden Waldungen liegen häufig auch Nichtholzbodenflächen (Äcker, Wiesen, Gehöfte, Steinbrüche, Teiche usw.). Bevor die Pläne, welche die Bewirtschaftung des Waldes betreffen, angefertigt werden, müssen die Flächen, welche einer abweichenden Kulturart unterworfen werden sollen, voneinander getrennt und so die Holzbodenflächen festgestellt werden. Dabei ist zu erwägen, ob und welche Änderungen der bestehenden Verhältnisse vorzunehmen sind. In den meisten Ländern haben sich die Kulturarten den Standortsverhältnissen und der Geschichte der seitherigen Wirtschaft entsprechend ausgebildet. In der Ebene sind die von den Ortschaften am weitesten abgelegenen Flächen, im Gebirge die höchsten und steilsten dem Walde verblieben. Allein an vielen Orten ist das bestehende Verhältnis nicht so, daß es als ein unveränderliches angesehen werden dürfte. In dem Bestreben, den Wald zugunsten der Landwirtschaft zurückzudrängen, sind viele Waldeigentümer, namentlich Private, zu weit gegangen. Hierdurch sind in der Ebene und im Gebirgsland Ost- und Westdeutschlands umfangreiche Ödländereien entstanden, deren Dasein dem Interesse eines Kulturstaates nicht entspricht. Sehr häufig bedürfen die Grenzen der Kulturarten einer Regelung, die vor Aufstellung der Betriebspläne vorzunehmen ist.

I. Bestimmungsgründe der Kulturarten.

1. Auf Grund von Berechnungen.

Der allgemeinste Grund der Kulturart auf Flächen, für deren Bewirtschaftung der Ertrag — nicht die Rücksicht auf Schutz und Schönheit — den Bestimmungsgrund bildet, liegt in der Forderung, daß der Boden durch die Bewirtschaftung einen möglichst hohen Ertrag ergeben soll. Der auf den Boden entfallende Ertrag (Bodenreinertrag) ergibt sich dadurch, daß vom Rohertrag, der im Wert der Erzeugnisse besteht, die Produktionskosten (abgesehen von den im Boden selbst liegenden) in Abzug gebracht werden. Die landwirtschaftlich zu nutzenden Flächen werden bonitiert und die Erträge nach Durchschnittssätzen bemessen; ebenso auch die Produktionskosten. Häufig werden diese letzteren aber auch nur nach Prozenten des Rohertrages in Abzug gebracht. Den Berechnungen des Reinertrages bei forstlicher Benutzung liegen Ertragstafeln oder Erfahrungssätze zugrunde, welche, meist geordnet nach 5 Standortsklassen, Haupt- und Vorerträge angeben. Die Werte der Sortimente, in welche die Erträge zu zerlegen sind, sowie die Kultur- und Verwaltungskosten sind nach den Durchschnittssätzen der zugehörigen Reviere einzusetzen. Der rechnerische Nachweis der Bodenwerte oder der Bodenrenten, die im Verhältnis von 100 zu p (dem Zinsfuß) stehen, kann erfolgen:

1. Nach der Formel des Bodenerwartungs- oder Ertragswertes. Dieser ist nach den üblichen Bezeichnungen:

$$= \frac{A_u + D_a \cdot 1{,}0\,p^{u-a} + D_b \cdot 1{,}0\,p^{u-b} + \cdot\cdot\; - c \cdot 1{,}0\,p^u}{1{,}0\,p^u - 1} - V.$$

2. Nach dem Reinertrag der durchschnittlichen Flächeneinheit des Waldes. Liegen einem normalen Betriebsverband u Flächeneinheiten in regelmäßiger Altersabstufung zugrunde, so ist der Bodenreinertrag[1]) für die Flächeneinheit:

$$= \frac{A + D - N \cdot 0{,}0\,p - (c + v)\,^{1)}}{u}.$$

2. Auf gutachtlichem Wege.

Wenn auch die genannten Rechnungsmethoden theoretisch richtig sind, so sehen sich die praktischen Vertreter beider Kulturarten doch zumeist auf eine gutachtliche Behandlung des vorliegenden Gegenstandes hingewiesen. Meist können die Erträge und Kosten der zu vergleichenden land- und forstwirtschaftlichen Betriebe nicht in so bestimmter Fassung angegeben werden, wie es zur Durchführung einer zahlenmäßigen Rechnung erforderlich ist. Auch muß die Festsetzung der Kulturgrenzen oft schnell, während des Begehens der fraglichen Strecken, erfolgen, so daß eine genaue Rechnung nicht vorgenommen werden kann.

Die Bestimmungsgründe für die Kulturart, insbesondere für die Trennung des Waldes von Äckern und Wiesen, sind einerseits chemisch-physikalischer, andererseits ökonomischer Natur.

---

[1]) Die Größen A, D, N, c und v beziehen sich auf die Fläche einer regelmäßigen Betriebsklasse $= u$ ha. Unter c sind nicht nur die Kosten für Neukultur zu verstehen, sondern alle Kosten, auch solche für Bodenmeliorationen, Holzabfuhrwege u. a., welche dem Kulturfonds zur Last fallen.

a) Standortsverhältnisse. Beide Faktoren des Standorts, Boden und Lage, müssen bei der Bestimmung der Kulturart in Rücksicht gezogen werden. Zur Beurteilung des Bodens sind sowohl seine chemischen als auch seine physikalischen Eigenschaften von Bedeutung. Wegen des größeren Gehalts der landwirtschaftlichen Gewächse an organischen, dem Boden entzogenen Stoffen sind der Landwirtschaft meist die fruchtbareren Böden zugefallen. Auch in Zukunft wird dies geschehen, wenn auch die Landwirtschaft durch den Einfluß der künstlichen Düngung in der Neuzeit nach dieser Richtung weit unabhängiger geworden ist. Die physikalischen Eigenschaften des Bodens berühren die land- und forstwirtschaftlichen Kulturgewächse in der gleichen Richtung. Tatsächlich hat aber auch hier die Landwirtschaft die günstiger ausgestatteten Flächen in Betrieb genommen. Dasselbe ist hinsichtlich der Lage der Fall. Der Forstwirtschaft sind die höheren, rauhen, der Sonne abgewandten Lagen erhalten geblieben; sodann alle steilen Flächen, welche mit landwirtschaftlichen Werkzeugen nicht bearbeitet werden können.

b) Ökonomische Bestimmungsgründe. Unter ihnen ist für den Standort der Kulturarten zunächst die Schwere der Erzeugnisse von Bedeutung. Die Transportkosten, welche erforderlich sind, um die Wirtschaftserzeugnisse von der Stätte, wo sie gewachsen sind, nach den Orten des Verbrauchs zu befördern, sind negative Posten. Sie fallen um so stärker in die Wagschale, je schwerer die Erzeugnisse im Verhältnis zu ihrem Werte sind. Holz verhält sich aber in dieser Beziehung ungünstiger, — abgesehen vom besten Spalt- und Schneideholz — als das Haupterzeugnis der Landwirtschaft. Hierin liegt ein Grund, der es wünschenswert erscheinen läßt, daß die Waldungen in möglichster Nähe der holzverbrauchenden Orte liegen[1]).

Auf der anderen Seite kommt bei der Bestimmung der Kulturart die Arbeit in Betracht, die mit der Betriebsführung verbunden ist. Je umfangreicher diese ist, um so mehr ist es erwünscht, daß die Betriebsflächen nahe dem Sitz des Betriebes, in der Nähe der Wohnorte der Arbeiter, gelegen sind. Am meisten Arbeit beansprucht der Gartenbau; an ihn schließen sich Weinberge, Äcker, Wiesen; am wenigsten Arbeit ist mit der Bewirtschaftung des Waldes verbunden. Hiernach erscheint es als dem Wesen der Sache am besten entsprechend, daß die Waldungen die Flächen einnehmen, welche von den Ortschaften am weitesten entfernt sind.

---

[1]) Thünen, J. H. v.: (Der isolierte Staat in Beziehung auf Landwirtschaft und Nationalökonomie, 3. Aufl., 1. Teil, S. 390), der die örtlichen Beziehungen zwischen den Produktions- und Konsumtionsgebieten sehr gründlich untersucht hat, gab den verschiedenen Zweigen der Bodenkultur mit Rücksicht auf die Schwere und Haltbarkeit ihrer Haupterzeugnisse nachstehende Lage zu der die anschließliche Absatzrichtung bildenden Zentralstadt M. (Vgl. umseitige Zeichnung.)

Die beiden genannten Faktoren wirken in der entgegengesetzten Richtung auf die ökonomische Lage des Waldes ein. Es ist aber aus den tatsächlichen Verhältnissen hinlänglich bekannt, daß die auf die Arbeit gerichteten Bestimmungsgründe einen stärkeren Einfluß ausgeübt haben. Die Waldungen nehmen nicht die den Städten und Dörfern nächstgelegenen Flächen ein, wie es von Thünens Theorie gemäß der Fall sein würde, wenn die Schwere den ausschließlichen Bestimmungs‑grund der Kulturart bildete, sondern sie befinden sich jenseits der Feld‑gemarkungen in größerer Entfernung von den bewohnten Orten. Diesen tatsächlichen Verhältnissen entsprechend muß auch bei der Abgrenzung verfahren werden. Die Aufforstung zweifelhafter Flächen kann um so

Abb. 1.

bestimmter in Aussicht genommen werden, je weiter sie von den Ort‑schaften entfernt sind. Umgekehrt hat man umsomehr Grund zur An‑lage von Äckern und Wiesen, je näher die Flächen den Gutshöfen und Wohn‑orten der Arbeiter gelegen sind. Unter allen Umständen aber ist es für die Erhaltung und Ausdehnung des Waldes förderlich, wenn die Verbindung zwischen ihm und den Verbrauchsorten des Holzes möglichst erleichtert wird.

c) **Sonstige Bestimmungsgründe.** Bei der Bestimmung der Kultur‑art muß ferner das in einem gegebenen Kulturgebiet bestehende Verhält‑nis von Äckern, Wiesen und Wald berücksichtigt werden: ebenso die mehr oder weniger zusammenhängende oder parzellierte Lage. Je weniger Wiesen und Äcker im Verhältnis zur Einwohnerzahl im Bereiche eienr Gemarkung oder eines Wirtschaftsgebietes vorhanden sind, um‑so mehr ist das Bestreben auf eine Vermehrung des zur Erzeugung von notwendigen Lebensmitteln und Futterstoffen dienenden Geländes gerichtet. Demgemäß ist unter solchen Verhältnissen bei entsprechenden chemisch-physikalischen Bedingungen auch ein höherer Reinertrag bei derjenigen Kulturart, an welcher Mangel herrscht, zu vermuten.

Auch die Eigentumsverhältnisse spielen bei der Bestimmung der Kulturart sehr häufig eine nicht unbedeutende Rolle. Zum nachhaltigen Betrieb der Waldwirtschaft sind in der Regel nur Personen geeignet, die einerseits genügendes Vermögen besitzen, um das für den Wald er‑forderliche Kapital in der unbeweglichen Form des stehenden Vorrats unterhalten zu können, und die andererseits am Walde ein dauerndes, über die eigene Lebenszeit hinausgehendes Interesse haben. Bei vielen Privatpersonen liegen diese Bedingungen aber nicht vor. Daher wird die Wahl der Kulturart für gegebene Flächen, auch wenn die Verhält‑nisse übrigens gleich sind, sehr häufig doch verschieden ausfallen.

Endlich sind auch die politischen Maßnahmen, welche den Handel mit Erzeugnissen des Bodens betreffen, nicht ohne Einfluß auf die Beschränkung oder Ausdehnung der Land- und Forstwirtschaft. Neben der Anlage von Eisenbahnen und Wasserstraßen, die auf die Rentabilität der Forstwirtschaft im besonderen Grade einwirken, kommen hier zunächst die Tarife der Beförderung in Betracht; sodann die Erschwerung bzw. Erleichterung der Einfuhr auswärtiger Rohstoffe. Jede Erschwerung der Einfuhr aus anderen Ländern durch Zölle bewirkt, daß der Bodenreinertrag höher ist, als er ohne Zoll gewesen sein würde. Ein Schutzzoll muß der heimischen Bodenkultur im Prinzip ebenso zugestanden werden wie der Industrie; und für die verschiedenen Zweige der Bodenkultur muß der Grundsatz der Gleichberechtigung anerkannt werden. Gegenteilige Richtungen haben nur zeitweilig Berechtigung. Die seitherige Zollpolitik des Deutschen Reiches, welche die Landwirtschaft in stärkerem Grade schützte als die Forstwirtschaft, hatte demgemäß zur Folge, daß viele Böden, die sonst der Aufforstung unterzogen oder unbebaut geblieben sein würden, landschaftlich benutzt wurden. Die Verminderung der Tarife für die Beförderung der Rohstoffe auf den Eisenbahnen kommt dagegen in höherem Maße der Forstwirtschaft zugute, weil das Holz im Verhältnis zu seinem Wert schwerer ist als das Hauptprodukt der Landwirtschaft.

Wie die Verhältnisse auch liegen mögen, unter allen Umständen wird es erforderlich, daß die Gründe für die verschiedenen Kulturarten bei den Vorarbeiten der Forsteinrichtung der Erörterung unterzogen werden. Nur auf einer solchen Grundlage kann die Feststellung des Holzbodens und Nichtholzbodens zutreffend bewirkt werden.

II. Abgrenzung der Kulturarten.

1. Grundsätze.

Zur Abgrenzung des Waldes von Äckern und Wiesen ist von Wegen tunlichst ausgiebig Gebrauch zu machen. Dies liegt sowohl im Interesse des Waldes, da das abzufahrende Holz namentlich im Gebirge meist an den Waldrand geschafft werden muß, als auch des landwirtschaftlichen Geländes, das, wenn ein Randweg vorliegt, der Beschattung durch den angrenzenden Wald in geringerem Grade ausgesetzt ist. Auch für den Weg selbst ist es wünschenswert, daß er nicht beiderseits von Wald beschattet wird.

2. Beispiel.

Als Beispiel für eine nach den ausgesprochenen Grundsätzen durchgeführte Feststellung und Abgrenzung der Holzboden- und Nichtholzbodenflächen mögen die auf Tafel 1[1]) dargestellten Teile der Ober-

---

[1]) Entnommen aus Kaiser, O.: Beiträge zur Pflege der Bodenwirtschaft mit besonderer Rücksicht auf die Wasserstandsfrage. 1883. Karte 21.

försterei **Wildeck**, Regierungsbezirk Kassel, dienen, mit deren Betriebsregelung der Verfasser im Jahre 1879 beschäftigt war. Zur Erläuterung
sei folgendes bemerkt:

Die frühere Domäne Wildeck wurde im Jahre 1878 als selbstän-
diges Wirtschaftsobjekt aufgehoben und die Bewirtschaftung der zu ihr
gehörigen Flächen der Forstverwaltung übertragen. Der seitherige
Betrieb war nicht mehr rentabel, weil den Wiesen eine rationelle Bewässerung ohne die Zuhilfenahme des Waldes nicht gegeben werden
konnte. Auch wurden die Erträge der Wiesen in den engen Tälern durch
die Beschattung des Waldes sehr beeinträchtigt. Die Äcker nahmen
häufig Flächen ein, die nach den Standortsbedingungen sich besser zu
Wald eigneten.

Bei der planmäßigen Regelung der Benutzungsweise, die durch den
Vorstand der damaligen Taxations-Kommission für die Provinz Hessen-
Nassau, O. Kaiser, in Verbindung mit der Betriebsregelung· bewirkt
wurde, ging das Bestreben dahin, daß die Fläche der Wiesen wegen
dringenden Bedürfnisses an Futterstoffen so weit ausgedehnt wurde,
als es die Standortsbedingungen gestatteten. Zu diesem Zwecke wurden
im Bereiche der beiden Bachläufe Teiche angelegt, durch die eine
Zurückhaltung des Wassers zur Zeit starken Abflusses und eine Bewässerung zur wasserarmen Jahreszeit ermöglicht wurde. Die Acker-
fläche wurde mit Rücksicht auf die weite Entfernung von den nächsten
Ortschaften bedeutend eingeschränkt.

Die Regelung der Benutzung erfolgte derart, daß die den Forst-
gehöften nächsten Flächen den Forstbeamten als Dienstland überwiesen,
die weiteren im Wege der Verpachtung genutzt wurden. Alle Flächen,
für welche die Möglichkeit einer Bewässerung vorlag, wurden in
Wiesen umgewandelt. Um sie im Ertrag zu heben, wurde der Wald
in der Talsohle zurückgedrängt. Die für den landwirtschaftlichen
Betrieb nicht geeigneten Flächen wurden zur Aufforstung bestimmt.
Die Wiesen haben durch die Neuregelung der Kulturarten eine Vermehrung um 16 ha, das Ackerland hat eine Verminderung um 23 ha
erhalten.

Die verschiedenen Kulturarten sind in dem vorliegenden Beispiel
durch Wege voneinander abgegrenzt. Zum Teil bilden diese die Ausgänge von Holzabfuhrwegen. Sie mußten daher in Verbindung mit dem
Waldwegenetz projektiert werden.

Wie die Tafel ersehen läßt, sind die zu beiden Talseiten angelegten Randwege mehrfach durch Übergänge miteinander verbunden.
Diese können zugleich als Dämme für Teichanlagen dienen, die einerseits zur Bewässerung der Wiesen, andererseits zur Fischzucht erwünscht sind.

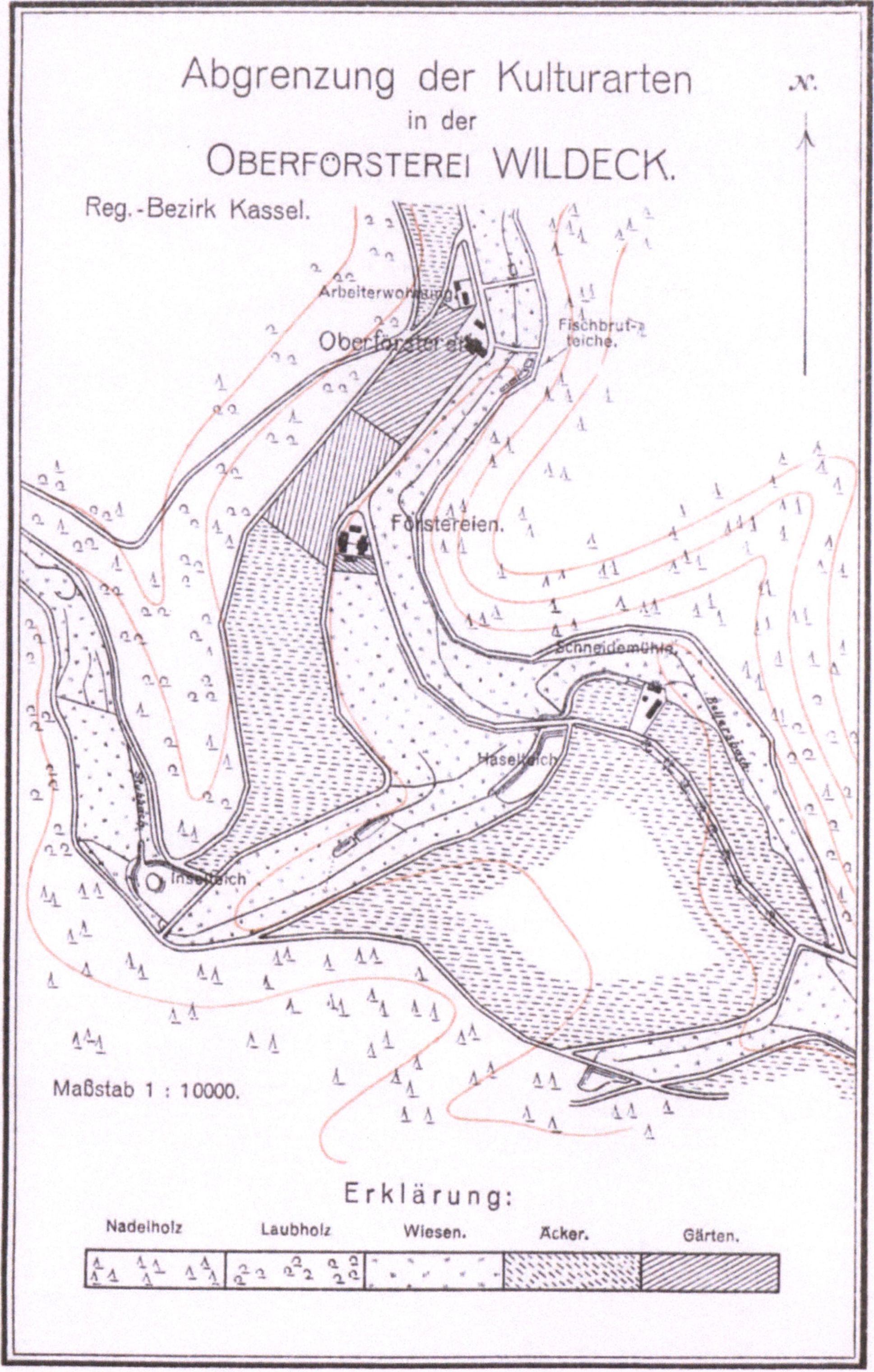

Tafel 1.
Abgrenzung der Kulturarten
in der
OBERFÖRSTEREI WILDECK.
Reg.-Bezirk Kassel.
N.
Arbeiterwohnung
Oberförsterei
Fischbrut-
teiche.
Förstereien.
Schneidemühle.
Haselteich
Inselteich
Maßstab 1 : 10000.
Erklärung:
Nadelholz
Laubholz
Wiesen.
Äcker.
Gärten.

Zweiter Abschnitt.

Die vorbereitenden Maßnahmen für die Erhaltung des Schutzwaldes.

Bei den Vorarbeiten der Forsteinrichtung ist, insbesondere in den Waldungen des Gebirges, auch den Aufgaben, die der Schutzwald erfüllen soll, das Augenmerk zuzuwenden. Die Bedeutung des Schutzwaldes ist in der neueren Zeit in allen Kulturstaaten hervorgetreten. Viele Schäden, die weite Talgebiete betreffen, sind auf unrichtige Behandlung der oberhalb belegenen Waldungen zurückzuführen. Unter den Aufgaben, welche der Schutzwald erfüllen soll, steht die Zurückhaltung des Wassers an erster Stelle[1]). Nicht nur im Hochgebirge, wo sich Zerstörungen mancher Art durch die ungezügelten Kräfte der Natur am sichtlichsten zu erkennen geben, sondern auch in den deutschen Mittelgebirgen sind Gefahren durch raschen Wasserabfluß in bedenklicher Weise hervorgetreten.

Die Behandlung des Schutzwaldes ist, da sie mit den Eigentumsverhältnissen im engsten Zusammenhange steht, in erster Linie Gegenstand der Forstpolitik. Der beste Zustand für die Regelung der Schutzwaldungen liegt vor, wenn sich diese sämtlich im Eigentum des Staates befinden. Auf die Erwerbung von Waldungen, die einen Schutz ausüben sollen, ist deshalb bei der Einrichtung staatlicher Waldungen stets Bedacht zu nehmen. Da aber der Staat nicht imstande ist, alle Schutzwaldungen (auch die im weiteren Sinne) zu erwerben, so ist eine positive Richtung der Forstpolitik erwünscht, die den Staat in den Stand setzt, auf die Behandlung derjenigen Waldungen, die Schutzaufgaben zu erfüllen haben, einen Einfluß auszuüben. Für die Wirtschaftsführung kommen, um den Aufgaben des Schutzwaldes zu genügen, vorzugsweise forsttechnische Mittel in Betracht. Sie müssen einheitlich im Zusammenhang für die Waldungen desselben Flußgebietes ausgeführt werden. Bei der Forsteinrichtung sind alle hierher gerichteten Maßnahmen in Verbindung mit der Wegenetzlegung der planmäßigen Vorbereitung zu unterziehen.

Aus der Natur der Schäden, welche der Schutzwald abwenden soll, ergibt sich, daß die zu ergreifenden Maßnahmen in erster Linie auf die

---

[1]) Die Bedeutung der Regelung des Wassers bei der Forsteinrichtung hervorgehoben zu haben, ist das Verdienst O. Kaisers. Vgl. dessen Schrift: Beiträge zur Pflege der Bodenwirtschaft, 1883, in welcher die auf die Wasserstandsfrage gerichteten Maßnahmen nach den Erfahrungen eigener praktischer Tätigkeit eingehend erörtert sind. In der neuesten Zeit hat Forstmeister Kautz auf Grund treffender Beobachtungen in seinem Wirtschaftsgebiet (Oberförsterei Sieber im Harz) die auf die Wasserpflege gerichteten Maßnahmen nachdrücklich hervorgehoben. Vgl. Zeitschr. f. Forst- u. Jagdw. 1906, 1908, 1909.

Erhaltung eines guten Bodenzustandes gerichtet werden müssen. Die stärksten Hochwassergefahren treten zur Zeit der Schneeschmelze und nach starken Regengüssen ein. Zu ihrer Abwehr muß erstrebt werden, daß die Erwärmung des Bodens verzögert und seine Fähigkeit zur Wasseraufnahme erhöht wird. Eine zu schnelle, frühzeitige Erwärmung wird durch schützende Bodendecken zurückgehalten. Die Fähigkeit der Wasseraufnahme hängt von der Zusammensetzung, dem Grad der Lockerheit und der Bekleidung des Bodens ab. Am besten verhalten sich Waldböden, welchen der durch die natürliche Zersetzung der Baumabfälle bei genügendem Luftzutritt gebildete Humus in vollem Maße erhalten geblieben ist. Hieraus ergeben sich die wichtigsten Forderungen, die an die Behandlung eines Schutzwaldes gestellt werden. Sie sind zunächst negativer Art. Dahin gehört insbesondere das Verbot der Nutzung des Bodenüberzugs, der Waldweide, der Anlage von Riesen, der Stockrodung.

Neben solchen negativen Mitteln kommen aber auch positive in Betracht. Von günstigem Einfluß sind alle Maßnahmen, welche auf die Herstellung gemischter Bestände, insbesondere die Erhaltung der Buche im Nadelholzwalde gerichtet sind. Für den Schutzwald im strengeren Sinne kann sodann die Befestigung des Bodens durch Anlage von Flechtzäunen und Faschinen, die Bildung einer Bodennarbe durch Grassaat und Rasenplaggen, die Anzucht von Weidenhegern, Sträuchern und Waldbeständen im Wege der Kultur, die Verbauung von Wildbächen in Frage kommen.

Für den Schutzwald im weiteren Sinne, mit dem es die Forsteinrichtung in weit stärkerem Umfange zu tun hat, erstrecken sich die vorbereitenden Maßnahmen hauptsächlich auf die Regelung des Wasserabflusses. Wenn das Wasser sich selbst überlassen bleibt, so sucht es die nächsten Mulden und Terrainfalten zu erreichen. Die kleinen Wasserfäden, welche sich hier bilden, vereinigen sich; sie werden um so stärker, je weiter sie nach unten gelangen. Der Ansammlung des Wassers in den Mulden ist daher entgegenzutreten; sein Lauf muß aufgehalten oder in seiner Richtung verändert werden. Dies geschieht durch Gräben[1] die je nach den örtlichen Verhältnissen im Bereiche der wasserführenden Mulden anzulegen sind. Sie werden horizontal hergestellt, wenn es sich lediglich darum handelt, das Wasser zu halten, mit schwachem Gefäll, wenn das Wasser abgeleitet werden soll. Mit einer solchen Anlage kann neben der Verminderung des Hochwassers der weitere Vorteil erreicht werden, daß das Wasser von Orten, wo es durch seinen Überfluß schadet, nach trockenen Orten geleitet wird, deren Ertragsfähigkeit durch

---

[1] Nähere Angaben zur Ausführung der Gräben für die Zwecke der Regulierung des Wassers macht O. Kaiser, a. a. O., S. 41—55, sowie Kautz, Zeitschr. f. Forstu. Jagdw. 1909, S. 157f.

Feuchtigkeitszufuhr gesteigert wird[1]). Da die Ansammlung des Wassers in den oberen Teilen der Gebirge ihren Ursprung hat, so ist es Regel, daß alle hierher gerichteten Arbeiten in den höchsten Teilen der Flußgebiete unterhalb der Wasserscheiden ihren Anfang nehmen und nach unten fortgesetzt werden.

Auch bei der Anlage von Wegen läßt sich auf die Regelung des Wassers einwirken. Die Hauptwege in Gebirgswaldungen erhalten oft Gräben an der oberen Seite. Das sich in diesen sammelnde Wasser muß an entsprechenden Stellen durch den Weg hindurch geführt und weiter geleitet werden. Meist werden die Durchlässe in den Mulden angelegt. Das Wasser fließt in diesen weiter. Wenn aber den Wasserschäden in unterhalb gelegenen Flußgebieten vorgebeugt werden soll, so ist das Wasser so zu leiten, daß es nicht in den Mulden bleibt; es muß, nachdem es die Mulde überschritten hat, seitlich abgeführt werden. Sofern es sich bloß um Grabenwasser (nicht um solches, welches in einer Mulde fließt) handelt, ist es empfehlenswert, daß Durchlässe da, wo die Wege Erhebungen des Geländes durchschneiden, angelegt werden. Von hier aus ist die Führung des Wassers auf trockene Hänge weit leichter.

Endlich ist auch die Anlage von Wasserbecken ein Mittel zur Zurückhaltung des Wassers. Wie die Talsperren in großem Maßstab zur Abwehr von Überflutungen und Hochwasserschäden dienen, so läßt sich ein ähnlicher Zweck in kleinerem Umfang und mit bescheideneren Mitteln durch die Ansammlung des Wassers in den kleinen Waldtälern erreichen. Die Übergänge der Randwege über Wasserläufe ergeben brauchbare Teichdämme. (Vgl. die Verbindungen der Randwege auf Tafel 1.) Voraussetzung ist, daß sich das Gelände zur Teichanlage eignet. Die Wände dürfen nicht zu flach, aber auch nicht zu eng und steil sein; die Talsohle muß eine angemessene Breite haben und das Gefälle nicht zu stark sein. Solche Teiche können auch noch zu anderen Zwecken, insbesondere zur Fischzucht und zur Bewässerung von Wiesen dienen.

Die genannten Maßnahmen sind bei den Vorarbeiten der Betriebseinrichtung, insbesondere in Gebirgsforsten, ins Auge zu fassen. Wenn auch häufig keine vollständigen Pläne über die Mittel zur Zurückhaltung des Wassers aufgestellt werden können, so müssen doch die Grundzüge dafür entworfen und in Verbindung mit der Wegenetzlegung begründet werden.

---

[1]) Die zur Trockenlegung einzelner nasser Kulturflächen erforderlichen Entwässerungen müssen daher im Zusammenhang mit der Wasserregelung für größere Gebiete behandelt werden.

Dritter Abschnitt.

Die Einteilung in ständige Wirtschaftsfiguren.

Die Einteilung in ständige Wirtschaftsfiguren, die meist Abteilungen genannt werden[1]), muß den anderen Vorarbeiten der Forsteinrichtung vorangehen.

Die Zwecke der Einteilung sind hauptsächlich folgende:

1. Die Erleichterung der Orientierung im Walde und auf den Karten. Alle Flächen, Linien, Punkte usw. müssen im Walde, auf den Karten und in den Wirtschaftsbüchern genau bezeichnet werden können.

2. Die Einteilung bildet die örtliche Grundlage für die Führung der Schläge. Bei der natürlichen Verjüngung muß eine gut abgegrenzte Fläche von bestimmter Größe in Angriff genommen werden, bei der künstlichen muß ein Rahmen für die Jahresschläge gegeben sein.

3. Die Linien, welche die Wirtschaftsfiguren begrenzen, dienen zum Aufsetzen und zur Abfuhr des eingeschlagenen Holzes. Sie bilden

4. die besten Ausgangspunkte zur Bekämpfung von manchen Naturschäden (Feuer, Wind, Insekten). Sie sind deshalb

5. die besten Grenzen der Hiebszüge.

6. Die Bildung der Bestandesabteilungen, welche für alle taxatorischen und geschäftlichen Maßnahmen die grundlegende Einheit bilden, ist nur auf Grund der Bildung ständiger Wirtschaftsfiguren möglich.

7. Für alle Messungen, die im Innern des Waldes vorzunehmen sind (von Bestandes- und Schlaggrenzen, Wegen u. a.) bilden die Linien des Einteilungsnetzes die Grundlage, an welche angeschlossen werden muß.

8. Auch für die Ausübung der Jagd ist eine geregelte Einteilung erwünscht; die Teilungslinien bilden Grenzen für die Treiben.

Bei der Wiederholung von Forsteinrichtungsarbeiten ist die Einteilung nur der Prüfung zu unterwerfen.

Da die Einteilung einen ständigen Charakter tragen soll, so darf sie von den vorübergehenden Bestandesverhältnissen (Holzart, Betriebsart, Holzalter usw.) nicht beeinflußt, sie muß vielmehr auf die bleibenden Verhältnisse des Standorts gegründet werden.

I. Die Einteilung in der Ebene.
A. Grundsätze für den Entwurf.

In der Ebene erfolgt die Einteilung in der Regel durch ein System gerader Linien, die sich unter Winkeln kreuzen, welche ohne Grund vom rechten möglichst wenig abweichen sollen. Die Richtung dieser

---

[1]) In Preußen werden die ständigen Wirtschaftsfiguren in der Ebene Jagen, im Gebirge (wenigstens seither) Distrikte genannt.

Linien wird hauptsächlich durch die Führung der Verjüngungsschläge bestimmt; es ist wünschenswert, daß deren Grenzen den Einteilungslinien parallel laufen. In den meisten Waldungen der Ebene ist die Einteilung unter dem Einfluß von Hartig, Cotta, Burckhardt u. a. im Laufe der ersten Hälfte des 19. Jahrhunderts vollzogen. Die bestehenden Verhältnisse müssen daher als eine geschichtlich gewordene Tatsache angesehen werden.

1. Geschichtliche Entwicklung.

Die ersten Einteilungen sind — soweit der Rückblick auf frühere Zustände ein Urteil gestattet — in den meisten großen Forsten nicht zu wirtschaftlichen Zwecken, sondern aus Gründen der Jagd bewirkt worden[1]). Sie waren daher nicht gleichmäßig und vollständig durchgeführt. Als später das Bedürfnis hervortrat, zu wirtschaftlichen Zwecken eine systematische Einteilung vorzunehmen, wurde die Anlage derselben von der Umtriebszeit abhängig gemacht. Diese Art der Teilung war, wenn sie auch nicht immer streng durchgeführt wurde, sehr allgemein und von langer Dauer. v. Langen richtete schon in der Zeit von 1720 bis 1750 Waldungen in Norwegen, Dänemark und die braunschweigischen Staatsforsten nach den Grundsätzen der Flächenteilung ein. Von seinen Zeitgenossen und Nachfolgern, namentlich in den Schriften von v. Zanthier[2]), Döbel[3]) wird diese Art der Einteilung vertreten. In den preußischen Staatsforsten kam sie durch die Instruktionen Friedrichs des Großen[4]) zur Anwendung.

Die in dieser Weise vollzogenen oder erstrebten Teilungen haben sich aber nicht lange behaupten können. Sie entsprachen nicht der allgemein gültigen Forderung. daß alle Bestimmungen der Forsteinrichtung der Wirtschaftsführung angepaßt werden müssen. Es wurde im Laufe der Zeit erkannt, daß die Einteilung unabhängig von den Bestandesverhältnissen und der Umtriebszeit gehalten werden müsse; sie soll einen dauernden Charakter tragen; ihre Bestimmungsgründe können daher nicht von Verhältnissen abhängig gemacht werden, die die Eigenschaft des Bleibenden in geringerem Grade besitzen. Trotz vieler gegensätzlicher Strömungen wurde die Richtigkeit dieses Standpunktes mehr

---

[1]) v. Kropff, System und Grundsätze bei Vermessung p. p. der Forsten 1807, 3. Kap. („Die mehrsten Forsten sind seit undenklichen Zeiten ohne Rücksicht auf die Holzart, höchst wahrscheinlich bloß behufs der Jagden, mittels $1^1/_2$, mehrenteils aber 2, auch sogar 3 Ruthen breite durchgehauene Gestelle in . . . Quadrate abgeteilt. Viele derselben enthalten auf jeder Seite 200 Ruthen. — Daß man bei dieser Teilung . . . nicht zugleich beabsichtigt habe, eine Forstwirtschaft darauf zu begründen, scheint forstlich gewiß.")

[2]) Abhandlungen über das theoretische und praktische Forstwesen, herausgegeben von Hennert, 1799.

[3]) Jägerpraktika, Anhang.   [4]) Vgl. 5. Teil, 1. Abschnitt, I.

und mehr eingesehen. In Preußen wurde die Bestimmung einer von der Umtriebszeit unabhängigen Einteilung durch den Einfluß von v. Burgsdorf, v. Arnim, Hennert gegen die Richtung v. Kropffs durchgeführt[1]). Sie kam zum Ausdruck in der Verfügung von 1796, in welcher die Jageneinteilung durchgehends angeordnet wurde. Später (in der Instruktion von 1819) wurde allgemein verfügt, daß die Waldungen der Ebene durch Hauptgestelle, die von Ost nach West, und durch Eeuergestelle, die von Nord nach Süd liefen, in regelmäßige Jagen eingeteilt werden sollten.

Wie in Preußen ist auch in den meisten anderen Staaten bezüglich der Einteilung der Forsten in der Ebene verfahren. In Sachsen ist die Einteilung unter Cottas Einfluß von 1820—1830 in großem Umfang durchgeführt worden.

2. Richtung der Einteilungslinien.

a) Allgemeine Bestimmungsgründe. Die Richtung der Einteilungslinien wird durch die Richtung und Aneinanderreihung der Schläge bestimmt. Man hat hierbei stets mehrfache Rücksichten zu nehmen: erstens auf die zu verjüngenden Bestände, den von ihnen eingenommenen Boden und die an ihrer Stelle zu begründenden Jungwüchse — zweitens auf die Umgebung des zu verjüngenden Ortes, welche durch die Beseitigung des vorhandenen Altholzes der Einwirkung der Sonne und des Windes ausgesetzt wird. Alle Orte, welche in der angegebenen Richtung gefährdet sind, bedürfen des Schutzes. Bei der Naturverjüngung wird der Schutz für Boden und Bestand durch die Kronen der Mutterbäume bewirkt, bei der künstlichen Begründung soll er durch die Richtung und Aneinanderreihung der Schläge gegeben werden. Der Abtrieb des alten Holzes wird, damit die freigelegte Schlagfront gegen Sturm gesichert ist, der herrschenden Windrichtung entgegen geführt. Der Boden darf, damit er nicht verwildert, nicht auf großen zusammenhängenden Flächen freigelegt werden; Jungwüchse von Holzarten, welche gegen Frost, Hitze und Unkrautwuchs empfindlich sind, bedürfen eines Schutzes gegen die Einwirkung dieser Faktoren. Vermeidung großer ungeschützter Kahlschläge ist deshalb die allgemeinste Regel, die für die Verjüngung gegeben werden muß.

b) Die Rücksicht auf den Sturm[2]). Der einflußreichste unter den Faktoren, welche die Richtung der Einteilungslinien bestimmen, ist der

---

[1]) Eine ausführliche Darstellung der damals bestehenden Gegensätze enthält v. Kropff, a. a. O., 4. Kap.: Von der veränderten Lage des Forsteinteilungsgeschäftes und der dazu erteilten Instruktionen seit 1786.

[2]) Ein näheres Eingehen auf die Wirkungen des Sturmes und die Sturmstatistik ist Gegenstand des Forstschutzes. Vgl. Beck: Der Forstschutz, 2. Band, S. 293ff.; Wagner: Grundlagen der räumlichen Ordnung, 2 Abschn. 1. Kap., Der Sturm.

Sturm. Durch die Maßnahmen, welche bei der Einrichtung gegen die
Sturmgefahr getroffen werden, wird zugleich die Bildung der Hiebszüge[1]) angebahnt, deren Richtung mit derjenigen der Wirtschaftsstreifen
übereinstimmen soll.

Die schädlichsten Stürme wehen in Deutschland von Westen. Nach
der neueren Statistik ist das Verhältnis der östlichen zu den westlichen
Winden im oberen Teile des Luftraums etwa wie 1 zu 3, im unteren oft
wesentlich anders[2]). Allerdings können, wie die neuere Statistik zeigt,
auch von anderer Seite heftige Sturmschäden eintreten[3]). Allein gegen
alle Möglichkeiten kann man sich nicht schützen. Bei den Maßnahmen
der Forsteinrichtung muß eine Hälfte der Windrose als die wichtigste
Sturmrichtung angesehen werden, und diese ist nach Lage der Verteilung von Wasser und Land die westliche. Es kommt hinzu, daß die
westlichen Winde mit größerer Bodenfeuchtigkeit verbunden sind;
oft sind die Bäume mit Anhang versehen. Beides verstärkt die schädliche Wirkung der Stürme.

Eine wichtige Frage, welche beim Entwurf des Einteilungsnetzes
in Erwägung zu ziehen ist, geht dahin, welche Richtung die Gestelle im
Verhältnis zur Hauptwindrichtung erhalten sollen. Im allgemeinen ist
es seither als Regel angesehen, daß die Hauptgestelle parallel der herrschenden Windrichtung gelegt werden, so daß die bemantelte Front des
Altholzes, der sog. Trauf, senkrecht zu ihr steht. Die Stämme sind nach
dieser Seite am stärksten und tiefsten beastet und die Richtung der
Äste stimmt dann mit der Hauptwindrichtung überein, was zweifellos
als ein günstiges Moment in bezug auf die Widerstandsfähigkeit gegen
Sturmgefahr anzusehen ist. Gleichwohl haben beachtenswerte Beobachtungen und Erörterungen[4]) der neueren Zeit zu dem Urteil geführt,
daß die schräge Stellung des Mantels zur Hauptwindrichung in ihrer
Widerstandsfähigkeit gegen Sturm der senkrechten nicht nachstehe.

Mehr Bedeutung als der Stellung der Schlagfront des zu verjüngenden

---

[1]) Vgl. 3. Teil, 2. Abschn.

[2]) Wie Bargmann (Die Verteidigung und Sicherung der Wälder gegen die
Angriffe und die Gewalt der Stürme. Allgem. Forst- u. Jagdztg. 1904, S. 83) mit-
teilt, betrug in Brüssel die Zahl der Weststürme in den oberen Luftschichten 612,
in den unteren 445; der Oststürme in den oberen Luftschichten 192, in den unteren
269. Wie sehr sich der Einfluß höherer Gebirge auf die Sturmrichtung geltend
macht, zeigt u. a. die Sturmstatistik für Straßburg und die Höhen der Vogesen.
In der Zeit von 1892—1902 war für Straßburg das Verhältnis der von Nord, Nordost und Ost wehenden Stürme zu den von Südwest, West und Nordwest kommenden
wie 1,7 zu 1, für den 1394 m hohen Belchen wie 4 zu 9.

[3]) Starke Nordoststürme haben in der Neuzeit (1892, 1894, 1902) namentlich
in den Vogesen, im Schwarzwald und in Norddeutschland, schädliche Südoststürme
wiederholt im sächsischen Ezrgebirge stattgefunden.

[4]) Eifert: Forstliche Sturmbeobachtungen im Mittelgebirge. — Allgem.
Forst- u. Jagdztg. 1903, S. 430.

Bestandes muß dem Verhalten der Einteilungslinien in bezug auf die Sturmgefährdung der angrenzenden Abteilungen beigemessen werden. Bei der praktischen Behandlung der Aufgabe sind ferner die bestehenden Verhältnisse gebührend zu berücksichtigen. In den meisten Waldungen mit geregelter Wirtschaftsführung haben seit langer Zeit Einteilungen bestanden, wenn sie auch unvollständig und nicht systematisch durchgeführt waren. Ohne genügenden Grund darf man bestehende Einteilungen nicht verlassen. Nicht nur Gestelle, sondern auch Wege und Straßen sind früher in das Einteilungsnetz einbezogen worden. Abgesehen von besonderen Verhältnissen dieser Art, ergeben sich zwei wesentliche Verschiedenheiten in der Richtung der Teilungslinien:

1. Die Hauptgestelle verlaufen parallel zur Hauptsturmrichtung, die Seitengestelle senkrecht dazu. Die Einteilung ist alsdann, wenn West die Hauptsturmrichtung bezeichnet, die auf Tafel 2 dargestellte: Die Schläge (a, b im Jagen 53) laufen in der Richtung von Nord nach Süd und werden in der Richtung von Ost nach West aneinandergereiht. Neben den Gestellen sind, wie die Tafel zeigt, auch durchziehende Straßen und Wasserläufe für die Einteilung benutzt.

Die vorliegende Art der Einteilung wurde im Jahre 1819 von G. L. Hartig durch die Instruktion für die preußischen Forstgeometer vorgeschrieben und daraufhin in Preußen fast überall durchgeführt; ebenso in den meisten andern Ländern mit ebenem und welligem Gelände. Auch viele andere Autoren haben sie bis zur neuesten Zeit in der Literatur vertreten[1]).

Zieht man zunächst nur das Altholz in Rücksicht, so ist gegen den angegebenen Verlauf der Teilungslinien nichts zu erinnern. Die theoretische Frage, ob eine senkrechte oder schräge Stellung des Mantels gegen die Wirkung des Sturmes widerstandsfähiger ist, würde zu Änderungen bestehender, von Ost nach West gerichteter Einteilungen keine Veranlassung geben. Dagegen hat diese Anlage der Gestelle den Nachteil, daß die Schläge ihrer ganzen Ausdehnung nach von der Mittagssonne getroffen werden. Hinsichtlich der Umgebung aber ist zu beachten, daß durch den Abtrieb einer Abteilung 3 seitlich angrenzende Abteilungen westlichen Winden ausgesetzt werden. Außer dem Hauptwind (West) werden auch seitliche aus der westlichen Hälfte der Windrose

---

[1]) So namentlich K. Heyer: Waldertragsregelung, 3. Aufl., S. 82 unter Bezugnahme auf Zötl („Die Schläge müssen so angelegt werden, daß die Schlagfront von den Sturmwinden möglichst in senkrechter Richtung getroffen wird"); Judeich: Forsteinrichtung, 6. Aufl., herausgegeben von Neumeister, S. 276 („Die Wirtschaftsstreifen verlaufen in der Richtung des Hiebes, bei uns gewöhnlich sonach von Ost nach West"); O. Kaiser: Die wirtschaftliche Einteilung der Forsten 1902, S. 136 („Bei neuen Einteilungen ist für die Richtung der Hauptgestelle in Deutschland die Lage von West nach Ost zu wählen, weil sie das Mittel der nach Norden und Süden abweichenden Windströmungen sein wird").

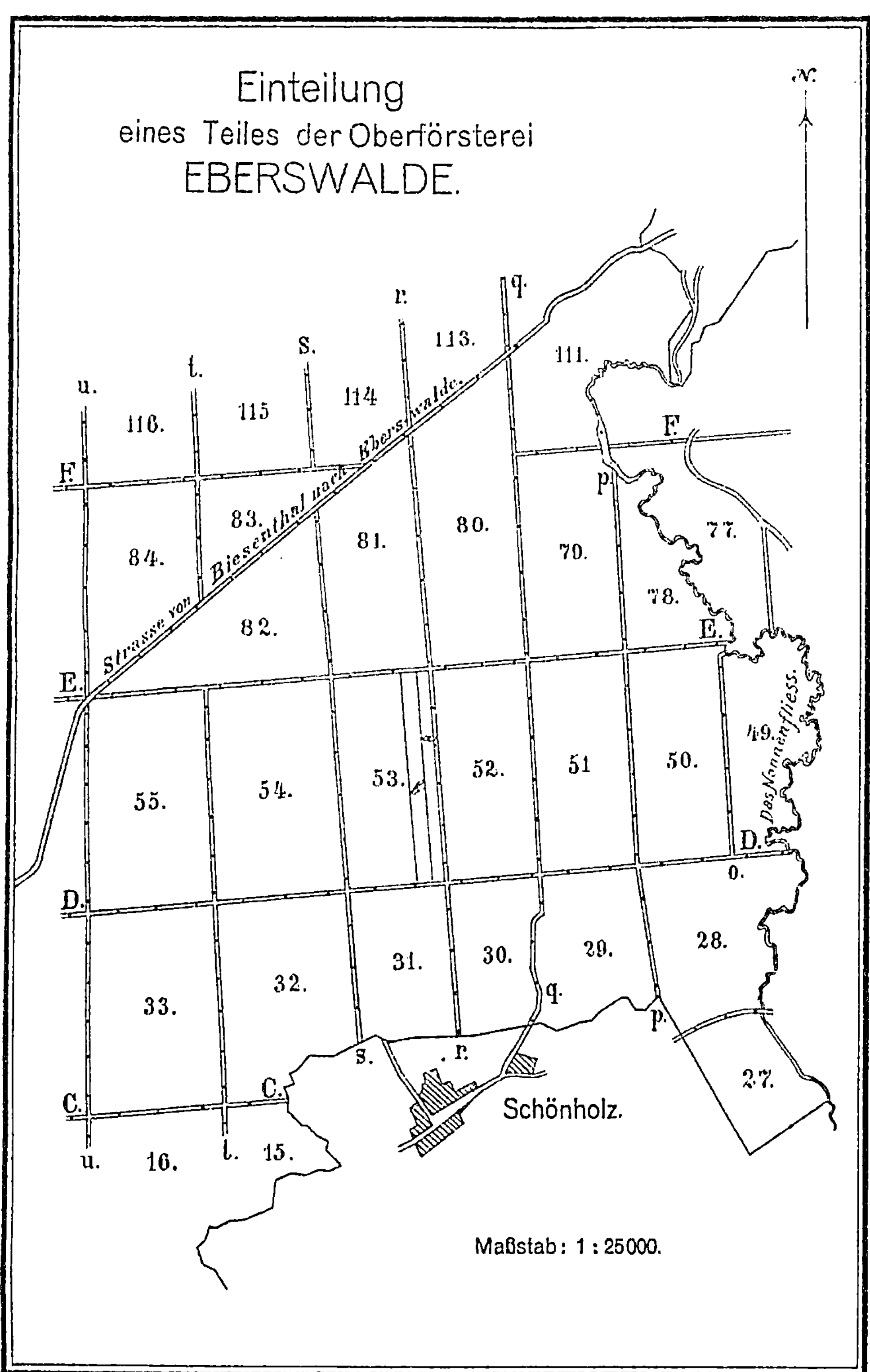
Einteilung
eines Teiles der Oberförsterei
EBERSWALDE.
N.
q.
r.
113.
111.
s.
114
t.
115
u.
116.
F
F
p
83.
Strasse von Biesenthal nach Eberswalde.
81.
80.
70.
77.
84.
82.
78.
E.
E.
Das Nonnenfliess.
55.
54.
53.
52.
51.
50.
49.
D.
0.
D.
33.
32.
31.
30.
29.
28.
q.
s.
r.
p.
C.
C.
27.
Schönholz.
u.
16.
t.
15.
Maßstab: 1:25000.

Martin, Forsteinrichtung. 4. Aufl.

Verlag von Julius Springer in Berlin.

kommende Stürme (Südwest, Nordwest) gefährlich. Wird Jagen 53 (Taf. 2) abgetrieben, so ist Jagen 81 dem Südwest, Jagen 31 dem Nordwest ausgesetzt. Um einen vollständigen Schutz gegen die von der westlichen Hälfte der Windrose kommenden Winde herbeizuführen, ist daher bei dieser Lage der Linien eine Bemantelung der angrenzenden 3 Jagen 31, 52 und 81 erforderlich. Auf eine Deckung nach drei Seiten wird nun aber auch, wo Sturmgefahr vorliegt, die Wirtschaft unbedingt einzurichten sein. Zwei Seiten sollen durch die Mantelbildung der Hauptgestelle (Wirtschaftsstreifen), die dritte durch die Hiebsfolge geschützt werden.

2. Die Hauptgestelle stehen schräg (in einem Winkel von etwa 45⁰) zur Hauptsturmrichtung. Die Notwendigkeit des genannten Verfahrens, die gefährdete Umgebung von 3 Seiten gegen Sturm zu schützen, hat Veranlassung gegeben, die Regel aufzustellen[1]), daß die Richtung der Einteilungslinien nicht parallel zur Hauptsturmrichtung verlaufen, sondern daß sie mit derselben einen Winkel von etwa 45⁰ bilden soll. Die Einteilung zeigt alsdann das auf Tafel 3 dargestellte Bild: Die Schläge (a, b Abteilung 35) laufen von Nordwest nach Südost und werden in der Richtung Nordost—Südwest aneinandergereiht. Eine solche Lage der Schläge hat den Vorzug, daß Boden und Jungwuchs besser gegen die Nachmittagssonne geschützt sind, was bei der großen Bedeutung, die der Frische für das Gedeihen der Kulturen bei den meisten Holzarten zukommt, von günstiger Wirkung ist. Ein weiterer Vorzug dieser Richtung gegen die erstgenannte besteht aber darin, daß man hier nicht 3, sondern nur 2 Abteilungen gegen westlichen Wind zu schützen braucht. Abteilung 36 bedarf, wenn Abteilung 35 abgetrieben wird, des Schutzes gegen den Südwest-, Abteilung 29 gegen den Nordwestwind. Die Abteilungen 34 und 65 sind dagegen nur östlichen Winden ausgesetzt. Aber auch für etwa aus Südost kommende Stürme (wie sie z. B. im sächsichen Erzgebirge häufig aufgetreten sind) verhält sich diese Lage günstiger als die nach den Haupthimmelsrichtungen, weil die Schlagfronten in diesem Falle der Sturmrichtung parallel laufen, während sie bei der anderen Richtung von den Südostwinden schräg getroffen werden.

Bei der praktischen Würdigung der Richtung der Einteilungs-

---

[1]) Denzin: Allgem. Forst- u. Jagdztg., 1880, S. 126f.; Borggreve: Forstabschätzung, 1888, S. 289. („Aus Vorstehendem folgt, daß ein Schneisensystem, welches die meisten rechteckigen Distrikte möglichst mit dem Winkel und nicht mit einer Breitseite nach Westen richtet, die Herstellung und Einhaltung einer guten Bestandesordnung wesentlich erleichtert.") Bei Neueinteilungen der preußischen Staatsforsten soll dieser Regel Rechnung getragen werden: „Ist mit Sturmgefahr zu rechnen, so sollen sie (die Gestelle) gegen die gefährlichste Sturmrichtung Winkel von 45 Grad bilden" — Anweisung zur Ausführung der Betriebsregelungen v. 1. IV. 1925, S. 11.

linien ist neben den bestehenden Verhältnissen, die man ohne triftige Gründe nicht umgestalten soll, auch die Beschaffenheit des Bodens und das Verhalten der vorherrschenden Holzart zu beachten. Auf dem tiefgründigen Sandboden der Ebene tritt die brechende Wirkung des Sturmes ganz zurück, und der Schaden der Austrocknung ist bei südlichen und östlichen Winden (auch wenn sie seltener auftreten) stärker. Daß auch für viele, namentlich für härtere, mit Gesteinsbrocken versehene Gebirgsböden, die aber doch ein tieferes Eindringen der Wurzeln gestatten, Sturmschäden nicht zu befürchten sind, lehren die Erfahrungen, die in der neueren Zeit bei der Verjüngung nach dem Femelschlagverfahren gemacht sind[1]).

Eine abweichende Beurteilung der zweckmäßigsten Richtung der Einteilungslinien nach den Holzarten ergibt sich aus der Verschiedenheit der Ansprüche, welche von denselben in bezug auf Bodenfrische und unmittelbaren Lichtgenuß gestellt werden. Für die Fichte ist die Frische des Bodens oft der ausschlaggebende Faktor für die Erhaltung des Jungwuchses in den ersten Jahren. Daher ist es empfehlenswert, daß die Verjüngung von Norden her geleitet wird[2]). Bei der Kiefer ist dagegen ein ausgiebiger Lichtgenuß schon in der ersten Jugend Bedingung für eine gedeihliche Entwicklung. Daher hat sich hier die Aneinanderreihung der Schläge von Ost nach West am besten bewährt.

3. Größe und Form der Abteilungen.

a) **Größe.** Die Größe der Abteilungen ist unter regelmäßigen Verhältnissen von dem Abstand der Gestelle abhängig. Oft haben bei der Feststellung derselben geschichtliche Verhältnisse mitgewirkt. Manche der jetzigen Teilungslinien haben der Einteilung schon seit alter Zeit zur Grundlage gedient. In Preußen waren die alten Jagen durch Linien von etwa 800 m Abstand begrenzt. Später wurden die derart gebildeten quadratischen Figuren halbiert, so daß Jagen von etwa 30 ha gebildet wurden. Übrigens ist die wünschenswerte Größe der Abteilungen vorzugsweise von folgenden Verhältnissen abhängig:

1. **Von den Eigentumsverhältnissen und dem Waldzusammenhang.** Bei kleinerem Waldbesitz sind kleinere Abteilungen erforderlich als bei großem. Bei häufigen Unterbrechungen des Waldes durch fremdes Eigentum, abweichende Kulturart u. a. gestalten sich die Abteilungen ganz von selbst kleiner als da, wo große zusammenhängende Waldflächen vorliegen.

---

[1]) Namentlich in Bayern (vgl. die Mitteilungen v. Hubers im Bericht über die Versammlung des D. Forstvereins in Regensburg, S. 149).

[2]) In der Neuzeit ist der günstige Einfluß der Verjüngung von der Nordseite sehr eingehend in der Praxis (Revier Gaildorf in Württemberg) nachgewiesen und in der Literatur begründet von Wagner, Grundlagen der räumlichen Ordnung im Walde, 3. Aufl. 1914, Die Hiebrichtung, S. 139f.

2. Von der Holzart. Im Laubholz, wo weniger Naturschäden zu befürchten sind, von welchen große gleichaltrige Betsände im stärksten Maße betroffen werden, können die Ortsabteilungen größer sein als beim Nadelholz, wo die Teilungslinien die Grundlage für manche Maßnahmen des Forstschutzes (gegen Insekten, Feuer) u. a. bilden. Als ungefähre durchschnittliche Größe kann für Laubholz eine solche von 25 ha, für die Kiefer von 20 ha, für die Fichte von 15 ha angesehen werden.

3. Von der Schlagführung. Je schmaler die Schläge sind, und je allmählicher sie aneinandergereiht werden, um so mehr ist es erwünscht, daß die begrenzenden Linien nicht zu weit voneinander entfernt sind. Die erstrebte Einheit im Jagen wird sonst nicht herbeigeführt. Bei der natürlichen Verjüngung mit gleichmäßiger Schirmschlagstellung fallen die Gründe der Schmalschläge fort; die einheitlich zu behandelnden Flächen können daher größer sein.

b) Form. Die Form der Abteilungen ist unter regelmäßigen Verhältnissen die eines Rechtecks, das seiner Ausdehnung nach durch das Verhältnis zweier angrenzenden Seiten bestimmt wird. Es kommen folgende Rechtecksformen in Betracht.

1. Das Quadrat. Wo große, breite Schläge zulässig sind, insbesondere aber bei Anwendung der natürlichen Verjüngung und wenn der Schutz des Bodens und der Jungwüchse durch Schirmschläge gegeben wird, ist das Quadrat, welches am wenigsten Umfang im Verhältnis zu seinem Flächeninhalt besitzt, die empfehlenswerteste Form der Abteilungen. Entsprechend dem geringsten Umfang ist aber die mittlere Fortschaffungsweite des Holzes aus dem Innern an die Gestelle am größten.

2. Ein Rechteck, das die schmale Seite der Hauptwindseite zukehrt[1]).

3	2	1

Die langen Seiten der Abteilungen werden alsdann durch die beiden Hauptlinien gebildet. Diese Lage beansprucht am meisten Fläche

---

[1]) Als Vertreter dieser Richtung sind zu nennen: Braun: Forstliche Grundeinteilung, 1871 („Immer soll die schmale Seite der Einteilungsrechtecke der herrschenden Windrichtung zugekehrt sein"); Burckhardt: Hilfstafeln für Forsttaxatoren, Anhang S. 104 („Der überwiegenden Vorteile wegen legt man die längste Seite der Abteilung an die Hauptbahn. Dies Verfahren nimmt allerdings mehr Hauptbahnen, also mehr Bahnfläche in Anspruch .... Im übrigen stehen alle Vorteile auf Seite dieses Verfahrens, welches einen geringern Verdämmungsrand fordert, die jungen Anlagen mehr gegen auszehrende Winde schützt, die Bestände weniger gegen solche Winde öffnet, die nicht aus der gewöhnlichen Sturmrichtung kommen, gegen Feuersgefahr bessern Schutz gewährt, auch die Abfuhr der Forstprodukte erheblich erleichtert ...."). Für Frankreich ist der gleiche Standpunkt vertreten von Tassy, Études sur l'aménagement des forêts. 1872.

für die Einteilungslinien. Mit ihr ist ferner der Nachteil verbunden, daß, wenn die Schläge schmal bleiben, die Zeiträume, in welchen die Verjüngungen vollzogen werden, sehr lang sind. Wenn die Schläge aber breiter gemacht werden, so wird der Schutz der Kulturen beeinträchtigt und die Wirkung der Flankenwinde gefährlicher.

3. Ein ungleichseitiges Rechteck, welches die längere Seite der Hauptwindrichtung entgegenstellt. Vgl. Tafel 2 (Eberswalde) und 3 (Ullersdorf). Hierbei wird weniger Fläche für die Hauptgestelle erforderlich. Bei gleicher Breite der Schläge schreitet die Verjüngung der Abteilungen rascher voran. Den Jungwüchsen kommt der Seitenschutz zugute, und die Winde werden nach Möglichkeit zurückgehalten. Diese Form der Einteilung wird daher von den meisten Autoren vertreten. Sie ist demgemäß auch in den meisten Waldungen der Ebene zur Anwendung gelangt.

Abweichungen von der regelmäßigen Form und Größe ergeben sich durch vorhandene Straßen und Holzabfuhrwege, die möglichst ausgiebig zur Einteilung zu benutzen sind; ferner durch Eisenbahnen, Wasserläufe, Außengrenzen.

B. Ausführung.

1. Darstellung der entworfenen Einteilungslinien auf der Karte.

Für die Ausführung des Einteilungsnetzes sind, da diese eine geometrische Arbeit ist, Karten in größerem Maßstabe erforderlich, welche die Grenzen des Waldes und die bestehenden Schneisen, Wege u. a. ersehen lassen. Auf einer solchen Karte werden die entworfenen Einteilungslinien zunächst mit Blei eingetragen. Dann sind die Winkel, welche dieselben mit vorhandenen Linien und untereinander bilden, zu messen; ebenso die Abstände der Durchgangspunkte der neuen Gestelle von vorhandenen Fixpunkten.

2. Absteckung der Einteilungslinien.

Nach den auf Spezialkarten gemessenen Winkeln und Entfernungen lassen sich die Einteilungslinien auf das Gelände übertragen. Die Abstände der Durchgangspunkte der Gestelle von gegebenen Punkten werden durch Messung mit dem Meßband, die Winkel mit einem Winkelinstrument festgelegt. Dadurch wird die Richtung der Gestelle bestimmt. Die Absteckung geschieht mit guten, geraden, 2 m langen, 2,5 cm starken, mit eiserner Spitze versehenen Stäben, die zur besseren Erkennbarkeit mit verschiedener Ölfarbe angestrichen sind. Man steckt bei neuen Arbeiten in der Regel die Seiten ab, welche als bleibende Grenzen der Abteilungen angesehen werden sollen. Nur wenn vorhandene

Schneisen beibehalten werden, wird zwecks Sicherung der Bestandesränder die Mitte abgesteckt und die Lage des Schneisenrandes durch
seitliches Ablegen bestimmt. Die Seiten, die sich zur Widerstandsfähigkeit gegen atmosphärische Gefahren bemanteln sollen, sind bei
Linien, welche von Ost nach West laufen, die nördlichen — bei solchen
chen von Nord nach Süd die östlichen. Bei Linien von Nordost nach
Südwest werden in der Regel die südöstlichen, bei solchen von Nordwest nach Südost die nordöstlichen Ränder abgesteckt. Vgl. nachstehende Zeichnung.

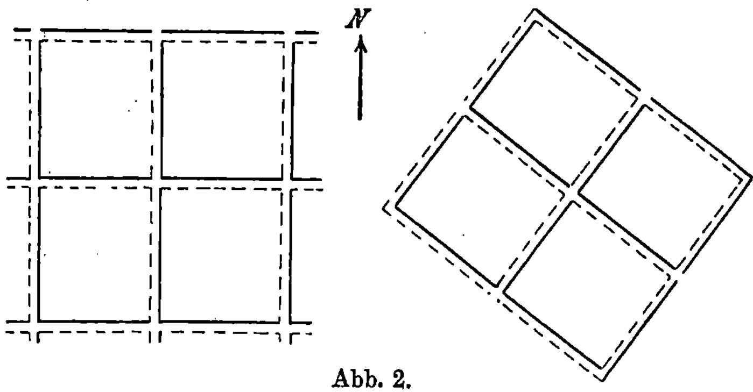

Abb. 2.

Die hier ausgezogenen Linien sollen sich, weil sie den Wirkungen
der Sonne und des Windes am meisten ausgesetzt sind, rechtzeitig bemanteln. Etwaige Verbreiterungen, die oft später nötig werden, erfolgen
dann stets von der abgesteckten und später zu versteinenden Linie nach
der Wetterseite hin.

Mit Rücksicht auf die Bedeutung der bezeichneten, zu versteinenden
Schneisenränder empfiehlt es sich, daß dieselben als Grenzen der Abteilungen angesehen werden. Die Mitte der Gestelle hierzu zu wählen,
ist nicht empfehlenswert, weil sie nicht versteint werden kann; auch
nicht die entgegengesetzten Seitenränder, weil sie Veränderungen ausgesetzt sind[1]).

Da die Linien mit Rücksicht auf den Anschluß, den sie untereinander
haben sollen, eine ganz bestimmte Lage erhalten müssen, die bei der ersten
Absteckung nicht erreicht wird, so ist es Regel, daß dieselbe wiederholt
wird. Die erste Absteckung trägt einen provisorischen Charakter.
Man muß dabei die Beseitigung von besseren Stämmen vermeiden.
Erst wenn die Lage der Linien unzweifelhaft feststeht, wird die definitive Absteckung vollzogen, nach welcher dann auch der Aufhieb bewirkt
wird. Nach Fertigstellung der Absteckung werden zugleich die zu versteinenden Punkte bestimmt.

---

[1]) Kaiser, O.: Die wirtschaftliche Einteilung der Forsten, S. 135ff. 1902.

Martin, Forsteinrichtung. 4. Aufl. 3

3. Die Breite des Aufhiebs und die Pflege des Waldrandes.

In jüngeren Beständen, welche nicht vom Sturm zu leiden haben, pflegt man die Linien alsbald nach der Genehmigung der Einteilung in voller Breite aufzuhauen; sie können sich alsdann am besten bemanteln. Im Altholz ist man dagegen oft veranlaßt, zunächst nur schmale Linien aufzuhauen und den Gestellen die volle Breite erst bei der Verjüngung zu geben.

Als Bestimmungsgrund für die Breite der Gestelle kommt die Rücksicht auf Fahrbarkeit und auf manche Gefahren (Feuer, Sturm) vorzugsweise in Betracht. Bei fahrbaren Linien hängt die wünschenswerte Breite von der Bedeutung der Wege ab, zu denen sie die Grundlage abgeben. Hauptwege werden meist gehärtet; sie müssen eine 3 bis 4 m breite Fahrbahn erhalten und mit Fußwegen (beiderseits 1 m) und Gräben versehen werden. Hieraus ergibt sich eine Aufhiebsbreite von mindestens 10 m. Für Nebenwege entfallen die Fußbänke, bei durchlässigem Boden vielfach auch die Gräben. — Die Rücksicht auf Sturm steht namentlich bei der Fichte an erster Stelle. Hier sollen die Bestände zu beiden Seiten der Hauptgestelle Mäntel bilden, so daß sie den Flankenwinden Widerstand leisten können. Hierzu ist je nach der Bonität eine Breite von 6—12 m erforderlich. Bleibt der Bestand 1 m vom Rand entfernt, so können die Baumkronen der Randstämme beiderseits eine Breite von 4—6 m erlangen, was zur Bildung eines Mantels genügend ist[1]). Die Nebengestelle bedürfen nur geringer Breite (2—4 m), da hier der Schutz durch die Richtung des Hiebes und evtl. durch Loshiebe bewirkt wird.

Wie die Verhältnisse auch liegen mögen, so ist unter allen Umständen bei der Einrichtung der Waldungen dahin zu wirken, daß sich an den Seiten der Hauptgestelle gute Waldränder bilden. Eine gute Bemantelung aller Abteilungen ist auch da, wo keine Bruchgefahr besteht, zur Sicherheit der Wirtschaft und zur Bodenpflege erwünscht. Als der beste Zustand eines Waldes erscheint der, daß jede Abteilung, sofern sie nicht mit anderen einen einheitlichen Hiebszug bildet, allseitig mit Mänteln bekleidet ist, so daß sie selbständig behandelt werden kann. Zur Her-

---

[1]) Die Breite der Hauptgestelle soll um so größer sein, je größer die Sturmgefahr ist, und je höher die Bestände sind, also breiter auf den besseren Standorten. Allgemeine Regeln lassen sich in dieser Beziehung nicht aufstellen. In den Wirtschaftsregeln der sächsischen Staatsforsten wird bestimmt, daß die Schneisen, um die Holzabbringung leichter und bequemer zu gestalten, 4,5 m aufgehauen werden und die Wirtschaftsstreifen eine Breite von 9 m erhalten sollen. Die Bemessung der Breite hat von der versteinten Linie aus zu erfolgen. In den Kieferrevieren der norddeutschen Ebene ist lediglich die Rücksicht auf die Fahrbarkeit bestimmend für die Breite der Gestelle. Daher liegen hier, wie Tafel 2 zeigt, keine durchgreifenden Verschiedenheiten in der Breite der Haupt- und Nebengestelle vor.

stellung guter Mantelbildung trägt die Vorschrift wesentlich bei, daß alle Kulturen wenigstens 1 m weit von Gräben und Wegen entfernt bleiben, so daß keine Veranlassung besteht, die Wurzeln beim Räumen der Gräben, die Kronen zur Trockenhaltung der Wege und bei Vermessungsarbeiten zu beschädigen. Was die Art der Kultur betrifft, so soll sie die Bildung tiefer starker Äste herbeiführen. Daher sind weitständige Verbände anzuwenden und kräftige Pflanzen zu wählen, weiterhin aber Durchforstungen zu unterlassen.

4. Die Versteinung der Einteilungslinien.

Nachdem das Einteilungsnetz fertig abgesteckt ist, muß es gesichert werden. Dies geschieht dadurch, daß die wichtigsten Punkte mit Steinmalen versehen werden. Als solche Punkte sind zu bezeichnen: die Schnittpunkte der Einteilungslinien untereinander, ihre Schnittpunkte mit Grenzen und Hauptwegen.

Zu den Steinen ist dauerhaftes Material zu verwenden. Sie werden in der Regel im oberen Teil auf eine Breite von mindestens 20 cm behauen, so daß sie auf allen Seiten mit Nummern versehen werden können. Sie sind senkrecht zu setzen und durch Einstampfen mit Erde zu befestigen. Die Steine werden entweder diagonal zu den Gestellen gesetzt, wie bei 1 der nachstehenden Zeichnung, so daß die anzuschreibenden Nummern den Abteilungen, auf die sie sich beziehen, gegenüberstehen: oder ihre Seiten stehen parallel zu den Linien (wie bei 2). Im ersten Falle erhält jede Steinseite eine, im anderen zwei Nummern.

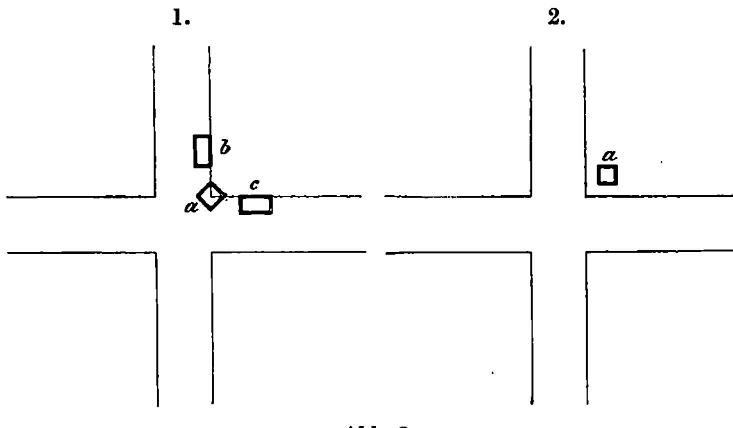

Abb. 3.

Die Stellen, an welche die Steine (*a*) zu stehen kommen, sind in der Regel die genauen Schnittpunkte der Linien. Hier bedürfen sie der Sicherung gegen Beschädigungen. Sie wird durch Gräben (*b*, *c*) bewirkt.

Um solche unnötig zu machen, kann es sich empfehlen, die Steine seitlich zu setzen. Sie können dann aber nicht mehr als unmittelbare Meß-
punkte dienen.

5. Sonstige Punkte.

Nachdem die örtliche Festlegung der Einteilungslinien stattgefunden
hat, muß ihre Aufmessung und Eintragung in die Spezialkarten bewirkt
werden. Alsdann sind die Flächen der Abteilungen zu ermitteln und in
ein Verzeichnis einzutragen. Die Messung der Abteilungen dient der
weiteren Messung des inneren Details zur Grundlage. Für die Ausführung
sind die Bestimmungen über die Forstvermessung maßgebend.

Die Numeration ser Abteilungen erfolgt mit arabischen Ziffern,
am besten entsprechend der Hiebsfolge, also so, daß sie im Norden be-
ginnend in der Richtung nach Ost und West vorgenommen wird. Die
Nummern werden meist auf die Jagensteine angeschrieben.

Anstatt sie auf den Steinen kenntlich zu machen, kann dies auch
an seitlichen Bäumen oder Pfählen geschehen. In diesem Falle sollen
die Steine nur die Vermessungspunkte bezeichnen und sichern. Sie
werden dann als solche fortlaufend numeriert. Außer den angegebenen
Hauptpunkten werden auch noch andere, namentlich etwaige Winkelpunkte, bei langen Linien auch gerade Strecken in bestimmtem Abstande
mit Steinen versehen. Hierzu genügen in der Regel kleinere Steine.
Es ist wünschenswert, daß von einem Steine zum andern gesehen
werden kann.

II. Die Einteilung im Gebirge.

A. Entwurf.

1. Hilfsmittel.

Zum Entwurf der Einteilung sind Karten mit Höhenlinien im Abstand von 10—20 m am geeignetsten. Sie lassen den Charakter des
Terrains, welcher die Einteilung bestimmen muß, am besten erkennen.
Auch die Umgebung des Waldes (Straßen, Eisenbahnen, Ortschaften)
muß auf diesen Karten ersichtlich sein, weil sie auf die Richtung der
Wege, deren Entwurf mit neuen Einteilungen verbunden wird, von
Einfluß ist. Als Maßstab genügt, da man einen Überblick über ein
größeres Waldgebiet gewinnen muß, derjenige der üblichen Wirtschafts-
oder Bestandeskarten (etwa 1:25000). In den meisten deutschen
Staaten liegen jetzt Karten mit Höhenlinien, welche auch noch anderen
Zwecken dienen und von anderen Behörden angefertigt werden, vor.
Beim Mangel an solchen Karten müssen die Höhenunterschiede durch
Nivellieren der wichtigsten Linien und Punkte (Höhen, Sättel, Tal-
züge, Schneisen, Ausgänge) vor Ausführung der Einteilung ermittelt
werden.

2. Allgemeine Grundsätze.

Die wichtigste Aufgabe, der bei der Einteilung von Gebirgsforsten zu genügen ist, geht dahin, daß Flächen, welche verschiedene Wuchsbedingungen haben, voneinander gesondert werden. Solche Verschiedenheiten geben sich oft schon im Auftreten der Holzarten und in der Bestandesbildung zu erkennen. Die bleibende Grundlage der natürlichen Bestandesverschiedenheiten liegt im Standort. Da die Unterschiede des Bodens nicht so bestimmt, wie es eine systematische Einteilung nötig macht, durch Linien getrennt werden können, so kommen für diese namentlich die Unterschiede der Lage in Betracht. Es sollen Flächen von verschiedener Höhenlage, Neigungsrichtung und Abdachung durch die wirtschaftliche Einteilung voneinander getrennt werden. Die Trennung der Expositionen erfolgt duerh die natürlichen Linien des Geländes (Rücken und Mulden); die Höhenschichten und Abdachungsgrade müssen durch künstliche Linien, namentlich durch Wege, geschieden werden, die auch zum Zwecke der Holzabfuhr erforderlich sind. Soweit eine weitergehende Teilung der Flächen nötig wird, ist sie durch Schneisen zu bewirken.

3. Die Benutzung der natürlichen Linien[1]).

a) Rücken. Als Grenze für ständige Wirtschaftsfiguren kommen zunächst die Haupthöhenzüge, welche entgegengesetzte Berghänge trennen, in Betracht. Sie scheiden nicht nur Flächen von verschiedener Bonität, sondern bilden auch die natürlichen Grenzen in bezug auf manche Wirkungen der Natur (Anhang, Sturm). Außer den Hauptrücken, welche entgegengesetzte Hänge trennen, sind auch die seitlichen Rücken, welche den Krümmungen der Täler entsprechen, für die Einteilung von Bedeutung. Auch sie scheiden verschiedene, wenn auch nicht entgegengesetzte Hänge voneinander ab. Da sich die Lage zum herrschenden Wind mit der Neigungsrichtung ändert, muß der Hieb häufig bei einem Seitenrücken anfangen oder an ihm sein Ende erreichen. Seitliche Rücken bilden daher die von der Natur gegebenen Grenzen der Hiebszüge.

b) Mulden. Dieselbe Bedeutung wie die Rücken haben in bezug auf die Scheidung der Standortsbesonderheiten auch die Mulden. Über ihre Benutzung zur wirtschaftlichen Einteilung gilt mut. mut. das über die Rückenlinien Gesagte. Hat die Mulde einen ständigen Wasserlauf in bestimmter Lage, so wird dieser als Begrenzung angenommen; ist die Mulde schwächer ausgeprägt, so wird sie vergradet. Ist die Richtung der Mulde fahrbar und auf nur einer Seite durch einen Abfuhrweg aufgeschlossen, der auch das Holz von der gegenseitigen Wand aufnehmen

---

[1]) Vgl. hierzu die Beispiele Tafel 4, 6 u. 8.

soll, so gilt als Regel, nicht die Talrinne, sondern den nebenbefindlichen Weg als Grenze anzunehmen. Befindet sich dagegen jederseits der Mulde ein Abfuhrweg, oder wird das Holz der gegenseitigen Wand in einer anderen Richtung fortgeschafft als nach dem gegenseitigen Muldenrandweg, so ist die Talrinne, die dann meist stärker ausgeprägt ist und die Verbindung der gegenseitigen Hänge verhindert, als Grenze beizubehalten.

4. Das Wegenetz.

Die Wege, welche in erster Linie dem Zwecke der Abfuhr des Holzes dienen sollen, stehen zur Einteilung in vielseitiger Beziehung. Der Entwurf von Wegen muß deshalb im Zusammenhang mit der Einteilung und, wenn es sich um neue Anlagen handelt, gleichzeitig mit dieser bewirkt werden.

a) Die verschiedenen Arten von Wegen. Die Anlage der Wege hängt einerseits von der Beschaffenheit des Terrains, andererseits von der Art der Bringung ab. Auch muß den ökonomischen Verhältnissen (Höhe des Einschlags, Holzpreise) Rechnung getragen werden. Nach ihrer wirtschaftlichen Bedeutung lassen sich die Wege in Haupt- und Nebenwege (oder Wege 1., 2., 3. Ordnung) einteilen. Nach dem Verhältnis zum Terrain sind zu unterscheiden: Wege, deren Lage durch das Terrain vorgeschrieben wird, und solche, deren Richtung lediglich nach den Zwecken der Wirtschaft bestimmt werden kann.

1. Hauptabfuhrwege. Die wichtigsten, am meisten Holz aufnehmenden und befördernden Wege sind in Gebirgsforsten diejenigen, welche, einen größeren Waldkörper durchziehend, die Höhen mit den gegebenen Ausgängen in unmittelbare Verbindung bringen. Die Hauptrichtung solcher Wege wird meist durch das Terrain und den Holzabsatz ziemlich fest vorgeschrieben. Als Endpunkte sind in der Regel einerseits die geeignetsten Eingangsstellen bestehender Straßen, andererseits bestimmte Punkte der Höhen gegeben, unter denen die Gebirgssättel die wichtigsten sind. Geht der Holzabsatz von einer Bergwand über die sie begrenzende Höhe, so ist es unbedingt geboten, die Wege der beiderseitigen Hänge im Sattelpunkte derselben zu vereinigen[1]). Im anderen Falle, wenn jeder zweier entgegengesetzten Hänge ein besonderes Absatzgebiet hat, oder die beiderseitigen Abfuhrwege nach denselben Richtungen führen, ist die Sattelverbindung zwischen zwei entgegengesetzten Hängen kein unbedingtes Erfordernis. Immerhin bleibt aber auch bei einseitigen Absatzverhältnissen die Führung der Abfuhrwege bis zu den Sätteln wünschenswert. Sie nehmen alsdann das Holz, welches an die fahrbaren Höhenlinien gerückt ist, auf die einfachste Weise auf. Auch

---

[1]) Vgl. namentlich die Wege 2, 3, 4, 7 Tafel 4.

muß die Möglichkeit einer Erweiterung der Absatzrichtung stets ins Auge gefaßt werden.

Für die Verbindung der Endpunkte eines Hauptweges sind das Gefälle und die Rücksicht auf guten und billigen Ausbau die maßgebenden Momente. Über die Höhe und den Wechsel des Gefälles lassen sich keine allgemeinen Regeln aufstellen; sie werden bestimmt nach den vorliegenden Boden- und Absatzverhältnissen. Für längere Strecken gut auszubauender Wege wird, wenn der Holzabsatz nur nach unten gerichtet ist, $6^0/_0$ — wenn er auch aufwärts geht, $4^0/_0$ als ungefähre Grenze des Gefälles anzunehmen sein. Für kurze Wegstücke, für Ausgänge, bei vorliegenden Schwierigkeiten in bezug auf Bau- und Eigentumsverhältnisse, bei Benutzung gegebener Terrainlinien wird aber ein Gefälle von 10 und mehr Prozent sich oft nicht vermeiden lassen. — Gleichmäßiges Gefälle hat für die Fuhrwerke und Zugtiere (wenn die Wegstrecken nicht zu lang sind) entschiedene Vorzüge. Sehr häufig bleibt freilich die oft ausgesprochene Regel des gleichmäßigen Gefälles der Hauptabfuhrwege eine Theorie, die praktisch nicht auszuführen ist. Abgesehen von den Gefällwechseln, die sich durch die Vereinigung mit Nebenwegen ergeben, macht bei einigermaßen schwierigem Terrain die Notwendigkeit oder Zweckmäßigkeit, bestimmte Punkte, wie z. B. Felsenpässe, Übergänge über Bäche, Wiesen, Halbsättel und andere wichtige Punkte, festzuhalten und bei der Absteckung von ihnen auszugehen, die Regel, daß man den Abfuhrwegen gleichmäßiges Gefälle geben solle, wenigstens für lange Strecken unanwendbar. Am meisten wird diese dann befolgt werden müssen, wenn das durchschnittliche Gefälle ein hohes ist. Jede streckenweise Minderung desselben hat dann zur notwendigen Folge, daß man an anderen Strecken das wünschenswerte Maximum der Steigung überschreiten oder Kurven einlegen muß. Ist das durchschnittliche Gefälle eines Abfuhrweges dagegen ein geringes, so hat man in bezug auf die Wahl des Prozentsatzes größere Freiheit.

2. Talwege[1]). Nach denjenigen Wegen, welche die Höhen oder das Innere größerer Waldungen mit den bestehenden Ausgängen verbinden, haben für die Holzabfuhr die Talrandwege die allgemeinste Bedeutung.

Zunächst ist beim Entwurf der Randwege darüber Bestimmung zu treffen, ob ein Tal mit einem oder mit zwei Randwegen ausgestattet werden soll. Dies ist abhängig von dem Grade der Trennung, welche durch das Tal gebildet wird. Ist dasselbe so scharf und tief eingeschnitten, daß das Holz mit den gewöhnlichen Mitteln nicht von einer zur anderen Seite geschafft werden kann, empfiehlt es sich, zwei Randwege zu legen; ebenso, wenn der Wasserlauf der Talrinne so stark ist, daß man ihn nicht überschreiten kann, oder wenn die Talsohle durch fremden Besitz oder von einer abweichenden Kulturart (Wiese) eingenommen wird. Andern-

---

[1]) Vgl. die Wege 1 der Tafel 4, 3 und 5 der Tafel 6, 3, 6 und 7 der Tafel 8.

falls begnügt man sich mit einem Wege. In diesem Falle ist zu erwägen, auf welcher Seite des Tals er gebaut werden soll. Hierfür liegen die Bestimmungsgründe in der größeren oder geringeren Schwierigkeit des Ausbaues und in der Leichtigkeit der Unterhaltung. Trockene Lagen verdienen stets den Vorzug vor feuchten. Oft kann es sich empfehlen, den Weg abwechselnd auf die eine und die andere Seite zu legen.

Das Gefälle eines Randweges wird durch dasjenige des Tals, in dem er liegt, bestimmt; nur streckenweise kann man den Weg höher oder tiefer legen, wozu Bauschwierigkeiten und das Einschneiden fremden Geländes oft Veranlassung geben. Im allgemeinen ist es wünschenswert, daß solche Wege dem Waldrande unmittelbar aufliegen und die Grenze des Waldes bilden. Hat aber ein Randweg nicht nur den Zweck, das über ihm liegende Holz nach der Fallrichtung des Tales zu befördern, sondern soll er auch Holz von den oberhalb des Tales liegenden Revierteilen aufnehmen, oder geht der Holztransport auch aufwärts nach der anderen Seite dieser Höhe, so muß der Talrandweg so konstruiert werden, daß er die Höhe, von welcher er Holz aufnehmen oder die er überschreiten soll, an demjenigen Sattelpunkte, welcher dem betreffenden Tale entspricht, erreicht[1]).

3. Andere, durch das Terrain vorgeschriebene Wege. Als solche sind besonders die Verbindungen der Gebirgssättel hervorzuheben. An den Sätteln enden die wichtigsten Abfuhrwege; es ist daher erwünscht, daß das hier zusammenkommende Holz nach allen Seiten befördert werden kann. Ferner gehören hierher Kopfwege, welche kopf- und kegelförmige Erhebungen abgrenzen; endlich Plateau-Randwege[2]), welche das ebene Plateau von dem unter ihm befindlichen Hange trennen. Da Plateau und Hang immer verschieden zu bewirtschaften sind, so ist bei entsprechender Größe eine Trennung wünschenswert.

4. Aufschlußwege der inneren Waldteile. Zur Ergänzung des Wegenetzes sind neben den unter 1 bis 3 hervorgehobenen Wegen weitere Wege erforderlich, welche zum Aufschluß der einzelnen Abteilungen dienen sollen. Sie werden den Hauptabfuhrwegen an passender Stelle so eingefügt, wie es für einen gleichmäßigen Aufschluß des ganzen Waldes erwünscht ist.

b) Die Benutzung der Wege zur Einteilung. Für die Forsteinrichtung ist die Frage von Bedeutung, ob und inwieweit die Wege zur Bildung ständiger Wirtschaftsfiguren zu benutzen sind. Sofern Wege, ohne daß Opfer gebracht werden, eine für die Einteilung geeignete Lage haben oder erhalten können, ist ihre Benutzung geboten. Dies verlangt die Ökonomie der Flächenausnutzung und die Nachteile, die mit einer un-

---

[1]) Vgl. den Weg 1 der Tafel 4, 3 der Tafel 6.
[2]) Siehe Weg 7 der Tafel 5.

nötigen Unterbrechung des Waldzusammenhanges verbunden sind.
Alle Arten von Wegen können zur Einteilung in Frage kommen. Hauptabfuhrwege müssen in genügender Breite aufgehauen werden. Ihre
Seiten können sich bemanteln, so daß- sie die Eigenschaften der Wirtschaftsstreifen besitzen. Bedingung der Brauchbarkeit zu Teilungen
ist aber, daß sie eine gestreckte Richtung haben, und daß der Abstand
von den nächsthöheren und nächsttieferen Abteilungsgrenzen ein an-
gemessener und nicht zu ungleichmäßiger ist. In dieser letzteren Hinsicht ist es erwünscht, daß die Fallrichtung des Weges mit der des unter
ihm liegenden Tales oder der über ihm liegenden Höhe übereinstimmt[1]).
Fällt ein Weg in anderer Richtung wie das unter ihm verlaufende Tal,
so bildet er mit diesem und dem Streichen des Bergzuges, in dem er liegt,
Winkel, die den Anforderungen, die bezüglich der Form der Abteilungen
gestellt werden müssen, nicht entsprechen. Ist das Gefälle eines Tal-
zuges ein geringes, so nähert sich ihm der Hauptabfuhrweg, der mit
ihm korrespondierenden Fall hat, meist schneller, als es dem gleichmäßigen Abstand der Abteilungsgrenzen entsprechend ist.

Sind die nach den früher angegebenen Grundsätzen entworfenen
Hauptabfuhrwege in der Lage, die ihnen mit ausschließlicher Berücksichtigung der Holzabfuhr gegeben ist, für die Einteilung nicht wohl
geeignet, so ist, bevor dieselben abgesteckt werden, zu untersuchen, ob
ihnen nicht durch Veränderung ihres Gefälles eine Lage gegeben werden
kann, in der sie, unbeschadet des Abfuhrzweckes, zur Einteilung verwendet werden können. Diese Möglichkeit wird ausgeschlossen sein,
wenn das durchschnittliche Gefälle eines Weges so hoch ist, daß man es
nicht überschreiten will. Ist dasselbe dagegen ein geringes, so kann ein
Wechsel zum Zwecke der Herstellung einer guten Einteilung empfehlenswert sein, um so mehr, als die durch einen solchen bewirkte Veränderung
der Lage eines Weges auch hinsichtlich seiner Holzaufnahmefähigkeit,
seines Abstandes von der Talsohle und seiner gestreckten Lage von Vorteil sein kann[2]). Diese letztere Rücksicht macht es im allgemeinen wünschenswert, daß die Abfuhrwege nach den seitlich vorliegenden Mulden
stärkeren Fall haben als nach den Rücken. In wechselndem Gelände
kann hierdurch die Länge eines Weges sehr erheblich abgekürzt werden.

Durch die Korrektur der Holzabfuhrwege werden indessen, insbesondere in hohem und steilem Gebirge, wo die Abfuhrwege in der Regel
ein hohes Prozent haben müssen, selten sehr erhebliche Abweichungen
von der mit ausschließlicher Rücksicht auf rationelle Holzabfuhr bestimmten Lage der Hauptwege bewirkt werden. Stets wird bei diesen
der Zweck der Holzabfuhr als der wichtigere vorangestellt werden müssen. Anders verhält es sich mit den Nebenwegen. Sie können so kon-

---

[1]) Wie z. B. beim Weg 2 auf Tafel 4.
[2]) Vgl. hierzu Weg 4 auf Tafel 4.

struiert werden, daß sie für die Einteilung eine möglichst günstige Lage
haben. Diese Regel ist zunächst von Einfluß auf die Einführungsstellen
der Neben- in die Hauptwege. Wird eine Höhenschichtengrenze aus einem
Haupt- und einem Nebenwege zusammengesetzt, so muß der letztere,
sofern nicht schwierige Terrainverhältnisse zu einer sehr sorgfältigen
Auswahl der Kurvenplätze nötigen, dem ersteren da eingeführt werden,
wo dieser aufhört, selbst eine passende Begrenzung abzugeben. An
gleichmäßigen Hängen wird dies meist von dem Abstande des Abfuhrweges von der begrenzenden Höhe oder dem Tale abhängen. In wechselndem Gelände sind die Schnittpunkte der Hauptwege mit flachen Mulden
und stumpfen Rücken oft geeignete Stellen zur Aufnahme der Nebenwege. Durch ihre Benutzung wird der Vorteil erreicht, daß man die
Schichtengrenzen möglichst strecken und den Wirtschaftsfiguren eine
bessere Form und gleichmäßigere Flächengröße geben kann, als wenn
man irgendwelche andere Punkte dazu verwendet[1]).

5. Größe und Form der Abteilungen.

Damit eine Einteilung entworfen werden kann, müssen Bestimmungen über die durchschnittliche Größe und die wünschenswerte Form
der Abteilungen gegeben werden. In dieser Hinsicht gestalten sich die
Verhältnisse mannigfaltiger als in der Ebene.

a) Größe. Die Größe der Abteilungen wird durch die unter I A 3 angegebenen Verhältnisse bestimmt. Außerdem ist auch die Geländebildung von Einfluß. Wo Mulden, Rücken und verschiedene Hänge
häufig wechseln, werden schon durch Ausscheidung der vorliegenden
Standortsverschiedenheiten kleinere Wirtschaftsfiguren gebildet als
bei großen gleichmäßigen Hängen oder in sanft geneigten Lagen.

b) Form. Sie wird durch die Winkel der Terrainlinien und die Biegungen der Wege eine unregelmäßige. Zu spitze Formen und Grenzen
sind mit Rücksicht auf die Schlagführung zu vermeiden. Als ungefähres Muster für die Abteilungen kann auch im Bergland ein Rechteck
angesehen werden, dessen Form durch das Verhältnis der vertikalen
zur horizontalen Seite bestimmt wird. Auf dieses Verhältnis wirken
hauptsächlich:

1. **Die Neigung des Geländes.** Je steiler die Hänge abfallen,
um so größer ist bei einer bestimmten Länge der Linien der Unterschied
zwischen den unteren und oberen Teilen eines Hanges, um so mehr
Veranlassung liegt vor, die vertikale Seite nicht zu lang werden zu
lassen.

2. **Die Rücksicht auf die Schlagführung.** Da die stärksten
Stürme in der Richtung des Talzugs wehen, so ist es in Beziehung auf

---

[1]) Vgl. die Wege 7 und 8 der Tafel 4.

die Stürme erwünscht, daß die vertikalen Linien die breiten Seiten der Schläge bilden, die der Sturmrichtung entgegengeführt werden.

Da beiden Rücksichten nicht gleichzeitig genügt werden kann, und auch die Höhe des ganzen Berghangs für das Verhältnis der Seiten in Betracht kommt, so lassen sich allgemeingültige Regeln über dasselbe nicht aufstellen.

6. Die Zusammensetzung des Einteilungsnetzes.

Nach Maßgabe der über Größe und Form gegebenen Bestimmungen geht die Aufgabe des Einrichters dahin, einen gegebenen Waldteil so mit Wegen und anderen Teilungslinien zu durchziehen, daß er in gleichmäßige Schichten und regelmäßige Wirtschaftsfiguren zerlegt wird. Soweit die Terrainlinien und Schichtenwege hierzu nicht ausreichen, wird das Einlegen von Schneisen erforderlich. Sie werden senkrecht zu den Horizontalen in die Richtung des stärksten Gefälles gelegt.

Bei der Anlage des Einteilungsnetzes ist das Augenmerk dahin zu richten, daß eine möglichst direkte Abfuhr des Holzes aus dem Innern des Waldes nach den gegebenen Ausgängen ermöglicht wird; daß die Größe der einzelnen Abteilungen von der durchschnittlichen Größe nicht zu sehr abweicht; daß die zur Einteilung dienenden Wege und Linien als solche Zusammenhang haben und nicht ohne Grund unterbrochen werden; daß nicht mehr Fläche zu Wegen und Linien verwendet wird, als nötig ist. Es ist selbstverständlich, daß, sofern sich einzelne dieser Forderungen gegenseitig beschränken, nicht jeder völlig genügt werden kann.

7. Abweichungen.

Die vorstehenden Regeln über die Einteilung erhalten, wie die große Verschiedenheit der bestehenden Einteilung in den deutschen Forsten zeigt, durch die örtlichen Verhältnisse und die Geschichte der Wirtschaft vielfach Abweichungen. Eine Verallgemeinerung der Regeln ist daher nicht zulässig. Abweichungen ergeben sich durch folgende Verhältnisse:

a) Durch die Beschaffenheit des Geländes. In sehr steilem Terrain sucht man der Kosten halber an Wegen möglichst zu sparen, ebenso da, wo Felsen und sonstige Bauschwierigkeiten die Anlage verteuern. Wird auf der anderen Seite das Terrain so schwach geneigt, daß die senkrecht zu den Horizontalen gezogenen Linien befahren werden können, oder verlaufen die Hänge so ebenmäßig, daß in der Richtung des Hanges gezogene gerade Linien gut fahrbar sind, so ist das dargestellte Verfahren gleichfalls nicht anwendbar. Die Einteilung kann dann, wie in der Ebene, auf ein System geradliniger, sich rechtwinklig kreuzender Schneisen basiert und die Wegnetzlegung, falls eine solche überhaupt noch erforderlich ist, auf einzelne diagonale Hauptwege beschränkt werden.

b) Durch die Art der Holzbringung. Wenn auch Wege das wichtigste Beförderungsmittel des Holzes sind und es voraussichtlich auch bleiben werden, so ist doch häufig auf andere Bringungsarten Bedacht zu nehmen. Wo die Bedingungen für die Beförderung des Holzes durch Waldeisenbahnen gegeben sind, muß die Anlage von solchen ins Auge gefaßt werden. Man hat diesem Punkte beim Entwurf des Wegenetzes Rechnung zu tragen. Es ergeben sich dann für manche Linien Abweichungen in bezug auf das Gefälle, die gestreckte Lage und die Anlage der Kurven. Im Hochgebirge behält die Beförderung durch Riesen trotz mancher damit verbundener Mißstände jederzeit Bedeutung. Wo Seen und gute Wasserstraßen vorliegen, wird die Bringung durch Triften und Flößen an erster Stelle stehen, wenn auch der Wassertransport im allgemeinen zugunsten des Landtransportes mehr und mehr eingeschränkt wird.

c) Durch die wirtschaftlichen Verhältnisse. Hier sind namentlich in Rücksicht zu ziehen: die Höhe des Einschlags, die Preise des Holzes, die dadurch bedingte Intensität der Betriebsführung. Die Wegenetzlegung muß unter dem Gesichtspunkt der Rentabilität, nach den Grundsätzen der forstlichen Statik, behandelt werden. Für Länder mit ungünstigen Absatzverhältnissen und sehr niedrigen Holzpreisen sind kostspielige Wegenetze nicht am Platze.

d) Durch den Zustand der vorhandenen Einteilung. Wo eine gute Einteilung vorhanden ist, welcher sich die bestehende Wirtschaft angepaßt hat, wird man diese ohne dringende Gründe nicht verlassen; namentlich da nicht, wo sich an der bestehenden Einteilung gute Mäntel gebildet haben, auf deren Erhaltung in erster Linie bei der sturmgefährdeten Fichte Wert zu legen ist. Hier wird man nur allmählich vorgehen; manche Linien, die unter anderen Umständen fallen würden, wird man beibehalten, manche erst bei der Verjüngung ergänzen. Auch hinsichtlich der Vermeidung spitzer Winkel wird man bei der Schlagführung sturmgefährdeter Holzarten weit vorsichtiger sein müssen als im Laubholzgebiet. Ein eigentlicher Gegensatz gegen die unter 4 aufgestellten Grundsätze kann hieraus jedoch nicht abgeleitet werden, nur ein Beweis für die Unrichtigkeit des Generalisierens auch auf diesem Gebiet des Forstwesens. Wünschenswert ist es unter allen Umständen, daß das Nebeneinanderliegen von Wegen und geraden Teilungslinien an den Hängen möglichst vermieden wird.

Auch vorhandene Wege können Veranlassung sein, daß die Grundsätze der Einteilung eine Beschränkung erleiden.

8. Beispiele.

Einige Beispiele mögen die Art der Ausführung der angegebenen Regeln erläutern.

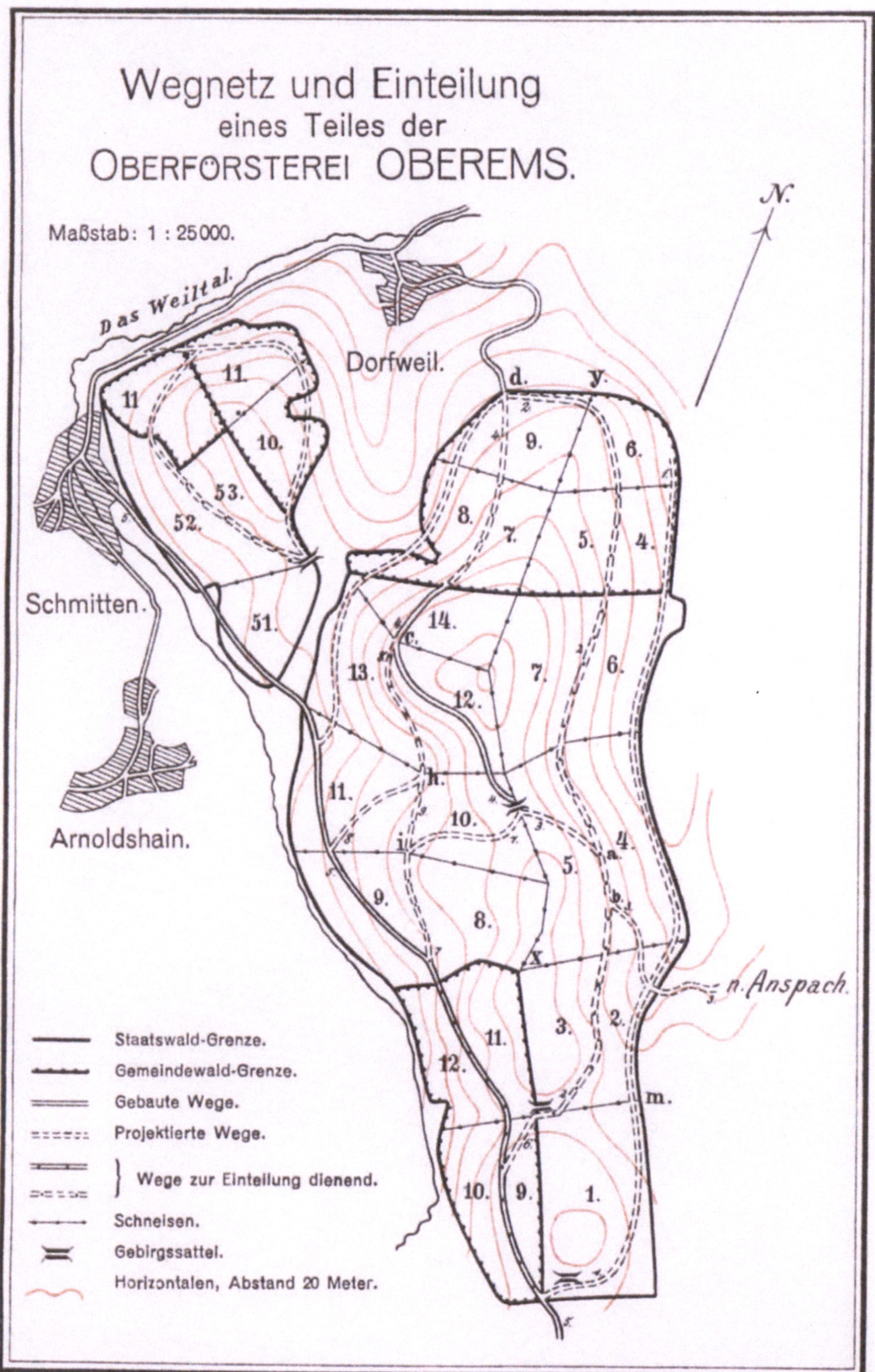

Tafel 4.
Wegnetz und Einteilung
eines Teiles der
OBERFÖRSTEREI OBEREMS.
Maßstab: 1 : 25000.
N.
Das Weiltal.
Dorfweil.
Schmitten.
Arnoldshain.
n. Anspach.
Staatswald-Grenze.
Gemeindewald-Grenze.
Gebaute Wege.
Projektierte Wege.
Wege zur Einteilung dienend.
Schneisen.
Gebirgssattel.
Horizontalen, Abstand 20 Meter.
Martin, Forsteinrichtung. 4. Aufl.
Verlag von Julius Springer in Berlin.

I. Einteilung eines Bergrückens mit den beiderseitigen Abhängen; Oberförsterei Oberems im Taunus, Reg.-Bez. Wiesbaden. — Tafel 4[1]). Bis zum Jahre 1877 bestand in Nassau eine nach den Grundsätzen G. L. Hartigs vollzogene geradlinige Einteilung. Beim Vorherrschen von Laubholz und der ziemlich ebenmäßigen Terrainbildung standen der Durchführung einer neuen, mit dem Wegenetz verbundenen Einteilung keine Bedenken entgegen.

Die Linie x—y teilt den kleinen, von Süden nach Norden verlaufenden Bergzug in 2 Teile, einen nach Westen und einen nach Osten abfallenden Hang. Der Holzabsatz geht nach entgegengesetzten Richtungen. Daher müssen Übergänge über die Höhe x—y hergestellt werden.

Für den westlichen Abhang ist die das Weiltal mit der Mainebene verbindende Straße 5 die wichtigste Grundlage des Holzabsatzes. Ihr müssen Wege aus dem Innern des Waldes zugeführt werden. Diese Aufgabe haben die kurzen Wege 6, 7 und 8. Der Weg 7 ist im unteren, Weg 8 im oberen Teil für die Einteilung des vorliegenden Hanges geeignet. Um eine durchgehende Teilung herzustellen, ist ein besonderer, beide Wege verbindender Zwischenweg, Nr. 9, eingelegt, der vom Rücken (bei i) in die Mulde (bei h) mit entsprechendem Gefälle gerichtet ist.

Für den Absatz in nördlicher Richtung dient der von dem Halbsattel bei c ausgehende Weg 4, welcher bei d einen vorhandenen Wegausgang erreicht. Als vertikale Einteilungslinien sind der Seitenrücken zwischen $\dfrac{8\ \ 9}{10\ \ 11}$ und die Mulde zwischen $\dfrac{10\ \ 11}{12\ \ 13}$ benutzt worden.

Für den östlichen Hang war zunächst ein Randweg längs der begrenzenden Mulde erforderlich. Da auf diesem Weg Holz nicht nur talabwärts, sondern auch nach Süden über die begrenzende Höhe befördert werden soll, so nimmt dieser Weg den Charakter eines Hauptweges an. Er mußte (entsprechend den Verkehrsstraßen über die Alpenpässe) derart angelegt werden, daß vom Sattel in 1 so lange mit dem zulässigen Gefälle ($6^0/_0$) abgesteckt wurde, bis beim Punkt m der Talrand erreicht war.

Vom Sattel in 3 führt ein in seinem obersten Teil bereits ausgebauter Weg — Nr. 2 — nach dem nördlichen Ausgang bei d. Da dieser Weg den Hang ziemlich gleichmäßig durchzieht, so ist er als Einteilungslinie benutzt worden.

Um eine Verbindung des westlichen Hanges nach Osten herzustellen, ist der Weg 3 eingelegt, der im Hauptsattel der Linie x—y mit den Wegen 4 und 7 verbunden ist. Für seine Anlage war der Umstand maßgebend, daß der Ausbau von Wegen an jenem Hang durch felsiges Gelände sehr erschwert ist. Deshalb wurde für die am schwersten zu bauende

---

[1]) Ausgeführt vom Verfasser im Jahre 1877, ein charakteristisches Beispiel für die Einteilung und Wegenetzlegung in den preußischen Gebirgsforsten.

Strecke auf Kosten des wünschenswerten Gefälles für die Wege 2 und 3 ein gemeinsames horizontales Stück a—b eingelegt.

Die weitere Einteilung ist durch senkrecht zu den Horizontalen liegende Schneisen bewirkt.

II. Einteilung eines großen abgeplatteten Bergkopfes bei Großalmerode, Reg.-Bez. Kassel. — Tafel 5[1]). Der oberste fast ebene Teil ist durch einen Plateaurandweg (7) von den Hängen geschieden. Zum Aufschluß des ganzen Waldes sind 2 Hauptwege (1 und 2) konstruiert. Die unteren Ausgänge A_1, A_2 derselben waren, wie die Karte zeigt, gegeben; für die oberen brauchten auf dem ebenen Plateau keine bestimmten Punkte eingehalten zu werden. Da die Hauptwege, um ihren Zweck zu erfüllen, ein tunlichst hohes Gefälle haben müssen, so waren sie zur Einteilung nicht geeignet; sie liegen diagonal zur Schichtung des Berges. Die Teilung des Hanges ist durch den horizontal oder mit ganz schwachem Gefälle geführten Weg 6 bewirkt. Der Basis des ganzen Kopfes liegt der Randweg Nr. 5 auf. Die weitere Einteilung erfolgt durch Schneisen, die senkrecht zu den Horizontalen verlaufen.

III. Teilung von Gelände verschiedener Neigungsgrade. Forstrevier Tharandt. — Tafel 6. Auch hier lag wie im Beispiel I eine geradlinige, von Cotta begründete Einteilung vor. Im Gegensatz zum Beispiel I ist aber die Änderung derselben nur allmählich und mit tunlichster Belassung des bestehenden Rahmens vollzogen worden.

Die unteren Hänge sind sehr steil, die oberen sanft geneigt und nach allen Richtungen fahrbar. Mit Rücksicht auf die verschiedene Bewirtschaftung, die hieraus hervorgeht, waren beide Teile voneinander zu trennen. Dies geschieht durch die horizontal verlaufenden Wege 1 und 2. Weg 1 (der Judeichweg) ersetzt den früher zur Einteilung benutzten, die Abteilungen 9, 10, 11 durchziehenden Wirtschaftsstreifen (den sogen. Mauerhammer), eine der ältesten Linien der Cottaschen Vermessung.

Die Teilung des ebenen Teils erfolgt nach dem in Sachsen üblichen Verfahren durch Schneisen, die von Nordwest nach Südost verlaufen. Sie bilden den Rahmen für die Führung der Schläge. Der steile Revierteil wird durch die ihn durchziehende, mit einem Weg (3) ausgestattete Mulde geteilt. Da der sie durchfließende Wasserlauf schwach ausgeprägt ist und kein Hindernis für den Transport des Holzes bildet, so ist der Weg als Abteilungsgrenze bestimmt. Dieser hat nicht nur das über ihm liegende Holz nach unten zu schaffen, sondern er trägt den Charakter eines Hauptweges für die höheren Teile des Reviers. Er mußte deshalb mit dem oberhalb liegenden Waldteile in Verbindung gebracht werden. Zu diesem Zweck sind mehrere Kurven eingelegt worden. Zur weiteren Teilung sind Seitenrücken und Schneisen benutzt.

---

[1]) Entnommen aus Kaiser, O.: Die wirtschaftliche Einteilung der Forsten III. Abschnitt, 12, S. 81, 1902.

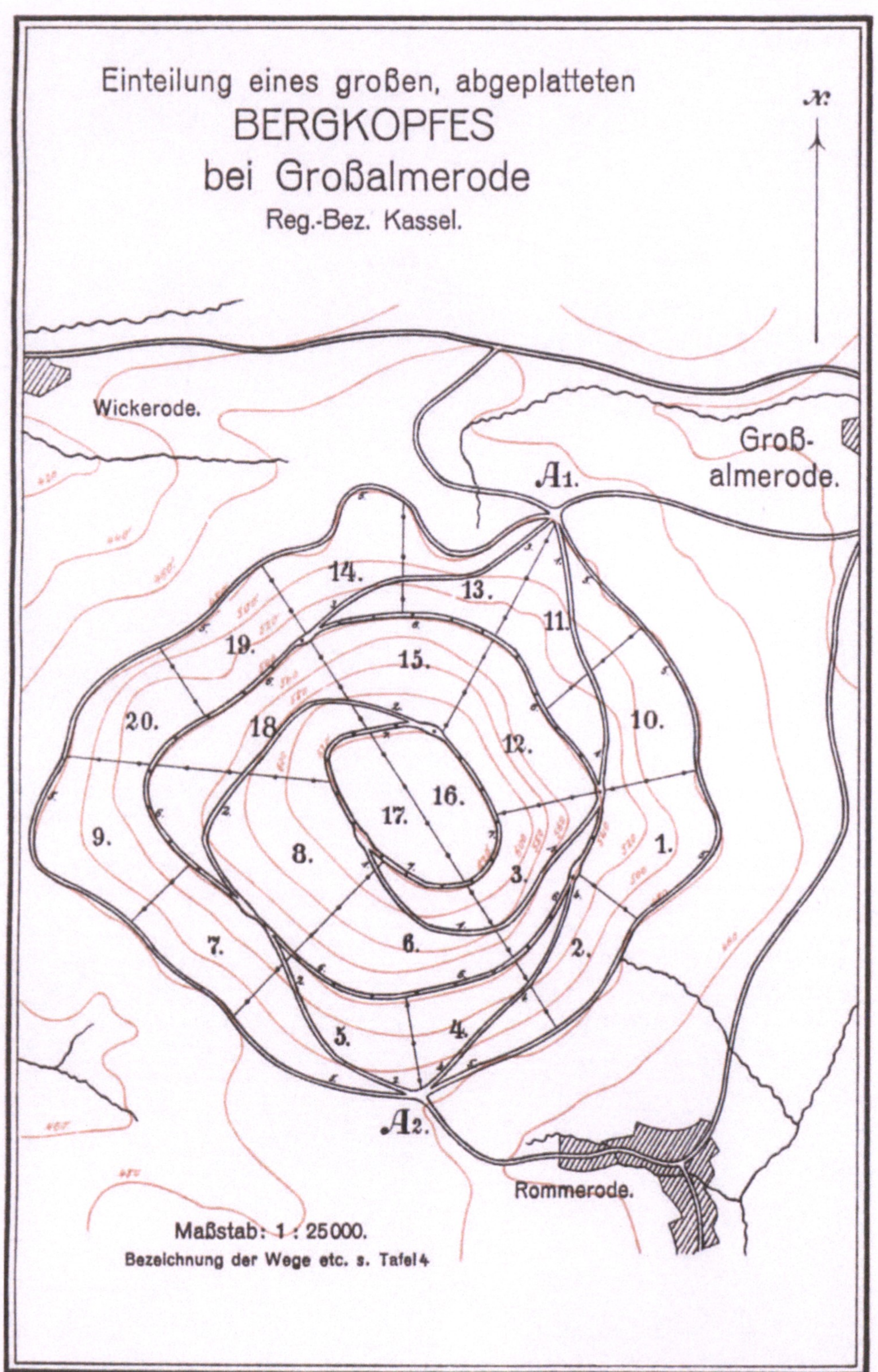

Tafel 5.
N.
Einteilung eines großen, abgeplatteten
BERGKOPFES
bei Großalmerode
Reg.-Bez. Kassel.
Wickerode.
Groß-
almerode.
A1.
14.
13.
11.
19.
15.
10.
20.
18.
12.
9.
16.
17.
8.
3.
1.
7.
6.
2.
5.
4.
A2.
Rommerode.
Maßstab: 1 : 25000.
Bezeichnung der Wege etc. s. Tafel 4

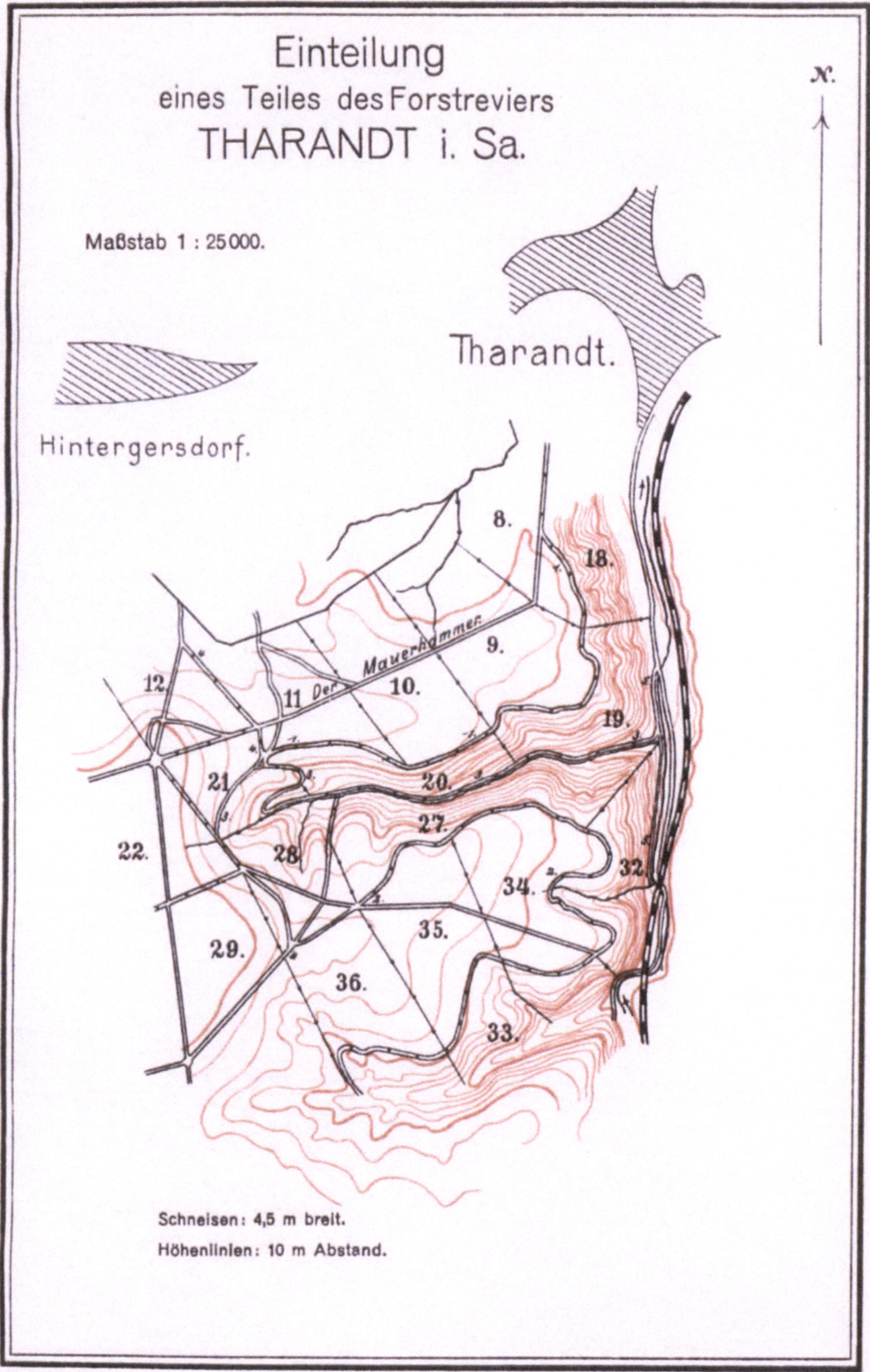
Einteilung
eines Teiles des Forstreviers
THARANDT i. Sa.
Maßstab 1 : 25000.
N.
Tharandt.
Hintergersdorf.
Der Mauerhammer.
8.
18.
9.
10.
11
12
19.
21.
20.
27.
22.
28.
32.
34.
35.
29.
36.
33.
Schneisen: 4,5 m breit.
Höhenlinien: 10 m Abstand.

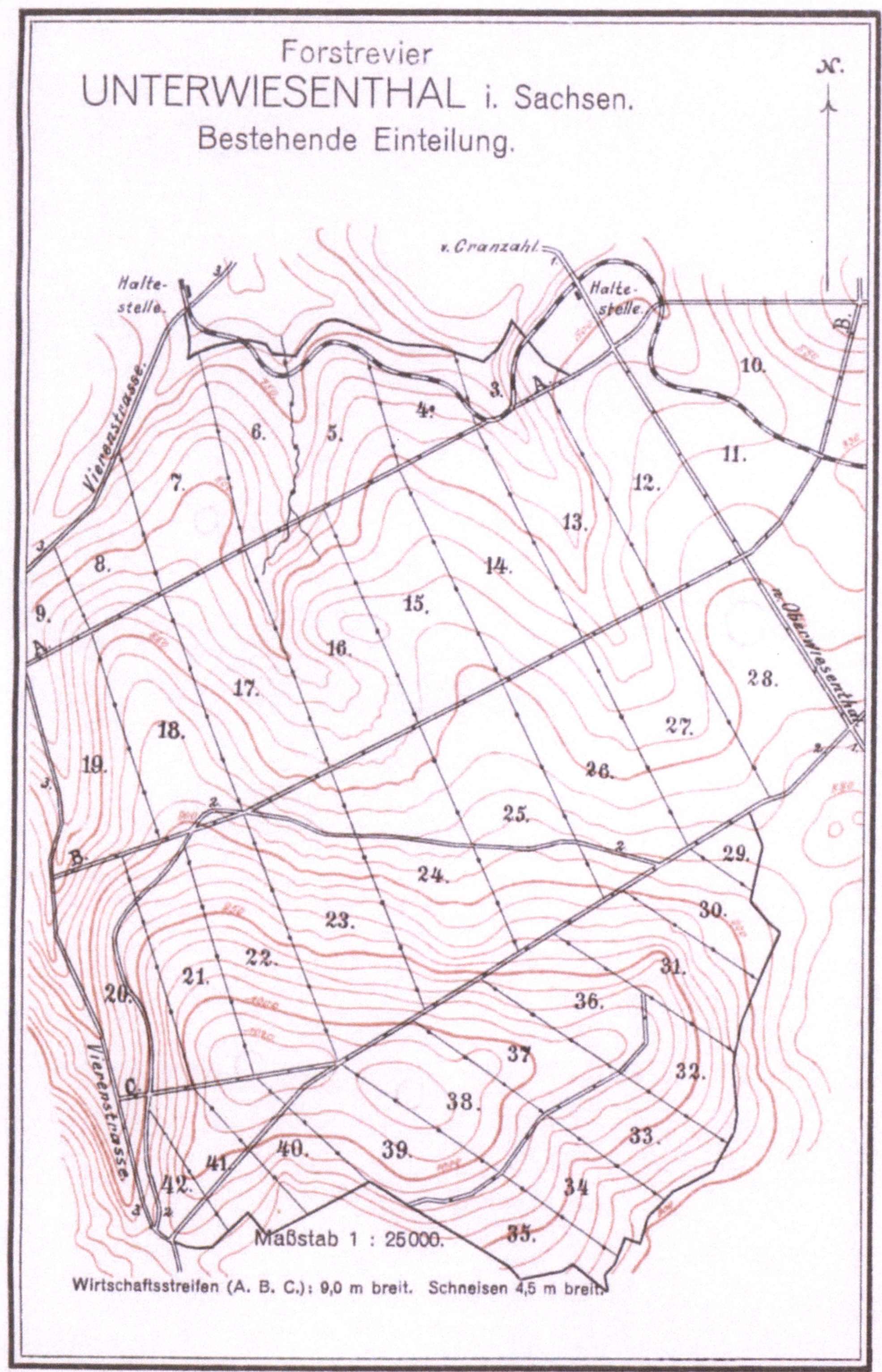

Verlag von Julius Springer in Berlin.

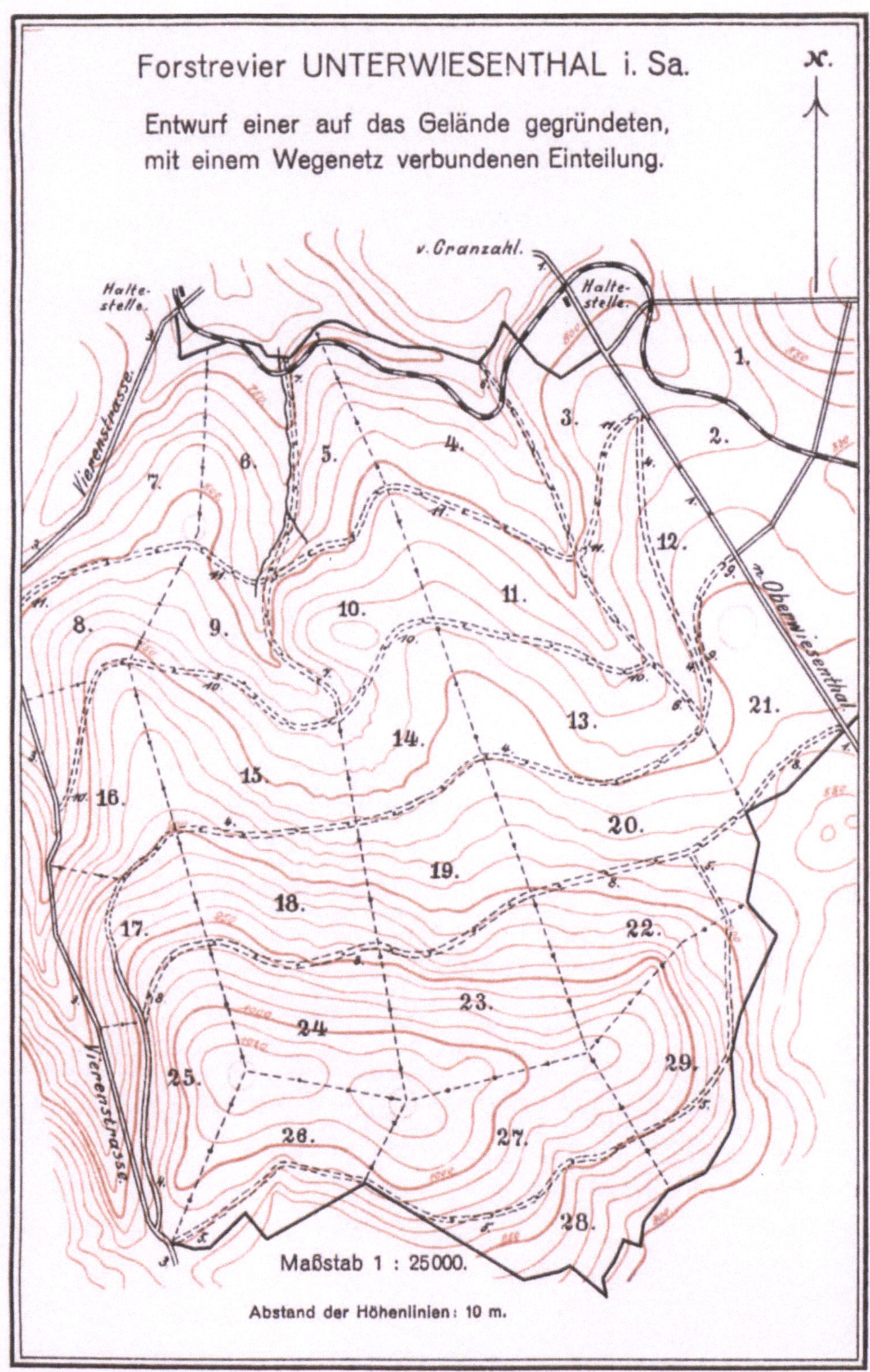

Martin, Forsteinrichtung. 4. Aufl.

Verlag von Julius Springer in Berlin.

Die unteren Teile der Hänge sind durch den Randweg 5, welcher gleichzeitig Kulturgrenze bildet, aufgeschlossen.

IV. **Einteilung eines von starken Mulden und Rücken durchzogenen Gebirgsreviers: Unterwiesenthal im Erzgebirge**[1]). a) **Die bestehende Einteilung.** — Tafel 7. Sie zeigt die in Sachsen vorherrschende Art der Teilung: Die Wirtschaftsstreifen A, B, C laufen von Nordost nach Südwest, sie haben eine Breite von 9 m. Die Schneisen verlaufen annähernd senkrecht dazu von Nordwest nach Südost und sind jetzt 4,5 m breit.

Die Absatzrichtung ist durch mehrere Haltestellen der Eisenbahn Cranzahl — Oberwiesenthal bestimmt. Der östlichen Haltestelle wird das Holz durch die von Cranzahl nach Unterwiesenthal führende Straße 1 zugeführt. Von ihr zweigt die gut ausgebaute Straße 2 ab, welche mit ihrem oberen Ende im Sattel der Abteilung 42 die Höhe zwischem dem Eisenberg und Fichtelberg erreicht. Das den vorliegenden Waldkörper westlich begrenzende Tal ist mit einer gut gebauten, vom gleichen Sattel ausgehenden Talstraße (3) ausgestattet. In den unteren Teilen des Reviers befinden sich noch einzelne Wege, die mit verschiedenem, meist hohem Gefälle direkt nach den nördlichen Absatzorten gerichtet sind. Dagegen besteht kein zusammenhängendes, das ganze Waldgebiet gleichmäßig aufschließendes Wegenetz.

b) **Entwurf einer auf das Terrain begründeten, mit dem Wegenetz verbundenen Einteilung.** — Tafel 8. Wenn der Grundsatz, daß durch die Einteilung Verschiedenheiten des Standortes voneinander gesondert werden sollen, zur Anwendung gebracht wird, so sind zunächst die ausgeprägten Terrainlinien möglichst ausgiebig zur Einteilung zu benutzen. Dies gilt sowohl von dem Hauptrücken als auch von den nach Norden auslaufenden Seitenrücken und den von Wasserläufen durchzogenen Tälern. Zum Aufschluß bilden die bestehenden Hauptwege von Sattel 42 (beim Treffpunkt der Wege 3 und 4) eine gute Grundlage. Es sind aber noch weitere Hauptwege erforderlich, die die schwierigen Teile des kupierten Geländes nicht umgehen, sondern durchziehen. Zu diesem Zweck ist Weg 4 und für den südlichen Teil Weg 5 entworfen. Sodann sind die Täler, welche in ihrem unteren Verlauf ein sehr mäßiges Gefälle haben, mit Wegen zu versehen (6, 7). Die weitere Einteilung hat zur Aufgabe, den von der Höhe des Eisenberges nach Norden gerichteten Hang, welcher Höhenunterschiede von fast 300 m umfaßt, in Schichten zu zerlegen, und zwar durch nivellierte Wege, welche an die Stelle der Wirtschaftsstreifen treten. Diese Aufgabe sollen die Wege 8, 10 und 11 erfüllen. Der Wegezug 11, welcher die unterste Schicht abgrenzt, besteht aus verschiedenen Teilen, die ein

---

[1]) Ein charakteristisches Beispiel für die Einteilung und Wegenetzlegung in den sächsischen Staatsforsten.

entgegengesetztes Gefälle haben. Da die Abfuhr nur abwärts erfolgt, so können die Wegestücke von den Rücken nach den Mulden Fall haben, was eine für die Teilung wünschenswerte Vergradung des ganzen Wegezuges zur Folge hat. Das gleiche gilt für die Teile des Weges 10.

Ob nun bei der Einteilung in ständige Wirtschaftsfiguren im vorliegenden Falle (und ebenso in vielen anderen) eine mehr oder weniger konservative Richtung eingehalten werden soll, hängt besonders von dem Werte ab, der den bestehenden Verhältnissen beigelegt wird. In dem vorliegenden Beispiel haben sich die Wirtschaftsstreifen beiderseits bemantelt; sie haben seit langer Zeit der Wirtschaftsführung als Grundlage gedient; die Schläge werden gleichmäßig in der Richtung der vorliegenden Schneisen geführt und aneinander gereiht. Die Flächengröße der Abteilungen ist so gleichmäßig, wie sie bei einer natürlichen Einteilung nicht zu erreichen ist. Dagegen hat die bestehende Einteilung den Mangel, daß innerhalb der ständigen Wirtschaftsfiguren oft verschiedene Hänge und verschiedene Bonitäten vorkommen, was die Aufstellung der Betriebspläne und die Anwendung der Wirtschaftsregeln erschwert. Es ist ferner ein Mangel, daß die breiten Wirtschaftsstreifen unproduktive Flächen darstellen, welche keinem anderen Zweck als dem der Teilung und Bemantelung dienen. Die Beibehaltung der vorhandenen Einteilung führt ferner dazu, Kosten auf die Fahrbarmachung von Linien zu verwenden, die an sich nicht zu Wegen geeignet sind.

Eine auf das Terrain gegründete Einteilung scheidet die Standortsverschiedenheiten weit besser aus; die dem Holzboden verlorengehenden Flächen werden größtenteils zur Weganlage benutzt. Für die zum Aufschluß der einzelnen Teile dienenden Nebenwege ist eine bessere Grundlage gegeben.

V. Einteilung hügeligen Geländes in Norddeutschland. Oberförsterei Freienwalde a. O. — Tafel 9. Die Einteilung im Hügellande weicht in wesentlichen Richtungen von derjenigen im Gebirge ab. Die Höhen sind hier zu gering, als daß eine Schichtenbildung Platz greifen könnte; die Wechsel der Expositionen sind zu mannigfach, um sie in gleichmäßiger Weise der Einteilung zugrunde zu legen. Wegen der starken Unebenheiten des Hügellandes sind gerade Linien als Wege ganz unbrauchbar.

Die Wegenetzlegung und Einteilung sind hier dahin gerichtet, daß die Mulden zwischen den Hügeln möglichst ausgiebig von Wegen durchzogen werden. In den oberen Teilen, wo das Gelände meist weniger geneigt ist, lassen sich diese Muldenwege miteinander verbinden. Beide Arten von Wegen sind möglichst ausgiebig für die Einteilung zu benutzen, wie dies Tafel 9, einen Teil des Schutzbezirks Maienpfuhl der Oberförsterei Freienwalde a. O. darstellend, ersehen läßt.

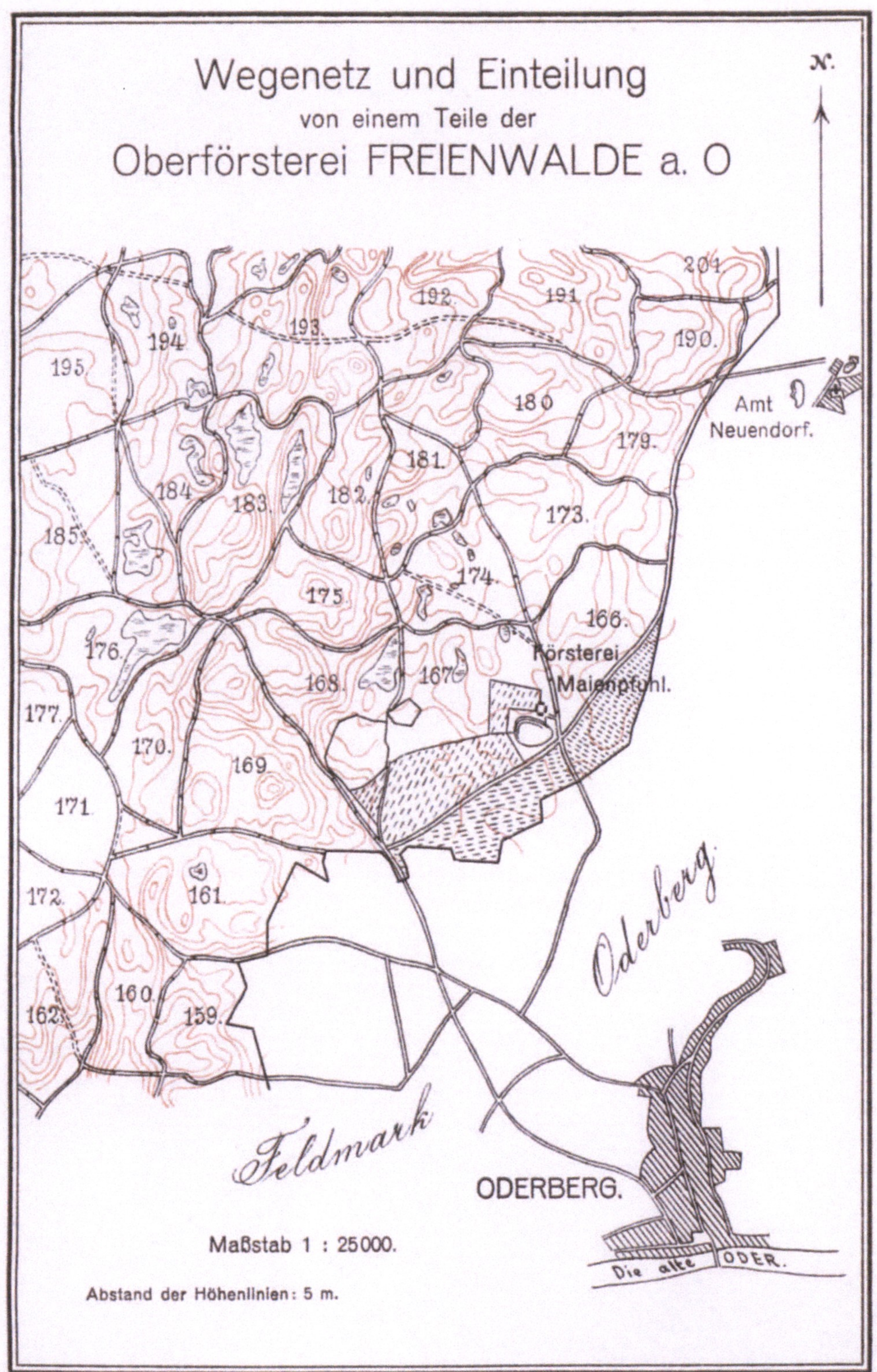

Martin, Forsteinrichtung. 4. Aufl.
Verlag von Julius Springer in Berlin.

B. Ausführung.

Sofern es sich um neue Wegenetzlegungen und Einteilungen handelt, erfolgen die hier nur kurz anzudeutenden Arbeiten in nachstehender Folge:

1. Vorläufige Darstellung der entworfenen Linien auf der Terrainkarte.

Der Absteckung des Wege- und Einteilungsnetzes muß eine Darstellung der projektierten Linien mit Blei auf den unter A 1 genannten Terrainkarten vorausgehen. Dieselbe wird in der Regel erst nach einer eingehenden örtlichen Orientierung vorgenommen, welche sich auf die charakteristischen Merkmale des Geländes (Höhen- und Talzüge, Sättel, Felsen usw.) und auf den Zustand der vorhandenen Wege (Gefälle, Kosten, baulicher Zustand) zu erstrecken hat.

2. Die provisorische Absteckung.

a) Wege. Die Absteckung der Wege erfolgt mit einem einfachen, leicht zu führenden Nivellierinstrument. In der Praxis vieler Staaten hat sich der bekannte Bosesche Senkelrahmen sehr gut bewährt. Zur Handhabung desselben sind 2 Personen erforderlich; die eine führt das mit dem Visierrahmen versehene Stativ, die andere die Scheibe. Ein Arbeiter hat die nötigen Pfähle zu beschaffen und an den einzelnen Stationen, wo das Instrument aufgestellt wurde, einzuschlagen. Der Abstand dieser Stationen ist je nach dem Terrain und dem Holzbestand verschieden, kleiner bei kupiertem Terrain und dichtem Holzbestand, größer an glatten Hängen und im hohen Holze. Alle für den Bau der Wege charakteristischen Punkte (z. B. Übergänge über Wasserläufe, Felsenpässe, nasse Stellen) sollen bei der Absteckung genau bezeichnet sein.

Maßgebend für den Gang der Absteckungen sind die unter A 4 angegebenen Grundsätze, die beim Abstecken ebenso wie beim Entwurf, nur mit bestimmterer Anlehnung an das vorliegende Gelände, in Anwendung zu bringen sind. Zuerst werden die Hauptabfuhrwege abgesteckt. In der Regel beginnt man dabei an den oberen oder unteren Ausgängen. Bisweilen ist man aber genötigt, bestimmte Stellen des Geländes von vornherein festzulegen und von ihnen als gegebenen Festpunkten auszugehen. Stets ist bei der Absteckung auf guten und billigen Ausbau, zweckmäßiges Gefälle und gestreckte Lage der Wege Rücksicht zu nehmen. Sofern keine Gründe zu Abweichungen vorliegen, werden die zwischen gegebenen Festpunkten liegenden Wegestrecken mit gleichmäßigem Gefälle abgesteckt. Auch wenn ein dahin gehendes Bestreben obwaltet, ergeben sich für lange Wege doch sehr häufig Abweichungen im Gefälle durch schwierige Baustellen (Felsen, nasse Stellen, Übergänge über Wasserläufe), beibehaltene vorhandene Wegstücke, Einführung anderer Wege durch Kurven, welche eine Ermäßigung des Gefälls wünschenswert machen, u. a. Verhältnisse.

b) Terrainlinien und Schneisen. Die Absteckung gerader oder mit Winkeln versehener Einteilungslinien erfolgt mit Stäben. Die von der Natur gegebenen Terrainlinien sollen, wenn sie scharf ausgeprägt sind, möglichst genau abgesteckt werden, so daß die aufgehauenen Linien auf dem Rücken oder in der Mulde liegen. Um dieser Aufgabe gerecht zu werden, müssen Vorschriften über die Richtung und Breite des Aufhiebs gegeben werden. Im allgemeinen gilt auch im Gebirge der Grundsatz, daß diejenigen Seiten abgesteckt werden, die der Sonne und dem Wind ausgesetzt sind. Im allgemeinen sind dies Nord- und Ostseiten. Bei den häufigen Biegungen ergeben sich aber in dieser Beziehung weit mehr Meinungsverschiedenheiten und Schwierigkeiten als im ebenen Gelände. Die Aufhiebe und etwaige Verbreiterungen der Gestelle sollen von der abgesteckten Linie aus erfolgen. Diese bleibt unverändert.

Die im natürlichen Verlauf der Rücken und Mulden vorkommenden Biegungen machen Winkel erforderlich, namentlich dann, wenn scharfe Terrainbildungen vorliegen. Stumpfe Rücken und flache Mulden sind dagegen tunlichst zu vergraden. Die Schneisen werden an steilen Hängen senkrecht zu den Horizontalen in der Richtung des stärksten Gefälles, gelegt. Die durch Verwerfung der horizontalen Richtung erforderlichen Winkel sind möglichst an die Wege zu legen.

3. Die definitive Absteckung.

Die endgültige Absteckung der Wege und Einteilungslinien wird erst vorgenommen, wenn für ein einheitlich zu behandelndes Waldgebiet keine Zweifel über die Ausführung aller Teile des vorliegenden Wege- und Einteilungsnetzes vorliegen. Bei der erstmaligen Absteckung ist dies meist nicht der Fall. Sie trägt deshalb einen provisorischen Charakter. Mit Rücksicht auf die Möglichkeit eintretender Änderungen muß daher mit Schonung vorhandener Bestände und wüchsiger Stämme verfahren werden. Bei der definitiven Absteckung muß die Festlegung dagegen in voller Schärfe, mit geometrischer Genauigkeit erfolgen, so daß danach der Aufhieb bewirkt werden kann.

Bei den Wegen ist zu beachten, daß die Absteckungen dem späteren Ausbau entsprechen und für diesen die Grundlage bilden sollen. Schwierige Stellen müssen deshalb genau bezeichnet werden. Mit Rücksicht auf die Abfuhr von Langholz, eine gute Abgrenzung der Hiebszüge und die Schlagführung ist es erwünscht, daß die Wege gestreckt werden. Dies geschieht dadurch, daß die Rücken und andere Erhebungen des Terrains durchstochen, Mulden und Vertiefungen des Geländes aufgefüllt werden. Von dem Strecken ist daher so weit Anwendung zu machen, als es die vermehrten Kosten, die sich durch die Fortschaffung von Erde und Steinen in der Längsrichtung des Wegs ergeben, zulässig erscheinen lassen.

Bei der definitiven Absteckung der Teilungslinien sind die Punkte zu bestimmen, welche mit Steinen versehen werden sollen. Die Stationen der Wege werden mit Pfählen bezeichnet, an welche das Gefälle der betreffenden Strecke angeschrieben wird.

4. Karten und Schriften.

Nach Beendigung der Absteckung sind die Einteilungslinien so weit aufzumessen, daß ein hierauf beruhender Flächennachweis dem Betriebsplan zugrunde gelegt werden kann. Hinsichtlich der Wege empfiehlt es sich mit Rücksicht auf die Möglichkeit späterer Veränderungen ihrer Lage, daß die genaue Aufmessung insbesondere der Hauptabfuhrwege bis nach dem Ausbau verschoben wird.

Die Einteilung nebst Wegenetz ist nach Beendigung der Absteckung auf einer Terrainkarte mit farbigen Linien darzustellen. Über die gebildeten Wirtschaftsfiguren ist ein Verzeichnis anzufertigen, in welchem ihre Flächen nach endgültiger oder provisorischer Messung eingetragen werden. Die Wirtschaftsfiguren werden mit arabischen Ziffern bezeichnet Die Numeration erfolgt nach den unter I B 5 angegebenen Grundsätzen. Mit Rücksicht auf die Orientierung empfiehlt es sich, daß zusammenhängende Terrainabschnitte nicht voneinander getrennt, sondern in sich fortlaufend numeriert werden.

Für die Wege werden Beschreibungen gefertigt, welche ihr Gefälle und ihre Lage angeben. Auch empfiehlt es sich, einen Anschlag über die Kosten des Ausbaues und der Unterhaltung beizufügen, denen jedoch wegen der Unsicherheit der Art des Ausbaues keine bindende Kraft gegeben wird.

Endlich ist eine Nachweisung über den erforderlichen Grunderwerb den schriftlichen Arbeiten, die der leitenden Behörde vorzulegen sind, beizufügen.

5. Versteinung und Sicherung.

Die Versteinung der Einteilungslinien erfolgt nach den für ebenes Gelände angegebenen Regeln. Versteint werden diejenigen Seiten der Schneisen und Terrainlinien, welche definitiv abgesteckt sind. Bei der Bestimmung der Punkte, an welchen Steine stehen sollen, ist zu beachten, daß diese nicht durch den Ausbau und die Abfuhr gefährdet werden. An den Schnittpunkten von Schneisen mit Wegen sind sie oberhalb der Wegränder zu setzen. Auch die Winkelpunkte der Teilungslinien, welche keine Schnittpunkte sind, werden mit Steinen von kleineren Dimensionen versehen.

Die Sicherung der Wege erfolgt entweder durch sogen. Schablonen,

Wegstücke von 4—6 m Länge, welche ein Stück des späteren Weges darstellen, oder durch schmale Einschnitte, sog. Niveauplatten. Solche werden an charakteristische Stellen der Wegzüge gelegt (an Biegungen, Gefällwechselpunkte, bei geraden Strecken im Abstand von 20—30 m). Zur Vermessung und zur Sicherung des Wegnetzes ist die Festlegung einzelner Punkte genügend. Zur raschen Aufsuchung der Wegezüge und zur Erleichterung des Begehens durch die Beamten ist es aber zweckmäßig, daß das ganze Wegenetz durch durchgehende Pfade gesichert wird. In dem auch im Gebirge vorkommenden ebenen oder schwach geneigten Gelände erfolgt die Sicherung, wie unter I B für ebenes Gelände angegeben wurde, durch Gräben und Hügel.

Vierter Abschnitt.

Die Ausscheidung der Unterabteilungen (Bestandesabteilungen)[1].

1. Begriff und Bedeutung.

Unter Bestandesabteilung (in Preußen Abteilung, in Süddeutschland und Sachsen Unterabteilung) versteht man solche Teile der ständigen Wirtschaftsfiguren, welche bei der Aufstellung der Wirtschaftspläne als Einheit angesehen werden. Alle taxatorischen Arbeiten (Standorts- und Bestandesbeschreibung, Bonitierung, Massenermittelung usw.) werden auf die Unterabteilungen bezogen. Ebenso sind alle Wirtschaftsbücher (Hauungs- und Kulturpläne, Lohnzettel, Rechnungen, Kontrollbücher usw.) nach den Bestandesabteilungen zu ordnen. Ihre Bildung muß den anderen taxatorischen Vorarbeiten (Massen- und Zuwachsaufnahmen, Beschreibung usw.) vorangehen.

2. Bestimmungsgründe für die Ausscheidungen der Unterabteilungen.

Sie liegen in der Verschiedenheit der in einer ständigen Wirtschaftsfigur vorkommenden Bestände. Der leitende Grundsatz für die Ausscheidung geht dahin, daß alle Teile einer ständigen Wirtschaftsfigur von einander getrennt werden sollen, welche verschiedene Betriebsmaßnahmen erfordern. Als Ursachen für die Ausscheidung kommen hauptsächlich in Betracht:

a) Verschiedenheiten der Holzart. Verschiedene Holzarten werden als Unterabteilungen ausgeschieden, wenn sie bei entsprechender

---

[1] Außer den Lehrbüchern über Forsteinrichtung ist hervorzuheben: Danckelmann: „Über die Bildung der Holzbodenabteilungen", Zeitschr. f. Forst- u. Jagdw. 1880. — Die Bestimmungen der größeren deutschen Forstverwaltungen über die Bildung der Bestandesabteilungen sind im 5. Teil enthalten.

Flächengröße und Form sich bestimmt voneinander absondern lassen. Dies ist namentlich bei reinen Beständen der Fall. In gemischten Beständen, in welchen zwei oder mehrere Holzarten in wechselndem Verhältnis auftreten, läßt sich die Sonderung der Holzarten nach der von ihnen eingenommenen Fläche oft nicht durchführen. Bei dieser ist deshalb nicht mechanisch nach allgemeinen Regeln zu verfahren. Vielmehr ist stets der Grad der Verschiedenheit zu berücksichtigen, den die betreffenden Holzarten in ihrem forstlichen Verhalten und ihrer Bewirtschaftung zeigen.

b) Verschiedene Altersstufen derselben Holzart. Sie werden als besondere Unterabteilung ausgeschieden, wenn sie in bezug auf den Ertrag oder die im Wirtschaftsplan festzusetzenden Maßnahmen nicht einheitlich behandelt werden können. Als Maß der Altersunterschiede, das zur Bildung von Unterabteilungen Ursache gibt, wird in der Regel die 20jährige Abstufung angesehen, entsprechend der Bildung der Altersklassen und Periodenflächen in den Wirtschaftsplänen. Je nach der verschiedenen Bedeutung der Altersunterschiede für die wirtschaftlichen Maßregeln können diese Grenzen aber nicht genau eingehalten werden. Jüngere Orte, die noch der Nachbesserung oder Bestandespflege bedürfen, sind, auch bei gleichen Altersunterschieden, schärfer zu trennen als verschiedene Stufen der Stangen- und Baumhölzer.

c) Verschiedenheiten in Wuchs, Schluß und Entstehung geben nur dann zur Bildung von Unterabteilungen Veranlassung, wenn für einzelne Teile der Abteilung bestimmte wirtschaftliche Maßregeln (z. B. Abtrieb, Unterbau) nötig werden. So wird z. B. in einem Buchen-Stangenholz ein schlechtwüchsiger Teil, der in Nadelholz umgewandelt werden soll, von dem bessern, zu erhaltenden Teile abgeschieden.

d) Verschiedenheiten des Standortes. Wenn stärkere Standortsverschiedenheiten z. B. verschiedene Expositionen, nicht, wie es Regel ist, schon durch die Einteilung voneinander gesondert sind (vgl. 1. Abschn. II A 1), muß es in der Regel bei der Bildung der Unterabteilungen geschehen.

e) Verschiedenheiten der Betriebsart begründen die Bildung besonderer Betriebsverbände und müssen bei der Ausscheidung stets berücksichtigt werden (s. Teil III).

f) Endlich kann auch die Belastung von Teilflächen eines Jagens mit Servituten zur Bildung von Unterabteilungen Veranlassung geben.

3. Mindestgröße der Bestandesabteilungen.

Bestimmend für diese sind:

a) Die Bestandesverhältnisse. Wie aus den genannten Bestimmungsgründen hervorgeht, ist der Umfang, in welchem Unterabteilungen ausgeschieden werden, sehr verschieden. Die Mischung verschiedener

Holzarten, mag sie nun von Natur oder durch wirtschaftliche Maßnahmen entstanden sein, gibt Anlaß, die Zahl der Unterabteilungen zu
beschränken. In der gleichen Richtung wirkt Ungleichaltrigkeit der Bestände. Daher fallen sie im Mittel- und Plenterwald, wo Mischung und
Ungleichaltrigkeit vorherrschen, meist ganz fort, wie es auch von den
neueren Vertretern des sog. Dauerwaldes[1]) als Regel angesehen wird.

b) Die Bedeutung der vorkommenden Holzarten und der Grad der
Unterschiede ihrer wirtschaftlichen Behandlung. Wo auf eine Holzart
besonderer Wert gelegt wird, wie z. B. die Eiche im Nadelholz oder die
Erle an Wasserläufen, wird man mit der Ausscheidung weiter gehen,
als es sonst Regel ist. Namentlich ist dies der Fall bei seltenen Holzarten, auf deren Erhaltung und leichte Auffindung besonderer Wert gelegt wird.

c) Die Methode der Betriebsregelung. Bei denjenigen Methoden, für
welche ein nach Holzarten geordneter Nachweis der Altersklassen die
Grundlage bildet, muß auf eine scharfe Ausscheidung Wert gelegt
werden. Es ist hiernach verständlich, daß in der Praxis bei der Ausscheidung der Unterabteilungen sehr verschieden verfahren wird. In
Sachsen sind in einer Abteilung oft mehr als 10 oder selbst 20 Unterabteilungen vorhanden, während diese in Baden[2]) nur ausnahmsweise
auszuscheiden sind. Bindende Vorschriften von allgemeiner Gültigkeit
können hiernach nicht gegeben werden. Im Interesse der Wirtschaftsführung liegt es, daß die Ausscheidung nicht weiter ausgedehnt wird,
als unbedingt erforderlich ist. Die meisten Staatsforstverwaltungen geben
die ungefähre Mindestgröße der Unterabteilungen zu einem Hektar an.

4. Veränderungen der Bestandesabteilungen.

Durch wirtschaftliche Maßnahmen (z. B. Zusammenfassung mehrerer
Bestände bei der Verjüngung) und durch das Eintreten von Naturschäden (z. B. Bildung größerer Blößen durch Wind- und Schneebruch)
treten im Laufe einer Wirtschaftsperiode oft Verhältnisse ein, welche
Veränderungen der Bestandesabteilungen zur Folge haben. Mit Rücksicht auf die für die Ertragsregelung erforderlichen Nachweise der Erträge und Produktionskosten sind solche Änderungen nicht weiter, als
unbedingt nötig erscheint, auszudehnen. Sofern neue Bestandesabteilungen gebildet werden, sind die Grundlagen der alten in den Akten
zu erhalten, so daß man beim Nachweis der Erträge und Produktionskosten auf die früheren Flächen zurückgehen kann.

5. Absteckung und Sicherung.

Die Grenzen verschiedener Unterabteilungen müssen örtlich deutlich erkennbar sein. Sie werden, wenn sie nicht in bestimmter Lage

---

[1]) So z. B. von Wiebecke: Der Dauerwald, 2. Aufl., S. 60.
[2]) Nach der Dienstweisung über Forsteinrichtung von 1924, S. 10.

unzweifelhaft vorliegen, mit Stäben abgesteckt. Dabei ist darauf
zu achten, daß unnötige Winkel vermieden werden. Die Sicherung
der Grenzen erfolgt, wenn sie nicht durch vorhandene Merkmale (Altersgrenzen, Schneisen, Wege, Wasserläufe usw.) unnötig erscheint, durch
schmale Aufhiebe, durch Hügel und Gräben oder auch durch Anstrich
der Grenzbäume mit Ölfarbe.

6. Kartierung.

Nach der Aufmessung, die auf einfachem Wege zu erfolgen hat,
werden die Unterabteilungen in die Spezial- und Wirtschaftskarten
eingetragen. Sie werden durch kleine lateinische Buchstaben, die entsprechend der Nummerfolge der Jagen zu ordnen sind, bezeichnet.

7. Nichtholzbodenflächen.

Im Betriebsplan werden nur solche Flächen aufgeführt, welche der
Holzzucht gewidmet sind. Nichtholzbodenflächen (Äcker, Wiesen,
Baustellen usw.) erscheinen nur auf den Karten und in den ihre Be-
nutzung betreffenden Nachweisungen.

Fünfter Abschnitt.

Die Beschreibung und Bonitierung des Standorts.

Da alle Naturkräfte, durch welche das Wachstum der Pflanzen
zustande kommt, an den Standort gebunden sind, so bildet dieser die
Grundlage und den Maßstab der forstlichen Erzeugung. Alle wirtschaftlichen Maßnahmen (Wahl der Holzart, Begründung, Erziehung usw.)
sind vom Standort abhängig. Eine zutreffende Darstellung desselben
muß deshalb den weiteren Vorarbeiten der Ertragsregelung vorausgehen.

I. Beschreibung.

Sie erfolgt in Übereinstimmung mit der von den Vertretern der
forstlichen Versuchsanstalten gegebenen Anleitung[1]) (meist aber in
kürzerer Fassung) und erstreckt sich auf Klima, Lage und Boden.

A. Klima.

Das Klima bildet den wichtigsten Bestimmungsgrund für das Verhalten der Holzarten. Viele waldbauliche Erscheinungen, wie z. B. das
natürliche Auftreten einer Holzart, ihre Fähigkeit, sich gegen andere zu
behaupten, manchen Naturschäden Widerstand zu leisten, ein gewisses
Maß von Schatten zu ertragen, sich natürlich zu verhängen u. a., werden

---

[1]) Anleitung zur Standorts- und Bestandesbeschreibung beim forstlichen
Versuchswesen, 1909 (nach dem Beschluß des Vereins deutscher forstlicher Versuchsanstalten vom 3. Sept. 1908).

vorzugsweise durch das Klima bestimmt. Es ist deshalb erforderlich, daß dieses im allgemeinen Teil der Wirtschaftspläne nachgewiesen wird.

Der mittlere Teil des natürlichen Verbreiterungsgebiets einer Holzart bildet in der Regel das Optimum des Standorts. Hier verhält sich die betreffende Holzart nach allen wesentlichen waldbaulichen und sonstigen Richtungen am günstigsten, während ihr Verhalten nach den Wärme- und Kältegrenzen hin sich fortgesetzt ungünstiger gestaltet.

Nach der Anleitung zur Standortsbeschreibung beim Versuchswesen wird das Klima gekennzeichnet:

1. Durch die mittlere Jahrestemperatur;

2. durch die bekannte niedrigste Temperatur im Winter;

3. durch die mittlere Jahresmenge der Niederschläge;

4. durch die Verteilung der Niederschlagsmenge auf Sommer und Winter, bez. auf die Durchschnitte einzelner Monate.

Die erforderlichen Angaben werden in der Regel den Aufzeichnungen der nächsten Wetterwarte entnommen. Wo zahlenmäßige Angaben fehlen, ist der allgemeine Charakter des Klimas kurz zu kennzeichnen. Die klimatischen Besonderheiten der Reviere oder Revierteile sind hervorzuheben, insbesondere die Verhältnisse, welche Spät- und Frühfröste, sowie Schäden durch Sturm und Anhang betreffen.

B. Lage.

Bezüglich der Lage ist die allgemeine geographische und die besondere örtliche zu unterscheiden.

1. Die allgemeine Lage.

Sie wird bestimmt:

a) Durch Angabe der geographischen Breite und Länge, letztere bezogen auf den Meridian von Ferro oder Greenwich.

b) Durch nähere Kennzeichnung des Waldgebiets, je nachdem dasselbe angehört:

dem Küstenlande — bis 20 km vom Meere;

größeren Flußniederungen;

dem Flachland oder der Tiefebene — höchste Erhebung 300 m über Normalnull (NN);

der Hochebene — mittlere Höhe über 300 m;

dem Hügelland — höchste Erhebungen bis 500 m;

dem Mittelgebirge — höchste Erhebungen über 500—1600 m;

dem Hochgebirge — höchste Erhebungen über 1600 m.

2. Besondere örtliche Lage.

Zu ihrer Bestimmung dienen Angaben über:

a) die absolute Höhe über dem Meeresspiegel (NN). Als solche gilt die mittlere Höhe des betreffenden Ortes. Bei starken Höhenunterschieden kann auch die Angabe der höchsten und tiefsten Punkte angezeigt sein.

b) Neigungsrichtung und Neigungsgrad. Die Richtung wird nach der achtteiligen Windrose (Nord, Nordost, Ost usw.) bestimmt. Das Maß der Neigung ist nach Graden oder in Gefällprozenten anzugeben. Zur Bezeichnung der Bodenneigung dienen die Ausdrücke:

eben oder fast eben . . . bis zu 5^0 oder $\qquad$ $8^0/_0$ Neigung
sanft oder schwach geneigt . 6—10_0 „ 9—$16^0/_0$ „
abschüssig (lehn). . . . . . 11—20^0 „ 17—$32^0/_0$ „
steil . . . . 21—30^0 „ 33—$48^0/_0$ „
sehr steil oder schroff. . . 31—45^0 „ 49—$70^0/_0$ „
sehr schroff . . . . über45^0 „ über$70^0/_0$ „

c) Bodenausformung (flach, wellig, hügelig usw.).

d) Nachbarliche Umgebung. Hier ist zu bemerken, ob der zu beschreibende Ort frei, ungeschützt oder geschützt liegt, ob er nachteiligen Einwirkungen der Atmosphäre (Sturm, Anhang, Aushagerung, Frost usw.) in besonderem Grade ausgesetzt ist.

Die auf die allgemeine Lage eines Reviers bezüglichen Angaben sind in einer allgemeinen Revierbeschreibung niederzulegen. Die Beschreibung der einzelnen Abteilungen und Unterabteilungen ist in dem Betriebsplane kurz zu fassen, unter Weglassung aller Punkte, welche aus der allgemeinen Beschreibung hervorgehen.

C. Boden.

Der Boden ist nach dem Grundgestein, den chemisch-mineralischen Bestandteilen, den physikalischen Eigenschaften, dem Humusgehalt und dem lebenden Überzug zu beschreiben.

1. Grundgestein.

Die Grundgesteine, aus welchen der Boden hervorgegangen ist, werden nach ihrer geologischen Stellung (Formation und Unterabteilung) unter Beifügung des Gehalts an Mineralbestandteilen beschrieben. Hinsichtlich der Struktur ist zu berücksichtigen, ob die Gesteine fein- oder grobkörnig, fein- oder grobschieferig sind. Auch über das Maß der Zerklüftung und die Lage der Schichten können Angaben erwünscht sein.

Von alluvialen Bildungen sind besonders zu berücksichtigen: Auen: regelmäßiges Überschwemmungsgebiet der Flüsse; Sümpfe: Gelände mit weichem, wäßrigem, nicht tragendem Untergrund; Moor: mit Torfablagerung erfüllte, wasserreiche Gelände mit tragendem Boden, sofern die abgelagerten Humusmassen in entwässertem Zustande mindestens 2 dm Mächtigkeit besitzen. Die Moore werden je nach den vorherrschenden Pflanzen und der Art der Entstehung eingeteilt in Flachmoore, Zwischenmoore, Hochmoore und Brücher (mit Holzgewächsen bedeckte Flachmoore).

2. Bestandteile des Mineralbodens.

Die Zusammensetzung des Bodens wird entweder auf Grund chemischer Analyse oder (was bei den Vorarbeiten der Betriebspläne Regel ist) durch den vorherrschenden Gehalt an Sand, Lehm und anderen Hauptbestandteilen angegeben. Von Einfluß ist ferner die Beimengung von Steinen. Beim Vorherrschen von solchen sind, je nach der Größe der Teile, Schuttböden, Geröllböden, Grus- und Kiesböden zu unterscheiden. Nach dem chemisch-mineralischen Gehalt und der Größe der Bodenteile sind hervorzuheben:

Sandböden mit den Abstufungen: grobkörniger Sand mit 2—0,5 mm Durchmesser der Körner, mittelkörniger Sand mit 0,5—0,2 mm Durchmesser, feinkörniger mit 0,2—0,05 mm Durchmesser.

Staubsandböden, eingeteilt in kalkhaltige und kalkarme.

Lehmböden, unterschieden als sandiger oder milder Lehm, strenger oder schwerer Lehm.

Tonböden.

Mergelböden, Tonböden mit reichlichem Gehalt an kohlensaurem Kalk.

Kalkböden, aus der Verwitterung von Kalksteinen hervorgegangen.

Moorerdeböden.

Reine Humusböden (ohne wesentliche Mineralteile).

3. Physikalische Eigenschaften.

a) Gründigkeit. Die Mächtigkeit der von den Wurzeln durchdringbaren Bodenschicht wird als Gründigkeit bezeichnet. Man unterscheidet folgende Stufen: sehr flachgründig: unter 1,5 dm, flachgründig: 1,5 bis 3,0 dm, mitteltief; 3,0—6,0 dm, tiefgründig: 6,0—12,0 dm, sehr tiefgründig: über 12 dm.

b) Bindigkeit. Zu ihrer Kennzeichnung dienen folgende Bezeichnungen:

fest, wenn der Boden, völlig ausgetrocknet, sich nicht in kleine Stücke zerbrechen läßt;

streng: ein Boden, der sich, ausgetrocknet, zerbrechen, aber nicht zerreiben läßt;

mild: der Boden läßt sich in trockenem Zustande ohne sonderlichen Widerstand krümeln und in ein erdiges Pulver zerreiben;

locker: ein Boden, der sich in feuchtem Zustande zwar noch haltbar ballen läßt, trocken jedoch viel Neigung zum Zerfallen zeigt;

lose: in trockenem Zustand völlig bindungslos;

flüchtig: wenn der Boden vor dem Winde weht.

c) Durchlässigkeit. Je nach dem Grad der Durchlässigkeit für Wasser sind zu unterscheiden: durchlässige, ziemlich durchlässige, schwer durchlässige und undurchlässige Böden.

d) Frische. Der Grad der Bodenfeuchtigkeit ist nach Maßgabe des mittleren Feuchtigkeitsstandes während der Wachstumszeit anzusprechen und in folgenden Abstufungen auszudrücken:

naß, wenn die Zwischenräume des Bodens vollständig von Wasser erfüllt sind, so daß dasselbe von selbst abfließt;

feucht, wenn ein Boden beim Zusammenpressen das Wasser noch tropfenweise abfließen läßt;

frisch, ein Boden, der dem Gefühl nach von Feuchtigkeit mäßig durchdrungen ist, ohne daß sich äußerlich Spuren von tropfbarem Wasser beim Zusammendrücken zeigen;

trocken, wenn nach erfolgter Durchnässung von Regen die Wasserspuren schon in einigen Tagen sich verlieren;

dürr, wenn aus dem Boden jede sichtbare Spur von Feuchtigkeit nach kurzer Abtrocknung wieder verschwindet.

e) Farbe. Als solche sind die herrschende Farbe und der Farbenton, wie diese im trockenen Zustand des Bodens hervortreten, kurz anzugeben.

4. Humusgehalt.

Von großem Einfluß auf die Beschaffenheit des Bodens ist der Gehalt an Humus. Unter Humus werden in Zersetzung begriffene organische Substanzen (im Walde vorzugsweise aus Baumabfällen und Standortsgewächsen bestehend) verstanden. Die aus ihnen gebildete Decke wird als Bodenstreu bezeichnet. Diese lagert entweder unmittelbar dem Mineralboden auf, oder es finden sich zwischen beiden mehr oder minder mächtige Humusschichten, von denen zwei Formen zu unterscheiden sind:

Moder, zerkleinerte humifizierte Bodenstreu, welche dem Mineralboden lose gelagert aufliegt und ziemlich leicht weiter zersetzbar ist.

Trockentorf. Er besteht aus zusammenhängenden, meist dicht gelagerten, schneidbaren humosen Massen mit hohem Gehalt an leicht erkennbaren Pflanzenresten.

Gemenge von Humus und Mineralerde werden als Humuserden bezeichnet. Sie werden eingeteilt in:

a) Milde Humuserden. Die beigemengten Mineralbestandteile lassen ihre natürliche, hauptsächlich durch Eisenverbindungen hervorgerufene Farbe noch deutlich erkennen. Hierher gehören:

1. **Mullerdeböden.** Bei ihnen sind die organischen Stoffe in vollkommener Verwesung begriffen. Der zersetzte Humus durchsetzt den Boden gleichmäßig und verleiht ihm eine dunkele Färbung.

2. **Modererden.** Bei diesen ist der Humus noch geformt erhalten.

b) Saure Humuserden. Die beigemengten Mineralbestandteile sind infolge Wegführung leicht löslicher Anteile durch die Humussäuren weiß bis grau gefärbt.

1. **Bleicherde.** Durch Auslaugen unter Trockentorf entfärbter Mineralboden. Die löslichen Stoffe werden tiefer geführt und erzeugen Orterde oder Ortstein.

2. **Moorerde (anmoorige Böden).** Bei ihnen treten die Humusstoffe stärker hervor. Hierher gehören auch, ohne Rücksicht auf ihre mineralische Beschaffenheit, alle Böden, die von einer Moorschicht überlagert werden, deren Mächtigkeit im entwässerten Zustand weniger als 2 dm beträgt.

5. Die lebende Bodendecke.

Man bezeichnet einen Boden als:

nackt (offen), wenn der Mineralboden frei zutage liegt. Die Oberfläche kann dann flüchtig, mild, verkrustet, verhärtet sein;

bedeckt: der Zustand des regelmäßig bewirtschafteten Waldbodens. Im Laubholz ist er mit einer Laubdecke, im Nadelholz mit Moos und Nadeln bekleidet;

benarbt (begrünt), wenn ihn die Bodenflora nur locker bedeckt:

verwildert, wenn die Bodenflora ihn vollständig verschließt und stark durchwurzelt.

Hinsichtlich der im großen auftretenden, auf die Wirtschaftsmaßnahmen Einfluß übenden Pflanzenformen sind zu unterscheiden: Sträucher und strauchartige Holzgewächse; krautartige Blütenpflanzen; farnartige Gewächse; Gräser, und zwar breitblättrige, saftige Gräser und schmalblättrige (Angergräser); Moose (Astmoose, Haftmoose, Polstermoose, Torfmoose); Beerkräuter; Heide; Flechten.

6. Bodenprofil.

Die Beschaffenheit des Bodens in seinen vorherrschenden Schichten ist in Form eines Bodenprofils darzustellen. Zur Ermittelung desselben dienen Bodeneinschläge, deren eine Wand senkrecht scharf abgestochen wird. Als Schichten, die besonders zu beschreiben sind, kommen in Betracht:

die Streudecke;

die etwa auf dem Mineralboden auflagernden Humusformen (Trockentorf, Moder);

die vom Humus dunkeler gehaltene oberste Bodenschicht;

die meist durch gelbe bis braune Färbung gekennzeichnete Verwitterungsschicht;

unverwittertes Grundgestein (Untergrund).

7. Verbreitung der Wurzeln.

Für charakteristische Bestände ist, soweit es von wirtschaftlicher Bedeutung erscheint, die Zone der reichlichen Verbreitung der Faserwurzeln sowie die Ausbildung und Beschaffenheit der Herz- und Pfahlwurzeln anzugeben. —

Allgemeine Angaben, welche sich auf die Verhältnisse eines ganzen Reviers oder Revierteils beziehen, sind nur in der allgemeinen Revierbeschreibung niederzulegen, während die Angaben für den einzelnen Bestand kurz zu halten sind.

II. Bonitierung.

1. Zweck.

Im unmittelbaren Anschluß an die Beschreibung des Standorts muß auch seine Bonitierung — die Einschätzung in eine bestimmte Ertragsklasse — vorgenommen werden. Die Aufstellung guter Wirtschaftspläne ist ohne vorausgegangene Bonitierung nicht möglich. Diese ist insbesondere erforderlich:

a) Zur Begründung der Maßnahmen, die im Wirtschaftsplane vorgeschrieben werden. Von der Bonität ist die Wahl der Holzart abhängig, häufig auch die Art der Begründung und der Erziehung sowie die Umtriebszeit.

b) Als Grundlage für die Berechnung des Zuwachses und Vorrats. Da das Wachstum aller Holzarten nach der Standortsgüte verschieden ist, so kann der Verlauf des normalen und wirklichen Zuwachses nur für bestimmte Standortsklassen dargestellt werden. Ebenso muß auch der normale und wirkliche Vorrat nach der Bonität getrennt nachgewiesen werden.

2. Maßstab der Bonitierung.

Wie auf allen Gebieten der Bodenkultur, so wird auch in der Forstwirtschaft die Güte des Bodens nach der Menge der Produkte geschätzt, die in einer bestimmten Zeit erzeugt werden können. Gemäß der üblichen Führung der Wirtschaft, die es mit einer Summe verschiedenartiger Bestände zu tun hat, wird in der Regel nicht der Zuwachs einer bestimmten Altersstufe, sondern der Durchschnittszuwachs, der im Verlauf der Umtriebszeit erzeugt wird, der Bonitierung zugrunde gelegt[1]).

Da die wirkliche Leistung einer Waldfläche nicht ausschließlich durch den Endertrag bestimmt wird, vielmehr auch die Vorerträge an derselben Teil haben, so kann als allgemeingültiger Maßstab der Leistungsfähigkeit nur der Gesamtdurchschnittszuwachs an Haupt- und Vorertrag dienen. Ebenso darf für einen genauen Nachweis des Ertrags auch das Reisig (das wegen seiner Wertlosigkeit bei der Betriebsführung oft außer acht gelassen wird) nicht unberücksichtigt bleiben. Sofern es sich aber um Bestände handelt, die gleichmäßig erzogen sind, kann als

---

[1]) Diesem Grundsatz ist in Baden Ausdruck gegeben durch die Dienstweisung über Forsteinrichtung von 1924, S. 12.

Maßstab der Bonität auch die Masse, die in einem bestimmten Alter (Umtriebszeit) vorliegt, bzw. der auf diese bezügliche Durchschnittszuwachs angenommen werden. Bei verschiedener Erziehung bildet diese jedoch keinen brauchbaren Vergleichsmaßstab. Auf derselben Fläche können vielmehr, auch abgesehen von Naturschäden, je nach dem Grade der Durchforstung, Lichtung usw. große Abweichungen in dem Massen- und Durchschnittszuwachs der Haubarkeitserträge vorhanden sein.

Die dem Standort entsprechende, bei voller Bestockung zustande kommende Holzmassenerzeugung kann als die normale Ertragsfähigkeit (normale Bonität) angesehen werden. Seine wirkliche Leistung (konkrete Bonität) kann je nach dem Zustand der Bestockung von der normalen in stärkerem oder schwächerem Grade abweichen.

3. Methode der Bonitierung.

Sie erfolgt:

a) Nach dem Zustand des Bodens und der Lage. Dabei sind sämtliche Merkmale, welche unter I (Beschreibung) hervorgehoben wurden, der Beurteilung zu unterwerfen.

Beim Boden sind die chemischen und physikalischen Eigenschaften zu berücksichtigen. Der chemische Gehalt fällt um so stärker in die Wagschale, je ärmer der Boden an gewissen notwendigen Nährstoffen (Kalk, Phosphor, Kali, Magnesia) ist, und je mehr Ansprüche von den betreffenden Holzarten gestellt werden (Eiche und Buche im Verhältnis zu Kiefer und Fichte).

Die zur Ernährung der Bäume im Boden verfügbaren Stoffe werden selten vollständig ausgenutzt. Inwieweit dies geschieht, hängt von den physikalischen Eigenschaften des Bodens ab. Tiefgründigkeit ist für alle Holzarten mit tiefgehenden Wurzeln eine Grundbedingung guten Wachstums. Auch wenn sie für die naturgemäße Ausbildung der Wurzeln nicht nötig ist, wirkt sie, indem sie das Bedürfnis des Einzelstammes an Wachsraum beschränkt, zuwachssteigernd. — Ein gewisses Maß von Frische ist für die physiologische Tätigkeit aller Gewächse erforderlich. Wenn es merklich hinter dem der Holzart entsprechenden Maße zurückbleibt, wird die Zuwachsbildung sehr beeinträchtigt. Andererseits verhalten sich auch zu hohe Grade der Bodenfeuchtigkeit ungünstig. — Durch Lockerheit des Bodens wird die Ausbildung der Zaserwurzeln befördert. Sie ist mit einem hohen Maße von Lufteinwirkung verbunden, was auf alle chemisch-physikalischen Bodenvorgänge vorteilhaft einwirkt.

Von Einfluß auf die Zuwachsbildung ist stets der Gehalt an Humus und dessen Beschaffenheit, auf den durch die Maßnahmen der Wirtschaft ein Einfluß ausgeübt werden kann. Der bei regelmäßigem Luftzutritt (durch Laub, Nadeln und andere organische Abfälle) gebildete, mit dem Mineralboden sich mischende Humus verhält sich in chemischer und physikalischer Beziehung sehr günstig. Er enthält die wichtigsten Nährstoffe für die Waldbäume, und die physikalischen Eigenschaften werden durch ihn vorteilhaft beeinflußt. Anders verhält sich der bei ungenügendem Zutritt der Zersetzungsfaktoren gebildete Rohhumus. „Dichte, geschlossen auf dem Mineralboden lagernde, fast immer an freien Säuren reiche humose Schichten sind überwiegend schädlich für den Boden." (Ramann.)

Bezüglich der Lage sind die ihr eigentümliche Wärmemenge und Wärmeverteilung im Verhältnis zu den Ansprüchen der in Betracht kommenden Holzarten bei der Bonitierung zu würdigen. Dabei ist zu beachten, daß sich alle Holzarten in den mittleren Lagen ihrer natürlichen Verbreitungsgebiete in bezug auf ihre nachhaltigen Massen -und Wertleistungen in der Regel am günstigsten verhalten.

Die mit der vertikalen Erhebung oder der nördlichen Lage verbundene Wärmeabnahme setzt die Bonität auch bei sonst gleichen Bedingungen stark herab. Aber auch eine zu milde Lage ist, trotzdem sie die Entwicklung beschleunigt, für die nachhaltige Ertragsfähigkeit nicht günstig, weil hier manche Naturschäden in verstärktem Maße erscheinen und Konkurrenten der Holzgewächse auftreten.

b) Nach der Beschaffenheit des Holzbestandes, wie er sich im Höhenwuchs und der Vollständigkeit der Bestockung darstellt.

Die für die Bonitierung erforderlichen Merkmale der Bestände sind im zweiten Teil 1. Abschnitt (Massenzuwachs) und 4. Abschnitt (Ertragstafeln) angegeben. Für gutachtliche Schätzung der Bonität bildet die Höhe das einfachste, am leichtesten anzuwendende Hilfsmittel. Bei dessen Anwendung ist jedoch die Geschichte der betreffenden Bestände zu berücksichtigen. Je nach der Entstehung (Naturverjüngung, Saat, Pflanzung) und äußeren Einflüssen (Verbiß, manche Insektenschäden) können auch bei gleicher Standortsgüte Abweichungen in der Höhe vorliegen.

4. Zahl der Standortsklassen.

Da alle Verschiedenheiten in der Lage und im Bodenzustand auf die Ertragsfähigkeit von Einfluß sind, so ist die Zahl der vorkommenden Standortsverschiedenheiten eine sehr große. Die Bildung einheitlicher, vergleichbarer Ertragsklassen ist deshalb auf Wirtschaftsgebiete zu beschränken, die in bezug auf die klimatischen Verhältnisse nicht zu große Abweichungen zeigen (z. B. mitteldeutsche Gebirgsforsten, süddeutsche Gebirgsforsten, nordostdeutsche Ebene usw.). Auch innerhalb einer solchen Beschränkung machen sich viele Unterschiede im Wuchse der Bestände geltend. Manche können sich aber annähernd gegenseitig aufheben, manche sind zu unbedeutend, um bei der Bonitierung berücksichtigt zu werden. Man bildet, von kleineren Abweichungen absehend, in Deutschland meist 5 Bonitätsstufen. Die beste wird mit I, die geringste mit V bezeichnet. Durch das Vorkommen verschiedener Bonitäten innerhalb desselben Bestandes werden häufig Zwischenstufen erforderlich, die am besten nach Zehnteln der Fläche angegeben werden, so daß die Flächenanteile, die jeder Bonität zukommen, in Zahlen ausgedrückt werden können.

5. Ergänzungen zur Bonitätsbestimmung.

Der Bonität muß stets die Holzart beigefügt werden, auf welche sie sich beziehen soll. In gemischten Beständen ist der Standort nach der vorherrschenden Holzart einzuschätzen, nach der eingemischten nur dann, wenn ihr besonderer Wert beigelegt wird. In Überführungsbeständen ist neben der Bonität der vorhandenen auch diejenige der anzubauenden Holzart anzugeben.

Das Verhältnis, in dem die Bonitäten verschiedener Holzarten zueinander stehen, hat keine allgemeine Gültigkeit. Manche Faktoren des Standorts wirken auf das Wachstum verschiedener Holzarten in verschiedenem Grade ein. So wird z. B. die Bonität einer Fläche für die Eiche durch die Abnahme der Wärme in sehr viel stärkerem Grade herabgesetzt als für Buche oder Nadelholz. Die Frische hat für die Ertragsfähigkeit der Fichte, Lockerheit und Tiefgründigkeit für die der Kiefer große Bedeutung.

Die Standortsgüte ist unter manchen Umständen Veränderungen ausgesetzt. Als gleichbleibend sind in der Regel nur die Lage und die tieferen Bodenschichten anzusehen. Dagegen können im Bereich der oberen Bodenschicht durch die Einwirkung von Sonne und Wind, welche den Boden aushagern, durch Veränderungen des Grundwasserstandes, durch Zunahme der Humusschichten und starke Verunkrautung Änderungen in der Bonität eintreten, unter Umständen in einem Maße, daß ein Wechsel der Holzart erforderlich wird.

6. Die Reduktion verschiedener Bonitäten.

Bei manchen Methoden der Ertragsregelung ist es erforderlich, daß verschiedene Bonitäten aufeinander reduziert werden, so daß die Flächen, welche in den Plänen aufgeführt werden, als gleichwertig erscheinen. Man bezeichnet alsdann die beste oder die mittlere Bonität mit 1 und drückt die andere durch einen Dezimalbruch aus, der das Verhältnis ihres Wertes zu jener bezeichnen soll.

Der Maßstab, nach welchem die Flächenreduktion bewirkt wird, ist je nach dem Zweck, zu dem sie vorgenommen wird, verschieden.

Soll das Verhältnis des wahren wirtschaftlichen Wertes dargestellt werden, so sind die Ertragswerte des Bodens zu ermitteln und aufeinander zu reduzieren. Diese Art der Reduktion ist für alle Aufgaben, welche eine Veräußerung betreffen, am Platze. Für die Ertragsregelung ist sie dagegen wegen der großen Unterschiede in der Höhe der genannten Werte nicht anwendbar. — Soll das **Ertragsvermögen** ausgedrückt werden, so muß die Reduktion nach dem Durchschnittszuwachs, den die betreffende Fläche bei richtiger Behandlung hervorbringt, bewirkt werden. — Soll endlich die Bedeutung der **vorhandenen Holzbestände** zum Ausdruck gebracht werden, so muß nach diesen reduziert werden. In den beiden letzten Fällen kann die Reduktion auf die Masse beschränkt oder auch auf die Werte ausgedehnt werden.

Mit Rücksicht auf die Unsicherheit der zahlenmäßigen Nachweise ist die Reduktion bei der Ertragsregelung tunlichst zu beschränken. Sofern sie Platz greift, wird sie nach der auf die Masse beschränkten Ertragsfähigkeit vorgenommen.

Sechster Abschnitt.

Bestandesbeschreibung[1]).

Von einer guten Bestandesbeschreibung wird verlangt, daß sie in kurzer Fassung die charakteristischen Merkmale der Bestände angibt; aller Angaben, welche nach dem Stande der Verhältnisse als selbstverständlich angesehen werden müssen, hat sich der Taxator dagegen grundsätzlich zu enthalten. Die Kürze der Beschreibung ist dadurch begründet, daß die Beamten, welche von den Wirtschaftsplänen Gebrauch machen, mit den allgemeinen Verhältnissen der Reviere (welche in einer generellen Beschreibung nachgewiesen werden) bekannt sind.

Auch für die bei der Bestandesbeschreibung anzuwendenden Ausdrücke wird die von den Vertretern der forstlichen Versuchsanstalten verfaßte Anleitung befolgt. Die wichtigsten Angaben erstrecken sich auf folgende Punkte.

I. Holzart.

Es sind zu unterscheiden: **reine** Bestände — wenn neben der herrschenden andere Holzarten nur in einem untergeordneten, wirtschaftlich bedeutungslosen Maße vorkommen (mit weniger als $5^0/_0$ der Stammgrundfläche) — und **gemischte** Bestände, in welchen neben der vorherrschenden noch andere Holzarten in beachtenswerter Menge (mit mehr als $5^0/_0$ Stammgrundfläche) auftreten.

---

[1]) Zur Beschreibung und Darstellung der Bestände ist neuerdings auch die Photographie aus Flugzeugen benutzt worden. Vgl. **Krutzsch**: Das Luftbild im Dienste der Forsteinrichtung. Thar. Jahrbuch 1925.

Reine Bestände gestatten die kürzeste Behandlung. Sind hier keine besonderen Verhältnisse geltend zu machen, so kann von einer eigentlichen Beschreibung abgesehen werden; sie sind durch Holzart und Alter gekennzeichnet. In gemischten Beständen ist die Holzart, welche die größte wirtschaftliche Bedeutung besitzt, voranzustellen. In der Regel ist dies diejenige, welche der Masse nach vorherrscht. Doch können auch Abweichungen hiervon vorkommen. So kann in Mischungen von Eiche und Buche die Eiche als Hauptholzart angesehen werden, wenn sie auch an Stammzahl und Masse zurücksteht. Kommen mehrere Holzarten in gleichem Grade vor, so wird dies durch koordinierende Bindewörter (Buche und Eiche, Fichte und Kiefer) kenntlich gemacht; sind die eingemischten Holzarten in schwächerem Grade vertreten, so werden sie mit subordinierenden Bindewörtern (Buche mit Esche, Eiche usw.) beschrieben. Die Art der Mischung wird bei der Beschreibung durch bezeichnende Eigenschaftswörter angegeben. Man unterscheidet horstweise, streifenweise, reihenweise, stammweise Mischungen. Der Grad der Mischung wird durch Zehntel ausgedrückt. Soweit es nötig erscheint, ist der Beschreibung auch die forstliche Bedeutung der Mischung beizufügen.

II. Alter.

Wenn auch die Beziehungen, die zwischen dem Alter und den wirtschaftlichen Maßnahmen und Folgerungen, insbesondere der Hiebsreife, bestehen, durch die natürliche und wirtschaftliche Bestandesgeschichte in der mannigfaltigsten Weise beeinflußt werden, so bildet das Alter doch immer einen sehr wichtigen Faktor der Betriebsregelung. Man hat natürliche und zahlenmäßige Altersklassen zu unterscheiden.

1. Natürliche Altersklassen. (Wuchsklassen.)

Im regelmäßigen Hochwald, für welchen der Nachweis der Altersklassen am meisten Bedeutung hat, werden folgende Abstufungen unterschieden:

Anflug bei den leichtsamigen, Aufschlag bei den schwersamigen Holzarten, Schonung oder Kultur: Der Jungbestand von der Bestandesbegründung bis zum Beginn des Bestandesschlusses.

Dickung: Vom Beginn des Schlusses bis zum Beginn der natürlichen Reinigung.

Stangenholz: Vom Beginn der Bestandesreinigung bis zu einer durchschnittlichen Stammstärke von 20 cm in Brusthöhe, eingeteilt in geringes Stangenholz (bis 10 cm) und starkes Stangenholz (von 10 bis 20 cm durchschnittlicher Stammstärke).

Baumholz: Bestände von über 20 cm durchschnittlicher Stammstärke.

Im Mittelwald sind bezüglich des Oberholzes zu unterscheiden: Laßreidel, die einmal, Oberständer, die zweimal, und ältere Oberholzklassen, die mehrmals übergehalten sind.

Im Plenterwald werden diejenigen Wuchsklassen, welche vorherrschen und am meisten Bedeutung haben, vorangestellt.

Für den Niederwald genügt die Angabe des Alters der Jahresschläge.

2. Zahlenmäßige Altersklassen.

Die Ermittelung des Alters erfolgt entweder durch Zählen der Jahrringe auf dem Stock, an jüngeren Stämmen auch der Höhentriebe, oder nach den Angaben der früheren Betriebspläne oder anderer Wirtschaftsbücher. Da die natürlich verjüngten Bestände meist mehreren Samenjahren entstammen und die künstlich begründeten Bestände häufig Nachbesserungen erforderlich gemacht haben, so sind neben dem mittleren oder durchschnittlichen Alter auch die Altersgrenzen anzugeben. Für den Nachweis des Höhenwuchses ist es empfehlenswert, daß das Alter in verschiedener Baumhöhe gemessen wird, wozu liegende Stämme in den Schlägen verwendet werden können.

In ungleichaltrigen Beständen mit scharf getrennten Altersstufen von verschiedener wirtschaftlicher Bedeutung (unterbaute Bestände, Besamungs- und Lichtschläge, Mittelwald) sind die Alter der verschiedenen Stufen gesondert zu ermitteln und einzutragen. In ungleichaltrigen Beständen, deren Glieder einen einheitlichen Bestand bilden, ist ein mittleres Alter nach Maßgabe der eingenommenen Flächen oder der erzeugten Massen einzuschätzen. Bei scharfer flächenweiser Abgrenzung der Altersstufen kann das mittlere Bestandesalter auch mittelst einer Formel berechnet werden. Eine solche ist u. a. aufgestellt von Gümbel:

$$A. \text{ (mittleres Alter)} = \frac{f_1\, a_1 + f_2\, a_2 + \ldots}{f_1 + f_2 + \ldots}, \text{ worin } f_1\, f_2 \ldots$$

die von den verschiedenen Altersstufen ($a_1\, a_2 \ldots$) eingenommenen Flächen bezeichnen.

Räumden (zu 0,1—0,3 bestanden) und Blößen (unter 0,1 bestanden) werden im Wirtschaftsplan einer bestimmten Altersklasse nicht zugeteilt. In Verjüngung begriffene Bestände (Samenschläge, Lichtschläge usw.) werden entweder ganz der Altholz- oder ganz der Jungholzklasse oder beiden Klassen bzw. auch den Blößen und Räumden anteilig zugewiesen. Unterbaute Bestände gehören den betreffenden Altholzklassen an.

3. Altersklassentabelle.

Nach den Aufnahmen im Walde und den vorliegenden Wirtschaftsbüchern werden Nachweise über die das Alter betreffenden Verhältnisse gegeben. Die Altersklassentabellen werden getrennt nach Holzarten und evtl. auch Standortsklassen mit 20jähriger Abstufung aufgestellt. Die erste Altersklasse umfaßt die Bestände von 1—20, die zweite die von 21—40 Jahren usw. Wenn größere Genauigkeit erwünscht ist, sind die Klassen nochmals zu teilen. Aus den Abschlüssen der Altersklassentabelle können stets wichtige Folgerungen für die Betriebsregelung gezogen werden, namentlich beim regelmäßigen Hochwaldbetrieb. Für einen normalen Zustand des Waldes, der hier als Muster aufgestellt wird, sind alle Altersstufen einander gleich und stehen in dem Verhältnis der 20jährigen Abstufungen zur Umtriebszeit, so daß bei 80jährigem Umtrieb die Altersklasse $^1/_4$ — bei 120jährigem Umtrieb $^1/_6$ der ganzen Betriebsfläche umfaßt.

III. Bestandesbeschaffenheit.

1. Entstehung.

Angaben über die Entstehung der einzelnen Bestände sind nur erforderlich, wenn sie erkennbar und für die Behandlung nach irgendeiner Richtung von Einfluß ist. Dies ist besonders der Fall, wenn Stockausschlag und Kernwuchs nebeneinander vorkommen. Auch Unterschiede von Saat und Pflanzung können für die Art der Nachbesserung, die Durchforstung, die Zeit der Hiebsreife von Einfluß sein.

2. Wuchs.

Über den Wuchs der Bestände sind bei der Beschreibung nur dann Angaben erforderlich, wenn er von dem dem Standort entsprechenden Wuchse wesentliche Abweichungen zeigt. Insbesondere erscheint dies angezeigt, wenn wegen mangelhaften Wuchses Teile des betreffenden Bestandes einer besonderen Behandlung unterworfen werden sollen. (Z. B. Abtrieb eines 60jährigen Buchenbestandes zur Umwandlung in Fichten.)

3. Stellung.

Sie wird durch bezeichnende Eigenschaftswörter (gedrängt, geschlossen, räumlich, licht) bezeichnet. Etwa vorkommende Unvollkommenheiten sind zu unterscheiden als Lücken und Fehlstellen in jüngeren, Räumden und Blößen in älteren Beständen. Das Maß der Abweichung vom vollkommenen Bestandesschluß ist nach Zehnteln durch den Vollbestandsfaktor auszudrücken.

IV. Ertragscharakteristik.

Um der Ertragsfähigkeit zahlenmäßigen Ausdruck zu geben, wird im Anschluß an die Beschreibung für die einzelnen Bestände ein Vollertragsfaktor festgestellt, der das Verhältnis ausdrückt, in welchem die vorliegenden Bestände hinsichtlich der zu erwartenden Erträge zu dem gleichaltrigen Bestand der normalen, bei der Aufstellung der Betriebspläne benutzten Ertragstafeln stehen. Diese Ertragsfaktoren stimmen meist mit den Vollbestandsfaktoren annähernd überein, können bei verschiedener Bestandesgeschichte aber auch von diesen abweichen. Übrigens sind die Bestandesmerkmale, welche Masse und Zuwachs bestimmen, im Anschluß an die Beschreibung aufzuführen. Hierzu gehört:

a) Die Bestandesmittelhöhe.

b) Die Kreisflächensumme.

c) Der Holzmassenvorrat am Haupt- und Zwischenbestand.

d) Der Massenzuwachs nach seinem Durchschnitt und in Prozenten der vorhandenen Masse.

e) Der Wertzuwachs, ausgedrückt als Prozent vom Wert des vorhandenen durchschnittlichen Festmeters.

f) Das Weiserprozent.

Die letztgenannten Merkmale sind nur insoweit zu ermitteln, als ihre Feststellung wirtschaftliche Bedeutung hat. Dies ist hauptsächlich für die älteren Bestände, deren Nutzung in der nächsten Periode in Frage kommt, der Fall.

Siebenter Abschnitt.
Die Ermittelung der Holzmassen.
I. Methoden der Holzmassen-Aufnahme.

Die Art der Holzmassenermittelung ist stets von ihrem Zwecke abhängig. Sie kann erfolgen:

1. Zum Zwecke des Ankaufs oder Verkaufs einzelner stehender Holzbestände oder ganzer Waldungen. Hierbei ist der Wert des Bodens und der Holzmassen getrennt nachzuweisen.

2. Zu forststatischen Untersuchungen, insbesondere zum Nachweis über den Massenzuwachs, den Wertzuwachs und die Umtriebszeit.

3. Zur Ermittelung des Vermögens der Waldeigentümer, die namentlich für die Zwecke der Besteuerung und Beleihung des Waldes nötig wird.

4. Zur Feststellung des Gesamtvorrats einer Betriebsklasse oder Wirtschaftseinheit, der zur Beurteilung der Rentabilität nachgewiesen werden muß.

5. Zur Bestimmung des Holzgehaltes der haubaren Bestände behufs Ermittelung des Abnutzungssatzes.

Je nach dem verschiedenen Zweck ist auch die Methode und der zu fordernde Genauigkeitsgrad der Holzmassenaufnahme verschieden. Zur Ausführung forststatischer Untersuchungen ist die größte Genauigkeit erforderlich. Auch zum Zweck des Verkaufs — ganzer Waldungen oder einzelner Schläge — ist in der Regel eine möglichst genaue

Aufnahme vorzunehmen. Zur Darstellung des Vorrats als Grundlage der Betriebsregelung und zur Ermittelung des Vermögens des Waldeigentümers genügt eine allgemein gehaltene, auf Grund der Altersklassentabelle und des Durchschnittszuwachses geführte Massenermittelung[1]). Bei der Ertragsregelung wird meist für die Bestände, welche im vorliegenden Wirtschaftszeitraum zur Abnutzung kommen, ein genauer, auf die einzelnen Orte gerichteter Nachweis der Holzmasse geführt, während die übrigen Bestände einzeln oder nach Altersklassen zusammengefaßt, mit Hilfe von Ertragstafeln geschätzt werden.

1. Aufnahme ganzer Bestände.

Die Stärke der Stämme wird mit der Kluppe gemessen. Da es allgemein üblich ist, das liegende Holz nach dem Durchmesser zu sortieren, so verdient auch die Aufnahme desselben den Vorzug vor der Umfangmessung, die keinen größeren Genauigkeitsgrad ergibt.

Von Kluppen[2]) gibt es eine große Menge verschiedener Konstruktionen. Erforderlich ist, daß die Kluppe leicht geht, daß sie sich nicht wirft, und daß sie festgestellt werden kann. Die Abstufung des Maßstabs ist dem Zweck und dem geforderten Genauigkeitsgrad der Aufnahme anzupassen. Zu Untersuchungen über den Zuwachs muß sie genau nach einzelnen Zentimetern bzw. nach Bruchteilen von solchen bewirkt werden. Für die Aufnahme zum Zwecke der Massenberechnungen der haubaren Bestände zur Etatsbestimmung genügt dagegen eine Abstufung von 4 zu 4 cm. Die Grenze für die Zugehörigkeit der Stämme wird dann auf die Mitte dieser Differenz gelegt.

Die Kluppierung der Stämme erfolgt stets getrennt nach Holzarten, auch dann, wenn diese später zu Gruppen (Buche u. a. Harthölzer, weiche Laubhölzer, Nadelholz) vereinigt werden. Auf Grund der vollzogenen Messungen werden für die einzelnen Holzarten die Stärkeklassen übersichtlich dargestellt. Aus den Abschlüssen der Kluppmanuale ergibt sich, aus welchen Stammklassen die Bestände zusammengesetzt sind. Derartige Nachweise sind auch zu anderen Zwecken der Betriebsführung von Interesse.

---

[1]) Da hiernach von anderen Zweigen des Forstwesens (Forstverwaltung, Forstbenutzung, Versuchswesen, Waldwertberechnung und forstliche Statik) an die Schärfe und Genauigkeit der Holzmassenermittelungen höhere Ansprüche gestellt werden als von der Forsteinrichtung, die im wesentlichen auf Schätzung angewiesen ist, so empfiehlt es sich, die Holzmeßkunde (ebenso wie die Flächenmessung) als einen besonderen Zweig der forstlichen Betriebslehre anzusehen. Die nachfolgenden Bemerkungen beschränken sich auf den Standpunkt der Forsteinrichtung.

[2]) Über die Konstruktion von Kluppen und Höhenmessern vgl. die Lehrbücher der Holzmeßkunde (von Baur, Kunze, Schwappach, U. Müller, Wimmenauer) und einzelne Lehrbücher der Forsteinrichtung, insbesondere Stötzer, 2. Aufl., S. 38—69.

Die Höhen sind mit einem Höhenmesser, wie solche von Faust-mann, Weise u. a. konstruiert sind, zu ermitteln. In der Regel werden mehrere Stärkeklassen zu einer Höhenklasse zusammengefaßt. Bei gleichem Standort entsprechen den stärkeren Durchmessern auch größere Höhen. Die Unterschiede der Höhen sind aber weit kleiner als diejenigen der Durchmesser.

Die vollständige Aufnahme aller Stämme ist Regel in Beständen, deren Schluß unregelmäßig unterbrochen ist; so insbesondere in Be-samungs- und Lichtschlägen, beim Oberholz des Mittelwaldes, im Plenterwald, sofern hier Holzmassenaufnahmen gemacht werden; ferner bei unregelmäßigen Bestandesmischungen. Im regelmäßigen Hoch-wald kann sie namentlich in starken, stammarmen Orten, wo eine gleich-mäßige Bestandesbildung selten ist, und die volle Aufnahme weniger Zeit erfordert als in stammreichen Beständen, empfehlenswert sein. Abgesehen hiervon gibt der Mangel an brauchbaren Erfahrungssätzen und Ertragstafeln oft Veranlassung, die Bestände vollständig zu kluppen.

2. Aufnahme von Probeflächen.

Mit Rücksicht auf den Aufwand an Zeit und Kosten, welcher mit der Aufnahme ganzer Bestände verbunden ist, kann die Arbeit der Messung unter Umständen auf Teile der Fläche — Probeflächen oder Probe-bestände — beschränkt werden. Probeflächen sind dann am Platze, wenn sie annähernd den mittleren Verhältnissen der betreffenden Be-stände entsprechen, so daß man die Resultate des Probebestandes nach dem Verhältnis der Flächen unmittelbar auf den ganzen Bestand über-tragen kann. Dies ist nur bei gleichartigen Standortsverhältnissen in reinen Beständen der Fall. Ungleichheit in Standort, Mischungsgrad und Schluß schließen die Anwendung von Probeflächen aus. Empfehlens-wert ist es aber, daß bei entsprechenden Verhältnissen nicht nur in den haubaren, sondern auch in jüngeren Beständen, die meist gleichmäßiger beschaffen sind, Probeflächen gelegt werden. Sie dienen als Grundlage für die Berechnung von Zuwachs und Vorrat und zur Begründung der angewandten Ertragstafeln.

3. Benutzung der Erfahrungen der seitherigen Wirtschaft.

Wo eine gute Buchführung vorliegt, kann man sehr häufig die Er-fahrungen der Praxis, die beim früheren Abtrieb gleichartiger Bestände gemacht sind, unmittelbar zur Massenschätzung benutzen. Sie geben zugleich die Sortimente an, welche zu erwarten sind. Voraussetzung da-bei ist aber, daß die Standorts- und Bestandesverhältnisse der früher ge-nutzten und der abzuschätzenden Bestände gleich sind. Liegen dagegen andere Bedingungen vor, sind insbesondere andere Durchforstungs-

verfahren eingehalten, so muß von einer unmittelbaren Anwendung
früherer Erträge Abstand genommen werden; ebenso auch, wenn Naturschäden eingetreten sind, durch, welche der Schluß der Bestände ungleichmäßig unterbrochen ist.

4. Schätzung nach dem Augenmaß.

Sie besteht darin, daß man die zu schätzenden Orte durchgeht und,
im Anschluß an die Beschreibung, nach dem vorliegenden Bestandes-
zustand und auf Grund der Erfahrungen, die unter entsprechenden Verhältnissen gemacht und in den Wirtschaftsbüchern niedergelegt sind,
ihre Holzmasse gutachtlich einschätzt.

Die Bedeutung der Okularschätzung ist in der Literatur sehr verschieden beurteilt worden. Seitens der Freunde einer sehr exakten
Behandlung des Forstwesens ist auf die Fehler hingewiesen, die mit ihr
verbunden sein können. Es kommt jedoch nicht auf die möglichen Fehler, sondern vielmehr darauf an, inwieweit ein geübter Taxator Fehler zu
vermeiden imstande ist. In der Praxis hat die Schätzung weit mehr
Freunde gehabt. Zu ihrer Begründung ist zunächst geltend zu machen,
daß sie nicht willkürlich erfolgt, sondern auf bestimmte Faktoren zurückzuführen ist. Die Höhe kann bei der Beschreibung der Bestände leicht
gemessen werden; die Formzahlen regelmäßiger Hochwaldbestände
liegen innerhalb gewisser, nicht sehr weiter Grenzen, die Stammgrundfläche kann für gleichaltrige reine Bestände nach den Ertragstafeln ohne
große Fehler eingeschätzt werden. Es ist eine durch die Erfahrung be-
wiesene Tatsache, daß auf diesem Gebiete bei längerer Tätigkeit eine
nicht zu unterschätzende und unbenutzt zu lassende Fähigkeit erlangt
wird, zumal wenn Erfahrungssätze und andere Hilfsmittel vorliegen[1]).

Sodann muß man sich vor Augen halten, daß eine genaue zahlenmäßige
Übereinstimmung zwischen Schätzung und Nutzung auch bei der
besten Aufnahme nicht möglich ist. Es ist ein Irrtum, zu meinen, man
könne eine gute Ertragsregelung dadurch erzielen, daß man die Stämme
aller Abteilungen, deren Verjüngung in den nächsten 10 oder 20 Jahren
eingeleitet oder durchgeführt werden soll, ausmißt. Diese Annahme
ist durch die Praxis vieler großen Betriebe widerlegt. Die Wirtschaft
läßt sich nicht in einen zahlenmäßig bestimmten festen Rahmen ein-

---

[1]) Sehr charakteristisch sind in dieser Beziehung die Ergebnisse der sächsischen
Forsteinrichtungsanstalt. Nach Mitteilung von Schulze — Allgem. Forst- u.
Jagdztg., Juli 1901 — haben die bis dahin durchgeschlagenen Bestände im Durch-
schnitt des ganzen Landes 5,5°/₀ mehr ergeben, als die Schätzung unterstellt hatte.
Bis zu einem gewissen Grade war eine solche Differenz beabsichtigt. Es ist wün-
schenswert, daß die Ertragsschätzungen vorsichtig gehalten werden. In diesem
Jahre sind Mitteilungen über die Schätzung des Holzvorrats der sächsischen
Staatsforsten und die Schätzungsfehler, die sich dabei ergeben haben, von Wiede-
mann: „Die sächsische Bodenreinertragswirtschaft-Silva 1925, Nr. 38, Tafel I“
gemacht worden.

zwängen. Bei der natürlichen Verjüngung hängt der Gang der Abnutzung von dem Eintritt der Samenjahre und der Entwickelung der Jungwüchse ab. Ein Zustand, bei dem alles gekluppte Holz genutzt wird, darf nie eintreten. Bei der künstlichen Bestandesbegründung ist die wirkliche Nutzung von der Aneinanderreihung der Schläge abhängig. Diese läßt sich mit Sicherheit nicht im voraus feststellen. Bei Lichtungshieben und Nutzungen, die durch Naturschäden erfolgen, können die Erträge überhaupt nur gutachtlich angesetzt werden. Wenn man aber weiß, daß die tatsächliche Abnutzung von der Schätzung aus wirtschaftlichen Gründen weit mehr abweicht, als den stärksten Fehlern, welche mit der Schätzung verbunden sein können, entspricht, so tritt die Bedeutung der exakten Nachweise offenbar zurück. Die Art der Massenschätzung muß sich der Wirtschaft anpassen. Es ist deshalb meist richtiger, daß von der geschätzten Masse einer gegebenen Abteilung ein gewisser Anteil (je nach dem Verhältnis ein Drittel oder die Hälfte oder zwei Drittel) gutachtlich zur Abnutzung bestimmt, als wenn die ganze Masse der betreffenden Bestände ausgemessen und als Bestandteil des Etats behandelt wird. Ob nun aber der zu nutzende Teil der vorhandenen Masse in einzelnen Fällen um 10 bis 20 $^0/_0$ höher oder niedriger bemessen wird, ist ziemlich gleichgültig. Der Betriebsplan muß in dieser Beziehung entsprechend den natürlichen Bedingungen der Forstwirtschaft, genügende Elastizität besitzen. Das Mehr oder Weniger einzelner Bestände wird durch die Hiebsergebnisse anderer aufgewogen.

Als Resultat der vorstehenden Erwägung ergibt sich, daß die genannten 4 Methoden sämtlich Berechtigung haben. Man wird vollständige Aufnahmen ganzer Bestände namentlich bei unregelmäßigen Verhältnissen (für Bestände, deren Schluß unregelmäßig unterbrochen ist) verlangen müssen. Aber man kann nicht sagen, daß der Fortschritt auf diesem Gebiet auf eine Zunahme exakter Berechnungen gerichtet wäre. Eher darf man das Gegenteil aussprechen: Je besser das Personal geschult, je geregelter die Wirtschaft, je besser die Buchführung ist, um so mehr kann von der umständlichen Berechnung der Holzmassen Abstand genommen werden.

II. Die Berechnung der Holzmassen.

Die auf Grund von Okularschätzung oder nach den Erfahrungen der Praxis gemachten Schätzungen werden unmittelbar in den Maßen ausgedrückt, unter denen sie in die Pläne eingesetzt werden (1 Festmeter Derbholz oder Gesamtholz). Zur Ermittelung der mit der Kluppe und dem Höhenmesser aufgenommenen Bestände sind dagegen noch Berechnungen vorzunehmen. Die Ergebnisse der Aufnahme liegen zunächst in der Form einer Summe von Stämmen vor, die auf Festmeter zu reduzieren sind. Die Berechnung der gekluppten Bestände erfolgt:

A. mittels Formzahlen.

1. Begriff der Formzahl.

Die Formzahl (f) im gewöhnlichen Sinne des Wortes drückt das Verhältnis aus, in welchem der Inhalt eine Baumes zum Inhalt einer Walze steht, die gleiche Höhe und die Stärke des Brusthöhen-Durchmessers des betreffenden Stammes besitzt. Ist i der Inhalt des Baumes, g die Kreisfläche in Brusthöhe, h die Höhe, so ist $f = \dfrac{i}{g\,h}$. Formzahlen können aber auch auf den Kegel oder andere regelmäßige Körperformen bezogen werden.

2. Unterscheidungen.

a) Nach den Baumteilen: Schaft und Baumformzahlen.

b) Nach den Sortimenten: Derbholzformzahlen, Reisholzformzahlen und Formzahlen der Gesamtmasse.

c) Nach der Höhe, in welcher die Grundfläche (g) gemessen wird: echte Formzahlen (die von Preßler und Smalian u. a. empfohlen wurden), welche sich auf die Grundfläche in einer bestimmten Höhe des Baumes (z. B. $^1/_{20}$) beziehen, und Brusthöhen-Formzahlen, bei welchen g in der Höhe von 1,3 m über dem Boden liegt. Wegen der Einfachheit der Messungen werden in der Praxis nur Brusthöhen-Formzahlen angewandt, obwohl die echten Formzahlen die Form des Baumes richtiger zum Ausdruck bringen.

d) Ferner sind noch absolute Formzahlen hervorzuheben, welche sich nur auf denjenigen Teil des Schaftes beziehen, welcher sich oberhalb des Meßpunktes befindet. Das unterhalb desselben befindliche Stück wird dann besonders berechnet.

3. Bestimmungsgründe der Formzahlen.

Als solche sind hervorzuheben:

a) **Die Länge der Stämme.** Alle Untersuchungen über die Formzahlen führen zu dem Ergebnis, daß sie mit der Höhe der Bäume abnehmen. Der Grund dieser Erscheinung liegt darin, daß die Kreisfläche in 1,3 m Höhe (wo die Messung erfolgt) bei langem Holz relativ (im Verhältnis zur Baumhöhe) tiefer liegt als bei kurzen Stämmen. Hieraus geht weiter hervor, daß die Formzahlen verschieden sind, einmal nach dem Alter, sodann nach der Bonität[1]). Mit dem Alter, insbesondere

---

[1]) Es betragen z. B. die Baumformzahlen nach den Ertragstafeln von Schwappach für die Kiefer:

	40	60	80	100 J.
Alter				
auf II. Standortskl. . .	0,628	553	524	509
auf IV. „ . .	688	608	574	556

Für die Fichte:

	40	60	80	100 J.
II. Standortskl.	736	621	571	539
III. „	972	764	658	599

solange ein lebhafter Höhenwuchs vorliegt, nehmen sie ab; zur Bonität
stehen sie in entgegengesetztem Verhältnis.

b) Das Verhältnis der Jahrringbreite in den verschiedenen Stammteilen. Werden anhaltend in den unteren Stammteilen breitere Ringe
angelegt als in den oberen, so ist die Folge davon, daß die Formzahlen
für das Schaftholz niedriger werden. Das Verhältnis der Jahrringe
hängt aber in erster Linie vom Wachsraum ab. Derselbe wirkt nicht
nur auf die absolute Breite des Stärkezuwachses ein, sondern auch auf
das Verhältnis in verschiedenen Stammteilen. Freier Stand wirkt dahin,
daß in den unteren Teilen nicht nur absolut, sondern auch relativ
breitere Ringe gebildet werden; gedrängter Stand wirkt nach der entgegengesetzten Richtung.

c) Die Bildung der Baumkrone. Das Verhältnis der Jahrringe in
den verschiedenen Baumhöhen steht mit der Bildung der Krone in ur-
sächlichem Zusammenhang. Im allgemeinen ist der abfällige Schaft
die Folge eines tiefen Kronenansatzes. Bei einem tiefen Ansatz der
Krone ist diese im Verhältnis zum Durchmesser breiter und umfangreicher; ihr Anteil an der Holzmasse des Baumes ist größer als bei
Stämmen mit hochangesetzten Kronen. Dieselben Wuchsbedingungen,
durch welche die Schaftformzahl vermindert wird, wirken hiernach zu
einer Steigerung der auf die Äste entfallenden Holzmasse. Die Baumformzahlen, welche aus Ast- und Schaftholz zusammengesetzt sind,
können daher unter sehr verschiedenen Wuchsbedingungen gleich sein.

4. Bedeutung der Formzahlen.

Daß die Formzahl eine gute Hilfe für die Berechnung der Holzmasse
bildet, kann nicht bestritten werden. Sie wird in dieser Beziehung stets
in Anwendung bleiben. Weitergehende Bedeutung wissenschaftlicher
oder praktischer Art kann ihr dagegen nur bedingt zugesprochen werden.
Die Baumformzahl gibt weder den physiologischen Gesetzen des Baumwuchses noch dem ökonomischen Verhalten des Stammes Ausdruck.
Sollte sie zu den Gesetzen der Stammbildung in Beziehung gesetzt werden, so müßte, wie Preßler, Smalian u. a. betont haben, die echte
Formzahl (in etwa $^1/_{20}$ Höhe) angewandt werden. Dies ist aber für praktische Zwecke nicht möglich. Auch zur Beurteilung des Wertes kann die
Formzahl nur in beschränktem Maße dienen. Der Form des Baumes,
welche für die Verwendbarkeit so große Bedeutung hat, kann nur die
Schaftformzahl Ausdruck geben, jedoch nur dann, wenn Stämme von
annähernd gleicher Höhe verglichen werden. Sofern jedoch verschiedene
Höhen in Frage kommen, werden die Unterschiede vorzugsweise durch
die relative Höhe der Meßstelle bewirkt. In der Tat ergibt sich die eigentümliche Erscheinung, daß die längsten, mit der besten Form ausgestatteten Stämme der guten Bonitäten die kleinsten Formzahlen be-

sitzen, dagegen die kurzen Stämme der geringsten Bonitäten die höchsten.

Ist die Formzahl hiernach nur in beschränktem Maße geeignet, als ein Merkmal für die Beschaffenheit der Stämme zu dienen, so muß man sie durch andere Faktoren ergänzen, welche die Form besser kennzeichnen. In dieser Beziehung kommen insbesondere in Betracht:

a) Der Abfall. (Abnahme des Durchmessers mit der Höhe.) Er ist für die wichtigsten Verwendungsarten namentlich beim Nadelholze, vielfach aber auch beim Laubholz von Bedeutung.

b) Das Verhältnis der Baumlänge zum Durchmesser in Brusthöhe. In der wesentlichsten Richtung mit a) übereinstimmend, hat das Verhältnis namentlich für Untersuchungen am stehenden Holz, wo der Abfall nicht gemessen werden kann, Bedeutung.

c) Das Verhältnis der Schaftdurchmesser in verschiedenen Baumhöhen (Formquotient).

d) Der Ansatz der Krone. Er steht mit allen Stärkezuwachs und Stammform betreffenden Aufgaben in Verbindung. Bei der Aufstellung der Wirtschaftspläne muß deshalb ein Urteil darüber abgegeben werden, welche Höhe des Kronenansatzes angestrebt werden soll.

B. Nach Massentafeln.

Massentafeln sind tabellarische Verzeichnisse, welche für die Durchmesser und Höhen der wichtigsten Holzarten den Massengehalt direkt angeben. Man ist dabei der Berechnungen, die nach A zu machen sind, überhoben. Eine wesentliche Abweichung der Methode liegt hierbei aber nicht vor.

Unter den älteren Arbeiten auf diesem Gebiet sind die bayrischen Massentafeln[1] hervorzuheben, die auf der Messung einer großen Zahl Stämme der Hauptholzarten beruhen. Sie wurden später in Metermaße umgerechnet und so auch in Preußen und anderen Ländern angewandt[2]. In neuerer Zeit haben die Vertreter des forstlichen Versuchswesens die Aufstellung der Massentafeln übernommen[3].

C. Durch Messung von Probestämmen.

Als noch keine genügenden Erfahrungssätze über den Gehalt der Stämme in bestimmter Stärke und Höhe vorlagen, sah man sich, um diese zu ermitteln, veranlaßt, im Einzelfalle Untersuchungen darüber

---

[1] Massentafeln zur Bestimmung des Inhalts der vorzüglichsten deutschen Waldbäume, bearbeitet im Forsteinrichtungsbureau des Kgl. Bayer. Finanzministeriums. 1846.

[2] Behm: Massentafeln zur Bestimmung des Holzgehaltes stehender Bäume an Kubikmetern fester Holzmasse, 2. Aufl., 1886.

[3] Grundner und Schwappach: Massentafeln zur Bestimmung des Holzgehaltes stehender Waldbäume und Waldbestände, 3. Aufl., 1907.

vorzunehmen. Es wurden Probestämme ausgewählt, die entweder für den ganzen Bestand oder für die einzelnen Stärkeklassen als Muster dienen sollten. Ihre Stärke wurde so bestimmt, daß die ganze Stammgrundfläche durch die Zahl der zugehörigen Stämme dividiert wurde. Der Inhalt wurde entweder durch sektionsweise Messung oder durch Aufarbeitung in die üblichen Sortimentsmaße bestimmt[1]). Seitdem aber Erfahrungssätze über den Holzgehalt in genügendem Maße zur Verfügung stehen, wird für die Zwecke der Forsteinrichtung von Messungen dieser Art selten Anwendung gemacht.

---

[1]) So namentlich bei dem früher häufig angewandten Verfahren von Draudt, zuerst veröffentlicht in der Allgem. Forst- u. Jagdztg. 1857.

Zweiter Teil.

Die ökonomischen Grundlagen[1]) der Ertragsregelung.

Alle Erträge der Forstwirtschaft beruhen auf dem Massen- und Wertzuwachs, der jährlich oder periodisch an den Beständen erfolgt. Damit dieser nachhaltig erzeugt und genutzt werden kann, muß ein bestimmter Vorrat von Holzbeständen verschiedener Altersstufen vorhanden sein.

Erster Abschnitt.

Der Massenzuwachs.

Ihre eigentliche Stellung hat die Lehre vom Zuwachs in der forstlichen Statik. Die auf ihn gerichteten Untersuchungen machen eine der wesentlichsten Aufgaben des forstlichen Versuchswesens aus. Da aber der Zuwachs die wichtigste Grundlage des Ertrags und der beste Maßstab des Hiebssatzes ist, so muß ihm auch bei der wissenschaftlichen Begründung der Methoden der Ertragsregelung und bei der praktischen Ausführung der Forsteinrichtungsarbeiten die gebührende Würdigung zuteil werden.

Der Zuwachs, der unter gegebenen Bedingungen erzeugt wird, ist ein Maßstab der produktiven Kräfte, die in der Wirtschaft wirksam sind. Diese nach Möglichkeit zu fördern, ist eine allgemeine Aufgabe der Wirtschaft. Sie hat nach der von Fr. List[2]) aufgestellten Lehre eine größere Bedeutung als die Theorie der Werte, die in der Forstwirtschaft auf ein möglichst hohes Vorratskapital gerichtet ist.

Um den Zuwachs nach seiner grundlegenden Bedeutung für die Betriebsregelung zu erkennen, müssen die Grundbedingungen der Zuwachserzeugung festgestellt und die Verschiedenheiten, die sich daraus ergeben, nachgewiesen werden. Die Ertragsregelung hat es einerseits mit dem laufenden Zuwachs zu tun, der in einem bestimmten Alter erzeugt wird, andererseits mit dem Durchschnittszuwachs.

---

[1]) Nach der naturwissenschaftlichen Seite sind diese Grundlagen Gegenstand besonderer Fachzweige (namentlich der Standortlehre und Physiologie).

[2]) Das nationale System der politischen Ökonomie, 7. Aufl., 2. Buch, 12. Kap., Die Theorie der produktiven Kräfte und die Theorie der Werte.

I. Grundbedingungen der Zuwachsbildung.

Der Höhenwuchs wird durch die Verlängerung der Längsachse bzw.
auch der Seitentriebe, der Stärkenzuwachs durch den abwärts gehenden
Saftstrom hervorgebracht. Er wird in der Form von Ringen angelegt,
die das früher gebildete Holz umkleiden. Bestimmend für die Höhe
des Zuwachses sind:

1. Die Standortsverhältnisse.

Beide Faktoren des Standorts, Boden und Lage (mit der auch die
klimatischen Verhältnisse in Zusammenhang stehen) sind auf den Zuwachs von Einfluß.

a) Der Boden wirkt sowohl durch seinen chemischen Gehalt als
auch durch seine physikalischen Eigenschaften auf die Holzmassenerzeugung ein. Von Einfluß auf diese ist ferner der Gehalt an Humus
und dessen Beschaffenheit. Der bei regelmäßigem Luftzutritt durch
Laub, Nadeln und andere organische Abfälle gebildete und mit Mineralboden sich mischende Humus verhält sich für das Wachtum der Holzgewächse sehr günstig. Er enthält die Stoffe, die für die Holzbildung
erforderlich sind. Auch die wichtigsten physikalischen Eigenschaften
werden gefördert. Auf Standorten, wo die genannten Zersetzungs-
bedingungen ganz oder teilweise fehlen, geht die Verwesung der Wald-
abfälle langsam vonstatten. Die Folge davon ist, daß sich stärker wer-
dende Humusschichten bilden, die sich in chemischer und physikalischer
Hinsicht ungünstig verhalten. Von nachteiligem Einfluß sind ferner
alle stärkeren Bodenüberzüge, die dem Boden Nährstoffe entziehen und
die atmosphärischen Niederschläge von ihm fernhalten.

b) Die mit der Lage verbundene Wärmemenge und Wärmeverteilung
haben auf die Dauer und die Intensität der Zuwachsbildung Einfluß. Im
allgemeinen erzeugen alle Holzarten in den mittleren Lagen ihrer natürlichen Verbreitungsgebiete nachhaltig den höchsten Zuwachs. In zu
rauhen Lagen (nach den nördlichen und oberen Grenzen) ist die Zeit
der Zuwachsbildung zu kurz; in zu milden treten Konkurrenten um die
Bodennährstoffe (andere Holzarten und Standortsgewächse) auf, welche
die verfügbaren Nährstoffe des Bodens für sich ausnutzen.

2. Die Bestandesverhältnisse.

Der Standort bildet den Maßstab für den Zuwachs, der auf einer
Fläche erzeugt werden kann (den normalen Zuwachs). Was aber auf
einem gegebenen Standort wirklich an Holzmasse erzeugt wird, ist von
dem Zustand der vorhandenen Bestände abhängig. Die in dieser Hinsicht
vorliegenden Bestimmungsgründe des wirklichen Zuwachses sind auf
die Beschaffenheit der Kronen und Wurzeln zurückzuführen. Es gehört
zu den Zielen einer guten Forsteinrichtung, daß ein möglichst hoher

Zuwachs nachhaltig erzeugt wird. Damit ein solcher zustande kommt, müssen folgende Bedingungen hergestellt werden:

a) **Der gegebene Wurzelbodenraum muß möglichst vollständig** (mit tunlichst geringen zeitlichen und räumlichen Unterbrechungen) **von den Baumwurzeln durchzogen und ausgenutzt werden.** Diese Forderung führt ganz allgemein zu der Regel vollständiger Bestockung.

b) **Es müssen möglichst viele gesunde Wachstumsorgane der unmittelbaren Einwirkung des Sonnenlichts ausgesetzt sein.** Da die beschienene Oberfläche eines Baumes im Verhältnis zu dem Raum, den er einnimmt, um so größer ist, je gestreckter die letzterzeugten Höhentriebe gewesen sind, so folgt das Maximum an Massenzuwachs in regelmäßigen Hochwaldbeständen der Periode des lebhaftesten Höhenwuchses[1]). Nach Beendigung des letzteren kann auch durch die Ausbildung der Seitentriebe, welche eine Wölbung der Krone zur Folge haben, auf eine Vermehrung der beschienenen Blattfläche und eine Steigerung des Zuwachses eingewirkt werden[2]). Von Einfluß auf den Zuwachs ist ferner auch die Blüten- und Fruchtbildung. Die Stoffe, welche hierzu verwendet werden, gehen für den Massenzuwachs verloren. Die Samenerzeugung tritt um so früher ein, je milder das Klima ist, und je größerer Wachsraum den Stämmen zuteil wird.

3. Die Beschaffenheit des Holzes.

Die Einheit, nach welcher der Zuwachs bei der Betriebsregelung bemessen wird, ist der Raum, den das Holz einnimmt. Bestimmend für die erzeugbare Zuwachsmasse ist dagegen der Gehalt des Holzes. Dieser kann, entsprechend seinen Quellen, entweder auf die Stoffe, die dem Boden entstammen, oder auf das Gewicht des Holzes, das vorzugsweise durch die organischen Stoffe gebildet wird, bezogen werden. Mit der Dichtigkeit des Holzes, die im Trockengewicht ihren Maßstab findet, und seinem Gehalt an Bodennährstoffen, der im Aschengehalt zum Ausdruck kommt, steht der Massenzuwachs unter übrigens gleichen Verhältnissen im umgekehrten Verhältnis. Demgemäß stellte Rud. Weber[3]) den Satz auf: „Die verschiedenen Bestand bildenden Holzarten liefern auf den für sie geeigneten Standorten unter sonst gleichen Verhältnissen durchschnittlich jährlich nahezu gleiche Gewichtsmengen Trockensubstanz; die große Verschiedenheit im Ertrag nach Kubikmetern der Masse

---

[1]) Das Maximum des Zuwachses der Höhe tritt z. B. bei der Fichte I. Standortskl. im 40. Jahre, das Maximum des laufenden Massenzuwachses im 50. Jahre ein (Schwappach. Wachstum und Ertrag normaler Fichtenbestände in Preußen 1902). Entsprechend verhält es sich bei allen Holzarten und auf allen Standortsklassen.

[2]) Dies zeigen die Ergebnisse vieler Zuwachsuntersuchungen nach Lichtungshieben (z. B. in Vorbereitungsschlägen, dunkeln Besamungsschlägen, beim v. Seebachschen Betriebe u. a.).

[3]) In Loreys Handb. d. Forstwissensch., 3. Aufl., 1. Bd., S. 143.

auf gleichen Standorten zwischen den einzelnen Holzarten rührt hauptsächlich von dem Unterschied der spezifischen Gewichte her". Tatsächlich sind jedoch die Wuchsbedingungen für verschiedene Holzarten in den meisten Fällen nicht gleich, so daß Änderungen durch die Verschiedenheiten des Bodens und der Lage hervorgerufen werden.

Verschiedenheiten des Zuwachses ergeben sich zufolge der angegebenen Bestimmungsgründe:

I. Nach Holzarten. Holzarten mit dichtem Baumschlag, welche imstande sind, die Bodenkraft für sich, ohne daß Standortsgewächse entstehen, auszunutzen (Buche, Tanne, Fichte) leisten cet. par. mehr als lichtkronige, unter welchen stärkere Bodenüberzüge auftreten. Holzarten von geringem Trockengewicht und geringem Aschengehalt (Kiefer, Fichte, Tanne) können aus einem gegebenen Fonds von Bodennährstoffen mehr Zuwachs, seinem Volumen nach bemessen, erzeugen als schwerere Hölzer mit reichem Aschengehalt. Diejenigen Holzarten, welche geringes Gewicht mit dichtem Baumschlag verbinden, erzeugen den höchsten, diejenigen, bei welchen entgegengesetzte Verhältnisse vorliegen, den geringsten Zuwachs[1]).

II. Nach Betriebsarten. Der Niederwald verhält sich hinsichtlich des Zuwachses, den er hervorbringt, schon deshalb sehr ungünstig, weil dieser Zuwachs vorzugsweise aus Reisholz besteht, das reich an Bodennährstoffen ist. Auch vermag er, wenn nicht besondere Mittel angewandt werden[2]), die Bodenkraft nicht so vollständig und nachhaltig zu erhalten, wie es in Beständen, die aus Kernwüchsen bestehen, der Fall ist.

Auch der Mittelwald vermag die Standortskräfte für die Zuwachsbildung nicht genügend nutzbar zu machen. Auch bei ihm besteht fast die Hälfte der erzeugten Masse aus Reis- und Astholz, das reich an Bodennährstoffen ist. In der Schwierigkeit der Bodendeckung durch die verschiedenalterigen Baumklassen und der Häufigkeit der Blüten- und Fruchtbildung liegen weitere Ursachen, die den Durchschnittszuwachs herabdrücken[3]).

---

[1]) Das Maximum des Durchschnittszuwachses (Derb- u. Reish.) auf III. Standortskl. wird für Fichte zu 10,2 fm, für Kiefer zu 6,7 fm, für Eiche zu 6,1 fm angegeben (Ertragstafeln von Schwappach).

[2]) Wie es z. B. bei der Haubergswirtschaft der Fall gewesen ist, die Jahrhunderte lang betrieben wurde, ohne daß ein Rückgang des Bodens eintrat.

[3]) Ergebnisse der Statistik, die den Mittelwald gegenüber dem Hochwald in einem günstigen Licht erscheinen lassen, beruhen entweder darauf, daß die Mittelwälder bessere Standorte einnehmen als die betreffenden Hochwälder, oder daß für die letzteren die auf die Durchforstungen entfallenden Erträge zum Vergleichsnachweis nicht einbezogen sind. Dies ist namentlich hervorzuheben gegenüber der Statistik Frankreichs, in welcher der Ertrag des Hochwaldes zu 2,91 fm, der des Mittelwaldes zu 4,26 fm pro ha angegeben wird, und derjenigen Badens, Statistische Nachweisungen für das Jahr 1907. Hier wird — Anlage 8 — der jährliche Zuwachs der Domänenwaldungen für Hochwald zu unter 5 fm, für Mittelwald zu über 5 fm graphisch dargestellt.

Im Plenterwald können, wenn er aus wüchsigen mittleren Alters-klassen in guter Verteilung gebildet wird, die Bedingungen des Zuwachs-maximums sehr wohl vorliegen; wegen der Schwierigkeit, die einzelnen Stämme zur Zeit ihrer Reife zu nutzen, wegen des ungünstigen Ein-flusses der älteren Stämme auf die Entwicklung der in ihrer Nähe be-findlichen jüngeren, wegen der unausbleiblichen Fällungs- und Räu-mungsschäden und seiner ungünstigen Bedingungen für die Nachzucht von Lichtholzarten wird durch ihn gleichwohl im großen Betriebe den Anforderungen des Zuwachsmaximums nicht genügt werden.

Der regelmäßige Hochwald wird in seiner nachhaltigen Zu-wachsleistung von keiner anderen Betriebsart übertroffen. Bei guter Begründung wird der Boden frühzeitig gedeckt und dauernd (vom Dickungsalter bis zur Verjüngung) voll ausgenutzt. Das Durchschnitts-festmeter enthält am wenigsten Reisholz, am meisten ausgereiftes Derb-holz. Die Blüten- und Fruchtbildung wird durch den geschlossenen Stand der Stämme zurückgehalten. Die Förderung des Zuwachses im Wege der Läuterung und Durchforstung läßt sich am besten durch-führen.

III. Durch den Einfluß forsttechnischer Maßnahmen. Sie erstrecken sich beim regelmäßigen Hochwald insbesondere auf die Be-standesbegründung, Durchforstung und Lichtung.

a) **Bestandesbegründung.** Hier sind natürliche und künstliche Be-gründung zu unterscheiden. Bei der natürlichen Verjüngung kann, ohne daß es besonderer Nachweise bedarf, unterstellt werden, daß, wenn die erforderlichen Bedingungen vorliegen, der Zuwachs erhöht wird. Der geringe Zuwachs der Jungwüchse wird ergänzt durch den Zu-wachs der Mutterbäume. Sind dagegen die Bedingungen für die natür-liche Verjüngung nicht vorhanden, so führt das Bestreben, trotzdem von ihr Anwendung zu machen, zu sehr ungünstigen Ergebnissen.

Bei künstlicher Begründung wird der Zuwachs — gleich gute Aus-führung vorausgesetzt — in den jüngeren Altersstufen wesentlich durch die Weite der Verbände bestimmt. Alle extremen Stellungen sind nament-lich bei langer Dauer für den Zuwachs nachteilig. Bei zu weiten Ver-bänden können die Jungwüchse die Bodenkraft nicht gehörig ausnützen; bei zu engen bleiben die Wachstumorgane mangelhaft ausgebildet. Sollen beide Mißstände vermieden werden, so müssen die Hiebe der Bestandespflege rechtzeitig in die vollbegründeten Bestände eingreifen und das zunehmende Übermaß der Bestandesdichte vermindern. Die Weite der Verbände steht daher mit der Verwertung des Holzes, ins-besondere mit dem Absatz für schwächere Sortimente, in Verbindung.

b) **Durchforstungen.** Nach den Grundbedingungen der Zuwachs-bildung darf man vermuten, daß der annähernd gleiche Zuwachs bei verschiedenen Durchforstungsarten und Durchforstungsgraden erzeugt

werden kann. Dies ist in dem Umstand begründet, daß die Bedingungen
für die Höhe des Zuwachses, nämlich der Zustand des Bodens und die
Menge und Beschaffenheit der Blätter, bei verschiedener Bestandesverfassung gleich sein kann. Ungünstig verhalten sich auch hier einerseits frühzeitige starke Durchforstungen, bei welchen der Boden nicht
gehörig gedeckt bleibt; andererseits zu späte und schwache Eingriffe,
bei welcher die Blätter und Triebe sich nicht genügend entwickeln
können. Tatsächlich sind auch die Vertreter der Versuchsanstalten zu
dem Ergebnis gelangt, daß die mittleren Grade der Bestandesdichte bezüglich der Zuwachsleistung nur wenig von einander abweichen. Nach
den Ertragstafeln für die Fichte von Schiffel[1]) liegt bei verschiedenen
Schlußgraden (Dichtschluß, Mittelschluß, Lichtschluß) der gleiche Zuwachs vor. In den Ertragstafeln der gleichen Holzart aus Preußen hat
die Untersuchung zum Teil zu höherem, zum Teil zu niedrigerem Ergebnis geführt. Ebenso verhält es sich bei der Kiefer. Auf den 11 Durch-
forstungs-Versuchsflächen zeigt die starke Durchforstung 5 mal eine
Mehrleistung, 6 mal ein Zurückbleiben gegenüber der mäßig durchforsteten Vergleichsflächen[2]). Dagegen tritt bei der Buche die Fähigkeit,
verstärkten Zuwachs nach starker Durchforstung anzulegen, weit entschiedener hervor. Bei allen statistischen Angaben ist aber zu beachten,
daß streng mathematische Nachweise von allgemeiner Gültigkeit für
den Zuwachs nicht erbracht werden können, weil dieser nicht nur von
der Stellung der Stämme, sondern auch vom Bodenzustand abhängig
ist. Die Wirkung gleicher Hiebe auf den Boden kann unter Umständen
in dem einen Fall positiv, in dem anderen negativ sein.

c) **Lichtungen.** Die Steigerung des Zuwachses eines einzelnen Stammes infolge der Umlichtung seiner Krone ist eine allen Holzarten auf
allen Standorten und in allen Altersstufen eigentümliche Erscheinung.
Sie bedarf nach ihrem Eintreten keiner besonderen Erklärung. Diese
ist dadurch gegeben, daß infolge einer Umlichtung der Krone die Quellen
der Ernährung, Boden und Luft, dem Baume reichlicher dargeboten
werden. Ein zahlenmäßiger Nachweis des Lichtungszuwachses von
allgemeiner Gültigkeit ist aber wegen der Menge der Faktoren, die hier
von Einfluß sind, nicht möglich.

Handelt es sich nun aber nicht um einzelne Stämme, sondern um
ganze Bestände, so kann (abgesehen von Veränderungen der Bodenzustände) eine Zunahme des Zuwachses durch die Umlichtung nicht
herbeigeführt werden, da durch eine solche weder eine Vermehrung der
Zuwachs erzeugenden Organe, noch eine Verbesserung des Bodens
stattfindet. Die Förderung des Lichtungszuwachses bildet deshalb nicht

---

[1] Wuchsgesetze normaler Fichtenbestände 1904, S. 45f.

[2]) Schwappach: Wachstum und Ertrag normaler Fichtenbestände. 1902,
S. 96f.; Die Kiefer. 1908, S. 104.

6*

für sich allein die Aufgabe des Forstwirts in einem gegebenen Bestand;
er wirkt vielmehr in Verbindung mit anderen. Entweder bedarf der
gelichtete ältere Bestand der Ergänzung (Unterbau), oder der Zuwachs
des jungen Bestandes bedarf eines solchen (Mutterbäume der natürlichen
Verjüngung).

Als die wichtigsten Bestandesformen, bei welcher der Lichtungszuwachs am meisten Bedeutung hat, sind folgende zu bezeichnen:

1. Der geregelte Plenterbetrieb (dem hier auch mit Rücksicht auf
die Bestrebungen der neuesten Zeit der sog. Dauerwald zuzurechnen·ist).

2. Der Überhaltbetrieb, der in erster Linie auf wertvolle Lichtholzarten (Eiche, Esche, Kiefer, Lärche) gerichtet ist. Seine bleibende Begründung hat er in dem Umstand, daß in gemischten Beständen die
einzelnen Holzarten ihre Hiebsreife zu verschiedener Zeit erreichen.
Dasselbe findet auch in reinen Beständen bei Stämmen von verschiedener
Beschaffenheit (namentlich beim Wechsel von ästigen und astreinen) statt.

3. Der Lichtungsbetrieb mit Unterbau einer Schattenholzart, der
namentlich bei Eichen- und Kiefern-Stangenorten wirtschaftliche Bedeutung hat.

4. Die Schläge der natürlichen Verjüngung, in denen die Mutterbäume während der Verjüngungsdauer vom Lichtungszuwachs Anwendung machen.

Die wichtigsten Mittel, die bei der Betriebsregelung zur Hebung des
Zuwachses nach den Grundbedingungen seiner Erzeugung, sowie der
wirtschaftlichen Erfahrungen und der Ergebnisse des Versuchswesens
anzunehmen sind, liegen:

1. In der Erhaltung eines guten Bodenzustandes. Alle nachhaltigen
Zuwachserhöhungen stehen mit dem Zustand des Bodens in ursächlichen
Zusammenhang.

2. In den Maßnahmen der Bestandeserziehung. Hierher gehört
insbesondere: Die Wahl der Holzart, die dem Standort entsprechen
und der Forderung der Werterzeugung genügen muß; die Art der Begründung, die so erfolgen soll, daß der Boden rechtzeitig gedeckt und
die Konkurrenz der Standortsgewächse überwunden wird; die Bestandespflege, die sich auf den Aushieb von Holzarten, die den wirtschaftlichen Zwecken nicht genügen, zu erstrecken hat; die Ausführung
der Durchforstungen, durch welche der beste Grad der Bestandesdichte herbeigeführt werden soll; die Herstellung gemischter Bestände, durch welche eine vollständige Ausnutzung der Bodenkraft
zur Holzerzeugung ermöglicht wird; die Ausnutzung des Lichtungszuwachses durch die Schläge der natürlichen Verjüngung; der
Lichtungsbetrieb mit Unterbau und der Überhalt wüchsiger, lange
Zeit ausdauernder Stämme; endlich die richtige Bestimmung der Umtriebszeit und die rechtzeitige Nutzung zuwachsarmer Bestände.

II. Der laufende Zuwachs.

Unter dem laufenden Zuwachs wird der von Jahr zu Jahr oder der von Periode zu Periode an einem Baum oder Bestand erfolgende Zuwachs verstanden. Angaben über ihn bedürfen stets der näheren Ergänzung in bezug auf die Zeit oder das Alter, in welchem er gebildet ist. Bei allen Messungen, die an Bäumen oder Beständen vorgenommen werden, ist es zunächst stets der laufende Zuwachs, der als Ergebnis hervortritt. Er bildet daher den Ausgangspunkt und die Grundlage für alle weiteren Untersuchungen und Folgerungen, die an den Zuwachs geknüpft werden.

Die Eigentümlichkeit des laufenden Zuwachses, die in seiner Abhängigkeit vom Alter liegt, tritt insbesondere beim regelmäßigen, gleichalterigen Hochwaldbetrieb hervor. Für den Plenter- und Mittelwald lassen sich diese Beziehungen nicht ausdrücken, da hier ein den ganzen Bestand betreffendes, bestimmtes Alter überhaupt nicht nachgewiesen werden kann.

Beim Niederwald können die Massenangaben in der Regel auf den Durchschnittszuwachs beschränkt werden; ein zahlenmäßiger Nachweis des Zuwachses in den einzelnen Jahren der Umtriebszeit ist weder nötig noch ausführbar.

In seinem zeitlichen Verlauf zeigt der Zuwachs gewisse gleichmäßige Erscheinungen. Er beginnt, wie alles organische Wachstum, mit kleinen Beträgen, erreicht ein Maximum und nimmt dann allmählich wieder ab. Je nach den äußeren Bedingungen kann aber dies allgemeine Verhalten des laufenden Zuwachses der Zeit und dem Grade nach mannigfache Abweichungen erleiden. Um den Zuwachs bestimmter zum Ausdruck zu bringen, muß man auf seine einzelnen Teile eingehen.

A. Der Höhenzuwachs.

Es folgt bei jeder Holzart den ihr eigentümlichen Wachstumsgesetzen. Die Wirkungen physiologischer Gesetze sind aber, wie es bei allen organischen Bildungen der Fall ist, von den äußeren Bedingungen abhängig, unter welchen sie zur Betätigung kommen. Als Bestimmungsgründe für den Höhenwuchs kommen zunächst die Standortsverhältnisse in Betracht. Zur Standortsgüte steht die Höhe unter übrigens gleichen Umständen annähernd in geradem Verhältnis. Beide Faktoren des Standorts, Boden und Lage, wirken auf den Höhenwuchs ein. Beim Boden kommen die chemischen und physikalischen Eigenschaften, insbesondere Tiefgründigkeit, Lockerheit und Frische zur Geltung. Mit der Lage ist stets eine gewisse Wärmesumme und Wärmeverteilung verbunden, durch welche die Dauer und Intensität der Vegetation sowie das Auftreten mancher Wuchsstörungen bestimmt wird. Wegen der unmittelbaren Beziehungen zwischen Standortsgüte und Höhenwuchs kann dieser als der einfachste, in den meisten Fällen genügende Maßstab der Bonität angesehen werden. Bei der Einschätzung der Bestände für die Zwecke der Ertragsregelung ist aber ferner zu beachten, daß auf den Höhenwuchs auch äußere Einwirkungen von Einfluß sind, sowohl solche, die von seiten der Natur, als auch solche, welche durch wirtschaftliche Maßnahmen herbeigeführt werden. Unter den ersteren sind namentlich Fröste hervorzuheben, welche die Höhentriebe in außerordentlichem Maße zurückhalten; ferner Wild, Weidevieh, manche Insekten. Unter den praktischen Maßnahmen ist insbesondere das Belassen einer senkrechten Beschirmung zu nennen. Diese hält den Höhenwuchs zurück. Daher zeigen natürliche Verjüngungen, in welchen die Mutterbäume lange übergehalten sind, große Unterschiede des Jungwuchses, sowohl in ihren einzelnen Teilen, als auch beim Vergleiche mit solchen, die rechtzeitig geräumt sind. Sofern äußere Hemmungen irgendwelcher Art nicht mehr vorliegen, wird die Höhe auf einem gegebenen Standort durch den Wachsraum bestimmt, wie aus den Stammklassen der Bestände zu ersehen ist.

Für manche Bestimmungen der Wirtschaftspläne, insbesondere für die Begründung und Erziehung gemischter Bestände, hat das Verhältnis des Höhenwuchses verschiedener Holzarten größere Bedeutung als der Höhenwuchs an sich. Holzarten, die schneller wachsen als andere, erhalten durch diese Fähigkeit einen Vorsprung, durch den sie bei ihrer weiteren Entwicklung begünstigt werden. Daher muß die Erziehung in gemischten Beständen so geleitet werden, daß diejenige Holzart, welche das Ziel der Wirtschaft bilden soll, in der Ausbildung ihres Höhenwuchses der ihr beigesellten Holzart voransteht.

B. Der Stärkezuwachs.

1. Der Stärkezuwachs des einzelnen Stammes.

Der Zuwachs der Kreisfläche stellt sich als ein Ring dar, der das früher gebildete Holz umkleidet. Trotz mancher Abweichungen der Baumschäfte von der regelmäßigen Form nimmt man bei allen allgemeinen Betrachtungen den Querschnitt des Baumes als einen Kreis an, der aus regelmäßigen konzentrischen Schichten besteht. Ist der Durchmesser des Kreises $= d$ und die Breite des Jahresringes $= \dfrac{1}{n}$ cm, so ist der Umfang des Baumes $= d\pi$, die Kreisfläche $= \dfrac{d^2\pi}{4}$, der Kreisflächenzuwachs $d\pi \cdot \dfrac{1}{n}$, das Zuwachsprozent $= \left(d\pi \cdot \dfrac{1}{n} : \dfrac{d^2\pi}{4} \right) 100 = \dfrac{400}{nd}$.

Der Zuwachs des einzelnen Stammes ist hiernach von der Jahrringbreite und dem Durchmesser abhängig. Da auch die Kreisfläche das Produkt der früheren Jahrringbreiten ist, so sind alle den Zuwachs betreffenden Verhältnisse auf die Jahrringbreite zurückzuführen.

Die Bestimmungsgründe des Stärkenzuwachses sind dieselben wie beim Höhenzuwachs: Standort, Alter und Wachsraum. Indessen ergeben sich doch gewisse Unterschiede, die für die Stammbildung von Einfluß sind. Der Höhenzuwachs erreicht früher sein Maximum; der Stärkenzuwachs ist anhaltender; die Höhe gelangt in einem bestimmten Alter beinahe zum Abschluß; der Durchmesser nimmt fortgesetzt, solange der Baum überhaupt wächst, zu. Daraus ergibt sich, daß das Verhältnis der Höhe zur Stärke, welches für manche Verwendungsarten der Hölzer von Wichtigkeit ist, mit dem Alter eine Abnahme zeigt. Sodann ist der Wachsraum auf das Verhältnis von Höhe und Stärke von Einfluß. Je mehr derselbe eingeengt ist, um so mehr wird die Ausbildung des Durchmessers nicht nur absolut, sondern auch im Verhältnis zur Höhe zurückgehalten. Hiernach sind die Formen der Stämme im Bestande andere als im freien Stande. In den Beständen ergeben sich wieder Unterschiede der Form nach den Stammklassen. Bei den stärksten Stämmen des Bestandes ist das Verhältnis der Durchmesser zur Höhe am größten, daher auch die Abnahme des Durchmessers bei zunehmender Höhe am stärksten. Die am meisten zurückgebliebenen Stämme zeigen die entgegengesetzten Verhältnisse.

Der Stärkezuwachs ist ein bestimmter Maßstab für die Wuchskraft eines Baumes. Ob und wie diese Fähigkeit zum Ausdruck kommt, hängt aber nicht nur von den inneren Gesetzen des Baumwuchses ab, auf die die Wirtschaft keinen Einfluß hat, sondern auch von den äußeren Wachstumsbedingungen, deren Regelung eine der wichtigsten Aufgaben der Forsteinrichtung ist. Je nachdem das Wachstum der Stämme durch die Maßnahmen der forstlichen Technik zurückgehalten oder befördert wird, kann der Stärkezuwachs in den verschiedenen Altersstufen sehr verschieden sein. Bei ungehemmter Entwicklung ist die Jahrringbreite zur Zeit der lebhaftesten Wuchskraft am stärksten. Da jedoch Breitringigkeit in der Jugend mit Ästigkeit des Stammes verbunden ist, so muß die natürliche Fähigkeit der Bäume zur Bildung breiter Jahrringe in der Jugend durch vollen Schluß der Bestände beschränkt werden. Die Erreichung des weiteren Wirtschaftszieles, daß Stämme von genügender Stärke erzeugt werden sollen, verlangt, daß die im Bestand verbleibenden Stämme, sobald die Grundlage einer guten Form gelegt ist, durch Erweiterung ihres Wachsraumes im Wuchse gefördert werden. Die Rücksicht auf hohe Werterzeugung fordert also, daß die großen Unterschiede in den Jahrringbreiten, welche sich beim freien Walten der Natur oft ausbilden, nach Möglichkeit vermindert werden. Das durch die Erziehung zu erstrebende Ideal geht dahin, daß die im Bestande verbleibenden Stämme mit Anlegung gleicher Jahrringe erwachsen.

Bei der Anordnung und Ausführung der Durchforstungen und Lichtungen, welche auf die Hebung des Stärkezuwachses gerichtet sind,
ist ferner zu beachten, daß die Jahrringe in den einzelnen Teilen des
Stammes nicht gleich sind, sondern daß je nach den Wuchsbedingungen
mehr oder weniger große Verschiedenheiten auftreten. Diese Unterschiede sind von Einfluß auf die Form der Stämme. Die Anlage von
breiten Ringen in den oberen Stammteilen bewirkt eine Zunahme der
Vollholzigkeit, die neben der Astreinheit für die wichtigsten Verwendungsarten des Holzes von Bedeutung ist.

Im allgemeinen besteht die Regel, daß die Breite der Jahrringe
(abgesehen vom unregelmäßigen Wurzelanlauf) von unten bis zur grünen
Krone eine Zunahme zeigt. Innerhalb der Krone ist die Ringbreite eine
ziemlich gleiche, so daß hier die Form des Baumes einem Kegel entspricht, wie sie demnach beim freien Stande am ganzen, bis unten beasteten Stamme erzeugt wird. Je höher die Krone angesetzt ist, um so
entschiedener besteht die Tendenz des Breiterwerdens der Ringe nach
oben, um so geringer sind die Unterschiede der Durchmesser zwischen
den oberen und unteren Stammteilen. Der Ansatz der Krone, welcher
hiernach auf die Stammform großen Einfluß ausübt, ist vom Wachsraum
der Stämme abhängig. Gedrängter Stand treibt die Kronen in die Höhe,
bei weitem Stand bleiben die unteren Äste am Leben. Auf den Wachsraum ist daher nicht nur die Stärke der Jahrringe, sondern auch ihr
gegenseitiges Verhältnis in den verschiedenen Baumhöhen zurückzuführen. Eine streng mathematische Darstellung dieses Verhältnisses
ist jedoch nicht ausführbar[1]).

2. Kreisflächenzuwachs und Stammgrundfläche in Beständen.

Im Bestande tritt als der zweite Bestimmungsgrund für den Kreisflächenzuwachs die Stammzahl hinzu, die für den Charakter der Bestände stets ein wesentliches Merkmal bildet. Das Produkt von Stammzahl und Stärkezuwachs des einzelnen Stammes ist der Kreisflächenzuwachs, das Produkt von Stammzahl und Kreisfläche die Stammgrundfläche des Bestandes.

a) **Stammzahl.** Die Stammzahl, die bei einem gewissen Alter vorliegt, ist zunächst von der Holzart abhängig. Holzarten mit dichter
Stellung der Triebe, Knospen und Blätter bedürfen, um eine bestimmte
Menge organischer Arbeit zu leisten, weniger Raum; ihre Bestände können daher auf einer gegebenen Fläche eine größere Stammzahl enthalten
als solche aus lichtbedürftigen Holzarten. Bei gleicher Holzart und
gleicher Erziehung liegt der wichtigste Bestimmungsgrund der Stamm

---

[1]) Ihm hat Preßler: Gesetz der Stammbildung — Lehrsatz Nr. 4 —
bestimmten Ausdruck zu geben versucht.

zahlen in der Standortsgüte. Zu dieser steht die Stammzahl in umgekehrtem Verhältnis, weil die Entwicklung aller Gewächse auf gutem Boden und in milder Lage rascher erfolgt als auf schlechtem Boden und in rauher Lage. — Aber auch bei gleichen natürlichen Wachstumsbedingungen können die Stammzahlen der Bestände sehr verschieden sein. Zunächst kommt die Bestandesbegründung in Betracht. Gelungene Vollsaaten liefern die stammreichsten Bestände. Ihnen folgen natürliche Verjüngungen, dann Streifensaaten, Plätzesaaten, Büschelpflanzungen usw. Die geringsten Stammzahlen haben weitständige Einzelpflanzungen. Weiterhin ist die Führung der Durchforstungen[1]) von Einfluß auf die Stammzahl. Je nach dem Anfang, der Wiederholung, der Art und dem Grade der Durchforstungen bilden sich in den verschiedenen Altersstufen sehr verschiedene Stammzahlen aus.

Bei der Aufstellung der Regeln über die Bestandesdichte, die in den Wirtschaftsplänen auszusprechen sind, muß auch über die mit zunehmendem Alter erfolgende Stammzahlabnahme ein Gutachten abgegeben werden. Wenn auch in den wirklichen Beständen eine strenge Gesetzmäßigkeit in dieser Hinsicht nicht vorliegt, so empfiehlt es sich doch, bei der Begründung der Regeln für die Bestandeshaltung von regelmäßigen Beständen, für die solche Gesetze gegeben werden können, auszugehen. Denkt man sich einen Bestand aus Stämmen von gleichem Durchmesser, gleicher Krone und gleichem Abstand, so ist die Stammzahl vom Wachsraum des einzelnen Stammes abhängig. Wird dieser gleich dem Quadrat des Durchmessers der Krone $(k) = k^2$ gesetzt, so ist

die Stammzahl $= \dfrac{f}{k^2}$. Um aber die Veränderung der Stammzahlen, welche bei den Durchforstungen erfolgt, zu begründen, ist der relative Wachsraum, wie man das Verhältnis der Krone zur Kreisfläche des Schaftes in Brusthöhe nennen kann, oder die Abstandszahl[2]), in welcher man das einfache Verhältnis der Durchmesser von Krone und Schaft ausdrücken kann, zu bestimmen. Wird der Durchmesser der Krone

---

[1]) Auf die veränderten Anschauungen über die Führung der Durchforstungen sind die großen Abweichungen, die die neueren Normalertragstafeln der preußischen Versuchsanstalt gegenüber den früheren erkennen lassen, zurückzuführen (z. B. Kiefer II. Bon., Alter 100 J.: Stammzahl nach den Tafeln von 1889 = 525, von 1908 = 413; Fichte II. Bon., 100 J.: Stammzahl nach den alten Tafeln = 715, nach den neuen = 496).

[2]) Das Verhältnis des Durchmessers der Krone zu dem des Schaftes in Brusthöhe bezeichnet unter den angegebenen Umständen das Wesen der von König (mit anderer Fassung) in die Forstwirtschaft eingeführten Abstandszahl. Wenn diese auch für die Zwecke der Holzmassenermittelungen überflüssig ist, so hat sie doch als charakteristisches Merkmal für den Grad der Bestandesdichte allgemeine und bleibende Bedeutung.

als Vielfaches des Stammdurchmessers $= d \cdot s$ und $k^2 = d^2 \cdot s^2$ gesetzt, so ist die Stammzahl

$$= \frac{f}{s^2 \cdot d^2} \cdot$$

Ist s für die Periode der Durchforstungen eine konstante Größe, so nimmt die Stammzahl im Verhältnis der Quadrate der Durchmesser ab. Für die wirklichen Bestände lassen sich diese Zahlen zwar nicht streng aufrecht erhalten; allein es ist eine Folge der Beziehungen von Krone und Durchmesser, daß die Abnahme der Stammzahlen bei rationeller Behandlung der Bestände eine so bedeutende ist, wie es die neueren Ertragstafeln erkennen lassen.

b) Kreisflächenzuwachs. Der Kreisflächenzuwachs der Bestände setzt sich aus der Stammzahl und der Kreisflächenzunahme der einzelnen Stämme zusammen. Für einen Normalbestand in dem angegebenen Sinne ist er

$$= \frac{f}{s^2 \cdot d^2} \cdot d\,\pi \cdot \frac{1}{n} \cdot$$

Kann hierin $\frac{1}{n}$, die Jahrringbreite, als konstante Größe angesehen werden, so ergibt sich, daß der Kreisflächenzuwachs in umgekehrtem Verhältnis zum Durchmesser steht. Auch dieser Satz enthält eine (wenn auch nicht scharfe) Anwendung durch die neueren Ertragstafeln.

c) Stammgrundfläche. In einem normalen Bestand der angegebenen Beschaffenheit findet die Stammgrundfläche in der Formel

$$g = \frac{f}{s^2 \cdot d^2} \cdot \frac{d^2 \pi}{4}$$

ihren Ausdruck. Da hier d^2 im Zähler und Nenner gleich vorkommt so folgt, daß die Stammgrundfläche g von der Stärke der Stämme und damit auch vom Alter, welches die Stärke bestimmt, unabhängig ist. Auch diese Regel kommt in den Ergebnissen der forstlichen Statistik[1]) zum Ausdruck.

C. Der Massenzuwachs.

1. Verlauf.

Im regelmäßigen Hochwald zeigt der Massenzuwachs, der das Produkt aus Höhen- und Stärkezuwachs ist, folgenden Verlauf:

In der ersten Jugend ist das Wachstum aller Holzarten ein sehr geringes. Die Blätter und Wurzeln sind noch spärlich ausgebildet;

---

[1]) Vgl. die angegebenen Ertragstafeln. In denjenigen für die Kiefer zeigt g vom 80. oder 90. Jahre an sogar eine Abnahme. (g ist mit 80 Jahren $= 30,4$ qm, mit 100 J. $= 30,1$ qm, mit 120 J. $= 28,5$ qm, mit 140 J. $= 26$ qm.)

sie können die für die Zuwachsbildung nötigen Stoffe aus dem Boden
und der Luft nur unvollständig aufnehmen.

Im Dickungsalter erfolgt eine sehr starke Steigerung des Zuwachses. Die Wurzeln vermögen vom Dickungsalter ab den Boden besser
auszunutzen; die Konkurrenz der Standortsgewächse wird von den Holz-
pflanzen erfolgreich überwunden; der Höhenwuchs ist ein lebhafter.
Berechnungen des Zuwachses begegnen auch in diesem Alter wegen der
unregelmäßigen Form der Stämme, der großen Stammzahl und der
schnellen Stammausscheidung Schwierigkeiten.

Im jüngeren und mittleren Stangenholzalter pflegt der
laufende Zuwachs am höchsten zu sein[1]). Die Verhältnisse liegen in
diesem Alter nach jeder Richtung für die Zuwachsbildung am günstigsten.
Die Wurzeln vermögen den Boden in horizontaler und vertikaler Richtung vollständiger zu durchziehen; der Längenwuchs hat seine lebhafteste
Periode überschritten; die Form der Baumkrone ist daher eine gestreckte. Es findet ferner noch keine den Zuwachs merklich beeinflussende
Blüten- und Samenbildung statt; Standortsgewächse können sich wegen
der dichten Stellung der Kronen bei den Schattenholzarten gar nicht,
bei den lichtkronigen Holzarten noch nicht in stärkerem Maße einfinden.

Im höheren Stangenholzalter wird der Zuwachs fast aller
Holzarten in den Ertragstafeln übereinstimmend als ein allmählich ab-
nehmender bezeichnet. Die Ursachen seines Sinkens liegen darin, daß
der Höhenwuchs in dieser Periode rasch abnimmt. Die Kronen erhalten
daher eine stumpfere Form; ihre Oberfläche wird kleiner. Bei lichtkronigen Holzarten pflegt sich ein stärkerer Bodenüberzug zu bilden,
der in Verbindung mit der natürlichen oder künstlichen Lichtstellung,
welche in diesem Alter eintritt, zuwachsmindernd wirkt.

Im Baumholzalter pflegt der Zuwachs in noch stärkerem Maße
zu sinken. Die genannten Ursachen der Abnahme sind hier in höherem
Grade wirksam. Auch die jetzt häufiger eintretende Blüten- und Samenbildung trägt zu einer Verminderung des Zuwachses bei.

Bei der natürlichen Bestandesbegründung reihen sich an das geschlossene Altholz die Verjüngungsschläge an. In gut geführten Vorbereitungsschlägen findet, wenigstens bei Schattenholzarten und in gemischten Beständen, sofern gesunde Bodenverhältnisse vorliegen,
längere Zeit hindurch ein ziemlich gleichbleibender Zuwachs statt. Dem
Sinken des Zuwachses wird durch eine kräftige Entwicklung der Kronen
und Zersetzung des Humus entgegengewirkt. In den Besamungs- und
Lichtschlägen mit unterbrochenem Kronenschirm zeigt der Zuwachs der
Einzelstämme eine mehr oder weniger starke Zunahme, während der

---

[1]) In den neueren Normalertragstafeln wird auf der mittleren Standortsklasse
das Maximum des laufenden Zuwachses bei Kiefer mit 40 J., bei Fichte und Buche
mit 55 Jahren angegeben.

Zuwachs auf der ganzen Fläche mit der Verminderung der Mutterbäume allmählich abnimmt.

Aus der Menge der Faktoren, welche auf den Zuwachs von Einfluß sind, geht hervor, daß es selbst für eine bestimmte einzelne Holzart nicht möglich ist, scharfe, zahlenmäßige Zuwachsnachweise von allgemeiner Gültigkeit abzugeben. Für die Richtung, welche die Wirtschaftsführung einzuhalten hat, ist es aber immer von Bedeutung, daß durch gute Boden- und Bestandespflege das Sinken des Zuwachses aufgehalten wird.

Legt man einer allgemeinen theoretischen Betrachtung einen Normalzustand unter Einhaltung der obigen Bezeichnungen zugrunde, so ergibt sich, daß, wenn die Höhe eine Funktion der Stärke ist und die Jahrringbreite gleichzeitig unverändert bleibt, keine Abnahme des Zuwachses erfolgt. In diesem Falle kann die Gehalts- oder Formhöhe als Vielfaches des Durchmessers $= d\,h$ ausgedrückt werden. Für den Zuwachs eines Normalbestandes kann man die Formel

$$\frac{f}{s^2 \cdot d^2} \cdot d\,\pi \cdot \frac{1}{n}\,dh$$

($=$ Stammzahl $\times$ Jahrring $\times$ Gehaltshöhe) aufstellen. Der Zuwachs erscheint hier als konstante, von der Stärke und demnach auch vom Alter unabhängige Größe. Sobald aber, wie es schon im Stangenalter der Fall ist, h im Verhältnis zu d abnimmt, sinkt, auch beim Gleichbleiben der Jahrringe, der Faktor $d\,h$ und damit auch der Zuwachs. Tatsächlich wird die Abnahme des letzteren in stärkerem Maße erfolgen, da den Bedingungen des Gleichbleibens der Jahrringe auch in den besten Beständen nicht entsprochen werden kann. Es treten Störungen durch Naturschäden, Blüten- und Fruchtbildung ein, welche eine Zuwachsminderung bewirken. Trotzdem läßt ein Eingehen auf die Bestandteile des Zuwachses, verbunden mit seinen Grundbedingungen, erkennen, daß durch eine gute Erziehung die Unterschiede des laufenden Zuwachses, entsprechend dem Gleichbleiben seiner Quellen, vermindert werden können.

2. Die Verteilung des laufenden Zuwachses.

a) Auf die Stammklassen. Durch die Verschiedenheiten der Veranlagung der Einzelstämme und der äußeren Wuchsbedingungen bilden sich in allen Beständen verschiedene Stammklassen aus: vorherrschende, herrschende, zurückbleibende und unterdrückte. An den zurückgebliebenen Stämmen sind die Wachstumsorgane mangelhaft ausgebildet; sie können deshalb den der Fläche entsprechenden Zuwachs nicht leisten. An den vorwüchsigen Stämmen, welche schlechte Formen haben, wird der auf die Flächeneinheit entfallende Zuwachs durch die frühzeitige und stärkere Samenerzeugung beeinträchtigt. An den herrschenden Stammklassen ist der Zuwachs im Verhältnis zu dem Wachsraum, den sie einnehmen, und im Verhältnis zu ihrer Masse nachhaltig am günstigsten.

Die Verteilung des Zuwachses auf die Stammklassen[1]) ist deshalb beachtenswert, weil sie zum Durchforstungsbetrieb, welcher bei der Aufstellung von Wirtschaftsplänen geregelt werden muß, in Beziehung steht. Nach dem angegebenen Verhalten der Stammklassen ist man zu der Folgerung geneigt, daß durch starke Durchforstungen, nach welchen alle oder die meisten Glieder des Bestandes den Charakter von herrschenden Stämmen tragen, der Zuwachs am meisten gefördert wird. Um jedoch den Einfluß der Durchforstungen in dieser Hinsicht nicht zu überschätzen, ist zu beachten, daß die Wirkungen der gleichen Durchforstungsgrade auf den Boden und dadurch auch auf den nachhaltigen Zuwachs verschieden sein können, daß sich starke Durchforstungen oft nicht in gleicher Weise wiederholen lassen und daß die Bemessung des Wachsraumes nach dem Kronendurchmesser oft nicht durchgeführt werden kann. Die wichtigsten Bestimmungsgründe für die Führung der Durchforstungen liegen in dem Einfluß, den sie auf den Wert der verbleibenden Stämme ausüben.

b) Auf Haubarkeits- und Vornutzungserträge. Von den Stämmen, welche die Bestände zusammensetzen, scheidet ein Teil mit zunehmendem Bedarf an Wachsraum von Jahr zu Jahr oder von Periode zu Periode aus dem Hauptbestande aus und bildet den sog. Nebenbestand, der in einer geregelten Wirtschaft (abgesehen von bleibendem Bodenschutzholz) im Wege der Durchforstung genutzt wird. Demgemäß kann auch der Zuwachs in einen am bleibenden Bestand erfolgenden Teil, der den Hauptbestand bildet, und einen bei der Durchforstung zu nutzenden Teil zerlegt werden[2]). Das Verhältnis, in welchem diese beiden Teile des Zuwachses stehen, ist von grundlegender Bedeutung für die Höhe der Vorerträge und ihren Anteil am Gesamtertrag. Es kann nachgewiesen werden:

1. **Nach direkten Untersuchungen an Beständen.** Man teilt die Stämme bei der Aufnahme in solche des Hauptbestandes und solche des Nebenbestandes und schätzt mit Hilfe von Untersuchungen an gefällten Stämmen den Zuwachs, der an beiden Teilen im Laufe der bevorstehenden Periode zu erwarten ist[3]).

------

[1]) Untersuchungen hierüber sind u. a. ausgeführt von: Speidel: Beiträge zu den Wachstumsgesetzen des Hochwaldes, 1893; Grundner: Allgem. Forst- u. Jagdztg. 1888; Martin: Folgerungen der Bodenreinertragsth. § 106.

[2]) Hierzu muß bemerkt werden, daß es scharfe Unterscheidungsmerkmale zwischen Haubarkeits- und Vornutzungen nicht gibt und daß daher die jetzt allgemein übliche Trennung später voraussichtlich nicht aufrechterhalten werden wird.

[3]) Findet Anwendung bei der Betriebseinrichtung der österreichischen Staats- und Fondsforste nach der Instruktion für die Betriebseinrichtung von 1901, Formular zur Bestandesbeschreibung, S. 110.

Diese Methode ist jedoch in den meisten Fällen nicht durchführbar, weil der sogenannte Nebenbestand oft nicht klar genug erkennbar ist und vom Hauptbestand nicht mit genügender Schärfe unterschieden werden kann. Auch finden zwischen beiden Bestandesteilen allmähliche Übergänge statt, so daß im Laufe der Wirtschaftsperiode, namentlich für solche Bestände, welche erst am Schlusse derselben durchforstet werden, wesentliche Änderungen des ursprünglichen Verhältnisses eintreten.

2. **Nach der Erfahrung und den statistischen Ergebnissen der Praxis.** Diese können stets wertvolle Hilfsmittel für die Schätzung abgeben. Wenn die für eine bevorstehende Periode zu untersuchenden Bestände den früher behandelten gleich oder ähnlich sind, und wenn die Durchforstung in derselben Weise, wie es früher geschehen ist, bewirkt werden soll, so würde diese Methode der Ertragsschätzung der Vorerträge völlig genügen und jede andere überflüssig machen. Beides ist jedoch nicht immer der Fall.

3. **Nach Ertragstafeln[1]).** Die Normalertragstafeln der forstlichen Versuchsanstalten geben außer den Haubarkeitserträgen auch die Vornutzungserträge von Jahrfünft zu Jahrfünft an. Die Methode, diese Angaben direkt zu benutzen, ist die einfachste. Für regelmäßige Bestände, die im Sinne der vorliegenden Tafeln behandelt werden sollen, sind die Sätze derselben direkt anwendbar. Trotzdem sind auch gegen diese Methode Einwendungen zu erheben. Die Tafeln erstrecken sich auf Normalbestände, während es die Praxis häufig mit mehr oder weniger unregelmäßigen Beständen zu tun hat. Dann ist aber auch der Begriff des Normalen kein fester. Der Wechsel in den Ansichten über diesen Begriff ist die Ursache, daß die Tafeln Veränderungen unterliegen.

4. **Nach der Theorie gleichbleibenden relativen Wachsraums.** Wie früher hervorgehoben wurde, ist beim Gleichbleiben des relativen Wachsraums (oder der Abstandszahl), das nach Erreichung guter Stammformen empfehlenswert ist, die Stammgrundfläche g unverändert. Die Bestände nehmen alsdann nur in dem Maße zu, als die Höhen oder Gehaltshöhen größer werden. Sämtlicher Kreisflächenzuwachs wird durch die Vornutzung entfernt. Die Masse des ausscheidenden Bestandes ist daher gleich dem Produkt aus Kreisflächenzuwachs, Höhe und Formzahl.

Eine allgemein anwendbare Methode zur Bestimmung der Vornutzungserträge gibt es nicht. Man kann jedoch aus jeder der genannten Methoden gewisse Bestandteile und Gedanken benutzen, um die Ansätze der Wirtschaftspläne in Beziehung auf die Durchforstungserträge und ihr Verhältnis zur Hauptnutzung zu begründen.

---

[1]) Vgl. den 4. Abschnitt über Ertragstafeln.

3. Die Ermittelung des Zuwachses.

Trotz der Schwierigkeit, exakte Zuwachsuntersuchungen im größeren Umfang durchzuführen, muß die Forsteinrichtung bestrebt sein, über den Zuwachs der einzelnen Bestände und ganzer Reviere ein so gutes Urteil abzugeben, als es nach Lage der Verhältnisse geschehen kann. Dies ist insbesondere erforderlich:

1. Zur Begründung des Hiebssatzes. Der Zuwachs ist der natürliche Maßstab für die Höhe des jährlichen Einschlags.

2. Zur Unterscheidung von Kapital und Rente. Die Trennung zwischen dem, was erzeugt wird, von den Grundlagen, durch deren Wirkung die Erzeugung zustande kommt, ist in allen Wirtschaftszweigen erforderlich. In der Forstwirtschaft bietet diese Trennung besondere Schwierigkeiten, weil hier Kapital und Erzeugnis innig miteinander verbunden sind und ohne besondere Unterstellungen am Objekt nicht voneinander getrennt werden können. Um aber eine Scheidung zu ermöglichen, ist der Nachweis des Zuwachses das wichtigste Erfordernis.

Die Ermittelung des Zuwachses für die Zwecke der Betriebsregelung findet entweder durch Messung und Rechnung oder durch Schätzung statt.

a) Ermittelung des Zuwachses durch Messung und Rechnung. Sie kann geschehen:

1. Durch Abzug der Masse eines Baumes oder Bestandes zu Anfang von derjenigen zu Ende einer Wuchsperiode. Die betreffenden Messungen erfolgen meist nach dem Probestamm-Verfahren. Dem Unterschied der Aufnahmen sind die während der Wuchsperiode erfolgten Durchforstungserträge und zufälligen Nutzungen zuzufügen. Gegen die Anwendung dieses Verfahrens bei der Betriebsrechnung ist geltend zu machen, daß es zu zeitraubend und kostspielig ist, und daß starke Fehler unvermeidlich sind.

2. Mittelst des Zuwachsprozents. Da das Zuwachsprozent nicht nur zum Zweck der Zuwachsmessungen, sondern auch zum Nachweis der Hiebsreife der Bestände und der Verzinsung angegeben werden muß, so ist ein durchgehender Nachweis desselben für ältere Bestände erforderlich. Das Massenzuwachsprozent beruht in allen Beständen vorzugsweise auf der Zunahme des Durchmessers; doch muß auch der Höhenzuwachs beachtet werden.

Durchmesserzuwachsprozent. Ist $\dfrac{1}{n}$ die Breite des Jahrrings, so ist das Prozent der Durchmesserzunahme $\dfrac{2}{n}$ (doppelte Jahrringbreite) mal $\dfrac{100}{d} = \dfrac{200}{n\,d}$.

Ist die Jahrringbreite gleich der seitherigen durchschnittlichen, so ist, wenn das Alter des Querschnitts mit a bezeichnet wird, das Zuwachsprozent

$$p = \frac{100}{a}, \text{ da alsdann } d = \frac{2\,a}{n}.$$

Kreisflächenzuwachsprozent. Das Prozent der Kreisflächenzunahme ergibt sich aus dem Verhalten des Zuwachsrings $= d\,\pi\,\dfrac{1}{n}$ zu der vorhandenen Kreisfläche $= \dfrac{d^2\,\pi}{4}$. Es ist hiernach

$$p = \frac{400\ ^{1)}}{n\,d}.$$

Sofern die Jahrringbreite zur Zeit der Untersuchung gleich der durchschnittlichen gesetzt werden kann, ist, da alsdann $d = \dfrac{2\,a}{n}$,

$$p = \frac{200}{a}.$$

Massenzuwachsprozent. Sofern auf den Höhenwuchs keine Rücksicht genommen wird, gilt das von der Kreisfläche abgeleitete Prozent auch für den Massenzuwachs. Die Schafthöhe, in welcher die die Fläche betreffenden Verhältniszahlen der Masse des Baumes entsprechen, liegt meist zwischen 0,4 und 0,5 der Baumhöhe[2]). Durch Vollholzigkeit wird sie nach oben, durch Abholzigkeit nach unten gerückt. Beim liegenden Holze sind hiernach die oberen Enden der Schneidestämme und die Mitten der Baumstämme geeignete Abschnitte, um Zuwachsprozente, die für den ganzen Baum Geltung haben, abzuleiten.

Wird das Zuwachsprozent am stehenden Holz in Brusthöhe mittels des Zuwachsbohrers ermittelt, so ist sowohl mit Rücksicht auf die zu tiefe Lage des Maßpunktes als mit Rücksicht auf den Höhenwuchs die Konstante 400 entsprechend zu erhöhen[3]).

Das Zuwachsprozent läßt sich auch aus der Differenz der Massen am Anfang und Schluß einer Wuchsperiode ableiten. Ist M_{a+t} die Masse im Jahre $a + t$, M_a diejenige im Jahre a, so ist das Zuwachsprozent

$$p = \frac{M_{a+t} - M_a}{M_{a+t} + M_a} \cdot \frac{200}{t}\ ^{4)}.$$

---

[1]) Formel von Schneider: Jahrbuch zum Forst- u. Jagdkalender für Preußen pro 1853.

[2]) Preßler: Gesetz der Stammbildung, 10. Lehrsatz: „Das Zuwachsprozent der Stärkenfläche der Stammitte ist ziemlich einerlei mit dem Zuwachsprozent der Stammasse."

[3]) Borggreve: Forstabschätzung, S. 48 ff. („Weitere Untersuchungen haben ergeben, daß das Zuwachsprozent in der Stammitte in der Regel das 1,20—1,25 fache des in ca. 1 m Höhe von der Abhiebsfläche ermittelten beträgt".)

[4]) Formel von Preßler.

b) Schätzung des Zuwachses. Wegen des Zeitaufwandes, welchen genaue Zuwachsuntersuchungen erforderlich machen, und der Unberechenbarkeit mancher äußeren Einflüsse wird der Zuwachs der einzelnen Bestände in der Regel durch gutachtliche Schätzung vorgenommen. Nur für einzelne charakteristische Bestände, insbesondere solche, deren Hiebsreife in Frage kommt, sind genaue Untersuchungen empfehlenswert. Um aber die Fehler, die bei Zuwachsschätzungen vorkommen können, möglichst einzuschränken, müssen alle Hilfsmittel, welche dem Taxator zur Verfügung stehen, nach Möglichkeit zur Benutzung herangezogen werden. Insbesondere sind dies folgende:

1. Die Ergebnisse der Zuwachsuntersuchungen seitens der Vertreter des forstlichen Versuchswesens. Sie müssen in möglichst weitgehendem Umfang auf direktem oder indirektem Wege bei der Betriebsregelung zur Anwendung gelangen.

2. Messungen des Stärkezuwachses am stehenden und liegenden Holz, die ohne erhebliche Opfer an Zeit und Kosten gelegentlich der Bestandesbeschreibungen vorgenommen werden können.

3. Die Angaben der vorliegenden Normalertragstafeln, die trotz der Abweichungen zwischen ihnen und den konkreten Beständen doch das vollständigste Hilfsmittel für die Erkenntnis des Zuwachsganges einer Holzart bilden.

4. Die Ergebnisse der in den Wirtschaftsbüchern niedergelegten Ertragsstatistik. Sie bieten trotz ihrer Unvollständigkeit doch wertvolle Anhaltspunkte für die erforderlichen Zuwachsnachweise.

Durch Anwendung der hier genannten Hilfsmittel wird es in der Regel möglich sein, die Höhe des Zuwachses so gut zu beurteilen, als es nach der Natur der Sache und dem Zweck der Betriebsregelung verlangt werden kann.

III. Der Durchschnittszuwachs.

Der Durchschnittszuwachs kann entweder in räumlichem oder zeitlichem Sinne aufgefaßt und dargestellt werden. Der auf die Fläche bezogene Durchschnittszuwachs bezeichnet den Durchschnitt vom Zuwachs der Bestände eines Reviers oder eines Wirtschaftsverbandes. Die für diesen Durchschnittszuwachs zugrunde zu legende Einheit ist 1 ha Holzbodenfläche. Zeitlich wird der Durchschnittszuwachs auf ein bestimmtes Bestandesalter, am häufigsten auf die Umtriebszeit bezogen. Der Durchschnittszuwachs kann ferner auf den Hauptbestand beschränkt bleiben oder auch den ausscheidenden Bestand und die früher erfolgten Ausscheidungen umfassen; er kann auf die gesamte Holzmasse oder, wie es in Ländern mit sehr extensiver Wirtschaft geschieht, auf das hauptsächlichste Sortiment (z. B. handelsfähiges Nutzholz) bezogen werden.

1. Der Haubarkeitsdurchschnittszuwachs.

Er ist von der Masse (m), die zu Ende der Umtriebszeit vorhanden ist, und von der Umtriebszeit selbst abhängig $= \dfrac{m}{u}$. Wenn der laufende Zuwachs, der während der Umtriebszeit erfolgt, auf den Hauptbestand beschränkt bleibt, so ist die Summe des laufenden Zuwachses der Summe des entsprechenden Durchschnittszuwachses gleich, so daß prinzipielle Gegensätze in bezug auf die Frage, ob der laufende oder durchschnittliche Zuwachs dem Etat zugrunde zu legen ist, nicht vorliegen. In der Wirklichkeit ist nun aber weder die Masse zur Zeit der Haubarkeit noch die Umtriebszeit eine feste Größe. Vielmehr sollen beide durch die Maßnahmen der Forsteinrichtung geregelt werden. Daher dürfen auch Untersuchungen über das Verhalten des Haubarkeitsdurchschnittszuwachses nicht umgangen werden.

Im regelmäßigen Hochwald zeigt der Durchschnittszuwachs trotz der physiologischen Abweichungen der einzelnen Holzarten ein im wesentlichen übereinstimmendes Verhalten. Da die Bestände zufolge der Beziehungen zwischen Kronen- und Schaftdurchmesser, sobald der Höhenzuwachs aufhört, ihre Massen nicht im Verhältnis des Alters vermehren können, so muß auch der Durchschnittszuwachs, welcher von Masse und Alter bestimmt wird, abnehmen. Diese Abnahme tritt in allen Ertragstafeln hervor[1]), insbesondere bei denjenigen Holzarten, welche sich frühzeitig licht stellen und einen großen Wachsraum zu ihrer Entwicklung nötig haben. Eine ähnliche Wirkung, wie sie unter Umständen durch natürliche Verhältnisse erzeugt wird, bringen aber auch die künstlichen Eingriffe in die Bestandesverhältnisse hervor. Durch eine jede Durchforstung wird die Masse des bleibenden Bestandes vermindert. Der Durchschnittszuwachs nimmt alsdann, unabhängig von den wirklichen Leistungen des Bestandes, ab[2]). In noch höherem Grade ist dies bei Lichtungen der Fall. Hieraus geht hervor, daß der **Haubarkeitsdurchschnittszuwachs keinen Maßstab der Produktionsfähigkeit des Bodens bilden kann.** Wenn er auch geeignet ist, um die Bestände unter Zugrundelegung einer bestimmten Bewirtschaftung zu kennzeichnen, so darf ihm doch niemals eine so allgemeine Bedeutung als Maßstab der Bonitäten und der auf ihnen beruhenden wei-

---

[1]) Vgl. den Abschnitt über Ertragstafeln.

[2]) Hieraus ergeben sich die großen Unterschiede der neueren Ertragstafeln gegenüber den früheren. Der Haubarkeitsdurchschnittszuwachs der mittleren Standortsklasse wird von Schwappach wie folgt angegeben:

			60	80	100	120	Jahr
Fichte	III	1890	7,5	7,5	7,2	6,8	fm
„		1902	6,4	6,1	5,5	4,7	„
Kiefer	III	1889	4,9	4,4	4,0	3,6	„
„		1908	4,3	3,8	3,2	2,7	„

teren Rechnungen und Folgerungen beigelegt werden, als es von manchen Seiten, insbesondere von den Vertretern der Vorratsmethoden, geschehen ist.

2. Der Durchschnittszuwachs an Gesamtmasse.

Auch die Vorerträge müssen in bezug auf ihre ökonomischen Leistungen gewürdigt werden. Je mehr die forsttechnische und die volkswirtschaftliche Entwicklung fortschreitet, um so regelmäßiger können die Durchforstungen ausgeführt werden, um so größer ist der Anteil, den sie am Gesamtertrag haben. Alle Verhältnisse, welche die Betriebsregelung zu ordnen und nachzuweisen hat, finden im Gesamtzuwachs und im Gesamtertrag ihren Ausdruck. Die Fähigkeit eines Standorts, einen bestimmten Ertrag hervorzubringen, und die Fähigkeit einer Holzart, auf einem gegebenen Standort einen bestimmten Ertrag zu leisten, wird nur durch den Gesamtzuwachs nachgewiesen, nicht aber ausschließlich durch den Teil desselben, welcher in den bleibenden Bestand übergegangen ist und erst am Schluß der Umtriebszeit zur Nutzung kommt. Dasselbe gilt in bezug auf die Geschäftsführung und Verwertung. Ebenso muß für alle staatswirtschaftlichen und politischen Aufgaben der Forstwirtschaft immer der gesamte Durchschnittszuwachs zum Nachweis gebracht werden. Der Gesamtertrag, dem der Gesamtdurchschnittszuwachs entspricht, ist überall Grundlage und Ziel des forstlichen Betriebes.

Werden die Vornutzungen bei der Bestimmung des Durchschnittszuwachses gehörig berücksichtigt, so ergibt sich, daß die Kulmination desselben sehr viel später erfolgt. Bei den meisten Holzarten wird sie um etwa 30 Jahre hinausgeschoben.

3. Das Verhältnis des Durchschnittszuwachses zum laufenden Zuwachs.

Der Gang des Durchschnittszuwachses wird durch den des laufenden Zuwachses bestimmt. Da im Durchschnittszuwachs stets die kleinen Beträge, mit denen der laufende Zuwachs beginnt, enthalten sind, so muß er zunächst stets kleiner sein als der laufende Zuwachs desselben Alters. Er steigt so lange, als er vom laufenden Zuwachs übertroffen wird, da der Bestandesmasse alsdann jährlich mehr als der seitherige Betrag hinzugefügt wird. Der Durchschnittszuwachs erreicht sein Maximum, wenn er mit dem laufenden zusammenfällt. In der Abnahme dieses letzteren ist auch die Ursache für eine sinkende Tendenz des Durchschnittszuwachses, die später eintritt, enthalten. Da nun aber schon der laufende Zuwachs, wie unter II C 1 hervorgehoben wurde, bei einer guten Wirtschaftsführung, entsprechend dem gleichmäßigen Bodenzustand, der gleichen Wurzelkraft und dem gleichbleibenden Blattver-

7*

mögen der Bestände, im Stangen- und angehenden Baumholzalter ein gleichmäßiges Verhalten zeigt, so muß der Durchschnittszuwachs, bei dem alle Veränderungen immer allmählicher erfolgen, dieses Verhalten der Gleichmäßigkeit in noch stärkerem Grade zeigen. Tatsächlich enthalten alle Erfahrungstafeln, welche den Durchschnittszuwachs auf Grund richtiger Grundlagen ermittelt haben, klare Nachweise dieses Verhaltens[1]).

Insbesondere tritt das Gleichbleiben des Durchschnittszuwachses bei den Schatten ertragenden Holzarten hervor, die physiologisch so veranlagt sind, daß sie die Quellen des Zuwachses (Boden und Luftraum), die lange Zeit hindurch in gleicher Weise zur Verfügung stehen, vollständig ausnutzen. Bei den lichtkronigen Holzarten wird allerdings mit der Abnahme dieser Fähigkeit auch ein Sinken des Durchschnittszuwachses hervorgerufen. Indessen bei ihnen kann einer starken Abnahme des Zuwachses im höheren Alter durch den Unterbau entgegengetreten werden.

Der Durchschnittszuwachs ist immer nur in absoluten Beträgen, nicht in Prozenten auszudrücken, weil keine Masse vorliegt, auf die er bezogen werden könnte. Dem Durchschnittszuwachs eines Bestandes von m Jahren hat weder die Anfangsmasse im Jahr 0 noch die Endmasse im Jahr m zugrunde gelegen; vielmehr eine wechselnde Masse, als deren Durchschnitt (wenn sie in Zahlen ausgedrückt werden soll) das Mittel

$$\text{aus der Anfangsmasse } 0 \text{ und der Endmasse } m = \frac{m}{2} \text{ einzusetzen wäre.}$$

Zweiter Abschnitt.

Wertzuwachs.

I. Erklärungen.

Unter dem Wertzuwachs wird die Werterhöhung verstanden, welche sich mit wachsendem Alter durch die Zunahme der Dimensionen und die Verbesserung der technischen Eigenschaften des Holzes für die Durchschnittseinheit eines Bestandes (oder für das ausschlaggebende Sortiment, d. i. das Schaftholz) ergibt. Da der nachhaltige Massenzuwachs, wie am Schlusse des vorigen Abschnitts hervorgehoben wurde, unter verschiedenen Wachstumsbedingungen, insbesondere bei verschiedenen Umtriebszeiten und verschiedenen Graden der Bestandesdichte, annähernd gleich sein kann, so ist klar, daß er für sich allein keinen genügenden Bestimmungsgrund für die Behandlung der Bestände abgeben darf. Bestimmtere Folgerungen als aus dem Massenzuwachs

---

[1]) Für die Fichte III. Bonität ist z. B. der Durchschnittszuwachs

für $u =$ 70	80	90	100	110	120 Jahre
9,9	10,1	10,2	10,2	10,1	9,9 fm

lassen sich für die Wirtschaftsführung aus dem Prinzip, Holz von hohem Werte zu erziehen, ableiten. In der Praxis, insbesondere bei Ausführung der Bestandesbegründung, Läuterung und Durchforstung, wird dieser Grundsatz allgemein anerkannt und betätigt. Daher muß ihm auch bei der Betriebsregelung die gebührende Würdigung zuteil werden.

Der Wert des Holzes liegt in seiner Brauchbarkeit zur Befriedigung wirtschaftlicher Bedürfnisse. Diese besteht, je nach dem Zwecke des Wirtschaftssubjekts, entweder in der unmittelbaren Verwendung des Holzes oder in seiner Fähigkeit, als Gegengabe für ein anderes Gut zu dienen. Die erste Art des Wertes heißt Gebrauchswert, die andere Tauschwert. Bei der Ertragsregelung müssen beide Wertarten berücksichtigt werden.

Der Gebrauchswert des Holzes ist einerseits von seinen technischen Eigenschaften (Dauer, Spaltbarkeit, Festigkeit, Härte u. a.) abhängig, andererseits von seinen Dimensionen. Die Verschiedenheiten des Gebrauchswertes sollen in den Sortimenten einen Ausdruck finden, die deshalb so gebildet werden müssen, daß sie der Verwendungsfähigkeit entsprechen.

Für den Nachweis des Wertzuwachses des Holzes ist stets der Tauschwert zugrunde zu legen. Dieser wird in dem üblichen Umlaufsmittel (Edelmetall) ausgedrückt. Veränderungen im Werte des letzteren, die im Laufe längerer Zeit eintreten, brauchen beim Nachweis des Wertes und der Wertzunahme des Holzes in der Regel nicht beachtet zu werden, weil sich die statistischen Nachweise, die zum Zwecke der Ertragsregelung zu geben sind, meist auf kürzere Perioden erstrecken. Sofern sie berücksichtigt werden sollen, muß ihnen in anderer Weise[1]) Rechnung getragen werden.

II. Die Bestimmungsgründe für den Wert und den Wertzuwachs.

1. Gebrauchswert.

Die Ursachen, welche den Gebrauchswert bestimmen, sind, wie beim Massenzuwachs, auf die Standorts- und Bestandesverhältnisse zurückzuführen.

a) Standortsverhältnisse. Boden und Lage sind von Einfluß auf die Beschaffenheit des Holzes. Der Einfluß des Bodens macht sich zunächst in der Schaftbildung geltend. Dem ungestörten Eindringen der Wurzel in einen tiefgründigen Boden steht auch ein gerader Schaft gegenüber. Hemmnisse, die sich der Ausbildung der Wurzel entgegen-

---

[1]) Namentlich bei der Begründung der Höhe der Verzinsung des Waldkapitals. In der Vermutung der Zunahme der Holzpreise liegt ein Motiv für die Unterstellung niedriger Zinsfüße.

stellen, kommen dagegen auch in der Schaftform zum Ausdruck. Sodann ist der Nahrungsreichtum, die Lockerheit und Frische des Bodens von Einfluß auf die Stammbildung. In einem lockeren, nahrungsreichen Boden bilden sich auf gleicher Fläche weit mehr Wurzeln aus. Die Stämme brauchen deshalb weniger Raum zur Ausbildung gleicher Stammstärken, als unter entgegengesetzten Verhältnissen. Demgemäß ist die Stammzahl auf nahrungsreichem Boden eine größere; die Triebe sind länger, die Astreinheit und Vollholzigkeit vollständiger. Gewisse Sortimente können sich überhaupt nur auf gutem Boden ausbilden. Allgemeine Beziehungen zwischen der Güte des Bodens und der Qualität des Holzes lassen sich aber nicht aufstellen[1]).

Bestimmteren Einfluß als der Boden übt die Lage auf die Beschaffenheit des Holzes aus. Von der Lage, welche mit einer bestimmten Wärmesumme und Wärmeverteilung verbunden ist, hängt das Verhältnis der Bestandteile der Jahrringe ab. Je längere Zeit die Holzbildung unter dem Einfluß intensiver Sommerwärme erfolgt, im Vergleich zu der physiologischen Tätigkeit im Frühjahr, um so größer ist der dichtere Teil der Jahrringe[2]), um so größer das Gewicht, mit dem stets wichtige technische Eigenschaften im Zusammenhange stehen. Auch manche Schäden des Holzes, die durch mangelhaftes Ausreifen der Jahresringe und durch atmosphärische Einwirkungen (Sturm, Schnee, Duftanhang) herbeigeführt werden, haben in der Lage ihre Ursache.

Im allgemeinen gilt die Regel, daß die besten Qualitäten einer Holzart in ihrem Standortsoptimum erzeugt werden. Nähert man sich der nördlichen Grenze ihres natürlichen Auftretens, so wird meist wahrgenommen, daß die Wärmemenge zu gering ist: der Höhenwuchs nimmt ab, mit ihm auch die Astreinheit; die Fähigkeit, geschlossene Bestände zu bilden, hört auf. Schneller tritt die gleiche Erscheinung dem Beobachter bei einer Wanderung vom Fuß nach der Höhe der Gebirge entgegen. Aber auch eine zu hohe Wärme ist für die Beschaffenheit des Holzes nicht günstig. In einem zu milden Klima erwacht die Vegetation frühzeitig. Dadurch entstehen breite Frühjahrsringe mit lockerem Gefüge. Es kommt hinzu, daß in einem zu milden Klima gewisse Schäden der organischen Natur (durch Pilze, Insekten), welche die Beschaffenheit des Holzes ungünstig beeinflussen, in verstärktem Grade auftreten.

b) Bestandesverhältnisse. Von ihnen sind namentlich Stärke, Astreinheit und Vollholzigkeit abhängig. Das Verhältnis von Krone und

---

[1]) Es ist bekannt, daß manche Böden von mittlerer Beschaffenheit besseres Holz erzeugen als mineralisch reichere. (Verhalten der Kiefer auf tiefgründigen Sandböden gegenüber Basalt- und anderen chemisch reichen Eruptivböden.)

[2]) Hierauf beruht die gute Beschaffenheit des Holzes mancher Holzarten, z. B. der Lärche in Hochgebirgslagen.

Schaft, welches diese Eigenschaften bestimmt, ist eine Folge des Wachsraumes, der den Stämmen im Bestande gegeben wird. Je größer er ist, um so größer ist nicht nur die Stammstärke, sondern auch die Astmenge, um so tiefer sind die Kronen angesetzt, um so abfälliger ist die Stammbildung. Jede Erweiterung des Wachsraumes enthält hiernach Ursachen zu positiven und negativen Folgen für den Gebrauchswert des Holzes. Es ist eine Aufgabe sowohl der Forsteinrichtung als der ausführenden Wirtschaft, ein Optimum der Bestandesdichte herzustellen, bei welchem die angegebenen Mängel nach Möglichkeit vermindert, die Vorzüge befördert werden. Namentlich ist es zur Berechnung des normalen Vorrats und zur Begründung des Abnutzungssatzes unerläßlich, daß ein solches Optimum, welches in einfach gehaltenen Ertragstafeln seinen besten zahlenmäßigen Ausdruck findet, festgestellt wird.

Die zur Erhöhung des Gebrauchswertes dienenden Mittel, die bei der Aufstellung der Wirtschaftspläne ihren Ausdruck finden, liegen zunächst in der Art der Begründung. Gleichmäßigkeit und Vollständigkeit der Jungwüchse ist von bleibendem Einfluß auf die Beschaffenheit des Holzes. Sodann ist die Bestandespflege, welche schlechte Stämme ausscheidet, in reinen und gemischten Beständen eine wichtige Maßnahme zur Erzeugung guter Holzqualität. Auch die Ästung, namentlich die Beseitigung von trockenen Ästen, kann eine günstige Wirkung auf die technische Verwendbarkeit ausüben. Im weiteren Bestandesleben, vom Dickungsalter bis zur Haubarkeit, liegt in der Regelung des Wachsraumes das wichtigste Mittel für die Zunahme des Wertes. Endlich ist die Bestimmung der Umtriebszeit von großer Bedeutung. Da Astreinheit und Stärke des Holzes mit wachsendem Durchmesser fortgesetzt zunehmen, so ist die Wertsteigerung gesunder Stämme eine dauernde, fast unbegrenzte. Je höher die Umtriebszeit, um so besser ist die Qualität. Auch nach der Gewinnung des Holzes können noch manche Mittel zur Verbesserung der technischen Eigenschaften in Anwendung gebracht werden, was unter Umständen bei der Würdigung einer Holzart zu beachten ist.

2. Tauschwert.

Die wichtigste Grundlage für den Preis des Holzes ist der Gebrauchswert. Er ist die Ursache, daß im Verkehr Tauschwerte gezahlt werden, und der Maßstab für ihre Höhe. Sobald das Holz eine Stärke erreicht, die es zu gewissen Verwendungsarten fähig macht, steigen auch die Preise. Ebenso macht sich jede technische Eigenschaft, die einer Holzart oder einem Sortiment eigentümlich ist, in den Preisen geltend; jede Erfindung, durch welche neue Gebrauchswerte hervorgerufen oder vorhandene Gebrauchswerte erhöht werden, hat alsbald auch auf den Tauschwert Einfluß.

Trotz dieses ursächlichen Zusammenhanges beider Wertarten kann der Tauschwert der Hölzer bei gleicher Gebrauchsfähigkeit nach Zeit und Ort sehr verschieden sein. Von Einfluß auf seine Höhe sind fast alle Verhältnisse, welche den wirtschaftlichen Kulturstand eines Landes bestimmen. In ihnen liegt zugleich der Grund dafür, daß die Preise des Holzes von der sonst ziemlich allgemein gültigen Regel, daß die Tauschwerte durch die Produktionskosten bestimmt werden, abweichen. Mit dem Fortschreiten der allgemeinen Landeskultur nehmen die Holzpreise zu[1]), ganz unabhängig von den auf die Holzerzeugung verwandten Kosten. Steigernd auf die Holzpreise wirkt die Abnahme der Urwaldungen, die früher ohne Aufwendung von Produktionskosten erwachsen sind; ferner die Zunahme des Holzverbrauchs durch die wachsende Bevölkerung, sowie Erfindungen, die in der Verwendbarkeit des Holzes gemacht werden, und andere Verhältnisse. Andererseits können aber Erfindungen von Ersatzstoffen für Nutz- und Brennholz den Tauschwert des Holzes in der umgekehrten Richtung beeinflussen. — In örtlicher Hinsicht ist die Lage des Waldes zu den Verbrauchsstätten ein Grund der Verschiedenheit der Holzpreise. Diese werden an den Verbrauchsorten bestimmt. Die infolge der Schwere des Holzes und der Entlegenheit der Waldungen bedeutenden Transportkosten sind negative Faktoren, die den Waldpreis[2]) herabdrücken. Der Ausbau von Wegen innerhalb und außerhalb des Waldes, das Vorhandensein von Eisenbahnen und Wasserstraßen tragen daher gerade beim Holze zur Hebung der Waldpreise bei. Endlich können auch manche politische Maßnahmen, insbesondere die Bestimmungen über die Beförderung des Holzes auf Land- und Wasserwegen, die Erschwerung der Einfuhr durch Zölle, ihre Erleichterung durch Handelsverträge mit auswärtigen Staaten auf die Preise des Holzes Einfluß üben.

III. Die Ermittelung des Wertes und Wertzuwachses.

Die Ermittelung des Wertzuwachses erfolgt, entsprechend der Untersuchung des Massenzuwachses, dadurch, daß die Bestandeswerte zweier oder mehrerer Altersstufen voneinander abgezogen werden. Hierdurch läßt sich die Wertzunahme sowohl nach ihrem absoluten Betrage als auch im Verhältnis zu den vorhandenen Bestandeswerten, als Wertzuwachsprozent, ausdrücken. Um in solcher Weise vergleichbar zu

---

[1]) In Sachsen wurde z. B. das durchschnittliche Festmeter im Jahrzehnt 1854—63 zu 10,30 M, 1864—73 zu 11,49 M, 1874—83 zu 13,28 M, 1884—93 zu 13,80 M, 1894—1903 zu 15,23 M. verwertet.

[2]) Relativ (im Verhältnis zum Holzwert) fallen die Transportkosten um so stärker als negative Elemente des Reinertrags in die Wagschale, je geringer der Holzwert ist. Deshalb muß das Wirtschaftsziel um so bestimmter und ausschließlicher auf die Erzeugung guter, starker Sortimente gerichtet werden, je weiter die Waldungen von den Verbrauchsstellen entfernt sind.

sein, müssen die betreffenden Bestände gleiche Entwicklungsbedingungen gehabt haben, insbesondere in bezug auf die Standortsgüte. Nach dieser sind deshalb alle Untersuchungen getrennt zu halten. Auch in bezug auf den Grad der Bestandesdichte muß annähernde Übereinstimmung stattfinden.

Als Wertart kann zur Ermittlung des Wertzuwachses nur der reale Verbrauchswert, den die Bestände zur Zeit der Untersuchung besitzen, in Frage kommen. Kosten- und Erwartungswerte können nicht angewandt werden. Beide gehen von bestimmten Anfangs- und Endwerten aus und führen von diesen durch Diskontierung oder Prolongierung den Wert auf einen früheren oder späteren Zeitpunkt zurück. Das Verhältnis des Wertes verschiedener Altersstufen ist daher im Rahmen einer gegebenen Kosten- und Preisstatistik eine Folge des der Rechnung zugrunde gelegten Zinsfußes, während der Wertzuwachs die tatsächlich erfolgende, nicht die rechnungsmäßige Wertzunahme angeben soll.

Die Einheit, auf welche die Wertzahlen zu reduzieren sind, ist das Durchschnittsfestmeter der Bestände. Dasselbe wird derart ermittelt, daß die Durchschnittspreise der Sortimente, welche es zusammensetzen, nach ihrem Anteil an der Gesamtmasse eingesetzt werden. Bedingung der Brauchbarkeit der so gewonnenen Zahlen ist aber, daß die Sortimente richtig gebildet sind, d. h. so, daß sie dem Gebrauchswert, der von den Dimensionen und den technischen Eigenschaften abhängig ist, tunlichst entsprechen. In dieser Beziehung sind jetzt in den deutschen Staatsforstverwaltungen die erforderlichen Grundlagen vorhanden. Nach den auf der Versammlung deutscher Forstmänner in Mühlhausen getroffenen Beschlüssen wurden 1875 von den Vertretern der forstlichen Versuchsanstalten Bestimmungen über die Einführung gleicher Holzsortimente im Deutschen Reich[1]) aufgestellt, die seit jener Zeit in Geltung geblieben sind. Wesentliche Unterschiede in der Sortierung bestanden seither, abgesehen von untergeordneten Sortimenten, bei den Nadelholzstämmen, die in Preußen nach dem Festgehalt, in Süddeutschland nach dem Durchmesser in einer bestimmten Höhe, in Sachsen und Hessen nach dem Mittendurchmesser sortiert wurden. In Zukunft wird aber auch in Preußen die Bildung der Stammklasse nach dem Mittendurchmesser Regel sein[2]).

Der Nachweis der Sortimente kann erfolgen:

1. Nach den Ergebnissen der Einschläge von Beständen verschiedenen Alters[3]).

---

[1]) Siehe Ganghofer: Das forstliche Versuchswesen, Bd. I., S. 33 f.

[2]) Nach der Holzmessungsanweisung vom 1. Juli 1925.

[3]) In der Preuß. Betriebsregelungsanweisung von 1925, S. 8 ist vorgeschrieben, daß den vorbereitenden Arbeiten, die vom Oberförster zu fertigen sind, eine Alterspreisnachweisung beizufügen ist, in der auf Grund der tatsächlichen Einschläge und ihrer Verwertung die Festmeterpreise für bestimmte Alter und Standortsklassen angegeben werden.

2. Durch Aufarbeiten von Probestämmen. Als solche sind entweder die Mittelstämme der Bestände oder der in diesen zu bildenden Stammklassen zu wählen.

3. Durch Analyse von Probestämmen eines Bestandes, indem man aus dem Zuwachsgang eines Stammes die Sortimente, welche er früher besessen hat, ableitet und die entsprechenden Werte nach den jetzigen Preisen einsetzt.

Als das für die Praxis am besten geeignete Verfahren ist das unter 2 genannte zu bezeichnen. Die Probestämme müssen in der Regel nach mehreren Stärkeklassen gebildet werden, da sich die vorkommenden Unterschiede der Gebrauchswerte im Mittelstamm des ganzen Bestandes nicht genügend ausgleichen. Übrigens hat sich die Ermittelung des Wertzuwachses an die von den Versuchsanstalten gegebenen Vorschriften für die Messung von Probestämmen zum Zwecke der Massenermittelung anzuschließen.

Aus den Preisen der verschiedenen Sortimente ergibt sich sowohl der absolute Wert der Bestände eines bestimmten Alters als auch das Verhältnis des Wertes verschiedener Altersstufen. Um das jährliche Zuwachsprozent zu ermitteln, was zur Bestimmung der Hiebsreife nach dem Weiserprozent erforderlich ist, muß die Zeit eingeschätzt werden, in welcher ein Stamm aus einer Klasse in eine andere hineinwächst. Da die geringwertigen Sortimente auf den Wert des durchschnittlichen Festmeters oft nur sehr geringen Einfluß haben, so kann es unter Umständen für die Zwecke der Forsteinrichtung genügen, wenn die betreffen-Untersuchungen auf das wichtigste Sortiment, das im Holz des Schaftes liegt, beschränkt werden. Die Wertzunahme desselben ist in erster Linie vom Stärkezuwachs abhängig, so daß innerhalb gewisser Grenzen Wert- und Durchmesserzunahme als gleichmäßig verlaufend angesehen werden können. Ist die Zunahme des Durchmessers $= 2 \cdot \dfrac{1}{n}$ cm, so ist das Prozent (q) der nach jener Regel erfolgenden Wertzunahme $= \left(\dfrac{2}{n} : d \right) 100 = \dfrac{200}{n\,d}$. Es ist also gleich der Hälfte des Massenzuwachsprozentes. Kann unterstellt werden, daß die Durchmesser unter dem Einfluß einer auf die Pflege der besten Stämme gerichteten Durchforstung im Verhältnis des seitherigen Stärkezuwachses zunehmen, so ist die Erhöhung des Wertes eine Funktion des Alters. Es ist alsdann $d = \dfrac{2}{n}\,a$ und $q = \dfrac{100}{a}$.

Die aus der Durchmesserzunahme ermittelten Wertzuwachsprozente beziehen sich auf die Kreisflächen, die für die Zugehörigkeit der Stämme zu einer bestimmten Stammklasse entscheidend sind. Beim Laubholz ist dies nach der jetzt in allen Staaten eingeführten Sortierung die Mitte der Stämme; beim Nadelholz entweder ebenfalls die Mitte, wie in Sachsen und Hessen, oder eine bestimmte obere Höhe (von 18—16—14—12m). Um die Zahlen auf das Alter des Baumes zu übertragen, ist der auf den Querschnitt bezüglichen Zahl von Jahren (dem Alter der Stammscheibe) noch die Zeit hinzuzufügen, welche zur Erreichung der Höhe des betreffenden Querschnitts nötig gewesen ist.

Aus der Statistik der Nutzholzpreise in den deutschen Staatsforsten lassen sich über den Wertzuwachs der wichtigsten deutschen Holzarten bestimmte Folgerungen ziehen, die für ihre wirtschaftliche Behandlung, insbesondere für die Frage der Hiebsreife und die Höhe der einzuhaltenden Umtriebszeit, von wesentlicher Bedeutung sind. Am stärksten und nachhaltigsten unter allen in Betracht kommenden Holzarten ist der Wertzuwachs bei der Eiche. Die meisten anderen Laubholzarten stehen wesentlich gegen sie zurück. Unter den deutschen Nadelholzarten ist die Kiefer auf für sie geeigneten Standorten infolge der starken und andauernden Zunahme der Kernholzbildung in ihrer Wertleistung am nachhaltigsten. Weit früher sinkt dagegen der Wertzuwachs bei Fichte und Tanne.

Sofern die Verschiedenheiten im Wertzuwachs für die Haubarkeits- und Vornutzung nachgewiesen werden sollen, müssen die Untersuchungen getrennt für Haupt- und Nebenbestand geführt werden. Oft wird es jedoch genügen, den Wert des Durchforstungsholzes in Prozenten des Hauptbestandes auszudrücken.

Aus den Bestimmungsgründen für den Wertzuwachs ergibt sich, daß die Resultate der vollzogenen Wertermittelungen nur für bestimmte Orte (Reviere, Revierteile) und eine bestimmte Zeit Gültigkeit besitzen — im Gegensatz zum Gebrauchswert, der von Zeit und Ort unabhängig ist. Zwischen verschiedenen Revieren bestehen oft große Unterschiede, die, abgesehen von Zufälligkeiten, in den unter II genannten Verhältnissen ihre Ursache haben. Gleichwohl läßt ein umfassender Überblick über die Entwickelung der Holzpreise und eine nach den Regeln der Statistik geordnete Darstellung der Betriebsergebnisse keinen Zweifel, daß im Gange des Tauschwertes des Holzes ebenso wie aller anderen Wirtschaftsgüter mehr Ordnung und Regel obwaltet, als man nach der Menge der einzelnen Ergebnisse vermutet.

Dritter Abschnitt.

Der Vorrat.

I. Begriff und Bedeutung.

Unter dem Vorrat, Materialvorrat *(v)* wird die Summe der auf dem Stocke befindlichen Bestände verstanden, welche zur Führung eines nachhaltigen forstlichen Betriebs vorhanden sein müssen. Der Vorrat bildet den wesentlichsten Teil des Betriebskapitals der Forstwirtschaft. Er ist für den Zustand der Wälder in hohem Maße charakteristisch; seine vorhandene und angestrebte Höhe ist von Einfluß auf deren Behandlung und den Grad der jährlichen oder periodischen Nutzung; deshalb muß ihm eine eingehende Begründung zunächst nach der forsttechnischen Seite, die Gegenstand der Betriebsregelung ist, gegeben werden. Da der Vorrat aber auch einen wesentlichen Bestandteil des Volksvermögens bzw. des Vermögens des Waldeigentümers bildet, so muß diese Begründung auch in volkswirtschaftlicher Richtung erfolgen.

Der Vorrat ist ursprünglich Naturgabe. Wald war früher im Überschuß vorhanden; er war nicht Gegenstand der planmäßigen Erzeugung, sondern er wurde im Wege der Okkupation genutzt. Auf niederen Kulturstufen bildet der Wald sogar häufig ein Hindernis der wirtschaftlichen Entwickelung und der Befriedigung der notwendigen, meist auf Lebensmittel gerichteten Bedürfnisse. Allgemein und mit logischer Notwendigkeit können Wälder daher nach ihrer Entstehung und ihrem Zweck dem Kapitalbegriff nicht untergeordnet werden. Unter den rechtlichen und wirtschaftlichen Verhältnissen der höheren Kulturstufen muß jedoch der Vorrat der in geregeltem Betrieb stehenden, auf die Erzeugung von Holz bewirtschafteten Wälder als ein durch die Wirkung der wirtschaftlichen Produktionsfaktoren erzeugtes Betriebskapital angesehen werden. Die Merkmale des Kapitalbegriffs[1]) sind ihm eigentümlich.

Von dem beim nachhaltigen Betrieb zu unterhaltenden Vorrat scheidet zwar alljährlich ein Teil (die ältesten hiebsreifen Bestände) aus und nimmt dadurch den Charakter des umlaufenden, in andere Wirtschaftszweige übergehenden Kapitals an. An Stelle dieses Entzugs tritt jedoch durch Kultur und Zuwachs alsbald ein Ersatz. Seinem Gesamtbetrage nach bildet der Vorrat eine bleibende Grundlage der Wirtschaft. Er trägt daher den Charakter des stehenden Kapitals.

Aus der Auffassung des Vorrats als Betriebskapital geht unmittelbar hervor, daß er mit der Forderung der Verzinsung zu belasten ist. Von einem höheren Vorrat muß auch eine höhere Leistung verlangt werden als von einem niedrigen. Der absolute Ertrag (Maximum des Waldreinertrags, der Werterzeugung) ist daher kein genügender Maßstab der Wirtschaft.

Wenn der Vorrat nach den allgemeinen wissenschaftlichen Erklärungen auch als Betriebskapital angesehen werden muß, so ist doch für viele von ihm abhängige Fragen zu beachten, daß er bestimmte

---

[1]) Wie er z. B. gegeben wird von Hermann („jede dauernde Grundlage einer Nutzung, die Tauschwert hat"), von Roscher („jedes Produkt, welches zu fernerer Produktion aufbewahrt wird") u. a.

Eigentümlichkeiten besitzt, die es verhindern, daß die sonst gültigen Regeln der Verzinsung ohne weiteres auf ihn übertragen werden können. Als besondere Eigentümlichkeiten des Vorrats sind in dieser Richtung hervorzuheben:

a) **Das Verbundensein mit dem Boden.** Wenn der Vorrat vom Boden getrennt wird, hört der ihm eigentümliche Charakter als forstliches Betriebskapital auf; er wird in umlaufendes Kapital verwandelt und scheidet aus der Forstwirtschaft aus. Die Verbindung mit dem Boden gibt dem Vorrat eine eigentümliche Schwerfälligkeit, durch die seine Verwendung auf den Zweck der Holzerzeugung beschränkt wird. Auch als Grundlage für Anleihen, wodurch der Boden zur Beschaffung von beweglichem Kapital benutzt werden kann, ist er nur in beschränktem Maße geeignet.

b) **Die lange Dauer der Erzeugung und die Schwierigkeit des Ersatzes.** Die Hiebsreife des Holzes tritt erst am Schlusse einer langen Umtriebszeit ein. Deshalb haben Veränderungen in der Höhe des Vorrats langdauernde Wirkungen. Die Ergänzung eines zu niedrigen Vorrats kann nur im Laufe längerer Zeit bewirkt werden. Ein Raubbau am Vorratskapital ist daher mit sehr ungünstigen Folgen verknüpft. Hierin liegt, in Verbindung mit der Möglichkeit des Eintretens von Naturschäden, die Ursache, weshalb vielfach, in erster Linie von der Staatsforstverwaltung, ein konservativerer Standpunkt eingehalten wird, als es sonst zulässig erscheinen würde. Andererseits kann aber auch ein zu hoher Vorrat, abgesehen von seiner ungenügenden Verzinsung, Mißstände zur Folge haben.

Aus den genannten Eigenschaften geht hervor, daß zum Eigentum am Walde und zur Führung der Forstwirtschaft nur solche Personen (Staat, Korporationen, Großgrundbesitzer), geeignet sind, welche am Zustand der Forstwirtschaft nachhaltiges Interesse haben und genügendes Vermögen besitzen, um die Nutzung des Vorrats bis zur Zeit der Hiebsreife hinauszuschieben.

II. Bestimmungsgründe für die Höhe des Vorrats.

Die Ursachen, durch welche die Höhe des Vorrats bestimmt wird, sind einerseits auf forsttechnische, andererseits auf ökonomische Verhältnisse zurückzuführen.

a) **Forsttechnische Bestimmungsgründe.** Als solche sind hervorzuheben:

1. Die Standortsverhältnisse. Je besser sie sind, um so größer sind die Massen, welche auf der Flächeneinheit stehen, um so höher ist auch der Wert der Masseneinheit. Das Produkt aus Masse und Wert, welches den Vorrat darstellt, muß daher in noch stärkerem Verhältnis

abweichen als seine einzelnen Faktoren[1]). Wegen des Einflusses der Standortsverhältnisse sind Nachweise des Vorrats nach den Bonitäten getrennt zu ermitteln.

2. **Die Bestandesverhältnisse.** Hier kommen in erster Linie die vorliegenden Altersklassen, dann die Vollständigkeit der Bestockung (nach Schluß, Wuchs und dem Vorhandensein von Schäden) in Betracht. Je besser die Bestände gegründet und erzogen sind, um so höher ist — wenn auch nicht immer die Masse, so doch der Wert des Vorrats. In gesunden Beständen ergeben sich Unterschiede in der Höhe desselben nach dem Grade der Bestandesdichte. Durch jede starke Durchforstung wird gegenüber einer schwachen oder mäßigen die Masse der einzelnen Bestände und damit auch die des ganzen Vorrats herabgedrückt.

3. **Die Art der Bestandesbegründung.** Bei der natürlichen Verjüngung erhält der geringe Vorrat der jüngsten Altersstufen eine Ergänzung durch die Masse der zu ihrem Schutze übergehaltenen Mutterbäume. Je nach der Holzart und der Leitung der Beschirmung können sich hierdurch beträchtliche Vorratserhöhungen ergeben.

4. **Die Betriebsart.** Der Niederwald hat das geringste Vorratskapital; er ist in dieser Hinsicht die extensivste Betriebsart. Auch der Mittelwald und die ihm verwandten Bestandesformen tragen in bezug auf das Vorratskapital einen extensiven Wirtschaftscharakter. Der regelmäßige Hochwald und der Plenterwald machen das wertvollste Vorratskapital erforderlich. Mit welcher von diesen beiden Betriebsarten der höhere Vorrat verbunden ist, läßt sich schwer nachweisen. Für reine Bestände gilt die Regel, daß nach Unterbrechungen des Bestandesschlusses, wie sie beim Plenterwald erfolgen, die Kronen schneller und stärker zunehmen, als Stammgrundfläche und Masse. Daher ergeben stammreiche, gleichaltrige Hochwaldungen (wenn die Wuchskraft nicht durch zu dichten Stand zurückgehalten ist), die massenreichsten reinen Bestände. In gemischten Beständen kann sich aber dies Verhältnis ändern.

5. **Die Umtriebszeit.** Da die alten Bestände den größten Teil des Vorrats bilden, so nimmt dieser auf der durchschnittlichen Flächeneinheit des Holzbodens mit wachsender Umtriebszeit zu. Zahlenmäßige Angaben von allgemeiner Brauchbarkeit über das Verhältnis des Vorrats bei verschiedenen Umtriebszeiten lassen sich aber wegen des oft unvollkommenen Gehalts der alten Bestände nicht aufstellen.

6. **Die aus dem Waldeigentum hervorgehende Art der Wirtschaftsführung.** Die Eigentümlichkeit des Vorrats, welche in einer abgestuften Folge von Beständen liegt, ist ein charakteristisches Merkmal des nach-

---

[1]) Nach den Ertragstafeln der Fichte von Schwappach verhalten sich die Massen auf I. und IV. Standortsklasse annähernd wie 2 zu 1, die Vorratswerte dagegen wie 3 zu 1.

haltigen Betriebs, während es der aussetzende nur mit einzelnen Beständen zu tun hat.

b) Ökonomische Bestimmungsgründe. Als solche sind von Bedeutung:

1. Das ökonomische Prinzip der Wirtschaft. Wie aus der neueren Geschichte des Forstwesens hervorgeht, sind hier Waldreinertrag und Bodenreinertrag zu unterscheiden. Die Theorie des größten Waldreinertrags, bei der auf die Höhe des Vorratskapitals keine Rücksicht genommen wird, führt für gesunde Bestände bei konsequenter Durchführung zu mäßigen Durchforstungsgraden und sehr hohen Umtriebszeiten. Sie hat demgemäß auch einen sehr hohen Vorrat zur Folge. Die Bodenreinertragslehre faßt den Vorrat als Betriebskapital auf und verlangt eine angemessene Verzinsung, die bei anhaltendem, dichtem Schluß und sehr hohen Umtrieben nicht erreicht wird. Sie führt deshalb zu kräftigen Durchforstungen und kürzeren Umtriebszeiten, womit zugleich ein niedrigerer Vorrat verbunden ist.

2. Die nach Zeit und Ort vorliegende volkswirtschaftliche Kulturstufe. Für alle Wirtschaftszweige gilt für entwicklungsfähige Völker die aus ihrer Kulturgeschichte hervorgehende Regel, daß sie mit dem Fortschritt der wirtschaftlichen Entwicklung intensiver, unter Aufwendung einer zunehmenden Menge von Kapital und Arbeit betrieben werden. Auch in der Forstwirtschaft muß diese Regel Platz greifen. Allerdings tritt sie, solange in einem Lande noch Reste früheren Urwaldes vorhanden sind, nicht in der wünschenswerten Klarheit hervor. Aber sofern es sich um Waldungen handelt, die als das Erzeugnis wirtschaftlicher Tätigkeit anzusehen sind, wie es für die geordneten Forsten der Kulturländer zutrifft, tritt die ausgesprochene Regel auch für die Waldungen in Kraft. Viele Zustände und Erscheinungen des deutschen Waldes im 18. und 19. Jahrhundert ergeben hierfür Belege. Die Ausbreitung des Niederwaldes und ähnlicher Betriebsformen — die Begriffe haubarer Bestände nach den Erklärungen von Oettelt, von Wedell u. a. — die 70jährigen Schläge Friedrichs des Großen und andere Tatsachen lehren, daß die Forstwirtschaft im 17. und 18. Jahrhundert einen extensiven Charakter trug, wie es zu einer Zeit, in der Brennholz in großer, Nutzholz in geringer Menge gebraucht wurde, sehr erklärlich war. Ein wesentlicher Fortschritt in der Richtung zu größerer Intensität erfolgte dann durch die Wirtschaftsregeln G. L. Hartigs und anderer führender Forstwirte. Noch in der Gegenwart sind, soweit es sich um gute Nutzhölzer handelt, Bestrebungen in der gleichen Richtung begründet.

Aus dem Gesagten (1 und 2) geht hervor, daß man bei der Regelung des Vorrats eine zweifache Rücksicht zu nehmen hat. Dies bedeutet keinen Widerspruch, steht vielmehr mit der allgemeinen Tatsache in Übereinstimmung, daß sich die meisten Erscheinungen des natürlichen und geistigen Lebens unter dem Einfluß entgegengesetzter Richtungen entwickeln. Die Erkenntnis dieser geschichtlichen Tatsache schützt vor Einseitigkeit und extremen Richtungen.

III. Die Schätzung des Vorrats.

Wie bei der Ermittelung der Holzmassen der einzelnen Bestände hervorgehoben wurde, so muß sich auch die Schätzung des Vorrats je nach dem Zweck, dem sie dienen soll, verschieden gestalten. Für den Zweck des An- und Verkaufs werden genaue Nachweise des Vorratskapitals erforderlich; zum Zwecke der Betriebsregelung genügen einfache Schätzungen, für die bei geregelter Forsteinrichtung deren Vorarbeiten, die vorliegenden Ertragstafeln und die Ergebnisse der Wirtschaft meist genügende Grundlagen geben.

Die Berechnung des Vorrats erstreckt sich einerseits auf seine Masse, andererseits auf seinen Wert.

1. Masse.

Die Einschätzung des Vorrats kann erfolgen:

a) **Nach dem Haubarkeitsdurchschnittszuwachs**[1]). Wenn der Vorrat nur nach der Bedeutung, die er für die Erfüllung des Etats an Haubarkeitsnutzung besitzt, nachgewiesen werden soll, so kann er nach dem Haubarkeitsdurchschnittszuwachs berechnet werden. Der Vorrat jeder Altersstufe ist aldann das Produkt von Haubarkeitsdurchschnittszuwachs ($\frac{m}{u} = z$) und Alter (a).

Da bei diesem Verfahren der Einfluß der Bestandesdichte, die insbesondere für die Erträge aus Vornutzungen und Lichtungen im nächsten Wirtschaftszeitraum von Bedeutung ist, nicht zur Geltung kommt, so ist dasselbe, wenigstens allgemein, nicht richtig.

b) **Nach dem wirklichen Holzgehalt**[2]). Wenn der wirkliche Gehalt des Vorrats, den ein Revier zur Zeit der Aufnahme der Wirtschaftspläne

---

[1]) Als Urheber dieses Verfahrens wird der Verfasser des von der Wiener Hofkammer zum Zwecke von Wertberechnungen 1788 erlassenen Dekrets angesehen. Später wurde dies Verfahren auf die Ertragsregelung übertragen, namentlich von André, K.: Ökonomische Neuigkeiten, 1811, und André, E.: Versuch einer zeitgemäßen Forstorganisation, 1823. Vgl. die Vorratsmethoden im 5. Teil. Allgemein ist das vorliegende Verfahren der Vorratsberechnung von K. und G. Heyer vertreten — Waldertragsregelung, 3. Aufl., § 34 u. 36. („Man findet die Größe des normalen Vorrats, indem man das Alter einer jeden Stufe mit dem normalen Haubarkeitsdurchschnittszuwachs multipliziert und die Produkte addiert." Entsprechend soll auch beim Nachweis des wirklichen Vorrats verfahren werden.)

[2]) Dies Verfahren wird von den meisten Autoren der Ertragsregelung, insbesondere von Hundeshagen, Carl, Judeich, Stötzer u. a. vertreten. Vgl. den Abschnitt über die Vorratsmethoden im 5. Teil.

besitzt, nachgewiesen werden soll — wie es meist der Fall ist — so ist die Schätzung des Vorrats nach dem vorliegenden Holzmassengehalt zu bewirken. Sie erfolgt in älteren, unregelmäßigen Beständen in der Regel durch spezielle Holzmassenaufnahmen, in gleichmäßigen älteren und mittleren Beständen durch Okularschätzung oder nach Ertragstafeln, in jüngeren Beständen vorzugsweise nach letzteren.

c) **Nach dem Altersklassen-Verhältnis.** Bei den meisten in der Praxis angewandten Verfahren der Ertragsregelung ist der Vorrat in der Regel nur in der Form der Altersklassen-Tabelle, die nach den vorkommenden Holzarten abgeschlossen wird, oder nach dem Durchschnittsalter[1] dargestellt worden. Um hiernach den Vorrat nach seiner Eigenschaft als Betriebskapital in einheitlicher Fassung darzustellen, müssen die Bestände auch nach den Bonitäten geordnet werden.

Eine nach Holzarten geordnete abgeschlossene Altersklassen-Tabelle gibt dem Vorrat einen klaren Ausdruck, der für manche Verhältnisse besser geeignet ist als ein in Festmetern oder Geldwerten ausgedrückter Vorratsnachweis. Für viele Aufgaben der Ertragsregelung, insbesondere für den Wertzuwachs und die Hiebsreife, ist jedoch das Altersklassenverhältnis unzureichend.

2. Werte.

Unbedingt richtige Methoden zum Nachweis der Werte des Vorrats gibt es nicht. Gegen jede Art der Berechnung lassen sich Einwände erheben. Für die seitherige Behandlung seitens der Staatsforstverwaltungen war der Umstand maßgebend, daß die über den Wert des Waldes erlassenen Bestimmungen meist mit Rücksicht auf Veräußerungen gegeben wurden. Bei solchen sind die Interessen eines Käufers oder Verkäufers zu vertreten, und alle Nachweise müssen mit möglichster Genauigkeit gegeben werden. Wenn es sich aber nicht um Veräußerungen, sondern um die bleibende forstliche Betriebsführung handelt, so kann der Wertnachweis einfacher gehalten und ohne Rücksichtnahme auf persönliche Interessen geführt werden.

Die Berechnung des Wertes kann erfolgen[2]:

a) **Nach dem Kostenwert,** der für den einzelnen Bestand oder Gruppen von Beständen (Altersstufen derselben Bonität) nach der Formel

$$H_k = C \cdot 1{,}0p^m + (B + V)\,(1{,}0p^m - 1) - D_a \cdot 1{,}0p^{m-a}$$

zu ermitteln ist.

---

[1] Auch die Betriebsregelungsanweisung für die Preuß. Staatsforsten vom 1. April 1925, S. 6, gibt eine dahin gehende Vorschrift („Gemessen wird sowohl der normale als auch der wirklich vorhandene Vorrat am Flächendurchschnittsalter der Betriebsklasse").

[2] Die Erklärung der obigen Formeln ist Aufgabe der Waldwertrechnung.

Kostenwerte kommen hauptsächlich für regelmäßige jüngere Bestände, sofern deren Erzeugungskosten nach der vorliegenden Statistik mit annähernder Vollständigkeit und Genauigkeit nachgewiesen werden können, zur Anwendung. Für ältere Bestände, die den wichtigsten Teil des Vorrats bilden, sind sie wegen Mangels genügender Rechnungsgrundlagen und wegen des Einflusses der langjährigen Verzinsung der Produktionskosten ungeeignet.

b) **Nach dem Erwartungswert.** Für den Einzelbestand besteht die Formel:

$$H_e = \frac{A_u + D_q \cdot 1, op^{u-q} - (B+V)(1, op^{u-m}-1)}{1, op^{u-m}}.$$

Für jüngere Bestände sind Erwartungswerte aus entsprechenden Gründen, wie Kostenwerte für ältere, nicht anwendbar. Die Verteilung der Erträge auf Haupt- und Vornutzung hängt von der nicht immer vorausbestimmbaren Behandlung der Bestände (Art und Grad der Durchforstung, Lichtung) ab. Der Wert der End- und Vorerträge läßt sich meist nicht mit genügender Bestimmtheit einschätzen. Erwartungswerte sind deshalb für die Zwecke der Forsteinrichtung in der Regel nicht anzuwenden.

c) **Nach dem Verbrauchswert,** der sich aus dem Produkt der vorhandenen Masse und dem Wert des Durchschnittsfestmeters ergibt. Dieser ist nach dem Verhältnis der Sortimente zu berechnen, welches durch den Einschlag von Probestämmen ermittelt werden kann.

Der Verbrauchswert ist für ältere und mittlere Bestände, welche den wichtigsten Bestandteil des Vorrats ausmachen, sofern es sich nur um die eigene bleibende Wirtschaft, nicht um Veräußerungen handelt, am meisten zu empfehlen. Für die Zwecke der Forsteinrichtung hat er schon deshalb am meisten Bedeutung, weil er dem Wertzuwachs, welcher zur Begründung der Umtriebszeit nachzuweisen ist, zugrunde gelegt werden muß.

IV. Die Bedeutung des normalen Vorrats für die Betriebsregelung.

1. Begriff des normalen Vorrats.

Der Vorrat, welcher sich für eine normale Betriebsklasse oder Wirtschaftseinheit berechnet, wird normaler Vorrat ($n\,v$) genannt. Man denkt sich denselben aus einer Reihe von regelmäßig abgestuften Beständen zusammengesetzt, von denen das älteste Glied u (oder $u-1$) Jahre, das jüngste 1 Jahr alt (oder unangebaute Blöße) ist. An Stelle der jährlichen Gliederung kann zum Nachweis des normalen Vorrats eine periodische Gliederung mit Abstufungen von 10 oder 5 Jahren eingesetzt werden.

Entsprechend der allgemeinen Regel der Vorratsbestimmung kann der normale Vorrat nachgewiesen werden:

a) **Nach Ertragstafeln.** $n\,v$ ergibt sich durch Aufsummierung der Sätze einer alle Altersstufen umfassenden Normalertragstafel. Um ein zur Charakterisierung der forstlichen Verhältnisse taugliches Urteil zu gewinnen, genügt es, wenn für die Masse der periodischen Altersstufen der Gehalt der Bestände des mittleren Alters dieser Stufen eingesetzt wird — also z. B. bei 20jähriger Abstufung für die Klasse von 60 bis 80 Jahren ein 70jähriger, für die Klasse von 80—100 Jahren ein 90jähriger — bei 10jähriger Abstufung für die Klasse von 50—60 Jahren ein 55jähriger Bestand. Die betreffenden Sätze sind dann noch mit der Zahl der Altersstufen, die eine Klasse umfaßt, zu multiplizieren. Eine besondere Formel für dies einfache Verfahren ist von Preßler aufgestellt[1]).

b) **Nach dem Haubarkeitsdurchschnittszuwachs.** Da dieser für alle Altersstufen gleich ist, so erscheint $n\,v$ als eine regelmäßige Reihe, deren erstes Glied $=\dfrac{m}{u}$ oder z, das letzte $=\dfrac{m}{u}\,u$ oder $=m$ ist. Der Vorrat ist verschieden, je nachdem das erste Glied als einjährige Kultur oder als unbestockte Blöße angenommen wird. Es ist

$$n\,v_1 = z + 2z + \ldots + (u-1)\,z + uz = \frac{u\cdot uz}{2} + \frac{uz}{2}$$

$$n v_2 = 0 + z + 2z + \ldots + (u-1)\,z = \frac{u\cdot uz}{2} - \frac{uz}{2}.$$

Wird $uz = Z$ gesetzt, so ist

$$n v_1 = \frac{uZ}{2} + \frac{Z}{2};\quad n v_2 = \frac{uZ}{2} - \frac{Z}{2};\quad \text{im Mittel } n\,v = \frac{uZ}{2}.$$

2. Das Verhältnis der Nutzung zum Vorrat im Normalwald.

Im Normalwald ist die Nutzung gleich dem Zuwachs. Wird nur der Haubarkeitsertrag berücksichtigt, so ist der Zuwachs und die ihm entsprechende Nutzung gleich der ältesten Altersstufe Z. Wird nun der normale Vorrat nach dem Haubarkeitsdurchschnittszuwachs berechnet, so ist das Verhältnis der Nutzung, ausgdrückt als Prozent

$$= \left(Z : \frac{uZ}{2}\right) 100 = \frac{200}{u}.$$

Dieser Quotient wird nach dem Vorgang von Paulsen[2]) und Hundeshagen[3]) als Nutzprozent berechnet. Es ist jedoch zu beachten, daß

---

[1]) Vgl. Judeich: Forsteinrichtung, 6. Aufl., S. 121.

[2]) Kurze praktische Anweisung zum Forstwesen, verfasset von einem Forstmann und herausgegeben von G. F. Führer, Fürstl. Lipp. Kammerrat, 2. Aufl., 1797.

[3]) Vgl. die Methoden der Ertragsregelung im 5. Teil, 1. Abschn. (Vorratsmethoden).

das wirkliche Verhältnis der Nutzung zum Vorrat weit größer ist, weil
erstens in das Nutzprozent die Durchforstungsbeträge nicht einbezogen
sind. Machen diese z. B. $^1/_3$ der Gesamtmasse oder die Hälfte der Haubarkeitsmasse aus, so erhöht sich das Prozent auf $\dfrac{300}{u}$. Zweitens erhöht
sich das Verhältnis der Nutzung zum Vorrat, wenn es auf den Wert bezogen wird. Der Wert der Endmasse ist weit höher als der durchschnittliche Wert des Vorrats.

3. Der wirkliche Vorrat ($w\,v$).

Der wirkliche Vorrat zeigt gegenüber dem normalen mehr oder
weniger starke Abweichungen, die ihre Ursache haben:

a) In der Unregelmäßigkeit der Altersklassen. Beim Vorherrschen
der hohen Altersklassen ist der wirkliche Vorrat bei voller Bestockung
größer, im umgekehrten Falle niedriger als der normale.

b) In der Unvollständigkeit der Bestände nach Schluß und Wuchs.
Der Grad der Unregelmäßigkeit ist bei der Beschreibung der Bestände
gutachtlich anzugeben.

Die Berechnung des wirklichen Vorrats erfolgt bei Vergleichung
nach derselben Methode wie die des normalen. Werden bei Berechnung
von $w\,v$ Ertragstafeln zugrunde gelegt, so sind die Sätze derselben mit
einem Vollertragsfaktor, der das Verhältnis des vorhandenen Bestandes
zu einem normalen Bestand gleichen Alters angibt, zu multiplizieren.

Die Darstellung des Vorrats erfolgt am einfachsten derart, daß die
auf der durchschnittlichen Einheit der Holzbodenfläche stehende Holzmasse angegeben oder graphisch dargestellt wird[1]).

4. Herstellung des normalen Vorrats.

Der wirkliche Vorrat soll durch die Betriebsregelung dem normalen
näher gebracht werden. Die Mittel hierzu liegen:

a) In der Hebung des Zuwachses. Da der Vorrat die Folge des vorausgegangenen Zuwachses ist, so tragen alle Mittel, durch welche der Zuwachs gehoben wird, zur Herbeiführung des normalen Vorrats bei.

b) In dem Grad der Abnutzung. Bei zu hohem Vorrat wird mehr,
bei zu geringem Vorrat weniger genutzt als der Zuwachs, der Maßstab
der Nutzung im Normalwald ist. Die allgemeine Formel für die in Zuwachs und Vorrat ausgedrückte Nutzung ist daher

$$= z + \frac{w\,v - n\,v\ ^{2})}{a}\,,$$

---

[1]) Es gereicht in hohem Maße zur Kennzeichnung des Waldzustandes und
zur Darstellung der getroffenen Maßnahmen, daß z. B. für Sachsen der Holzvorrat
pro ha seit 1844 regelmäßig nachgewiesen wird. (Entwicklung der Staatsforstwirtschaft im Königr. Sachsen. Thar. Forstl., Jahrb. 47. Band, Tab. 4).

[2]) Vgl. hierzu den Abschnitt über die Vorratsmethoden im 5. Teil.

wobei a einen bei der Aufstellung des Betriebsplanes festzustellenden Zeitraum bedeutet.

So einfach diese Formel auch erscheint, so stehen ihrer Durchführung in der praktischen Betriebsregelung doch einflußreiche Hemmungen entgegen. Der Begriff des $n\,v$ kann, wie oben hervorgehoben wurde, sehr verschieden verstanden werden; die Erfassung des $w\,v$ ist aber nur mit gewissen Unterstellungen und unter Verzicht auf die Schärfe und Vollständigkeit seiner einzelnen Bestandteile ausführbar. Wenn auch eine zahlenmäßige Darstellung der auf den Vorrat gerichteten Verhältnisse erwünscht ist, so darf man dabei doch nicht kleinlich verfahren. Wichtiger als die rechnerische Behandlung ist die Begründung eines ökonomischen und forsttechnischen Urteils über den Vorrat. In dieses müssen nicht nur alle Nachweise, die zahlenmäßige Gestalt erhalten haben, einbezogen werden, sondern auch solche, die sich nicht in Zahlen fassen lassen, wie z. B. alle Veränderungen der Bodenzustände, sowie wirtschaftliche Erfahrungen, die bei der Verjüngung und Verwertung gemacht sind. In den meisten Fällen der großen Praxis müssen in den verschiedenen Revierteilen oder bei den verschiedenen Holzarten Erhöhungen und Verminderungen des Vorrats nebeneinander in Aussicht genommen werden. Zu einer Erhöhung des Vorrats geben z. B. alle Maßnahmen Anlaß, welche auf Überführung von Mittelwald oder ähnlichen Bestandesformen in Hochwald gerichtet sind; ferner die Einführung der natürlichen Verjüngung, der Überhalt von Wertstämmen, der Unterbau von Stangenarten und andere Maßnahmen der Boden- und Bestandespflege. Auch ein andauerndes Steigen der Preise starker Sortimente kann in der gleichen Richtung wirken. Vermindernd auf den Vorrat wirkt dagegen die Nutzung von alten Beständen, die den Forderungen der Rentabilität und des Bodenschutzes nicht genügen. Insbesondere kommen hier reine Altholzbestände von Lichtholzarten in Betracht, deren Zuwachs sehr gering ist, während der Boden gleichzeitig stark zurückgeht.

Vierter Abschnitt.

Ertragstafeln.

I. Zweck, Inhalt und Umfang.

Um dem Zuwachs und Vorrat zahlenmäßigen Ausdruck zu geben, werden die Resultate der darüber angestellten Untersuchungen in tabellarischen Nachweisungen, Ertragstafeln, zusammengestellt. Sie finden bei manchen Arbeiten der Forsteinrichtung, insbesondere bei der Bonitierung und der Einschätzung der Holzmassen jüngerer Bestände, sowie zu Aufgaben der Waldwertrechnung und der forstlichen Statik Anwendung.

Die Angaben der Ertragstafeln werden nach Standortsklassen, deren in der Regel 5 gebildet werden, getrennt gehalten. Die wesentlichsten Bestandteile der Tafeln betreffen:

1. Die Elemente des Hauptbestandes: Stammzahl, Stammgrundfläche, Mittelhöhe, mittleren Durchmesser, Masse (getrennt nach Derb- und Reisholz), Formzahl.

2. Den ausscheidenden Bestand nach Stammzahl, Stammgrundfläche, Mittelhöhe, Masse.

3. Den Zuwachs an Derb- und Reisholz. Insbesondere muß angegeben werden:

a) Die Verteilung des Gesamtzuwachses auf Haupt- und Vornutzung;

b) der Durchschnittszuwachs an Haubarkeits- und Gesamtmasse;

c) der laufende Zuwachs der Gesamtmasse, in absoluten Zahlen und nach Prozenten.

Aus den Tafeln lassen sich auch die normalen Vorräte durch Aufsummierung der Holzmassen aller Altersstufen sowie die Nutzungsprozente ableiten.

Die Abstufung der Alter, für welche Zahlen eingesetzt werden, erfolgt meist nach Jahrfünften. Die ersten 2—3 Jahrzehnte bleiben unberücksichtigt. Etwaige Ansätze derselben, die z. B. für den Nachweis des Vorrats erforderlich werden, müssen eingeschätzt werden.

Ertragstafeln der angegebenen Vollständigkeit haben namentlich für regelmäßige nach dem Alter abgestufte Hochwaldungen Bedeutung. Es sind dabei nur die Bestände, deren Schluß noch nicht in stärkerem Maße unterbrochen ist, aufzunehmen. Die Massen der in natürlicher Verjüngung begriffenen Bestände gestalten sich nach dem Gang der Verjüngung zu verschieden, als daß einer schematischen Darstellung Wert beigelegt werden könnte. Sie bedürfen im konkreten Falle stets der besonderen Aufnahme. Andere Betriebsarten haben zu geringe Bedeutung; sie zeigen auch in ihrer Gestaltung zu große Unterschiede, als daß eine Norm über ihren Massengehalt in Ertragstafeln gegeben werden könnte. Namentlich ist dies beim Mittel- und Plenterwald der Fall. Die Wirtschaft des Niederwaldes aber beruht in der Hauptsache auf der Fläche. Die Nachweise über die Masse können in einfacher Fassung (nach dem Durchschnittszuwachs) gegeben werden.

Auch bezüglich der Holzarten muß eine Beschränkung der Ertragstafeln Platz greifen. Nur solche Holzarten sind dazu geeignet, welche auf ausgedehnten Flächen in reinen Beständen vorkommen. Gemischte Bestände zeigen in ihrer Zusammensetzung zu viel Verschiedenheit, um in Ertragstafeln behandelt werden zu können.

II. Unterscheidungen.

Die Ertragstafeln können entweder nach dem Umfang des Geltungsbereichs, den sie haben sollen, oder nach dem Charakter der Bestände, die ihnen zugrunde liegen, unterschieden werden.

1. Nach dem Umfange ihres Geltungsbereiches sind allgemeine und örtliche Ertragstafeln zu unterscheiden. Da alle Faktoren des Bodens und der Lage auf den Ertrag von Einfluß sind, so kann es für größere Wirtschaftsgebiete mit ungleichen Standortsverhältnissen Ertragstafeln von allgemeiner Gültigkeit nicht geben. Solche dürfen sich vielmehr nur auf Gebiete beziehen, deren klimatische Grundlagen nicht sehr verschieden sind.

2. Nach der Art der Bestände kann man reale, normale und ideale Ertragstafeln unterscheiden.

Reale Tafeln geben dem Verhalten der Bestände Ausdruck, wie sie in dem betreffenden Waldgebiet auf großen Flächen vorkommen.

Normale Ertragstafeln beziehen sich auf regelmäßige Bestände, welche von Störungen im Wuchs und Schluß nicht zu leiden gehabt haben. Nach den Beratungen der Vertreter der forstlichen Versuchsanstalten[1]) sind unter normalen Beständen solche zu verstehen, „welche nach Maßgabe der Holzart und des Standorts bei ungestörter Entwicklung als die vollkommensten anzusehen sind. Gleichartigkeit muß bestehen im Standort, Alter, Schluß und Masse." Der Begriff der Vollkommenheit kann jedoch sehr verschieden aufgefaßt werden.

Ideale Ertragstafeln können solche genannt werden, welche einem bestimmten Wirtschaftsprinzip oder einem bestimmten Grundgedanken Ausdruck geben. So kann z. B. der Aufbau der Bestände durch die Idee beherrscht werden, daß nach Herstellung einer guten Schaftform die Stammgrundfläche eine bestimmte Höhe nicht überschreiten soll. Die Bestände nehmen alsdann im Verhältnis der Gehaltshöhen zu. Der hierüber herausgehende Teil des Zuwachses wird im Wege der Durchforstung entfernt. Zur unmittelbaren Schätzung sind derartige Bestände nicht geeignet; dagegen enthalten sie ein bestimmtes Ziel, das für die Maßnahmen der Forsteinrichtung von Wert sein kann.

III. Methoden der Aufstellung von Ertragstafeln.

Die Aufstellung von Ertragstafeln kann erfolgen:

1. Durch einmalige Aufnahme der Masse mehrerer Bestände von verschiedenem Alter auf gleichem Standort und Ergänzung der Zwischenglieder durch Interpolation[2]).

---

[1]) Ganghofer, a. a. O., § 6.

[2]) Dies Verfahren ist namentlich von G. L. Hartig, begründet und in der Instruktion von 1819 für die Abschätzung der Königl. Preuß. Staatsforsten angeordnet worden.

2. Durch wiederholte Aufnahme der Massen einer Mehrzahl von Beständen verschiedenen Alters.

3. Durch Stammanalysen. Man sucht den Mittelstamm eines Bestandes und stellt für diesen durch Messung der Durchmesser und Höhen sowohl die gegenwärtige Masse als auch diejenige in früheren Zeitabschnitten fest. Die Massen in den verschiedenen Altersstufen eines solchen Bestandes ergeben sich durch Multiplikation der Masse des Mittelstammes mit der Stammzahl. Diese wird für die verschiedenen Altersstufen durch die Unterstellung gefunden, daß die Stammzahlen zu den Stammstärken in einem bestimmten Verhältnis (z. B. in umgekehrtem zum Quadrate der Durchmesser) gestanden haben[1]).

In der neueren Zeit erfolgt die Aufstellung von Normalertragstafeln durch die forstlichen Versuchsanstalten[2]) nach dem Entwurf der preußischen Versuchsanstalt, vereinbart bei den Beratungen in Eisenach, Bamberg, Wiesbaden und B.-Baden 1874—80[3]). Dabei kommt das unter 2 genannte Verfahren zur Anwendung.

Die zu den Ertragstafeln erforderlichen Massenermittelungen erfolgen nach dem Kahlhiebs- oder Probestammverfahren.

Beim Kahlhiebsverfahren werden die Stämme auf der ganzen Fläche eingeschlagen, in die üblichen Sortimente aufgearbeitet und diese nach Maßgabe der zu ermittelnden Faktoren auf Festgehalt reduziert. Beim

---

[1]) Das hier bezeichnete Verfahren wurde zuerst (1824) durch den bayer. Salinen-Inspektor Huber und mit einigen Ausnahmen später von Th. und R. Hartig zur Anwendung gebracht. Näheres hierüber siehe Stötzer: Forsteinrichtung, 2. Aufl., S. 155ff. Der Anwendung dieses sog. Weiserverfahrens steht aber der Umstand entgegen, daß die Mittelstämme von einer zur anderen Wuchsperiode nicht dieselben bleiben, sondern infolge des Ausscheidens schwächerer Stämme im Wege der Durchforstungen mit zunehmendem Alter in die stärkeren Klassen rücken.

[2]) Hierher gehörige Ertragsnachweise sind namentlich mitgeteilt von: Baur: Die Fichte in bezug auf Ertrag, Zuwachs und Form, 1876; Die Rotbuche, 1881. Kunze: Beitrag zur Kenntnis des Ertrags der Fichte, Thar. Forstl. Jahrb., Suppl. 1878, 1883, 1888; der gem. Kiefer, das. 1883, 1890; der Rotbuche, das. 1890. Lorey: Ertragstafeln für die Weißtanne, 1897; für die Fichte, 1899. Weise: Ertragstafeln für die Kiefer, 1880. Wimmenauer: Ertragsuntersuchungen im Buchenhochwald. Allgem. Forst- u. Jagdztg. 1880, 1885, 1889, 1893 u. a. Jahrg. Schuberg: Aus deutschen Forsten: Mitteilungen über Wuchs und Ertrag I. Weißtanne, 1888; II. Rotbuche, 1894. Schwappach: Wachstum und Ertrag normaler Fichtenbestände, 1890 und 1902; ebenso für Kiefer, 1893 und 1908; Rotbuche, 1893; Eiche, 1905. Grundner: Untersuchungen im Buchenhochwalde, 1904. Eichhorn: Ertragstafeln für die Weißtanne, 1902. Gehrhardt: Allgem. Forst- u. Jagdztg. 1921—1925 (Ertragstafeln für Eiche, Buche, Kiefer, Fichte).

[3]) Vgl. Ganghofer: Das forstliche Versuchswesen, 1. Bd., XIV — Arbeitsplan für die Aufstellung von Holzertragstafeln.

Probestammverfahren sind die Stämme der Versuchsflächen zu kluppen und nach Klassen (meist 5) mit gleichen Stammzahlen zu ordnen. Die Massenermittelung erfolgt durch Messung der für die einzelnen Klassen gebildeten Probestämme.

Die Erhebung soll sich ausschließlich auf möglichst normale und gleichartige Bestände erstrecken. Die Größe der zu untersuchenden Bestände soll mindestens 0,25 ha betragen.

IV. Bedeutung der Ertragstafeln für die Forsteinrichtung.

1. Anwendungen.

Im allgemeinen wird bei der Ertragsregelung so verfahren, daß von den leitenden Behörden Ertragstafeln bestimmt werden, die bei der Ertragsschätzung benutzt werden sollen. Sie dienen zunächst zur Standorts- und Bestandesbonitierung. Ferner gewähren die Ertragstafeln wertvolle Hilfsmittel zur Einschätzung der Holzmassen. Solange die Fachwerksmethoden in den meisten Staaten herrschten, waren es vorzugsweise die Bestände der späteren Perioden, deren Massen mit Hilfe von Ertragstafeln eingesetzt wurden. Nachdem in der neueren Zeit die Fachwerksmethoden aufgehoben worden sind, empfiehlt es sich, die Massen regelmäßiger Bestände für die Gegenwart mit Hilfe von Ertragstafeln einzuschätzen. Auch zur Begutachtung der Vorerträge sind diese zu benutzen. Es ist jedoch zu beachten, daß die Vorerträge unregelmäßiger, lückiger Bestände von denjenigen normaler Orte, wie sie die Tafeln angeben, in weit stärkerem Grade abweichen, als dem Grade des Bestandsschlusses oder den Vollbestandsfaktoren entsprechend ist. Endlich sind Ertragstafeln auch für alle Zuwachsschätzungen von Bedeutung. Bei der praktischen Behandlung dieses Gegenstandes ist jedoch stets im Auge zu behalten, daß es zahlenmäßige Sätze für den Aufbau der Bestände von bleibender Gültigkeit nicht gibt. Neben der Menge der standörtlichen Verschiedenheiten sind die forsttechnischen und ökonomischen Grundsätze der Wirtschaft auf die Gestaltung der Bestände von Einfluß. Der Begriff: normale Bestände in dem unter II angegebenen Sinne kann auch für gleiche Holzart und gleichen Standort, je nach Zeit und Ort, nach objektiven und subjektiven Bestimmungsgründen verschieden gefaßt werden. Selbst innerhalb kurzer Zeiträume ergeben sich in dieser Beziehung starke Änderungen, wie die neueren Mitteilungen aus dem forstlichen Versuchswesen klar ersehen lassen. Nach den Ertragstafeln aus Preußen hatten die als normal bezeichneten Bestände der deutschen Hauptholzarten folgende Zusammensetzung:

Holzart	Stand-orts-klasse	Alter	Ertragstafel von Schwappach	Stamm-zahl	Masse	
					Derbholz fm	Derb- u. Reisholz fm
Fichte . . .	III	100	1890	950	627	720
„ . . .	III	100	1902	638	480	547
Kiefer . . .	III	100	1889	638	353	400
„ . . .	III	100	1908	528	283	323
Buche . . .	III	120	1911 A	388	311	358
„ . . .	III	120	1911 B	—	403	464

Die hier vorliegenden Unterschiede sind im wesentlichen durch die veränderten Anschauungen über die Grade der vorteilhaftesten Bestandesdichte, über die Art der Durchforstungen und Lichtungen herbeigeführt worden. Für die Gegenwart und Zukunft ist es ferner von wesentlicher Bedeutung, daß die jetzt vorliegenden Ertragstafeln dem Verhalten reiner Bestände Ausdruck geben, während die Bestrebungen der meisten Forstwirtschaften auf die Herstellung gemischter Bestände gerichtet sind.

Aus den angegebenen Verhältnissen geht hervor, daß die von den Versuchsanstalten aufgestellten Ertragstafeln bei der Forsteinrichtung nicht einfach nach ihren Zahlen übernommen werden können. Es ist vielmehr erforderlich, daß bei der Forsteinrichtung an charakteristischen Beständen Untersuchungen über die Elemente der Ertragstafeln angestellt und deren Ergebnisse in einem Gutachten niedergelegt werden, das zur Begründung der Umtriebszeiten und Durchforstungsgrade zu verwenden ist.

2. Folgerungen.

Trotz ihrer vielfachen Verschiedenheiten lassen sich aus den Zahlen der vorliegenden Ertragstafeln Folgerungen ziehen, die für die Einrichtung und Führung der Forstwirtschaft von Bedeutung sind. Tatsächlich ist dies auch in reichem Maße geschehen. Schon alsbald nachdem die ersten Tafeln nach dem genannten Arbeitsplan aufgestellt waren, wurde von ihrem Verfasser [Baur[1])] eine Reihe von Sätzen als neue Errungenschaften der Forstwissenschaft aufgestellt. Für die Forsteinrichtung waren die wichtigsten dieser Sätze diejenigen, welche sich auf den Gang und die Kulmination des laufenden und des Durchschnittszuwachses bezogen. Es ergab sich aus den sehr eingehenden Zahlen, daß der Haubarkeitsdurchschnittszuwachs schon frühzeitig seinen Höhepunkt erreichte und daß derselbe früher auf guten als auf geringen Bonitäten erfolgte. Die frühe Kulmination schien niedrige Umtriebszeiten zu begründen; das Verhalten auf verschiedenen Bonitäten schien dahin zu führen, daß die Umtriebszeiten auf guten Bonitäten

---

[1]) Die Fichte in bezug auf Ertrag, Zuwachs und Form, S. 44 ff.

niedriger seien als auf schlechten. Beide Folgerungen sind jedoch, wie Borggreve[1]) zutreffend hervorhob, unrichtig. Beim Nachweis des Einflusses des Zuwachses auf die Umtriebszeit müssen stets auch die auf die Vorerträge entfallenden Teile desselben berücksichtigt werden, wodurch die Umtriebszeit erhöht wird. Das Verhältnis der Umtriebszeit auf verschiedenen Bonitäten wird aber in der Regel mehr durch die Faktoren, welche die Werte, als durch die, welche die Masse betreffen, bestimmt. Es kann je nach dem Wirtschaftsziel ein sehr verschiedenes sein.

Später sind aus den reicheren Ergebnissen, die insbesondere im Versuchswesen Preußens und Sachsens gewonnen wurden, weitergehende Folgerungen gezogen, die in Zukunft weit mehr zu beachten sein werden, als es seither geschehen ist. Sie erstrecken sich vorzugsweise auf die Wirkungen der Durchforstungen, insbesondere ihren Einfluß auf Zuwachs und Reinertrag. In bezug auf den Zuwachs ergaben die seitherigen Untersuchungen, daß bei Fichte und Kiefer durchgreifende Unterschiede der mäßigen und starken Durchforstungsgrade nicht hervortraten — im Gegensatz zur Buche, die auf jede Erweiterung des Wachsraumes sicher und stark reagiert. In bezug auf die Rentabilität aber ergab sich als die wichtigste Folgerung, daß durch kräftige Durchforstungen der Bodenreinertrag erhöht und seine Kulmination hinausgeschoben wird[2]). Damit ergaben sich auch dementsprechende Folgerungen für die Hiebsreife und die Umtriebszeit.

Der Rückblick auf die seitherige Geschichte des vorliegenden Zweigs des forstlichen Versuchswesens zeigt, daß sie sich in steter Entwicklung befindet. Die Verhältnisse, von welchen der Aufbau der Bestände und die Gestaltung der ganzen Forstwirtschaft abhängt, tragen, ebenso wie alle anderen Zweige des wirtschaftlichen Lebens, keinen starren, abgeschlossenen, sondern einen entwicklungsfähigen, sich verändernden Charakter. Wenn auch die Naturgesetze, durch deren Wirkung die Erzeugung forstlicher Massen und Werte zustande kommt, gleichbleiben, so sind doch die Bedingungen, unter welchen diese Gesetze sich betätigen, nach Zeit und Ort verschieden, nicht nur in objektiver, sondern auch in subjektiver Hinsicht; sie werden bestimmt durch den Willen und die Einsicht eines Wirtschaftssubjekts, des Wirtschaftsführers oder Waldeigentümers.

V. Geldertragstafeln.

Die Aufstellung von Tafeln, welche den Wert der Bestände angeben, gründet sich auf das Verhältnis der Sortimente, welche in einem

---

[1]) Die Forstabschätzung 1888, S. 98ff., Ertragstafeln u. Umtrieb.

[2]) Sehr klar tritt dies hervor in den Abschnitten über Bodenertragswerte u. Verzinsungsprozente normaler Betriebsklassen in den „Hilfstabellen für Forsttaxatoren", herausgegeben von der Forstabteilung des bad. Finanzministeriums. 1924.

bestimmten Alter vorliegen. Diese werden auf Grund von Stammanalysen oder nach flächenweisen Abtrieben in Prozenten angegeben, wie im 2. Abschnitt für den Wertzuwachs hervorgehoben wurde.

Die Untersuchungen über den Wert sind stets nach Standortsklassen getrennt zu halten, da einer besseren Standortsklasse bei gleichem Alter immer höhere Werte entsprechen. Als Altersabstufung genügt eine 10jährige.

Um solche Tafeln zusammenzustellen, ist gleiche Sortierung und gleiche Aufarbeitung des benutzen Materials erforderlich. Auch müssen die Bestände, welche in dieser Richtung benutzt werden, gleichmäßig behandelt sein. Auf Grund solcher Nachweisungen lassen sich Werttafeln konstruieren, indem für die Sortimente nach den Prozenten, mit denen sie vertreten sind, die durchschnittlichen Preise der letzten Jahre eingesetzt werden. Es empfiehlt sich, die Untersuchungen auf charakteristische Altersstufen (etwa von 40, 60, 80, 100, 120 usw. Jahren) zu beschränken, die übrigen im Wege der Interpolation nach geichen Differenzen einzusetzen.

Wegen der zeitlich und örtlich eintretenden Veränderungen der Preise haben Geldertragstafeln immer nur beschränkte Bedeutung. Sie müssen für jedes Revier besonders aufgestellt und bei der Erneuerung der Betriebsregelung der Prüfung unterzogen werden[1]).

Fünfter Abschnitt.

Der Boden.

I. Erklärungen.

1. Der Boden als ökonomischer Produktionsfaktor.

Nach der nationalökonomischen Auffassung über die Quellen der Gütererzeugung kann der Boden als Naturgabe aufgefaßt, er kann aber auch dem Kapitalbegriff unterstellt werden. Wegen seiner wirtschaftlichen Besonderheiten und bei der Bedeutung, die er in rechtlicher, sozialer und wirtschaftlicher Hinsicht besitzt, empfiehlt es sich, ihn als besonderen Produktionsfaktor zu behandeln.

Der Boden ist bei seiner ökonomischen Wirkung stets mit anderen Elementen der Gütererzeugung verbunden, und zwar mit Naturkräften (Wärme, Luft, Feuchtigkeit u. a.); mit Naturgaben (organischen Abfällen und Rückständen); mit Kapital (Gebäude, Meliorationen, Gewächsen) und mit der Wirkung vorausgegangener Arbeit (Lockerung

---

[1]) In Preußen ist die Aufstellung einer „Alterspreisnachweisung" durch Verfügung vom 17. März 1920 für alle Oberförstereien vorgeschrieben. Sie wird den Vorarbeiten der Betriebsregelung beigefügt. Vgl. Betriebsr.-Anweisung v. 1. April 1925, S. 8.

durch frühere Kulturen). Am Bodenerzeugnis ist deshalb der Anteil, welchen der Boden für sich nach seiner ursprünglichen Beschaffenheit an demselben hat, nicht nachweisbar. Selbst eine theoretische Begriffsbestimmung des Bodens ist wegen seines Zusammenhanges mit Gewächsen und deren Rückständen in einwandfreier Weise nicht möglich.

Die wichtigsten Eigenschaften des Bodens, die ihn vom Kapital im gewöhnlichen Sinne des Wortes unterscheiden, sind:

a) Seine Unbeweglichkeit. Auch bei den am wenigsten beweglichen Kapitalien (Häusern, Holzbeständen) ist diese Eigenschaft nie in gleichem Maße vorhanden wie beim Boden. Durch seine Unbeweglichkeit gewährt der Bodenbesitz ein hohes Maß von Sicherheit, das ihn zur Verpfändung in besonderem Grade geeignet macht.

b) Seine Unvermehrbarkeit. Sie hat in Verbindung mit dem zunehmenden Bedarf der wachsenden Bevölkerung an Bodenerzeugnissen zur Folge, daß der Wert des Bodens mit dem Fortschritt der wirtschaftlichen Kultur steigt. Auch die Theorie des größten Bodenreinertrags als bestimmendes Element der Bodenkultur hat in dieser Eigenschaft ihre bleibende Grundlage.

2. Die Bodenrente.

Bodenrente ist das Einkommen, welches die Benutzung des Bodens seinem Eigentümer gewährt[1]). Sie ist gleich dem Reinertrag des Bodens, der sich ergibt, wenn alle Aufwendungen von Kapital und Arbeit, die außer dem Boden zum Zwecke der Produktion gemacht sind, vom Rohertrag abgezogen werden.

Daß die Bodenrente einen besonderen Bestandteil des Ertrags der Wirtschaft oder des Einkommens des Eigentümers bildet, geht daraus hervor, daß verschiedene Grundstücke, die mit gleichen Aufwendungen von Kapital und Arbeit behandelt sind, zufolge ihrer Beschaffenheit und ihrer Lage ungleiche Reinerträge ergeben. Diese Unterschiede der Erträge können, da andere Ursachen nicht vorliegen, nur in der Verschiedenheit des Bodens ihre Quellen haben. Die Bodenrente ergibt sich hiernach durch den Überschuß, welchen die Kultur des Bodens über die auf ihn gerichteten Aufwendungen an Kapital und Arbeit hervorbringt[2]).

Wie die Unterschiede in den Erträgen die Realität der Rente nachweisen, so ergeben sie auch die Ursache und den Maßstab für ihre Höhe. Verschiedenheiten ergeben sich für die forstliche ebenso wie für die landwirtschaftliche Grundrente:

---

[1]) Nach der Theorie von Ricardo, D.: Grundgesetze der Volkswirtschaft, 2. Hauptstück: „Rente ist derjenige Teil des Erzeugnisses der Erde, welcher dem Grundherrn für die Benutzung der ursprünglichen und unzerstörbaren Kräfte des Bodens bezahlt wird."

[2]) Ricardo, a. a. O.: „Rente ist der Unterschied zwischen den Reinerträgen zweier gleicher Mengen von Kapital und Arbeit in ihrer Anwendung auf den Boden."

a) Durch die verschiedene Fruchtbarkeit des Bodens.

b) Durch die verschiedene Entfernung der Grundstücke von den Betriebsstätten, Verbrauchsorten und vorhandenen Verkehrsstraßen[1]).

Die Bodenrente steht zum Bodenwert in demselben Verhältnis wie der Zins zum Kapital. Wenn der Bodenwert bekannt ist, so wird mit gegebenem Zinsfuß die Rente bestimmt. Ebenso ergibt sich der Bodenwert aus der bekannten Rente und dem Zinsfuß. Wegen der Sicherheit und Annehmlichkeit des Grundeigentums, seiner sozialen und politischen Bedeutung und der Aussicht auf die zukünftige Steigerung seiner Erträge steht der Rentenzinsfuß niedriger als der Zinsfuß beweglicher Kapitalien.

Da die ökonomischen Wirkungen von Boden und Kapital in dem Erzeugnis, dem reifen Holz, in inniger Verbindung auftreten, so ist, entsprechend dem Verhältnis in anderen Wirtschaftszweigen, eine scharfe Sonderung zwischen der Rente des Bodens und dem Zins des Vorrats aus dem Wertbildungsprozeß nicht nachweisbar. Eine Zerlegung beider Elemente des Ertrags kann nur mittels Rechnung abgeleitet werden. Diese macht aber immer Unterstellungen erforderlich, die keine allgemein bleibende Geltung besitzen, vielmehr dem Wechsel unterworfen sind. Dasselbe gilt von den Ergebnissen der Rechnung, den Bodenreinerträgen.

II. Die Bodenrente und Bodenwerte als Grundlage und Folge der forstlichen Produktion.

Mißverständnisse über die Bedeutung des Bodens als ökonomische Grundlage und des Bodenreinertrages als Ziel der Produktion sind häufig aus dem Umstand hervorgegangen, daß, wie es in vielen Gebieten der Volkswirtschaft der Fall ist, die Rente des Bodens und die Tauschwerte seiner Erzeugnisse wechselseitig im Verhältnis von Ursache und Folge stehen. Sie müssen deshalb nach dieser zweifachen Richtung betrachtet werden.

1. Bodenrente als Ursache der Tauschwerte.

Da die Nutzung des Bodens einen Bestandteil der Produktionskosten des Holzes ausmacht, welche nach der theoretischen Regel der allgemeinen Wirtschaftslehre den Bestimmungsgrund für das Mindestmaß des Tauschwertes enthalten, so muß die Bodenrente als eine Ursache der Holzpreise angesehen werden. Als solche tritt sie in der Formel

---

[1]) v. Thünen: Der isolierte Staat in Beziehung auf Landwirtschaft und Nationalökonomie, 3. Aufl., 1875. („Man denke sich eine sehr große Stadt, in der Mitte einer fruchtbaren Ebene gelegen ... Wie wird die größere oder geringere Entfernung von der Stadt auf den Landbau einwirken, wenn dieser mit der höchsten Konsequenz betrieben wird?")

für den Bestandeskostenwert[1]) hervor, nach welcher die Werte jüngerer Bestände zu berechnen sind. Zu diesem Zweck muß der Bodenwert in bestimmten Zahlen ausgedrückt werden. Auch bei Veräußerungen und anderen Aufgaben der Forstwirtschaft sind die Bodenwerte als feste Größen zu ermitteln.

2. Bodenrenten und Bodenwerte als Folge der Wirtschaft.

Der auf den Boden entfallende Ertrag ergibt sich dadurch, daß von der Werterzeugung eines Bestandes oder einer Wirtschaftseinheit (dem Rohertrag) alle Produktionskosten mit Ausnahme der Bodenrente abgezogen werden[2]). Die Bodenrente erscheint somit als eine Folge[3]) einerseits der übrigen Produktionskosten, andererseits der Erträge. Er muß bei der Wirtschaftseinrichtung als unbekannte Größe angesehen werden; er soll sich erst aus der Wirtschaft entwickeln[4]). Die Mittel, um den Bodenreinertrag herbeizuführen und zu steigern, liegen, entsprechend der genannten Auffassung, einerseits in der Verminderung der Kosten, andererseits in der Steigerung der Erträge. Alle Maßnahmen, durch welche die Erträge in höherem Maße zunehmen als die Produktionskosten, tragen zu einer Erhöhung der Bodenrente bei. Hiernach kann (was schon von den ersten Autoren der Wirtschaftslehre begründet ist) auch das Bestreben, den Bodenreinertrag zu erhöhen, nicht im Gegensatz zu volkswirtschaftlichen Anforderungen stehen[5]), wie bisweilen unter dem Eindruck hypothetischer Rechnungsergebnisse angenommen ist.

Bei der Forsteinrichtung ist auf eine Erhöhung der Bodenrente insbesondere hinzuwirken:

a) Durch die Förderung des Massen- und Wertzuwachses. Je größer beide sind, um so größer ist der Überschuß des Ertrags über die Kosten.

b) Durch die Abnutzung solcher Bestände, welche ihren Kapitalwert ungenügend verzinsen.

---

[1]) Vgl. die Formel des Kostenwerts im 3. Abschn.

[2]) Diese Regel ist bereits enthalten in König: Forstmathematik, 4. Aufl., § 420 (Ermittelung der rohen und reinen Wertzunahmeprozente sowie der Bodenwerte von Waldgrundstücken).

[3]) Smith, A.: Volkswohlstand, 1. Buch, 11. Kap. („Hohe oder niedrige Löhne und Gewinne sind die Ursachen hoher oder niedriger Preise, hohe oder niedrige Rente ist deren Wirkung"). Ricardo, D.: Grundges. der Volkswirtschaft, II („Das Steigen der Rente ist immer die Folge des zunehmenden Wohlstandes in einem Lande").

[4]) Helferich: Sendschreiben an Judeich, Forstl. Blätter 1872, II: Bodenwert als Kostenpunkt der Holzerzeugung.

[5]) Smith, A.: a. a. O. („Ein jeder Fortschritt in dem Zustand der menschlichen Gesellschaft wirkt dahin, entweder unmittelbar oder mittelbar die wirkliche Bodenrente zu erhöhen").

Abgesehen von den Mitteln der forstlichen Technik wird eine Zunahme der Bodenrenten mit dem Fortschritt der Volkswirtschaft, der eine Zunahme des Holzbedürfnisses zur Folge hat, herbeigeführt.

III. Berechnungen.

Wegen des unter II 1 angegebenen Verhältnisses, wonach der Boden Ursache der Preise und Bestandteil der Produktionskosten ist, muß ein Bodenwert bei der Forsteinrichtung berechnet oder eingeschätzt werden. Auch wenn, wie es meist der Fall ist, nur letzteres geschieht, müssen einer solchen Schätzung rechnungsmäßige Grundlagen gegeben werden. Alle Nachweise der Bodenwerte sind nach Holzart und Standortsklassen getrennt zu halten.

Die Berechnung kann erfolgen:

a) als Kostenwert, der sich nach dem Ankaufspreis plus den etwa aufgewendeten Meliorationskosten ergibt. Da der Boden im großen forstlichen Betriebe nicht Gegenstand des Kaufs und Tausches ist, so kann diese Methode nur selten Anwendung finden.

Der Wert, den der Boden für den Waldbesitzer bei der eigenen Bewirtschaftung besitzt, ist ein Erzeugungswert, dessen Eigentümlichkeit am besten durch die Berechnung

b) als Erwartungs- oder Ertragswert entsprochen wird. Derselbe wird gefunden durch Diskontierung der zu erwartenden Erträge abzüglich der auf den gleichen Zeitpunkt reduzierten Kosten nach der bekannten Formel[1]):

$$B_e = \frac{A_u + D_a \cdot 1{,}0\,p^{u-a} + D_b \cdot 1{,}0\,p^{u-b} + \ldots - c \cdot 1{,}0\,p^u}{1{,}0\,p^u - 1} - V.$$

Diese Formel, mathematisch korrekt hergeleitet, entspricht den Verhältnissen des aussetzenden Betriebs und ist anzuwenden, wenn der Wert für ein aus der Forstwirtschaft ausscheidendes Grundstück nachgewiesen werden soll. Die Forsteinrichtung hat es aber vorzugsweise mit dem nachhaltigen Betrieb zu tun, ohne daß auf Eigentumswechsel Rücksicht zu nehmen ist. Die Formel unterstellt ferner ein Gleichbleiben ihrer Bestandteile. Für die wirkliche Sachlage ist es aber charakteristisch, daß alle Elemente der Formel einen variablen Charakter tragen.

c) Nach den Bodenrenten (als Rentierungswert). Beim nachhaltigen Betrieb ist nicht die einzelne Fläche für sich in ihrer Leistung zu untersuchen, sondern sie ist als Teil eines Ganzen, der Wirtschaftseinheit, zu betrachten. Unterstellt man eine aus u Flächeneinheiten und u regelmäßig abgestuften Altersklassen bestehende Wirtschaftseinheit (Normalwald), und bezeichnet man mit A die jährlichen ernte-

---

[1]) Von Faustmann: Neue Jahrbücher der Forstkunde. 1853.

kostenfreien Abtriebserträge, mit D die Summe der jährlichen Vorerträge aus Durchforstungen und zufälligen Ergebnissen, mit N das
normale Holzvorratskapital, mit c und v die jährlichen Ausgaben für
Kultur, Verwaltung, Schutz usw., so ist die jährliche Rente für die
Flächeneinheit

$$= \frac{A + D - (c + v) - N \cdot 0{,}0\,p^{1)}}{u} \, .$$

Nach der Bodenrente läßt sich bei gegebenem Zinsfuß auch der Wert
des Bodens ermitteln. Ein Prolongieren und Diskontieren der Werte
der Erträge und Produktionskosten ist hiernach zum Nachweis der
Bodenrente und Bodenwerte nicht erforderlich.

Sechster Abschnitt.
Das Waldkapital.
I. Erklärungen.
1. Das Waldkapital.

Wenn auch der Boden durch seine Unbeweglichkeit und Unvermehrbarkeit charakteristische Eigentümlichkeiten wirtschaftlicher und
sozialer Natur besitzt, die ihm die Eigenschaft eines besonderen Produktionsfaktors geben, der anderen Faktoren nicht einfach koordiniert
werden kann, so wird es zum Nachweis der Rentabilität doch erforderlich, ihn mit dem Vorrat zu einer mathematischen Einheit zu verbinden.
Boden (B) und Vorrat (N, normaler Vorrat) bilden zusammen das
Waldkapital, das als die notwendige Grundlage jeder geordneten Wirtschaft anzusehen ist.

2. Das Grundkapital.

Preßler führte zum Nachweis der Rentabilität das sog. Grundkapital ein[2]), „welches den physischen wie finanziellen, den materiellen
und wirklichen Grund darstellt, auf und in welchem alle Holzwirtschaft
fußt und wurzelt". Dieses Grundkapital umfaßt außer dem Boden
noch ein Kapital, als dessen Zinsen die jährlichen Ausgaben für Steuern,
Verwaltung, Schutz und Kultur zu betrachten sind. Ein solches Kapital
existiert nicht; es ist eine fingierte Größe, die aber, da sie stetigen
Schwankungen ausgesetzt ist, für längere Zeit nicht festgestellt werden
kann. Es entspricht dem Sachverhalte besser, daß man die jährlichen

---

[1]) Anwendungen dieser Formel hat der Verfasser bereits in seinen Folgerungen
der Bodenreinertragstheorie gemacht. Die Buchstaben beziehen sich auf die Fläche
einer regelmäßigen Betriebsklasse ($= u$ ha).

[2]) Allgem. Forst- u. Jagdztg. 1860: Der rationelle Waldwirt und sein Waldbau des höchsten Reinertrags. 1858.

Kosten ihrem wirklich verausgabten Betrage nach von den Erträgen in Abzug bringt, wie es auch in der Praxis allgemein geschieht.

3. Das Verhältnis der Nutzung zum Waldkapital.

Dem Produktionsfonds $B + N$ steht die Nutzung, welche aus den Enderträgen (A) und den Vorerträgen (D) zusammengesetzt ist, gegenüber. In einem Normalwald ist dieser Endertrag gleich dem Zuwachs des Hauptbestandes, der Vorertrag gleich der Summe aller von den Durchforstungen ergriffenen Zuwachsteile.

Das Verhätlnis der Nutzung zum Waldkapital, bezogen auf die Einheit 100, ist

$$= \frac{A + D}{B + N} \, 100 \, .$$

Es drückt das von **Paulsen** und **Hundeshagen**[1]) in die Forstwirtschaft eingeführte Nutzprozent aus mit Einschluß der Vorerträge und mit Ausdehnung auf den Wert der Nutzungen. Um das reine Wertzunahmeprozent darzustellen, sind von $A + D$ zunächst die Gewinnungskosten abzuziehen, sodann auch sämtliche jährlichen Kosten. Werden diese mit c (sämtliche Kulturkosten) und v (jährliche Ausgaben für Verwaltung, Schutz, Steuern) bezeichnet, so ist das Verhältnis des reinen Ertrages zum Waldkapital (bezogen auf 100)

$$= \frac{A + D - (c + v)}{B + N} \, 100 \, .$$

II. Die Verzinsung des Waldkapitals.

Um das Verhältnis zwischen Ertrag und Produktionsfonds zu regeln, muß ein Zinsfuß in die Rechnung eingesetzt werden. Er ist für viele Aufgaben der Betriebsregelung, insbesondere für die Umtriebszeit, von Bedeutung; seine Begründung unterliegt aber besonderen Schwierigkeiten. Im allgemeinen gelten nachstehende Regeln.

1. Die Höhe des Zinsfußes.

Trotzdem im allgemeinen in der Nationalökonomie die Regel eines gleichmäßigen, landesüblichen Zinsfußes vertreten wird, so bestehen doch bei der Forstwirtschaft durch die lange Dauer zwischen Begründung und Ernte der Bestände Verhältnisse, welche bedingen, daß der Zinsfuß niedriger ist als bei der Anlage der gewerblichen Kapitale. Die Ursachen sind:

a) Die lange ununterbrochene Wirksamkeit des Waldkapitals, die in diesem Maße im gewerblichen Leben fast niemals vorkommt.

---

[1]) Vgl. das Verfahren von **Hundeshagen** im 5. Teil.

b) Die im allgemeinen, trotz vieler die einzelnen Bestände treffenden Gefahren, im großen bestehende Sicherheit der Wirtschaftsführung.

c) Die mit dem allgemeinen und forstlichen Kulturfortschritt eintretende Zunahme der Erträge.

d) Die beim Fortschreiten der volkswirtschaftlichen Entwicklung eintretende Abnahme des landesüblichen Zinsfußes.

e) Die Gebundenheit des Bodens und Vorrats. Mit Rücksicht auf diese kann in Frage kommen, ob nicht eine besondere Einschätzung des Holzvorrates[1]) „nach Maßgabe des erzielbaren Gewinns unter Anwendung des laufenden Zinsfußes als Kapitalisierungsfaktor" in Anwendung zu bringen wäre. Dem Wesen des forstlichen Betriebs und dem Charakter des Holzvorrats wird aber durch eine Herabsetzung des Zinsfußes besser Rechnung getragen als durch ermäßigte Einschätzung der Vorratswerte.

2. Unterschiede des forstlichen Zinsfußes.

Einflußreicher als eine allgemein gehaltene Begründung des Zinsfußes ist für die Gestaltung der Betriebspläne die Forderung, daß der forstliche Zinsfuß nicht gleich sein, sondern daß er je nach den vorliegenden wirtschaftlichen Verhältnissen verschieden sein muß. Die Ursachen, welche zur Anwendung verschiedener Zinsfüße trotz der dabei unvermeidlichen subjektiven Auffassungen Veranlasusng geben können, liegen in folgendem:

a) In dem verschiedenen Grade der Gebundenheit. Beim Vorhandensein von großen Flächen zusammenhängender Altholzbestände kann die Wirtschaft wegen der technischen Maßnahmen und der Absatzverhältnisse nur allmählich einer höheren Verzinsung entgegengeführt werden.

b) In dem verschiedenen Grade der Stetigkeit und Sicherheit der Wirksamkeit des Waldkapitals. Die Stetigkeit des Waldkapitals kann durch Schäden der Natur, durch andere Betriebsstörungen und die Verjüngung vermindert werden. Die Sicherheit der Erträge ist nach den vorkommenden Naturschäden verschieden, und die Annahme, daß die Werte des Holzes in Zukunft steigen werden, tritt je nach den obwaltenden Verhältnissen in verschiedenem Grade hervor. Indem man diese Grundsätze würdigt, ergeben sich Verschiedenheiten des Zinsfußes

1. Nach Holzarten. Für Holzarten, die von Naturschäden wenig zu leiden haben (Buche, Eiche) ist ein niedrigerer Zinsfuß anzuwenden als für solche, welche in stärkerem Maße davon betroffen werden (Kiefer, Fichte).

2. Nach der Umtriebszeit. Alle Gründe, welche für einen niedrigen forstlichen Zinsfuß angeführt werden, kommen bei hohen Umtriebszeiten in stärkerem Maße zur Geltung. Die Möglichkeit hoher Umtriebs-

---

[1]) Nach Helferich: Sendschreiben an Judeich, Forstl. Blätter 1872.

zeiten ist an die Voraussetzung gebunden, daß die Bestände bis zu höherem Alter von stärkeren Schäden verschont bleiben. Auch die Vermutung, daß der Tauschwert des stärkeren Holzes in höherem Maße
steigen wird als der des schwachen, übt eine gleiche Wirkung. Dieser
grundlegenden Anschauung entsprechen auch ältere und neuere Anordnungen der Praxis[1]).

3. Anwendung des Zinsfußes.

Wegen der Menge der unwägbaren Einflüsse forsttechnischer und
ökonomischer Natur kann man die Verzinsung des Vorrats in präzisen
unanfechtbaren Zahlen nicht nachweisen. Man wird auch hier häufig
den Weg des Gutachtens wählen müssen, dem aber gründliche Zahlen-
nachweise beizufügen sind. Die Forderung einer bestimmten Höhe der
Verzinsung kann aber nicht verlangt werden, da die Verzinsung in der
Forstwirtschaft die Folge einer Menge forsttechnischer und volkswirtschaftlicher Verhältnisse ist. Immer aber ist es von Bedeutung, bei der
Betriebsregelung die Mittel festzustellen, welche ergriffen werden können, um die Rentabilität günstiger zu gestalten. Sie stimmen mit den
Mitteln zur Hebung der Bodenreinerträge überein.

In der Praxis wird die Verzinsung des Waldkapitals bei der Einrichtung der sächsischen Staatsforsten[2]) nachgewiesen.

---

[1]) Namentlich in den Bestimmungen der preußischen Staatsforstverwaltung.
In der Anleitung zur Waldwertberechnung von 1866, § 6, Fußnote, wird bemerkt:
„Je länger ein Zeitraum ist, für welchen ein Kapital ohne Unterbrechung und ohne
daß die mit der Veranlagung . . . verbundene Mühe, Kosten usw. . . . . eintreten,
mit Zins auf Zins werbend sicher angelegt wird, um so geringer kann der Zinsfuß
sein.“ Und in der Verfügung vom 15. Mai 1905, betreffend Waldwertsberechnungen,
wird unter 10 bestimmt: „Bei Zugrundelegung eines 80jährigen und kürzeren Um-
triebsalters sind in der Regel $3^0/_0$ — bei Annahme eines höheren Abtriebsalters in
der Regel $2^1/_2\,^0/_0$ Zinseszinsen auch für Kapitalisierungen in Ansatz zu bringen.“
[2]) Vgl. den 2. Abschnitt des 5. Teils. III (Sachsen).

Dritter Teil

Die Aufstellung der Wirtschaftspläne.

Die in materieller Hinsicht wichtigste Aufgabe der Forsteinrichtung geht dahin, für die zukünftige Bewirtschaftung bestimmte Regeln aufzustellen, die teils allgemein gehalten, teils mit Bezug auf die einzelnen Bestände gegeben werden müssen. Solche Wirtschaftsregeln werden nach ihren Grundlagen durch die Standortsverhältnisse — nach ihren Zielen durch die ökonomischen Aufgaben der Wirtschaft bestimmt. Sie müssen mit der nötigen Klarheit und Bestimmtheit gegeben werden, ohne aber den Wirtschafter über das gebotene Maß einzuschränken.

Die wichtigsten Aufgaben der Wirtschaftspläne für den regelmäßigen Hochwald betreffen:

1. Die Aufstellung der Betriebsklassen, mit der zugleich ein Urteil über die Betriebsarten, Holzarten und Umtriebszeiten zu verbinden ist.

2. Die räumliche Ordnung des Waldes und seiner Teile.

3. Die Bestimmung der Hiebsreife für einzelne Bestände und der Umtriebszeit für die Betriebsklassen.

4. Die Feststellung des Abnutzungssatzes an Haubarkeits- und Vornutzungen.

5. Die waldbaulichen Aufgaben der Forsteinrichtung.

6. Den Nachweis der Rentabilität.

7. Die formale Darstellung der Betriebspläne durch Schriften und Karten.

Den Bestimmungen für die Betriebsregelung für den schlagweisen Hochwald sind noch ergänzend hinzuzufügen:

8. Die Aufstellung der Wirtschaftspläne für andere Betriebsarten (Plenterwald, Mittelwald, Niederwald).

Die Bildung der Betriebsklassen.

In größeren Revieren kommen meist Bestände vor, die nach ihrer Beschaffenheit und ihrem Verhalten verschieden sind und deshalb bei der Betriebsregelung nicht einheitlich behandelt werden können. Die örtliche Abgrenzung der stärksten solcher Verschiedenheiten ist bereits durch die wirtschaftliche Einteilung vollzogen. Es bedarf aber noch des

Eingehens auf die Eigentümlichkeiten der Bestände, um den Forderungen der Betriebsregelung zu genügen.

Durch die Bildung von Betriebsklassen sollen diejenigen Bestände einer Wirtschaftseinheit zu einem Verbande zusammengefaßt werden, welche innerhalb des Zeitraums, für welchen der Wirtschaftsplan aufgestellt wird, einer gleichartigen Bewirtschaftung unterworfen werden; verschieden zu bewirtschaftende Bestände sind dagegen durch Zuweisung zu verschiedenen Betriebsklassen voneinander zu trennen. Eine solche Ordnung der Glieder eines Reviers erleichtert die Aufstellung von Wirtschaftsregeln; die Betriebsführung erhält dadurch die erforderliche Bestimmtheit.

I. Bestimmungsgründe für die Bildung der Betriebsklassen.

Verschiedenheiten in der Bewirtschaftung, welche Anlaß geben können, Betriebsklassen zu bilden, erstrecken sich insbesondere auf die vorkommenden Betriebsarten, Holzarten und Umtriebszeiten. Dauernden Abweichungen in dieser Richtung liegen meist Verschiedenheiten des Standorts zugrunde. Sofern die rechtlichen Verhältnisse in einem Revier verschieden sind, können auch sie zur Bildung besonderer Betriebsklassen Veranlassung geben.

Wegen des angegebenen Zusammenhanges hat man mit der Bildung der Betriebsklassen zugleich die auf Betriebsart, Holzart und Umtriebszeit bezüglichen Erwägungen vorzunehmen. Inhaltlich stimmt daher eine Begründung der Betriebsklassen mit der Festsetzung der Bestimmungen über Holzart, Betriebsart und Umtriebszeit fast überein.

1. Würdigung der Betriebsart.

Ein näheres Eingehen auf die technischen Besonderheiten der Betriebsarten ist Aufgabe des Waldbaus. Bei der Betriebsregelung ist es aber erforderlich, daß die in dieser Beziehung bestehenden Verhältnisse untersucht werden. Es ist ein Urteil darüber abzugeben, ob sie unverändert bestehen bleiben, oder ob und, zutreffendenfalls, welche Veränderungen vorgenommen werden sollen.

Je nach der Entstehung und Zusammensetzung der Bestände werden bekanntlich Niederwald, Mittelwald, Plenterwald und regelmäßiger Hochwald als besondere Betriebsarten unterschieden.

a) Der Niederwaldbetrieb. Er ist beschränkt auf Holzarten, die vom Stocke ausschlagen. Da die Stöcke im höheren Alter an Ausschlagfähigkeit verlieren, so ist der Niederwald, wenn nicht besondere Maßnahmen zu seiner Pflege getroffen werden, nicht imstande, den Boden dauernd in gutem Zustand zu erhalten. Noch ungünstiger verhält er sich in ökonomischer Beziehung. Das hauptsächlichste Sortiment, welches er liefert, ist geringwertiges Reisig. Er steht daher zu den Anforderungen der Wirtschaft im Gegensatz; nur wenn nicht Holz sondern Rinde das Ziel der Wirtschaft bildet, kann seine Erhaltung angezeigt sein. Übrigens sind die bestehenden Niederwaldungen, sofern nicht besondere Verhältnisse (wie z. B. Schutzwald) ihre Erhaltung wünschenswert machen, so schnell in Hochwald umzuwandeln, als es die Vermögensverhältnisse des Waldeigentümers gestatten.

b) Der Mittelwaldbetrieb. Der Mittelwald bietet für die Holzarten, welche zu ihrer Entwicklung weiten Wachsraum bedürfen (Eiche, Esche, Ahorn, Rüster, Pappel u. a.) gute Wuchsbedingungen. Trotzdem vermag er den volkswirtschaftlichen Aufgaben der Wirtschaft nur selten zu genügen. In bezug auf die Fähigkeit, die Bodenkraft zu erhalten, steht er dem Hochwald nach, wie sich ergibt, wenn nicht die guten Böden, die er häufig einnimmt, mit schlechteren, sondern wenn Böden von gleicher Beschaffenheit, wie sie im Hochwald vorliegen, zur Vergleichung mit diesem herangezogen werden. Er steht dem Hochwald nach, weil in ihm eine große Menge von geringwertigem Reisig erwächst und weil die erzeugten Stämme abholziger und ästiger sind als die im Schlusse des Hochwaldes erwachsenen. Tatsächlich haben die meisten Staatsforstverwaltungen durch die Vorschrift, daß die Kulturen in der Form von Horsten ausgeführt werden sollen, auf eine Überführung des Mittelwaldes in den Plenterwald bereits hingewirkt.

c) Der Plenterbetrieb. Zugunsten des Plenterbetriebs, der sich beim ausschließlichen Walten der Natur infolge der ungleichen Lebensdauer der Bäume an vielen Orten ausgebildet hat, wird geltend gemacht, daß er den Boden in gutem Zustand erhält, daß er bei richtiger Zusammensetzung in der Holzmassenerzeugung keiner andern Betriebsart nachsteht, daß Stämme von sehr guter Beschaffenheit in ihm erwachsen, daß er von den Schäden der organischen und anorganischen Natur weniger zu leiden hat als gleichaltrige Bestände einer Holzart und daß er für die Zwecke des Schutzes und der landschaftlichen Schönheit am besten geeignet ist. Gleichwohl wird seine Wiedereinführung in größerem Maßstab, trotz mancher dahin gerichteter Bestrebungen der neueren Zeit[1]) nicht in Frage kommen. Ein guter Bodenzustand kann auch im Rahmen des gleichaltrigen Hochwaldes mit den Mitteln der Boden- und Bestandespflege erhalten werden. Die Bedingungen für

---

[1]) Sie beziehen sich namentlich auf die Einführung des sogenannten Dauerwaldes, die von Möller (Zeitschr. f. Forst- u. Jagdw. 1920, Kieferndauerwaldwirtschaft; Der Dauerwaldgedanke 1922) und von Wiebecke (Der Dauerwald, 2. Aufl. 1923) warm befürwortet wurde. Eine ausführliche Besprechung des Dauerwaldes erfolgte in der 19. Hauptversammlung des deutschen Forstvereins, 1922 zu Dessau. (Bericht Seite 81ff.) Auch auf der Tagung des deutschen Forstvereins in Salzburg wurde die Dauerwaldfrage eingehend erörtert.

eine hohe Massen- und Werterzeugung sind aber im Plenterwalde wegen des Einflusses der älteren Stammklassen auf die in ihrer Nähe befindlichen jüngeren, sowie aus praktischen Gründen, namentlich wegen der Fällungs- und Räumungsschäden, schwieriger herzustellen als im schlagweisen Hochwald. Der praktische Betrieb ist mit vielen Schwierigkeiten und Störungen verbunden, die bewirken, daß die wirklichen Zustände des Plenterwaldes von dem idealen, den seine Vertreter im Auge haben, stark abweichen. Am meisten steht seiner Einführung der Umstand entgegen, daß die ständige Beschattung, die im Plenterwalde vorliegt, zu wenig Jungwuchs zur Entwicklung kommen läßt. Insbesondere finden die Lichtholzarten (Eichen, Eschen, Kiefern, Lärchen) im Plenterwalde nicht die ihnen entsprechenden Wuchsbedingungen. Eine Rückkehr zu diesem ist hiernach im großen Betriebe, abgesehen von Schutz- und Schönheitswaldungen, nur ausnahmsweise angezeigt.

d) Der regelmäßige Hochwald. Die Erkenntnis der den genannten Betriebsarten eigentümlichen Mängel läßt darüber keinen Zweifel, daß im großen praktischen Betrieb dem regelmäßigen Hochwald am meisten Bedeutung zukommt. Seine Einführung durch die leitenden Forstwirte, die zu Beginn des 19. Jahrhunderts die Forstwissenschaft gefördert haben, war der bedeutendste Fortschritt, der dieser seither beschieden gewesen ist. Die Bedingungen für die Entwicklung der Bestände liegen hier am günstigsten. Durch den senkrecht freien Stand der Stämme wird der Höhenwuchs, durch den seitlichen Schluß die Astreinheit am besten gefördert. Den Nachteilen, die mit der großen Ausdehnung gleichartiger Bestände verbunden sein können, läßt sich mit den Mitteln der Boden- und Bestandespflege entgegentreten. Zu den in dieser Richtung zu ergreifenden Mitteln gehören: die Beschränkung des Kahlschlags; die Führung der Schläge in der Richtung gegen Sonne und Wind; die Vermeidung zu großer Schläge bei der natürlichen Verjüngung; die Erhaltung aller Holzwüchse, welche zum Schutze von Boden und Bestand dienen können; die Anwendung der Hochdurchforstung; der Unterbau von Stangenorten mit Holzarten, die den Boden schützen, die Begünstigung von Wertstämmen durch Freistellung und Überhalt.

2. Würdigung der Holzart.

Das Verhalten der vorhandenen Holzarten muß vor Aufstellung der Wirtschaftspläne untersucht und die Möglichkeit der Einführung anderer Holzarten in Erwägung gezogen werden. Dabei sind stets die Erfahrungen, die durch die seitherigen Wirtschaftsführer gemacht sind, eingehend zu würdigen. Gelegenheit, Änderungen der Holzart vorzunehmen, besteht hauptsächlich für die Bestände, deren Verjüngung im nächsten Wirtschaftszeitraum vollzogen werden soll. Aber auch im Wege der Läuterungen und Durchforstungen kann auf die Ausdehnung

oder Verminderung der Anteilnahme einzelner Holzarten an der Bestandesbildung hingewirkt werden. Bestimmend für die Holzart sind
namentlich die Standortsverhältnisse, die Wertleistung und die Sicherheit der Betriebsführung.

Eine eingehende Würdigung des Standorts als Bestimmungsfaktor
der Holzart ist Aufgabe des Waldbaues. Bezüglich des Bodens führen
die Beobachtungen über die natürlichen Beziehungen zwischen dem
chemischen Gehalt des Bodens und dem Gedeihen der Pflanzen, die auf
ihm wachsen, zu der Folgerung, daß die chemisch reicheren Böden den
anspruchsvolleren Holzarten, insbesondere den edelen Laubhölzern,
zufallen, die ärmeren dem Nadelholz. Betreffs der Lage, von der die
Wärmemenge, die Wärmeverteilung, die Stärke der Niederschläge
und das Eintreten mancher Naturschäden abhängig sind, gilt die Regel,
daß die Holzarten sich in den mittleren Teilen ihrer natürlichen Verbreitungsgebiete nach jeder Richtung hin am günstigsten verhalten.
Von den deutschen Hauptholzarten macht die Eiche die höchsten,
Fichte und Kiefer machen die geringsten Ansprüche an die Wärme.

Über die Werterzeugung der Holzarten, die Gegenstand der Wirtschaft
sein sollen, gibt eine gute Preisstatistik die beste Auskunft. Am meisten
Bedeutung haben hierbei die Stammholzsortimente aller Stärkeklassen.

Zur Beurteilung der Gefahren der organischen und anorganischen
Natur sind stets die in der seitherigen Wirtschaft gemachten Erfahrungen zu beachten. Je besser die Standortsverhältnisse einer Holzart entsprechen, um so mehr ist sie befähigt, Naturschäden zu widerstehen
und von stattgehabten Schäden sich wieder zu erholen. Ebenso ist auch
die Fähigkeit, die Bodenkraft zu erhalten, von wesentlicher Bedeutung.

Eine allgemein gehaltene Beurteilung des forstlichen Verhaltens der
Hauptholzarten führt für die großen Wirtschaftsgebiete Deutschlands
zu dem Ergebnis, daß die Eiche in milden Lagen und auf guten Böden
am meisten leistet, die Buche mit den ihr einzumischenden Laub-
und Nadelhölzern dem kräftigen Boden eines gemäßigten Klimas am
besten entspricht, daß die Fichte die vorherrschende Holzart in den
höheren Lagen der Gebirgsforsten ist, während die Kiefer auf den
Sandböden der Ebene die besten Bedingungen findet.

Eine Vereinigung der genannten Rücksichten ist unter Umständen
durch die Anlage gemischter Bestände herbeizuführen. Auf diese
ist deshalb entsprechend den durch die Verschiedenheit des Standorts
gegebenen Bedingungen Bedacht zu nehmen.

3. Die Feststellung der Umtriebszeit.

Da die Fläche, welche in der nächsten Wirtschaftsperiode zur Verjüngung in Angriff genommen werden soll, von der Umtriebszeit abhängig ist, so kann sie auf Grund der gegebenen Gesamtfläche nur dann

bestimmt werden, wenn Bestände gleicher Umtriebszeit zu einem Betriebsverbande vereinigt sind. Ebenso kann auch das für alle Ertragsregelungsmethoden des schlagweisen Betriebs sehr wichtige normale Altersklassenverhältnis nur nach dem Verhältnis des Umfangs der Altersklassen zur Umtriebszeit bestimmt werden.

Die jährliche Abtriebsfläche ist unter normalen Verhältnissen (wenn man von der Schlagruhe absieht) $= f:u$, die periodische, je nach dem Umfang der Altersklasse $= (f:u)\ 20$ oder $(f:u)\ 10$. Die in dieser Beziehung als Muster für den strengsten jährlichen Nachhaltbetrieb gültigen Regeln wurden von K. Heyer[1]) in die Sätze gefaßt: „Bei dem Hochwaldkahlschlagbetrieb ... müssen so viele räumlich getrennte Schläge vorhanden sein, als die Umtriebszeit Jahre zählt. Der älteste Schlag muß unmittelbar vor dem Hiebe das Alter der Umtriebszeit besitzen, der jüngste einjährig sein; die Alter der übrigen Schläge müssen je um ein Jahr differieren. — Beim Femelschlagbetrieb werden soviel Jahresschläge in einen Periodenschlag zusammengefaßt, als die Verjüngungsdauer Jahre zählt." Diese von normalen Verhältnissen abgeleiteten theoretischen Sätze erleiden jedoch durch die Schutzbedürftigkeit der Kulturen und die dadurch herbeigeführte allmähliche Führung der Kahlschläge, durch die Vorverjüngung einzelner Holzarten und Aushiebe der verschiedensten Art zur Herbeiführung und Beförderung der natürlichen Jungwüchse vielfache Änderungen. — Weiteres hierüber siehe im Abschnitt über die Hiebsreife und Umtriebszeit.

II. Beschränkung der Betriebsklassen.

Bei Berücksichtigung der genannten Bestimmungsgründe scheint die Zahl der Betriebsklassen eines Reviers so groß sein zu müssen, als den Kombinationen aus den vorkommenden Betriebsarten, Holzarten und Umtriebszeiten entsprechend ist. In der Praxis gestaltet sich die Betriebsklassenbildung jedoch weit einfacher. Zunächst wird sie beschränkt durch eine gewisse Mindestgröße. Das Maß derselben ist nach der Größe der Wirtschaftseinheit verschieden, soll aber im allgemeinen der Forderung genügen, daß innerhalb der Betriebsklassen ein regelmäßiger nachhaltiger Betrieb (wenn auch nicht im strengen Sinne) in Aussicht genommen werden kann. Kleine Flächen (z. B. einzelne Erlenbestände an Wasserläufen, Eschen in Mulden, Eichen auf Lehmköpfen im Sandgebiet) bleiben bei der Betriebsklassenbildung unberücksichtigt. Ferner sind wirtschaftliche Verschiedenheiten geringen Grades nicht in besonderen Betriebsklassen zum Ausdruck zu bringen; Bestände, die solche enthalten, können vielmehr unbedenklich zu derselben Betriebsklasse verbunden werden. Diese wird dann durch Angabe mittlerer

---

[1]) Die Waldertragsregelung, 3. Aufl., § 30.

Zahlen charakterisiert. Am wenigsten wird eine derartige Verschmelzung bei Abweichung der Betriebsarten zulässig erscheinen. Verschiedene Betriebsarten erfordern bei der Ertragsregelung und Wirtschaftsführung eine zu verschiedene Behandlung, als daß ihre Vereinigung zu derselben Betriebsklasse zulässig oder zweckmäßig erscheinen könnte. Wohl aber ist dies bei verschiedenen Holzarten zulässig. Wenn diese gleichartig bewirtschaftet werden, so ist die Aufstellung getrennter Betriebsklassen nicht erforderlich. Insbesondere ist die Vereinigung angezeigt, wenn verschiedene Holzarten nicht nur getrennt, sondern auch in Mischungen auftreten. In diesem Falle bringen die nach Betriebsklassen gefertigten Berechnungen und Abschlüsse der Pläne die Leistungen der Holzarten doch nicht zum richtigen Ausdruck.

Auch hinsichtlich der Umtriebszeit kann man kleine Unterschiede bei der Bildung der Betriebsklassen unbeachtet lassen. Die wirkliche, mit Zahlen zu belegende Hiebsreife ist auch auf gleichem Standort nach der Beschaffenheit der einzelnen Bestände sehr verschieden. In den Zahlen der Pläne können in dieser Beziehung immer nur mittlere Verhältnisse zur Darstellung gelangen. Für die Praxis kann es unter diesen Umständen nur darauf ankommen, durch die Betriebsklassenbildung stärkere Abweichungen, die wesentliche Verschiedenheiten hinsichtlich der ökonomischen Wirtschaftsziele ausdrücken, abzusondern. So werden z. B. Kiefernbestände, die zwecks Starkholzerziehung mit einer Umtriebszeit von 120 Jahren behandelt werden, von solchen getrennt, in denen Grubenholz oder schwächeres Bauholz das Wirtschaftsziel bildet, das schon bei 60jähriger Umtriebszeit erreicht wird. Die zahlreichen Übergänge im konkreten Abtriebsalter, die nach der Beschaffenheit der Bestände etwa zwischen 80 und 100 Jahren oder 100 und 120 Jahren liegen, bleiben unberücksichtigt.

Innerhalb desselben Wirtschaftsgebietes werden die Ausscheidungen der Betriebsklassen durch die Faktoren des Standorts bestimmt. Auf gleichem Standort liegt in der Regel keine Veranlassung vor, verschiedene Holzarten, Betriebsarten oder Umtriebszeiten einzuführen. Auf geringem Boden ist meist gar nicht die Möglichkeit zu verschiedener Wirtschaftsführung vorhanden. Für gute Bonitäten ist diese allerdings gegeben. Eine eingehende Untersuchung der die Rentabilität bestimmenden Verhältnisse wird jedoch auch hier zu einer einfachen Gestaltung des Betriebs und demgemäß zu einer Beschränkung der Betriebsklassenbildung führen.

Wie es sich unter Umständen empfehlen kann, auf nebeneinander befindlichen Flächen verschiedene Betriebsklassen herzustellen, so können es die Verhältnisse gerechtfertigt oder notwendig erscheinen lassen, auf denselben Flächen zeitlich mit den Betriebsklassen zu wechseln. Dies geschieht, wenn Überführungen von einer zur anderen Holz-

oder Betriebsart vorgenommen werden. Derartige Wechsel können insbesondere durch Veränderungen des Bodenzustandes notwendig werden, wie z. B. durch Streunutzung, Veränderungen des Grundwasserstandes und andere Verhältnisse. Bei der Bildung der Betriebsklassen sollen aber nur solche Veränderungen in Rücksicht gezogen werden, welche in dem nächsten Wirtschaftszeitraum vorgenommen werden sollen; solche dagegen, die erst in späterer Zeit vollzogen werden, bleiben unberücksichtigt.

III. Bezeichnung der Betriebsklassen.

Die Grenzen der Betriebsklassen stimmen mit denjenigen der Bestandesabteilungen überein; sie sind daher schon bei den Vorarbeiten der Betriebspläne festgelegt. Die Breite der Aufhiebe, welche die Betriebsklassen begrenzen, werden vorzugsweise durch die Rücksicht auf die Hiebsfolge bestimmt. Besondere Arbeiten sind daher in dieser Richtung nicht vorzunehmen.

Auf den Karten werden die Betriebsklassen, weil ihre einzelnen Glieder nicht immer örtlich zusammenliegen, nicht besonders bezeichnet; die meisten Flächen werden durch die Farbe der Holzart gekennzeichnet. In den Taxationsschriften müssen sie dagegen bestimmt kenntlich gemacht werden, da alle Summierungen und Berechnungen nach den Betriebsklassen getrennt zu halten sind.

Zweiter Abschnitt.

Die räumliche Ordnung der Hauungen.

I. Allgemeine Bedeutung der räumlichen Ordnung.

Neben der zeitlichen Ordnung, die in der Bestimmung des jährlichen oder periodischen Hiebsatzes ihre wichtigste Aufgabe hat, ist die räumliche Ordnung für die Betriebsregelung von weitgehender Bedeutung. Der Zweck, welchem sie dienen soll, ist dahin gerichtet, die Waldungen gegen die Schäden zu sichern, die ihnen durch nachteilige Einflüsse der Atmosphäre, namentlich durch Sonne, Wind und Niederschläge zugefügt werden können. Bei allen hierauf gerichteten Maßnahmen ist das Augenmerk einmal auf die Bestände zu richten, welche verjüngt werden sollen; sodann auf ihre Umgebung, welche durch die Nutzung der zu verjüngenden Bestände freigestellt wird. In beiden Fällen ist der Einfluß, der hierdurch auf Boden und Bestand ausgeübt wird, zu beachten. In den zu verjüngenden Orten ist nicht nur das vorhandene Altholz, sondern auch der zukünftige junge Bestand zu berücksichtigen. Am meisten Wert muß auf eine gute räumliche Ordnung mit Rücksicht auf die Sturmgefahr gelegt werden.

Die Bedeutung der räumlichen Ordnung zuerst nachdrücklich dargelegt zu haben, ist ein Verdienst H. Cottas. In seiner Anweisung zur Forsteinrichtung und Abschätzung, die er als die Frucht langjähriger, geprüfter Erfahrungen bezeichnet, stellte er als die vierte seiner hier niedergelegten Thesen nachstehende auf: „Die gute Einrichtung (räumliche Ordnung) eines Waldes ist gewöhnlich viel wichtiger als dessen Ertragsbestimmung." Ein Fehler, der in der Ertragsschätzung gemacht sei, könne jederzeit bei der Revision der Forsteinrichtung oder auch unabhängig von derselben leicht berichtigt werden. Fehler in bezug auf die räumliche Ordnung aber ließen sich nicht oder doch viel schwerer wiedergutmachen.

Der Grad, in welchem die Betriebsführung durch die Rücksicht auf die räumliche Ordnung, insbesondere ihren wichtigsten Faktor, den Sturm, bestimmt wird, ist nach den besonderen Verhältnissen der Wirtschaft sehr verschieden. Von Einfluß ist zunächst die Holzart. Flachwurzelnde Holzarten sind durch Sturmschäden mehr gefährdet als solche mit tiefgehenden Wurzeln. Ein bedeutender Längenwuchs steigert die Gefahr. Aus beiden Ursachen hat die räumliche Ordnung am meisten Bedeutung für die Fichte; hier steht sie bei der Betriebsregelung an erster Stelle. Sodann sind die Standortsverhältnisse zu beachten. Sturmschäden kommen in allen Lagen der Ebene, des Hügellandes und Gebirges vor. Im höheren Gebirge wirkt die geringe Länge der Stämme den Sturmschäden entgegen. Unter Umständen kann durch die Geländebildung, insbesondere durch vorliegende Höhen ein willkommener Schutz gewährt werden. Lockerheit und Feuchtigkeit des Bodens steigern die Gefahr des Sturmes, während Tiefgründigkeit die Widerstandsfähigkeit der Stämme erhöht. Am meisten haben feuchte lockere Böden, die einer undurchlässigen Schicht aufliegen, vom Sturme zu leiden. Abgesehen von solchen besonderen Eigenschaften ist die Gefahr des Windwurfs und Windbruchs auf guten Böden größer als auf geringen, weil hier der Längenwuchs der Bestände bedeutender ist. Auch die Beschaffenheit der Bestände ist von Einfluß auf die Sturmgefahr. Je höher die Kronen angesetzt sind und je walzenförmiger die Schaftbildung ist, um so geringer ist die Widerstandsfähigkeit der Stämme gegen die Wirkungen des Sturmes und ebenso auch gegen die Belastungen durch Schnee und Eis. Je tiefer die Kronen herabreichen und je abfälliger die Schaftformen gebildet sind, um so größer ist die Widerstandsfähigkeit gegen die Schäden durch Sturm und Anhang.

In der Praxis des 19. Jahrhunderts ist die Bedeutung der räumlichen Ordnung unter dem Einfluß der auf die Massenschätzung gerichteten Bestrebungen vielfach nicht gebührend berücksichtigt worden. Am meisten gewürdigt wurde sie in Sachsen, einmal infolge des Einflusses von H. Cotta und der von ihm begründeten und geleiteten Forsteinrich-

tungsanstalt, dann aber auch durch das Vorherrschen der Fichte, für
die eine gute räumliche Ordnung der Bestände von besonderer Bedeutung
ist. In den meisten anderen Staaten trat aber mit der Herrschaft des
Fachwerks die zeitliche Bestimmung der Erträge in den Vordergrund,
wenn auch einzelne seiner Vertreter, wie insbesondere Oberlandforst-
meister von Reuß, ein Schüler H. Cottas, bei der Anordnung über die
periodische Verteilung der Bestände auf die räumliche Ordnung derselben entschiedenen Wert gelegt haben.

In Preußen, wie auch in den kleineren mittel- und norddeutschen
Staaten wurde übrigens der von Cotta ausgesprochene Grundsatz:
„Das Verfahren der Waldabschätzungslehre muß durch die Verschieden-
artigkeit der Zwecke und der Ortsverhältnisse bestimmt werden" auch
auf die räumliche Ordnung anerkannt und betätigt. Noch entschiedener
verwarf Pfeil die Anwendung allgemeiner Regeln auch auf diesem Gebiet und betonte die Notwendigkeit der Berücksichtigung der örtlichen
Besonderheiten. In der Folgezeit wurde den Anregungen der genannten
Autoren auch in den amtlichen Bestimmungen Ausdruck gegeben.
Bezüglich der räumlichen Ordnung wurde betont, daß auf die Einrichtung einer guten Hiebsfolge am strengsten in den Fichtenrevieren und
den Kiefernwaldungen der besseren Bodenklassen auf sehr frischen
humosen Boden gehalten werden soll, während auf den tiefgründigen
Sandböden der norddeutschen Ebene die Sturmgefahr nur höchst selten
zu Besorgnissen Anlaß gegeben hat.

In Süddeutschland gebührt H. Speidel[1] das Verdienst, die Regeln
der räumlichen Ordnung in der Literatur begründet und in der Württem-
bergischen Praxis erfolgreich angewandt zu haben. In der Neuzeit hat
Chr. Wagner[2] das Gebiet der räumlichen Ordnung nach allen Richtungen beleuchtet und ihm durch seine umfassende Darstellung in weitgehendem Maße Anerkennung und Anwendung verschafft.

Bei der Frage, wie die Hiebsfolge geregelt werden soll, muß einmal
die Verteilung der Altersklassen über das ganze Revier, sodann die
Richtung und Aneinanderreihung der Schläge in Rücksicht gezogen
werden.

II. Die Lagerung der Altersklassen.

Bei der Aufstellung der Betriebspläne wird auf die Verteilung der
Altersklassen, deren Lagerung für die Führung der Wirtschaft von
großem Einfluß ist, besonders durch die Auswahl derjenigen Bestände,
welche im nächsten Wirtschaftszeitraum verjüngt werden sollen, eingewirkt. In dieser Hinsicht sind zwei verschiedene Richtungen, die am

---

[1] Aus Theorie und Praxis der Forstbetriebseinrichtung. Allgem. Forst- u.
Jagdztg. 1893.
[2] Die Grundlagen der räuml. Ordnung, 2. Abschn., 1. Kap.

bestimmtesten in Frankreich und Sachsen zur Ausbildung gelangt sind,
zu unterscheiden.

1. Das System der Zusammenlegung.

Bei diesem werden die derselben Wirtschaftsperiode zugewiesenen
Bestände tunlichst örtlich zusammengelegt und, sofern nicht einzelne
Bestände wegen starker Abweichung ihres Alters vom Hiebe ausgeschlossen werden, auch gleichzeitig verjüngt. Das System ist in den französischen Staatswaldungen durchgeführt und ihrem Zustand aufgeprägt. Auch in der französischen Literatur[1]) werden seine Vorzüge nachdrücklich hervorgehoben. Seinen Ursprung hat es aber in der von
G. L. Hartig verfaßten preußischen Abschätzungsinstruktion von
1819[2]), worin bemerkt wird, daß der Plan zur künftigen Bewirtschaftung
eines Forstes so eingerichtet werden müsse, daß die für jede Periode
zum Abtrieb bestimmten Jagen soviel wie möglich sich aneinanderschließen. In der neueren Literatur hat Borggreve[3]) diese Richtung
mit Entschiedenheit vertreten. Die Folge der Zusammenlegung ist,
daß große Verjüngungsflächen beisammenliegen und große Schläge gebildet werden müssen. Es werden dadurch Zustände geschaffen, wie sie
in den meisten größeren Waldgebieten durch die allmähliche Wirkung
der Natur, vielfach aber auch auf wirtschaftlichem Wege durch ausgiebige Benutzung der Samenjahre herbeigeführt sind.

2. Das System der Zerreißung.

Bei diesem sollen die gleichzeitig zu verjüngenden Flächen auseinandergelegt und möglichst gleichmäßig verteilt werden. Die Folge einer
derartigen Verteilung ist die Trennung der gleichalterigen Bestände,
die schärfere Gliederung der Altersklassen und die Bildung kleiner
Jahresschläge.

Das System der Zusammenlegung hat offenbare Nachteile. Mit
den großen Verjüngungsflächen oder Jahresschlägen, welche die Zusammenlegung der Altersklassen zur Folge hat, sind insbesondere
im Nadelholz mannigfache Gefahren verbunden, namentlich solche
durch Feuer, Insekten, Frost, Hitze, Unkrautwuchs. Was den Sturm
betrifft, so kann die Wirkung dieses Systems sehr verschieden sein.
Bei Anwendung der natürlichen Verjüngung werden bei einer gleichmäßigen Unterbrechung des Schirms auf großen zusammenhängenden
Flächen die ungünstigsten Bedingungen herbeigeführt. Ihre Folgen

---

[1]) Tassy: Études sur l'aménagement des forêts, Paris 1872, troisième étude,
chap. IV § 3, formation des affectations conformément aux règles d'assiette.

[2]) Instruction nach welcher bei specieller Abschätzung der Königlich Preußischen Forsten verfahren werden soll. 1819, 7. Abschn., letzter Absatz.

[3]) Die Forstabschätzung 1888, S. 278ff., Hiebsfolge und Bestandesgruppierung.

sind vielen Waldungen (besonders im Gebiet der Tanne und Buche) aufgeprägt. Sie werden noch lange als eine eindringliche Lehre nach dieser Richtung dienen können. Bei Anwendung der künstlichen Verjüngung verhält sich das System der Zusammenlegung dem Sturme gegenüber günstiger. Es ist in dieser Hinsicht ein Vorzug, daß bei großen Schlägen weniger Aufhiebe erforderlich sind, da diese nicht ohne irgendwelche nachteiligen Einflüsse für Boden und Bestand bleiben. Indessen die genannten, den großen Schlägen eigentümlichen Mißstände fallen doch weit stärker in die Wagschale als die Bodenverschlechterung und die Ausbildung ästiger Stämme an den Rändern mancher Aufhiebe.

Das Prinzip der Verteilung der Betriebsflächen verhält sich in bezug auf die Bedingungen, die den Jungwüchsen gegeben werden, weit günstiger. Die Jahresschläge bleiben klein. Sie können allmählich aneinandergereiht werden. Die Jungwüchse behalten Schutz gegen die nachteiligen Wirkungen von Sonne und Wind. Manche Insektenschäden bleiben beschränkt auf kleine Gebiete. Die Nachbesserungen können leichter und besser durchgeführt werden; eine Verwilderung des Bodens wird niemals in dem Maße wie bei Großkahlschlägen erfolgen. Hinsichtlich der Sturmwirkung können verschiedene Folgen eintreten. Die häufigen Öffnungen sind an sich nicht erwünscht. Allein bei dem Schutz der seitlich angrenzenden Bestände durch gute Waldmäntel, die sich an genügend breiten Wirtschaftsstreifen bilden, und bei Führung der Schläge gegen die herrschende Sturmrichtung läßt sich ein genügender Schutz gegen die schädlichen, von Westen kommenden Stürme herbeiführen. Nachteile des Verfahrens treten insbesondere ein, wenn die Stürme aus anderen Richtungen auftreten als der, gegen welche die Maßnahmen der Betriebsregelung gerichtet sind. Ein allseitiger Schutz durch diese ist nicht durchführbar. Mit der Möglichkeit des Eintretens von Stürmen von der Ostseite muß an vielen Orten gerechnet werden.

Aus der angegebenen, auf Erfahrung und Beobachtung beruhenden Sachlage ergibt sich, daß ein unbedingter und allgemeiner Vorzug keinem der genannten Systeme der Lagerung der zu verjüngenden Bestände zukommt. Die Sturmgefahr bleibt bei jedem Verfahren bestehen. Im allgemeinen wird aber eine allseitige Würdigung der Verhältnisse nicht darüber im Zweifel lassen, daß die Hinwirkung auf eine Trennung der Altersklassen der gegensätzlichen Richtung weit vorzuziehen ist. Nur über den Grad der teilenden Eingriffe (Loshiebe, Umhauungen) in zusammenhängende geschlossene Bestände sind Zweifel berechtigt. Eine gute Verteilung der Altersklassen ermöglicht die Vermeidung der Mißstände, welche großen Kahlschlägen eigentümlich sind. Und selbst bei Stürmen, die von anderer Seite als der herrschenden eintreten, ist wohl zu beachten, daß der Schaden, den sie verursachen, nie so umfangreich wird, als es in großen zusammenhängenden Beständen gleichen Alters oder gleichzeitiger Verjüngung der Fall ist. Daher hat auch das Verfahren der Bestandesverteilung in der neueren Zeit mehr und mehr Verbreitung gefunden; es wird auch in Preußen[1]), Österreich[2]), Württemberg[3]), Hessen[4]) und anderen Staaten als richtig anerkannt.

III. Die Bildung der Hiebszüge.

Unter einem Hiebszug versteht man eine Summe von zusammenhängenden Beständen oder Schlägen, für welche bei der Aufstellung des Wirtschaftsplanes eine geregelte Folge des Abtriebs oder der Verjüngung festgesetzt wird. Die Richtung und Aneinanderreihung der Jahresschläge wird in erster Linie durch die Rücksicht auf den Sturm festgesetzt; aber auch die Wirkung der Sonne ist dabei zu beachten.

1. Die Richtung der Hiebszüge.

Die Bestimmungsgründe für die Richtung der Hiebszüge stimmen mit dem, was früher über die Richtung der Einteilungslinien gesagt wurde, überein. Es ist wünschenswert, daß die Hiebszüge dem Verlauf der Haupteinteilungslinien entsprechen, wenn auch Ausnahmen hiervon unter Umständen unvermeidlich sind.

Soweit der Sturm für die Hiebszüge bestimmend ist, gilt es als Regel, daß die Haupteinteilungslinien und die Hiebszüge von Ost nach West gerichtet werden. Die von Westen kommenden Stürme sind wegen ihrer Häufigkeit, ihrer Stärke und der sie begleitenden Umstände am gefährlichsten. Gegen westliche Stürme schützt sich die Wirtschaft am besten dadurch, daß der Hieb von der entgegengesetzten Seite, von Osten her, erfolgt. Im Gegensatz zu diesem sog. Parallelsystem wurde von Denzin[5]) und Borggreve[6]) die Ansicht ausgesprochen, daß ein Schneisensystem, welches die meistens rechteckigen Distrikte möglichst mit dem Winkel und nicht mit einer Breitseite nach Westen richtet, die Herstellung und Einhaltung einer guten Bestandesordnung wesentlich erleichtere, da bei einem solchen jede Bestandesfigur nur auf zwei Seiten gegen Sturm geschützt zu werden brauche, während das

---

[1]) v. Hagen-Donner: Die forstlichen Verhältnisse Preußens, 3. Aufl., S. 198. („Es gilt als Erfordernis einer guten Bestandesordnung, daß nicht zu große aneinanderliegende Flächen derselben Periode überwiesen werden.")

[2]) Instruktion für die Begrenzung usw. der österreichischen Staats- und Fondsforste, 3. Aufl., 1901. („Mehr als 3 Abteilungen soll ein Hiebszug in der Regel nicht umfassen.")

[3]) Vorschriften für die Wirtschaftseinrichtung in den württemberg. Staats- und Körperschaftswaldungen 1898, S. 15.

[4]) Anleitung zur Ausführung der Forsteinrichtungsarbeiten vom Jahre 1903 — IX, Hiebszüge.

[5]) Allgem. Forst- u. Jagdztg. 1880, S. 126ff.

[6]) Forstabschätzung, S. 289.

Parallelsystem einen dreiseitigen Schutz notwendig mache. Entsprechende Vorschriften wurden auch für die Preußischen Staatsforsten[1]) gegeben. Die von anderer Seite nach dieser Richtung gemachten Untersuchungen und Erfahrungen haben aber nicht zu einer Überlegenheit des schrägen Schneisensystems über das parallele geführt, so daß Beck[2]) zu dem Urteil gelangt, daß beide ungefähre Gleichwertigkeit besitzen. Zur Würdigung der vorliegenden Frage muß ferner darauf hingewiesen werden, daß die Forderung der dreiseitigen Deckung meist keine Erschwerung der Betriebsregelung bedeutet. Eine planmäßige Einteilung wird in der Regel auf eine solche eingestellt. Zwei Seiten werden durch die Mäntel der Wirtschaftsstreifen geschützt, die dritte durch die Art des Hiebes. Ferner ist nicht außer acht zu lassen, daß der Sturm zwar der wichtigste, aber nicht der einzige Bestimmungsgrund für die Richtung der Hiebszüge ist. Auch die austrocknende Wirkung der Sonne muß berücksichtigt werden. Bei der Richtung der Hauptlinien von Ost nach West, der Schläge von Nord nach Süd werden diese ihrer ganzen Ausdehnung nach von der Nachmittagssonne getroffen. Das beste Mittel hiergegen gewährt das südlich vorliegende Altholz. Diesen Verhältnissen wird am besten Rechnung getragen, wenn die Hiebszüge die Richtung von Nord nach Süd erhalten. Im größten Teil der deutschen Gebirgsforsten sind, damit den beiden angegebenen Forderungen genügt wird, die Hiebszüge von Nordost nach Südwest gerichtet.

Es bedarf nach dem Gesagten keiner besonderen Begründung, daß die Bedeutung der Hiebszüge und ihre Richtung nach den örtlichen Verhältnissen, sowohl nach Lage und Klima als auch nach der Beschaffenheit des Bodens, sehr verschieden sind. Weitaus am meisten Bedeutung hat die vorliegende Frage für die Fichte, einesteils wegen ihrer flachen Bewurzelung, durch die sie der Sturmgefahr in besonderem Maße ausgesetzt ist, andernteils wegen ihres starken Bedarfs an Feuchtigkeit.

2. Ausdehnung und Begrenzung der Hiebszüge.

Die Grenzen der Hiebszüge sind einmal durch die vorhandenen Bestände bestimmt; zum andern haben sie in den Standortsverhältnissen ihre Grundlage. Sie sind daher einerseits vorübergehender, andererseits bleibender Natur.

Der Anfang eines in Angriff zu nehmenden Hiebszuges ist durch die Möglichkeit des Anhiebs eines nutzbaren Bestandes gegeben. Von der Anhiebsfläche aus schreitet der Hieb der Sturmrichtung entgegen, bis sich durch die Beschaffenheit der Bestände oder aus anderen Gründen der Fortsetzung Hindernisse entgegenstellen. Da die Glieder eines Hiebs-

---

[1]) Anweisung zur Ausführung der Betriebsregelungen von 1925, S. 11.
[2]) Der Forstschutz, 2. Band 1916, S. 337.

zuges durch Abtriebe und sonstige Ereignisse Veränderungen erleiden, so liegt hierin ein Grund, welcher den Hiebszügen einen veränderlichen Charakter erteilt; diese können deshalb nicht immer dauernd festgelegt werden.

Bleibende Grundlagen für die Richtung und Begrenzung der Hiebszüge bilden im Gebirge zunächst die Terrainlinien[1]). Nicht nur die Haupthöhen und Talzüge, sondern auch seitliche Rücken haben nach dieser Richtung eine große wirtschaftliche Bedeutung. Wegen der bei einem seitlichen Rücken stattfindenden Biegung des Terrains ist es oft erforderlich, daß von einem Seitenrücken aus der Hieb nach entgegengesetzter Richtung geführt wird, oder daß verschiedene Hiebszüge an den Seitenrücken ihr gemeinsames Ende finden. In der ausgiebigen Benutzung der Rückenlinien liegt daher ein wichtiges Mittel, um die Hiebsfolge zu regeln. Die hierdurch gebildeten Grenzen haben einen dauernden Charakter.

Auch in ebenem Terrain, wo die Natur keine bestimmten Linien für Anfang und Ende der Hiebszüge vorgezeichnet hat, ist es von großer Bedeutung, daß sich die Hiebszüge in Übereinstimmung mit der Einteilung befinden. Die Richtung der Schläge soll parallel zu den Einteilungslinien verlaufen, so daß keine Schläge mit spitzen, dreieckigen Formen gebildet werden müssen. Sofern es sich notwendig erweist, die Schläge anders als den bestehenden Einteilungslinien entsprechend zu führen, bleibt es wünschenswert, daß die Einteilung verändert wird. In der Brauchbarkeit der Schneisen als Grundlage für die Schlagführung liegt ein Hauptzweck, zu dem eine geregelte Einteilung ausgeführt wird.

Weiter wird die Ausdehnung der Hiebszüge durch die Forderung bestimmt, daß die jährlichen Schläge mit Rücksicht auf den Schutz, den die Jungwüchse nötig haben, schmal bleiben; und daß sie allmählich aneinandergereiht werden, so daß neue Schläge erst geführt werden, wenn die Kultur des vorausgegangenen Schlages den Gefahren der ersten Jugend (Frost, Hitze, Unkraut) entwachsen ist. Namentlich gilt diese Regel für Fichte und Tanne, während für die lichtbedürftige, schnellwachsende, frostharte Kiefer schmale Schläge in geringerem Grade angezeigt sind. Die ausgesprochene Forderung bedingt, daß die Hiebszüge kurz bleiben. Selbst wenn ein Hiebszug alle Altersklassen mit 5jähriger Abstufung enthielte, würde seine Länge für $u = 100$ bei 60 m Schlagbreite nicht mehr als 1200 m betragen dürfen. Meist werden jedoch weniger Schläge vorhanden sein, da der ideale Hiebszug als eine Summe aller Schläge von 5—10—15 und u Jahren sich praktisch selten vorfindet.

3. Beispiele.

Die Hiebszüge gestalten sich unter dem Einfluß der zahlreichen Bestimmungsgründe, insbesondere hinsichtlich des Geländes und der Bestandesverhältnisse, so verschieden, daß bestimmte Regeln über ihre

---

[1]) Vgl. 1. Teil, 3. Abschn., II A 3 (die natürlichen Linien).

Bildung, selbst für einheitliche Wirtschaftsgebiete, nicht gegeben werden können. Häufig sind die auf diese gerichteten Maßnahmen noch in der Entwickelung begriffen; häufig liegt überhaupt nicht Absicht vor, Hiebszüge zu bilden. Nachstehend folgen einige Beispiele, welche die nach dem Gelände und den Altersklassen begründeten Verschiedenheiten der Hiebszugsbildung erkennen lassen.

Die Hiebszugskarte Tafel 10 stellt einen Teil der Herrschaft Gratzen in Südböhmen dar. Diese liegt auf den Ausläufern des Böhmerwaldes in einer Höhenlage von 700 bis 900 m. Die Gestaltung der Hiebszüge folgt hier ganz der Terrainbildung. Der ganze 13000 ha große Forstbezirk ist in 250 auf der Karte durch Pfeile bezeichnete Hiebszüge eingeteilt, von denen manche noch weiter eingeteilt werden sollen. Die meist fahrbaren, als Wege ausgebauten Wirtschaftsstreifen, welche die Hiebszüge an der oberen und unteren Seite begrenzen, haben eine Breite von 10 m, die Schneisen, welche den Beginn und die Richtung der Schläge bezeichnen, obwohl sie meist nicht fahrbar sind, eine solche von 8 m. Hierdurch soll erreicht werden, daß fast alle Abteilungen selbstständige Hiebszüge bilden und unabhängig von ihrer Umgebung bewirtschaftet werden können.

Tafel 11 stellt einen sächsischen Hiebszug dar. Er umfaßt einen Teil des Forstreviers Breitenhof im Erzgebirge und liegt gleichfalls im natürlichen Fichtengebiet. Im Gegensatz zu den bleibenden Hiebszugsgrenzen des Forstbezirks Gratzen sind hier die veränderlichen Bestandesverhältnisse Bestimmungsgrund für die Hiebszugsbildung. Aus der Darstellung gehen die fast allen sächsischen Revieren eigentümlichen Hiebszugsregeln hervor, die darin bestehen, daß

1. Die Hiebszüge kurz bleiben; an jeder Abteilung beginnt ein besonderer Hiebszug;

2. die Anfänge der Hiebszüge durch Angriffslinien bezeichnet werden;

3. die Richtung der Hiebszüge — im vorliegenden Fall von Nord nach Süd und von Nordost nach Südwest — unter Umständen gedreht wird; und

4. Altersunterschiede von 1 oder 2 Altersklassen keinen Grund gegen die Vereinigung zu einheitlichen Hiebszügen abgeben.

IV. Mittel, die Widerstandsfähigkeit der Bestände gegen Sturmgefahr zu fördern.

Innerhalb des durch die Richtung der Hiebszüge gegebenen Rahmens kann die Widerstandsfähigkeit der Bestände gegen Sturmschaden mit den Mitteln des Waldbaues und der Forsteinrichtung verstärkt werden. Der Betriebsplan hat beide eingehend zu begründen.

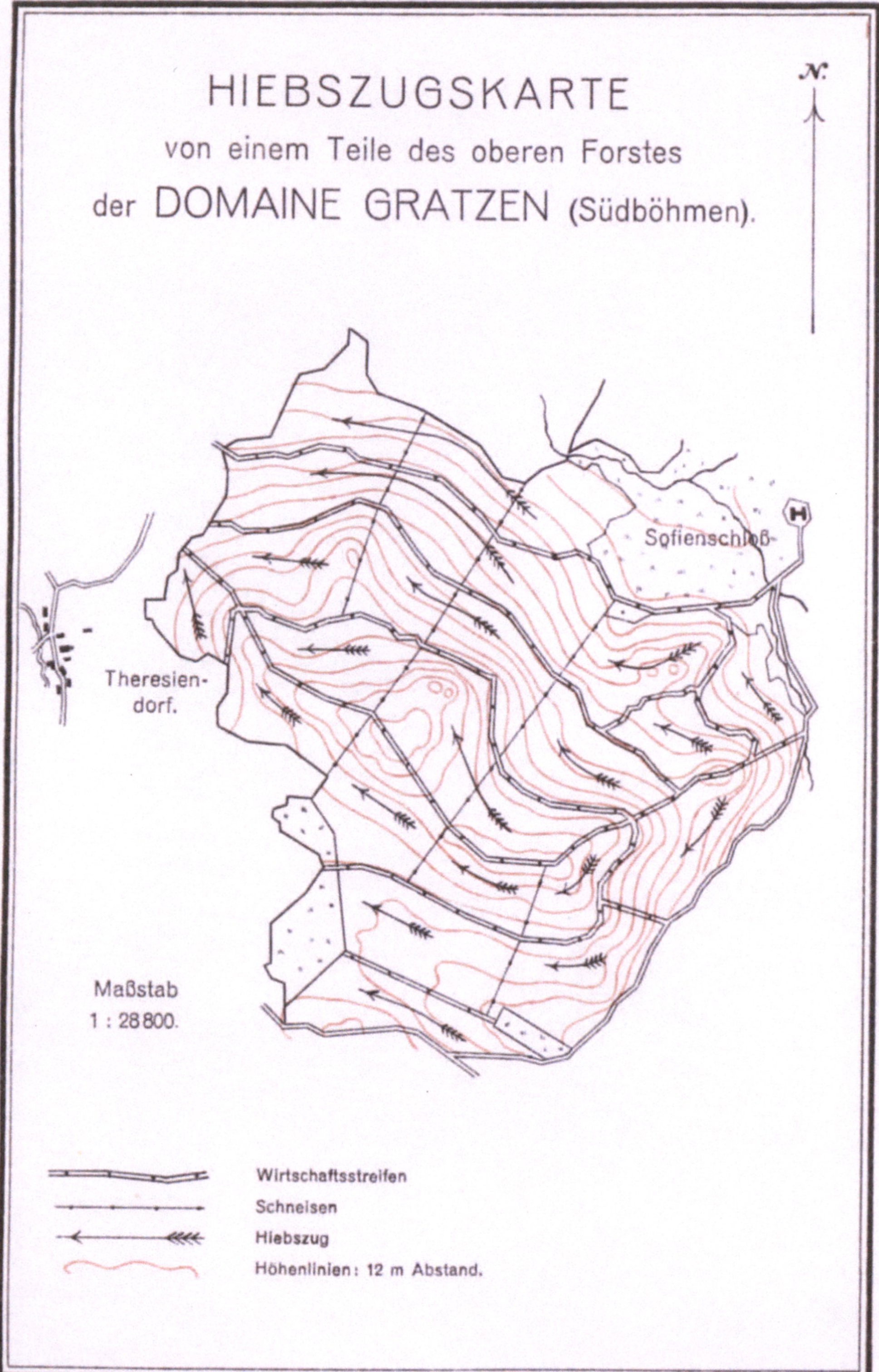
HIEBSZUGSKARTE
von einem Teile des oberen Forstes
der DOMAINE GRATZEN (Südböhmen).
N.
Sofienschloß
Theresien-dorf.
Maßstab
1 : 28800.
Wirtschaftsstreifen
Schneisen
Hiebszug
Höhenlinien: 12 m Abstand.

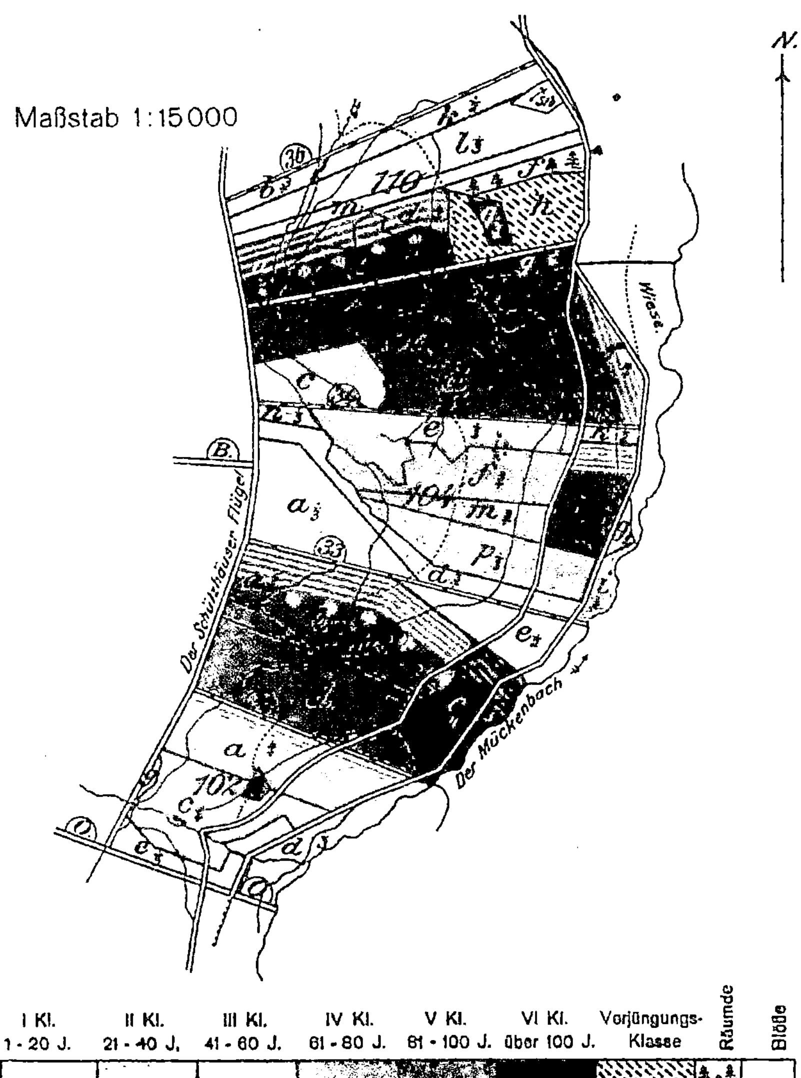

SÄCHSISCHE HIEBSZÜGE
auf einem Teile des
STAATSFORSTREVIER BREITENHOF i. ERZG.
Maßstab 1:15000
N.
Der Schulthäuser Flügel
Der Mückenbach
Wiese
I Kl. | II Kl. | III Kl. | IV Kl. | V Kl. | VI Kl. | Verjüngungs-
1 - 20 J. | 21 - 40 J. | 41 - 60 J. | 61 - 80 J. | 81 - 100 J. | über 100 J. | Klasse
Räume
Blöße
Bonität
Kahlschlag Löcherhiebe Absäumung I. Jahrzehnt II. Jahrzehnt Steinbruch Wege
der Altersklasse

1. Waldbauliche Mittel.

Hierher gehören alle Maßnahmen, durch welche die Gleichmäßigkeit der Ausbildung der Stämme befördert wird. Zunächst ist die Art der Begründung nicht ohne Einfluß. Bei guter Einzelpflanzung in regelmäßigen Verbänden können sich die Wurzeln und Kronen am gleichmäßigsten ausbilden. Auch weiterhin muß auf die ebenmäßige Bildung und einen nicht zu hohen Ansatz der Krone im Wege der Bestandespflege eingewirkt werden. Es dient zur Erhöhung der Widerstandsfähigkeit, wenn die Durchforstungen frühzeitig begonnen werden. Die Hiebe müssen zugunsten der herrschenden Stammklassen geführt werden, weil diese am besten befähigt sind, allen äußeren Gefahren Widerstand zu leisten. Vorwüchse, die wie alle freierwachsenen Stämme am meisten sturmfest sind, aber wegen ihrer ungünstigen Beschaffenheit nicht erhalten werden dürfen, müssen frühzeitig entfernt werden, so daß keine Veranlassung vorliegt, später, im Alter der Sturmgefahr, zu ihrer Beseitigung die Bestände zu durchlöchern. Besondere Vorsicht erfordern alle Arten von Lichtungshieben. Da die Stämme im Zustand der Umlichtung von der Sturmgefahr am meisten bedroht sind, so müssen sie vorher allmählich an den Freistand gewöhnt werden. Den Hauungen der natürlichen Verjüngung und des Lichtungsbetriebs müssen kräftige Durchforstungen vorausgehen.

Auf nassen Böden kann die Entwässerung der Kulturflächen zur Verminderung von Sturmschäden angezeigt sein. Sie soll aber unter Berücksichtigung des hohen Wertes der Bodenfeuchtigkeit auf das unbedingt erforderliche Maß beschränkt bleiben.

Von besonderer Bedeutung für die Widerstandsfähigkeit gegen Sturm ist eine richtige und vollständige Anlage der Waldmäntel[1]). Sie sollen so beschaffen sein, daß sie selbst dem Wind standhalten und zugleich dem hinter ihnen liegenden Bestandesteil Schutz geben. Um diesem Zwecke zu genügen, ist es erforderlich, daß die Waldmäntel von den Außengrenzen sowie von den Rändern der Wege, Schneisen und Gräben entsprechend entfernt bleiben, so daß keine Veranlassung vorliegt, zum Zwecke der Räumung von Gräben Verletzungen der Wurzeln — zum Zwecke der Trockenhaltung der Wege und zur Beseitigung von Grenzüberhängen Ästungen vorzunehmen. Regel der Kultur für Waldmäntel sind weite Verbände, da kräftige Äste, welche sich in weiten Verbänden bilden und erhalten, viel besser zur Anlage eines Mantels geeignet sind als die trocken werdenden Äste enger Pflanzenverbände. Eigentliche Durchforstungen sind in dem weit begründeten Waldmantel in der Regel nicht einzulegen. Auch durch eine abweichende Holz- oder Betriebsart können Mäntel gebildet werden. Bei entsprechen-

---

[1]) Vgl. den 3. Abschnitt des 1. Teils, I B 3 (Pflege des Waldrandes).

dem Boden kann die Eiche in dieser Hinsicht von Bedeutung sein. Beim Laubholz ist unter Umständen auch der Niederwaldbetrieb empfehlenswert.

2. Maßnahmen der Forsteinrichtung.

Hierher gehören abgesehen von der Einteilung:

a) **Die Begrenzung der Hiebszüge.** Die Hauptgestelle (Wirtschaftsstreifen) sollen eine solche Breite erhalten, daß sie sich auf beiden Seiten bemanteln. Über das hierfür nötige Maß lassen sich Sätze von allgemeiner Gültigkeit nicht angeben. Je besser die Standortsgüte ist, eine um so größere Breite ist erforderlich, um die Bemantelung zu bewirken, was um so mehr beachtet werden muß, als gute Bonitäten häufig frische lockere Böden einnehmen, die an sich schon der Sturmgefahr in stärkerem Grade ausgesetzt sind. Die erforderliche Breite liegt zwischen 6—12 m[1]).

b) **Die Anlage von Loshieben und Umhauungen.** Um Bestände, welche durch den Abtrieb eines nach Westen vorgelagerten alten Bestandes dem Sturm ausgesetzt werden, zu sichern, müssen sie an dieser Seite bemantelt sein. Die Erhaltung oder Herstellung eines Mantels geschieht durch Aufhiebe, welches längs des Randes des zu schützenden Bestandes in dem ihm vorlagernden Altholz bewirkt werden. — Vgl. die sächsische Bestandeskarte, Tafel 11. — Solche Aufhiebe, die Loshiebe genannt werden, sind nur wirksam und unbedenklich, solange der Bestand, zu dessen Kräftigung sie geführt werden, noch tief herab beastet ist. Was ihre Breite betrifft, so werden unterschieden: holzleere Loshiebe (Absäumungen, Abrückungen), die eine Breite bis 10 m haben, und mit Holz anzubauende Loshiebe, welche eine Breite von mehr als 10 m erhalten. Wo die alsbaldige Anlage in voller Breite zu Bedenken Anlaß gibt, werden zunächst schmale Aufhiebe vorgenommen, die später nach der Sturmseite verbreitert werden. Zur Erleichterung der Anlage jeder Art von Bestandesöffnung tragen entsprechende Bestandesmischungen bei.

Während Loshiebe in gerader Richtung zu den Schneisen verlaufen, kann es sich empfehlen, eine solche Sicherung auch längs der Grenze eines anders vorliegenden Bestandes nach Vergradung der Grenzen durch eine sogenannte Umhauung zu bewirken.

V. Abweichungen von der regelmäßigen Hiebsfolge.

Die Theorie der Hiebszüge beruht auf dem Gedanken, daß die Schläge derselben in einer bestimmten Richtung stetig aneinandergereiht werden. Häufig liegen aber die Verhältnisse so, daß dies ohne

---

[1]) Nach den allgemeinen Wirtschaftsregeln für die sächsischen Staatsforsten vom Jahre 1908 sollen alle Wirtschaftsstreifen eine Breite von 9 m erhalten. Nach der Instruktion für die österreichischen Staatsforsten sollen sie 5—8 m breit aufgehauen werden.

Opfer in bezug auf Zuwachs und Reinertrag nicht möglich ist. Die Ursachen, welche in dieser Beziehung zu beachten sind, liegen einmal in dem verschiedenen Alter und der verschiedenen Beschaffenheit einzelner Bestände, sodann in der Art der Verjüngung.

1. Abweichungen durch Bestandesverschiedenheiten.

Bei der praktischen Durchführung der Hiebsfolge tritt häufig die Frage an den Forsteinrichter heran, ob Bestände, welche in der Richtung des Hiebszuges liegen, nach ihrem Alter und ihrer Beschaffenheit aber von dem die Hiebsführung bestimmenden Hauptbestand abweichen, im Anschluß an diesen verjüngt, oder bis zur folgenden Umtriebszeit übergehalten oder unabhängig von ihrer Umgebung bewirtschaftet werden sollen. Eine allgemeine Regel läßt sich in dieser Beziehung nicht aufstellen. Die Behandlung ist im einzelnen Falle einmal von der größeren oder geringeren Sturmgefahr abhängig, welche mit dem Überhalten solcher Bestände verbunden ist; sodann von dem Wertunterschied oder dem Verlust an Reinertrag, der sich aus dem früheren oder späteren Abtrieb ergiebt. Bestände, die noch hohen Wertszuwachs besitzen, wird man nach Möglichkeit zu erhalten suchen, bis sie eine genügende Verwertungsfähigkeit erlangt haben. Bei den hierher gerichteten Erwägungen ist aber zu beachten, daß der laufende Zuwachs, der Durchschnittszuwachs, der Wertzuwachs und der Bodenreinertrag sich vor nud nach ihrer Kulmination geraume Zeit hindurch nur wenig verändern. Eine Verschiebung um 1 oder auch mehrere Jahrzehnte nach der einen oder anderen Seite ist deshalb nicht mit wirtschaftlichen Opfern verknüpft. Insbesondere ist dies bei der Fichte zu beachten, deren schwache Sortimente meist gut verwertbar sind. Zum Vergleiche mögen die durch nachstehende Zeichnung dargestellten Beispiele dienen. Hier wird es

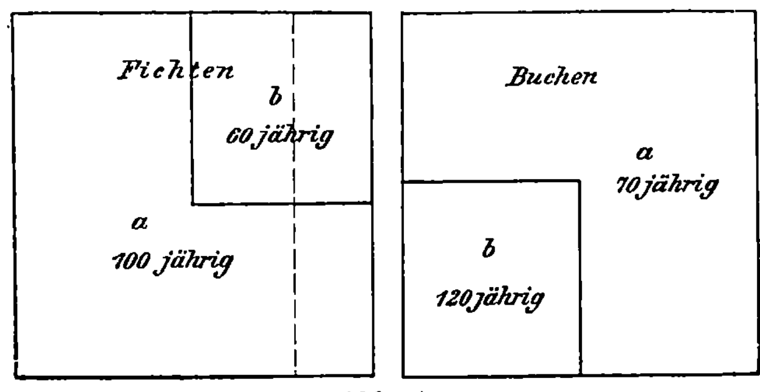

Abb. 4.

sich in der Regel empfehlen, den 60jährigen Fichtenbestand, wie die Linie - - - - - - - - - - zeigt, zugleich mit dem 100jährigen zu nutzen und ihn mit diesem zu demselben Hiebszug zu vereinigen. Bei der

Buche wird dagegen der 120jährige Bestand mit Rücksicht auf seine natürliche Verjüngung meist unabhängig von seiner Umgebung zu behandeln sein.

2. Abweichungen durch die Art der Verjüngungen.

Sie können dadurch herbeigeführt werden, daß die Verjüngung größerer zusammenhängender Orte schneller durchgeführt werden soll, als es dem stetigen Gang nach den Regeln der Wirtschaft im Hiebszug entspricht. Ist z. B. bei der Fichte die Breite der Schläge 40 m und erfolgt die Aneinanderreihung der Schläge mit fünfjährigen Intervallen, so sind zum Abtrieb einer 400 m breiten Abteilung 45 bis 50 Jahre erforderlich. Zu Ende des vorigen Jahrhunderts sind deshalb auf den Sandböden der norddeutschen Ebene im Kieferngebiet, wo die Einrichtung der strengen Hiebfolge weniger bedeutsam ist als bei der sturmgefährdeten Fichte, die Abteilungen (Jagen) von entgegengesetzten Seiten (Ost und West, oder Nord und Süd), bisweilen außerdem auch von der Mitte aus, angehauen worden.

Die stärkste Abweichung von den Regeln der Hiebsfolge stellen Kulissenhiebe dar, die darin bestehen, daß schmale Durchhiebe von etwa 20 m Breite in gleichen oder doppelt so großen Abständen in einem Altholz eingelegt werden. Kulissen verhalten sich in bezug auf die Sturmgefahr sehr ungünstig. Die Richtung der Schläge mag senkrecht oder parallel zu den Wirtschaftsstreifen erfolgen, so findet der Sturm Gelegenheit, mit seiner verderblichen Kraft in die ungeschützten Schlagränder einzusetzen. Zugleich treten immer noch andere Nachteile ein, namentlich die, daß der Boden der Altholzstreifen durch die Einwirkung der Sonne und des Windes an den Rändern verhärtet und die spätere Kultur erschwert wird. Günstiger wie die Kulissen- (aber gleichfalls nicht ohne nachteilige Wirkung für Teile des Bodens und Bestandes) verhalten sich Löcherhiebe, die in der neueren Zeit im Laub- und Nadelholz vielfach eingelegt sind, um Insektenschäden (Maikäfer) vorzubeugen, Lichtholzarten erfolgreich anzubauen und die Herstellung von gemischten Beständen zu sichern.

Alle derartigen Hiebsverfahren mit flächenweis ungleichzeitigem Angriff haben die gemeinsame Folge, daß die zuerst zur Kultur herangezogenen Bestandesteile begünstigt — die mit Altholz bestanden bleibenden dagegen benachteiligt werden. Sie erscheinen nur berechtigt, wenn es sich erstens um geschützte Lagen handelt, wo die Gefahr des Sturmschadens nicht zu befürchten ist, und wenn zweitens eine Holzart gegenüber einer anderen durch die Zeit und Art des Anbaues in besonderem Maße begünstigt werden soll, wie es z. B. bei der Eiche gegenüber der Buche, bei der Tanne gegenüber der Fichte der Fall sein kann. Übrigens aber ist die ungleichartige Schlagführung eine Maßregel, die weder mit Rücksicht auf das Altholz noch auf den Boden noch auf die zukünftige Bestandesbildung begründet werden kann. Sie bildet demgemäß eine Ausnahme. Als Regel bleibt dagegen anzusehen, daß die Schläge von der geschützten Seite (Nord, Nordost, Ost) nach der gefährdeten (Südwest) geführt und regelmäßig aneinandergereiht werden.

Dritter Abschnitt.

Die Bestimmung der Umtriebszeit.

I. Allgemeines.

Unter der Umtriebszeit wird der Zeitraum verstanden, innerhalb dessen die einmalige Nutzung der zu einem Verbande vereinigten Bestände erfolgen soll. Sie ist unter normalen Verhältnissen gleich der Hiebsreife des Einzelbestandes, in dessen Entwicklung sich die Wachstumsstufen zeitlich nacheinander darstellen, die in einem Verbande von Beständen gleichzeitig nebeneinander vertreten sind.

Die Umtriebszeit bestimmt das Maß der Abnutzung eines Reviers oder Revierteils. Für eine gegebene Betriebsfläche ist die jährliche Abnutzung (ohne Rücksicht auf etwaige Schlagruhe) $= f:u$, die periodische $= (f:u)$ 10 oder $(f:u)$ 20.

Die Untersuchung der Hiebsreife, die hiernach den wichtigsten Ausgangspunkt für die Umtriebszeit bildet, ist Aufgabe der forstlichen Statik. Sie erfolgt durch die Vertreter des forstlichen Versuchswesens. Diese gehen bei ihren Untersuchungen von möglichst regelmäßigen Beständen aus. Die Forsteinrichtung hat es dagegen mit Beständen von sehr verschiedener Beschaffenheit zu tun. Es kommt bei ihr nicht nur auf die Hiebsreife des einzelnen Bestandes an, sondern auch auf das Verhältnis verschiedener Bestände in bezug auf den Grad der Hiebsbedürftigkeit, das oft schwieriger zu beurteilen ist als die Hiebsreife an sich. Trotzdem ist es empfehlenswert, daß man bei der allgemeinen Behandlung dieses Gegenstandes von der Menge der Einzelheiten und der Abweichungen abstrahiert und von normalen Beständen ausgeht.

Die Bestimmungsgründe für die Umtriebszeit liegen einerseits in den natürlichen Grundlagen der Forstwirtschaft, andererseits in ihren ökonomischen Zielen. Natürliche Grundlagen sind zunächst die Standortsverhältnisse, durch welche die Ertragsfähigkeit bestimmt wird; sodann die physiologischen Eigenschaften der Holzarten, durch die sie in den Stand gesetzt werden, die in Boden- und Luftraum gegebenen Nährstoffe zur Holzerzeugung zu benutzen. Das Ziel der Wirtschaft ist, abgesehen von Wäldern, die dem Zwecke des Schutzes oder der landschaftlichen Schönheit dienen sollen, auf die Erzeugung von Werten gerichtet. Diese müssen zur Bestimmung der Umtriebszeit sowohl nach ihren absoluten Beträgen untersucht werden, als auch nach ihrem Verhältnis zu dem erforderlichen Kostenaufwand. Die Methode, welche bei der Ermittlung der Umtriebszeit angewandt wird, ist entweder eine gutachtliche, die darin besteht, daß die zur Erzeugung bestimmter Sortimente erforderliche Zeit eingeschätzt wird; oder es werden Berechnungen vorgenommen, durch welche das Verhältnis der Ertragsleistungen zum Produktionsaufwand nachgewiesen wird.

Seitdem eine geordnete Forstwirtschaft besteht, hat die Umtriebszeit bei der Betriebsregelung eine wichtige Rolle gespielt. In den Lehrbüchern der Forsteinrichtung und den Anweisungen der Staatsforstverwaltungen wurden häufig Vorschriften über die Umtriebszeit gegeben, ohne daß eine eingehende Begründung für erforderlich gehalten wurde. Charakteristisch hierfür ist die preußische Taxationsinstruktion von 1819. Unter dem Einfluß des Fachwerks wurde sie stets als Vielfaches der Perioden (von 20 oder 24 Jahren) angenommen. In der neuesten Zeit hat sich unter dem Einfluß des Strebens nach Ungleichaltrigkeit und natürlicher Verjüngung, nach Lichtungsbetrieben und Überhaltformen vielfach die Meinung gebildet, man könne eine Betriebsregelung durchführen, ohne sich der schwierigen Arbeit der Umtriebsbegründung zu unterziehen. Insbesondere sind in dieser Richtung die Vertreter des Plenterwaldes und der ihm verwandten Bestandesformen zu nennen[1]). Wohl kann man mit Ostwald[2]) in vielen Einzelfällen die tatsächliche Stärke der herrschenden Stämme als Grundlage für die Beurteilung der Hiebsreife und als Ersatz der Umtriebszeit treten lassen. Aber damit wird die allgemeine Bedeutung des Alters der Hiebsreife und der Umtriebszeit nicht beseitigt. An die Beschaffenheit der herrschenden Stämme eines Bestandes schließt sich die Frage an: Welche Zeit war erforderlich, um die vorliegende Stärke zu erzeugen und welche weitere Zeit wird erforderlich sein, um bestimmte Stärken, die das Ziel der Wirtschaft bilden, zu erreichen? Der Faktor Zeit spielt in der Forstwirtschaft stets eine wichtige Rolle und darf ebensowenig vernachlässigt werden als die Frage nach der Verzinsung des Holzvorratskapitals.

Viele Bestimmungsgründe der Umtriebszeit gehören in das Gebiet des Waldbaues, der Forstbenutzung, des Forstschutzes und der Forstpolitik, so daß hier nicht auf sie eingegangen zu werden braucht. Im nachfolgenden wird nur auf die ökonomischen Grundlagen der Umtriebszeit, auf die Methode ihrer Ermittelung und auf die Anwendungen, die sie in der Praxis findet, hingewiesen.

---

[1]) Vgl. Wiebecke: Der Dauerwald, Abschn. XV: Aber die Umtriebszeit?
[2]) Fortbildungsvorträge über Fragen der Forstertragsregelung 1915, S. 180 ff. (Brusthöhen-Durchmesser als Wirtschaftsziele).

II. Ökonomische Grundlagen der Umtriebszeit.

Die hier maßgebenden Begriffe und Anschauungen beziehen sich auf den Ertrag. Ziemlich allgemein wird verlangt, daß die Erzielung eines möglichst hohen Reinertrags für die Zeit der Hiebsreife bestimmend sein soll. Der Begriff Reinertrag ist aber ein so vieldeutiger, daß er zum Ausgang sehr verschiedenartiger Richtungen und Folgerungen gemacht werden kann. Allgemein wird jedoch die Ansicht vertreten, daß die Kosten der Wirtschaft nachgewiesen und vom Rohertrag in Abzug gebracht werden müssen, um den Reinertrag zu finden.

1. Der Rohertrag.

Der jährliche oder periodische Rohertrag der Forstwirtschaft findet (wenn man von den Nebennutzungen und anderen Einnahmen absieht) seinen Ausdruck in dem Produkt aus Masse und Wert des Holzes. Legt man, als theoretisches Beispiel, eine regelmäßige Betriebsklasse von u 1 ha großen Jahresschlägen zugrunde, so ist der jährliche Rohertrag je ha $= \dfrac{A + D}{u}$, wobei A die Haubarkeitsnutzung, D die Summe der Vornutzungen, die in den verschiedenen Altersstufen alljährlich stattfinden, umfaßt.

2. Produktionskosten.

Im Gegensatz zu dem begrifflich feststehenden Rohertrag sind die Produktionskosten einer verschiedenen Auffassung fähig. Sowohl nach der Natur des Wirtschaftssubjekts als nach der Beschaffenheit des Wirtschaftsobjekts ergeben sich abweichende Begriffe.

Geht man vom Wirtschaftssubjekt aus, so müssen volkswirtschaftliche und privatökonomische Produktionskosten unterschieden werden. Unter volkswirtschaftlichen Kosten[1] im strengen Sinne werden nur solche verstanden, die dem Volksvermögen Bestandteile entziehen, durch welches dieses daher eine Verminderung erleidet. Hierher gehören die Werte, welche durch den auswärtigen Handel ausgeführt werden; sodann genußlos verbrauchte Stoffe, welche mit ihrer Substanz in das erzeugte Produkt übergehen, wie z. B. Saatgetreide und Rohstoffe; endlich die Abnutzung des stehenden Kapitals. Dagegen trifft die Forderung eines Entzugs vom Volksvermögen nicht zu bezüglich der

---

[1] Roscher: Grundlagen der Nat.-Ök., 9. Aufl., § 106: „In volkswirtschaftlichem Sinne gehören zu den Produktionskosten bloß die für die Produktion erforderlichen Kapitalverwendungen, welche das verwandte Kapital aus dem Volksvermögen zunächst verschwinden lassen ... Den Boden hat das Volk als Ganzes offenbar unentgeltlich. ... Der Arbeitslohn, von welchem die größte Mehrzahl des Volkes lebt, läßt sich unmöglich als bloßes Mittel zum Zweck einer wirtschaftlichen Produktion betrachten."

Ausgaben, welche in der Benutzung des Bodens und des Kapitals und in der Verausgabung von Arbeitslöhnen liegen. Vom privatökonomischen Standpunkte sind dagegen alle in Arbeitslöhnen, Kapitalzinsen und Bodenrenten bestehenden Kosten als Ausgaben in Rechnung zu stellen.

Geht man andererseits vom Objekt der Wirtschaft aus, so erscheinen die Produktionskosten verschieden, je nachdem man sie auf den Wald oder auf seine einzelnen Teile bezieht. Faßt man den Wald als gegebene Größe auf, so erscheinen nur diejenigen Teile als Produktionskosten, welche von außen in den Wald eingeführt werden. Will man dagegen die Wirkung und den Reinertrag der einzelnen Bestandteile des Waldes wissen, so müssen auch die Produktionskosten, die in der Nutzung des Bodens und Vorrats liegen, in Rechnung gestellt werden.

3. Reinertrag.

Der Reinertrag einer jeden Wirtschaft ergibt sich aus dem Verhältnis, in welchem die Erzeugungskosten zum Rohertrage stehen. Dies Verhältnis kann in der Form einer Differenz — durch Abzug der Kosten von den auf gleichem Zeitpunkt reduzierten Erträgen — oder in der Form eines Quotienten — nach dem Verhältnis von Zins und Kapital — ausgedrückt werden. Aus der Verschiedenheit in der Auffassung der Erzeugungskosten gehen auch entsprechende Verschiedenheiten der Reinerträge hervor.

a) **Nach dem Wirtschaftssubjekt.** Wendet man die unter 2 angegebenen Begriffe auf die Forstwirtschaft an, so müssen deren Erzeugnisse fast gänzlich als volkswirtschaftlicher Reinertrag angesehen werden. Den Boden besitzt ein Volk unentgeltlich; eine Bodenrente wird volkswirtschaftlich nicht verausgabt. Die Gehalte und Löhne, die vom Waldeigentümer an Beamte und Arbeiter bezahlt werden, die Zinsen, die der Schuldner an den Gläubiger entrichtet, erscheinen vom Standpunkt eines ganzen Volkes nicht als Kosten; es wird dadurch nur eine Veränderung in der Verteilung des Volksvermögens, nicht aber in seinem Bestande herbeigeführt. Der einzelne Waldbesitzer stellt dagegen alle in Löhnen, Zinsen und Bodenrenten bestehenden Ausgaben als Kosten in Rechnung. Diese begriffliche Verschiedenheit des so gefaßten volks- und privatwirtschaftlichen Reinertrags erleidet keinen Zweifel. Für die Forstwirtschaft kommt es aber darauf an, ob mit der Verschiedenheit der Begriffe verschiedene wirtschaftliche Folgerungen zu ziehen sind. Diese Frage ist hier aber ebensowenig zu bejahen, als es im allgemeinen sozialen und wirtschaftlichen Leben der Fall ist. Gegensätze allgemeiner Natur in bezug auf die Würdigung der Erzeugungskosten lassen sich aus den angeführten begrifflichen Verschiedenheiten des volks- und privatökonomischen Prinzips nicht ableiten. Wenn man sich in der Wirtschaftsleitung auf den volkswirtschaftlichen Standpunkt stellt, wie es in erster Linie die Vertreter der Regierungen tun müssen, so darf das leitende Prinzip, nach dem die Wirtschaft geführt wird, niemals einem einzelnen Wirtschaftszweig entlehnt und auf ihn beschränkt werden. Vielmehr geht alsdann Ziel und Aufgabe der Nationalökonomie dahin, daß ein möglichst hoher Reinertrag der gesamten nationalen Wirtschaft hervorgebracht wird. Kein einzelner Wirtschaftszweig hat Anspruch auf eine Regelung der Verhältnisse, die dahin gerichtet ist, daß für ihn ein Maximum an Reinertrag zustande kommt. Alle Zweige der nationalen Produktion: Industrie, Handel, Handwerke, Land- und Forstwirtschaft müssen sich mit Rücksicht auf den Gesamtertrag, der erstrebt wird, Beschränkungen gefallen lassen. Vom volkswirtschaftlichen Standpunkt hat dieser Auffassung gemäß das allgemeine, im einzelnen oft Mißklänge und Reibungen verursachende, im großen aber wohltätige Gesetz der Konkurrenz Geltung, das verlangt, daß die Faktoren der Gütererzeugung (Arbeit, Kapital und Boden) derjenigen Wirtschaft zugeführt werden, in der sie am meisten zu leisten vermögen. Das endliche Ergebnis der hierauf bezüglichen Erwägungen geht dahin, daß sowohl vom volkswirtschaftlichen als auch vom privatwirtschaftlichen Standpunkt sämtliche in Arbeitslöhnen, Bodenrenten und Kapitalzinsen in Rechnung gestellt oder der gutachtlichen Beurteilung unterzogen werden müssen. Die tatsächlichen Verschiedenheiten im Zustand und in der Bewirtschaftung der Wälder nach den Eigentumsverhältnissen dürfen nicht auf einen Gegensatz des volkwirtschaftlichen und privatwirtschaftlichen Prinzips zurückgeführt werden; sie müssen, sofern sie vorhanden sind, eine andere (forstpolitische) Begründung erhalten.

b) Nach dem Wirtschaftsobjekt. Der Ertrag, den eine Wirtschaft gewährt, entspricht den Produktionsfaktoren, die in ihr wirksam gewesen sind. Der Reinertrag der einzelnen Faktoren ergibt sich, wenn die auf die übrigen Faktoren entfallenden Ertragsanteile vom Gesamtertrag in Abzug gebracht werden.

Wenn dieser Forderung entsprochen wird, ist zu unterscheiden:

1. Der Waldreinertrag. Das Objekt, auf das der Reinertrag bezogen wird, ist hier das aus Boden und Vorrat bestehende Waldkapital. Um den Reinertrag zu ermitteln, sind nur solche Aufwendungen vom Rohertrag abzuziehen, welche von außen in den Wald eingeführt werden. Dies sind die Arbeitslöhne im weitesten Sinne (Ausgaben für Verwaltung, Schutz, Gewinnung der Forstprodukte, Kultur, Wegebau usw.). Da der Wald ein zusammenhängendes Ganzes bildet, so kann in der Praxis ein anderer als der auf den ganzen Wald bezügliche Reinertrag unmittelbar aus der Wirtschaft nicht nachgewiesen werden. So geschieht

es tatsächlich auch allgemein[1]). Als bestimmendes Prinzip der Wirtschaft darf die Waldreinertragslehre aber nicht angesehen werden. Sie entspricht nicht dem Grundsatz, daß die Produktionsfaktoren der verschiedenen Zweige der Volkswirtschaft in einer für diese förderlichen Konkurrenz stehen; sie befindet sich mit den allgemeinen Regeln der Wirtschaftslehre dadurch in Widerspruch, daß auf die Höhe und Verzinsung des wichtigsten forstlichen Betriebskapitals keine Rücksicht genommen wird. Um die Waldreinertragslehre volkswirtschaftlich zu begründen, griff Borggreve[2]) auf das physiokratische System zurück. Aber nach der Entwicklung, die Handel und Industrie im 19. Jahrhundert bei den meisten großen Kulturvölkern genommen haben, kann die physiokratische Theorie („la terre est l'unique source des richesses") die Bedeutung, die sie zeitweis gehabt hat, nicht wieder erlangen.

2. Der Bodenreinertrag. Der Boden ist der festeste, am wenigsten veränderliche Bestandteil des Waldkapitals. Für die Bemessung seiner Rente gilt der allgemeine volkswirtschaftliche Grundsatz, daß für die festesten Kapitalteile, die in einem Betrieb tätig sind, die Höhe der Rente dadurch bemessen wird, daß die Renten der beweglicheren Bestandteile des Betriebskapitals zu einem entsprechenden Zinsfuß in Rechnung gestellt und vom Gesamtertrag abgezogen werden[3]). Dieser Grundsatz führt zu der Forderung, daß der Vorrat mit der Forderung der Verzinsung belastet wird. Hierin liegt das für die Wirtschaft des größten Bodenreinertrags und die ihr entsprechende Umtriebszeit einflußreichste Merkmal. Die Bestimmung des auf den Boden fallenden Reinertrags kann entweder so geschehen, daß man von einem Boden ausgeht, der noch nicht mit Holz bestanden ist, und die Erträge, die von ihm zu erwarten sind, auf die Gegenwart diskontiert, oder so, daß man einen normalen Wald mit jährlicher Altersabstufung zugrunde legt und hier die Zinsen des Vorrats vom Reinertrag des Waldes in Abzug bringt. Jenes Verfahren entspricht dem aussetzenden — dieses dem jährlichen Betrieb.

---

[1]) Vgl. für Preußen von Hagen-Donner: Forstl. Verhältnisse, statist. Tabelle 51; für Sachsen die Reinertragsübersichten im Thar. forstl. Jahrbuch; für Württemberg forststatistische Mitteilungen, Tabelle VIII; für Baden statistische Nachweisungen, II 10.

[2]) Forstreinertragslehre, S. 228.

[3]) Diese Methode hat der Verfasser in allen Teilen der Folgerungen der Bodenreinertragstheorie angewandt. Als ihr erster und originellster Vertreter muß J. H. von Thünen (Der isolierte Staat in Beziehung auf Landwirtschaft und National-Ökonomie, 3. Teil: Grundsätze zur Bestimmung der Bodenrente pp.) bezeichnet werden. Auch von Helferich (Sendschreiben an Judeich, forstl. Blätter 1872) wird ihre Berechtigung mit den Worten hervorgehoben: „Sind in einem Geschäft verschiedene, teils umlaufende, teils fixe Kapitalien in Anwendung, so erhält das jeweils fixeste beim Steigen des Ertrags über den Durchschnittssatz den ganzen Mehrgewinn, wie es andernfalls den ganzen Verlust zu tragen hat, der sich beim Sinken des Ertrags ergibt."

Die Wirtschaft soll, unabhängig von den Eigentumsverhältnissen, auf die Erzielung einer möglichst hohen Bodenreinertrags gerichtet werden. Die Richtigkeit eines dahingehenden Wirtschaftsprinzips wird durch die besonderen Eigenschaften des Bodens, namentlich durch seine beschränkte Ausdehnung begründet und kann durch Einwendungen, die sich gegen die Methode seiner Behandlung richten und die (meist subjektiv beeinflußten) Meinungen über seine Folgerungen nicht erschüttert werden.

3. Der Unternehmergewinn. Stellt man auch den Boden, der in der Waldwertrechnung in der Regel als feste Größe eingesetzt wird, während er in der forstlichen Statik als variable aufzufassen ist, als einen Teil der Erzeugungskosten der Forstwirtschaft in Rechnung, so erscheint als der Überschuß des Ertrags über alle zu seiner Hervorvorbringung aufgewendeten Kosten der wirkliche Reinertrag der Forstwirtschaft, der auch als Unternehmergewinn oder Wirtschaftserfolg bezeichnet wird. Eine solche Auffassung ist durchaus korrekt. Trotzdem ist die Aufrechterhaltung dieses in die Forstwirtschaft eingeführten Begriffs nicht erforderlich. Denn da alle Wirkungen, die durch die Natur oder durch wirtschaftliche Maßnahmen herbeigeführt werden, im Bodenwert ihren Ausdruck finden, so genügt es, wenn die Regeln über die Wirtschaftsführung und die Bestimmungen über die Hiebsreife oder Umtriebszeit zu diesem in Beziehung gesetzt werden. Der Boden soll in chemisch-physikalischer Hinsicht auf ein Optimum, in ökonomischer Beziehung, nach seinem Wert und Reinertrag, auf ein Maximum gebracht werden. Die Folgen aller Elemente des Ertrags, die sonst als Unternehmergewinn bezeichnet zu werden pflegen, kommen beim nachhaltigen forstlichen Betriebe in der Höhe der Bodenreinerträge, die erzielt werden, zum Ausdruck. Daher kann der Unternehmergewinn auch auf die Form $B_u — B$ (Unterschied zwischen dem Bodenerwartungs- und Bodenkostenwert) gebracht werden[1]).

III. Die Methode der Berechnung.

Bei der Berechnung der Hiebsreife, die, soweit es die Verhältnisse ermöglichen, mit positivem Zahlenmaterial nachgewiesen werden soll, kann man vom einzelnen Bestand ausgehen, oder man kann den aussetzenden oder den jährlichen Betrieb zugrunde legen. Bei der Art der Rechnung kann man entweder so verfahren, daß von den Erträgen die auf den gleichen Zeitpunkt reduzierten Produktionskosten abgezogen werden, oder daß das Verhältnis festgestellt wird, in welchem der jährliche Ertrag zum Produktionsfonds steht.

---

[1]) Heyer, G.: Handbuch der forstl. Statik, S. 20.

1. Die Hiebsreife des Einzelbestandes.

a) Nach dem Weiserprozent. Zur Bestimmung der Hiebsreife ermittelte König[1]) das reine Wertzuwachsprozent vom Holzbestand, Preßler[2]) stellte das Weiserprozent auf, das in der Folgezeit theoretisch als Maßstab der Hiebsreife vielseitig Anerkennung gefunden hat, praktisch dagegen nur selten zur Anwendung gebracht ist.

Das Weiserprozent drückt das Verhältnis aus, in welchem die Wertzunahme eines Bestandes zu dem ihr zugrunde liegenden Produktionsfonds steht. Dieser besteht aus dem Wert des Bestandes zur Zeit der Rechnung plus dem Grundkapital, das durch den Boden, das Verwaltungskapital und Kulturkostenkapital gebildet wird. Sofern es sich aber um einen einzelnen Bestand handelt, dessen Wert als Kostenwert aufgefaßt wird, sind die Kulturkosten in diesem bereits enthalten und dürfen nicht nochmals in Rechnung gestellt werden. Bezeichnen A_m, A_{m+1} den Wert eines Bestandes in den Jahren m, $m + 1$, B den Bodenwert, V das Verwaltungskapital, als dessen Zinsen die jährlichen Ausgaben für Verwaltung usw. angesehen werden, so ist

$$w = \frac{A_{m+1} - A_m}{A_m + B + V} \cdot 100 \quad {}^3)$$

oder wenn man die Verwaltungskosten ihrem jährlichen Betrage nach von der Wertvermehrung des Bestandes abzieht,

$$w = \frac{(A_{m1+} - A_m) - v}{A_m + B} \cdot 100.$$

b) Nach Massen- und Wertzuwachsprozenten. Da der Boden, dessen Wert eine Folge aller wirtschaftlichen Einflüsse ist, in den meisten Fällen der Forsteinrichtung (abgesehen von Kauf, Verkauf und Tausch) nicht Gegenstand einer exakten Berechnung ist, und ein scharfes Resultat im Wege der Rechnung wegen der Menge variabler Faktoren, die auf die Umtriebszeit Einfluß ausüben, nicht erlangt wird, so genügt es in den meisten Fällen der bleibenden forstlichen Praxis, wenn die Wert-

---

[1]) Forstmathematik, 4. Ausg., § 417—419: Ermittelung des rohen, bodenrentefreien und ganz reinen Wertzunahmeprozents vom Holzbsetand.

[2]) Allgem. Forst- u. Jagdztg. 1860.

[3]) In dieser Form aufgestellt von Heyer, G.: Handbuch der forstl. Statik 1871, S. 35; Preßler: drückte das Weiserprozent in der Form $w = (a + b + c)\dfrac{H}{H + G}$ aus. Hierin bedeuten a, b, c die Prozente des Massen-, Werts- und Teuerungszuwachses, H das Bestandeskapital, G, das oben (2. Teil, 6. Abschnitt) erklärte sogenannte Grundkapital. Außer Preßler und G. Heyer haben auch Judeich, Kraft u. a. Formeln für das Weiserprozent aufgestellt, die das ökonomische Prinzip der Forstwirtschaft zum Ausdruck bringen sollen. Vgl. Endres: Lehrbuch der Waldwertrechnung und Forststatik, 2. Teil, 3. Abschnitt, sowie des Verfassers forstl. Statik; S. 413 ff.

zunahme lediglich zum Bestandeswerte in Beziehung gesetzt wird. An Stelle des Weiserprozentes tritt dann das Massen- und Wertzunahmeprozent ($= a + b$). Eine solche Beschränkung ist um so mehr berechtigt, als das Weiserprozent nur für die höheren Altersstufen berechnet wird, in denen der Wert des Bodens und die Verwaltungskosten gegenüber dem Bestandeswert sehr zurücktreten. Den sogenannten Teuerungszuwachs, welcher von Preßler als Element des Weiserprozents eingeführt wurde, wird dadurch Rechnung getragen, daß man mit Rücksicht auf die mutmaßliche Steigerung der Holzpreise in der Forstwirtschaft eine niedrigere Verzinsung beansprucht, als sie sonst zulässig erscheinen würde. Eine solche allgemein gehaltene Fassung entspricht dem Sachverhalt besser als die Einführung eines bestimmten Prozents (c), für das aus der Praxis genügende Grundlagen oft nicht gegeben werden können.

2. Berechnung der Hiebsreife beim aussetzenden Betrieb.

a) Der Unternehmergewinn. Der sogenannte Unternehmergewinn (Wirtschaftserfolg, Endres) wird derart ermittelt, daß die Produktionskosten von den Erträgen abgezogen werden. Beide müssen zu diesem Zweck auf den gleichen Zeitpunkt reduziert werden.

Die Erträge ergeben sich durch Diskontierung des Haubarkeitsertrags A_u und der in den entsprechenden Altersstufen eingehenden Durchforstungserträge D_a, D_b .... auf das Jahr 0. Die Produktionskosten bestehen aus dem Boden (B), dem Verwaltungskapital (V) und dem Kulturkostenkapital (C_u).

Der Wert der Erträge ist

$$= \frac{A_u + D_a\,1{,}0\,p^{u-a} + \cdots}{1{,}0\,p^u - 1}.$$

Der Wert der Produktionskosten $= B + V + C_u$. Der Überschuß der Erträge über die Produktionskosten

$$= \frac{A_u + D_a\,1{,}0\,p^{u-a} + \cdots}{1{,}0\,p^u - 1} - (B + V + C_u).$$

Da der letzte Ausdruck auf die Form $B_e - B =$ Bodenerwartungswert minus Bodenkostenwert gebracht werden kann, so führt uns die Formel zu dem allgemeinen Grundsatz, daß durch die Wirtschaft ein möglichst hoher Bodenertragswert erzielt werden soll.

b) Die Verzinsung des Produktionsfonds. Die hierfür herzuleitende Formel stimmt mit derjenigen für den einzelnen Bestand überein.

3. Die Hiebsreife beim jährlichen Betrieb.

Beim jährlichen Betrieb erfolgen Erträge und Produktionskosten zu gleicher Zeit; ein Diskontieren und Prolongieren ist daher nicht erforderlich. Wird eine normale Betriebsklasse von u Schlägen mit regelmäßiger Abstufung unterstellt, so gestaltet sich die Rechnung wie folgt:

Die Erträge bestehen aus dem im Jahre u erfolgenden Haubarkeitsertrage A_u und aus den alljährlich in den Altersstufen a, b erfolgenden Durchforstungserträgen D_a, D_b, deren Summe mit D bezeichnet werden kann. Die Produktionskosten setzen sich zusammen aus den jährlichen Kulturkosten $= c$, den Kosten für Verwaltung, Schutz, Steuern usw. $= v$, dem Zins des Vorrats $= N \cdot 0{,}0\,p$.

Auch beim jährlichen Betrieb kann zum Nachweis der Umtriebszeit entweder so verfahren werden, daß die jährlichen Produktionskosten vom Rohertrag abgezogen werden; oder es wird das Verhältnis nachgewiesen, in welchem der jährliche Reinertrag zum Produktionsfonds oder dem Waldkapital steht. Wird das erstgenannte Verfahren angewandt, so ist

der Überschuß des Ertrags über alle Produktionskosten (Unternehmergewinn)

$$= A + D - (B + N) \cdot 0{,}0\ p - (c + v)^1);$$

der auf den Boden entfallende Reinertrag

$$= A + D - N \cdot 0{,}0\,p - (c + v);$$

der auf die Leistung der Bestände (des Vorrats) entfallende Ertragsanteil

$$= A + D - B \cdot 0{,}0\,p - (c + v).$$

Das Verhältnis des Reinertrags zum Produktionsfonds, bezogen auf die Einheit 100, ist

$$= \frac{A + D - (c + v)}{B + N} \cdot 100.$$

Die Folgerung, die aus dieser Formel für die Umtriebszeit abzuleiten ist, geht dahin, diese so festzusetzen, daß eine angemessene Verzinsung des aus Boden und Vorrat bestehenden Waldkapitals erfolgt.

Da die Wirtschaft aller größeren Forstverwaltungen im jährlichen Betriebe geführt wird, Untersuchungen über den Massen- und Wertzuwachs aber an einzelnen Beständen vorgenommen werden, so ist es von theoretischer und praktischer Bedeutung, zu beurteilen, in welchem Verhältnis die Verzinsung des ganzen Waldkapitals (des $B + N$ der obigen Formel) zu den Weiserprozenten oder den Massen- und Wertzuwachsprozenten der Bestände steht, welche jenes Kapital zusammen-

---

¹) Die obigen Buchstaben beziehen sich auf die Fläche einer regelmäßigen Betriebsklasse (u ha). Unter c sind nicht nur die Kosten der Neubegründung zu verstehen, sondern alle Kosten, welche dem Kulturfonds zur Last fallen. Sie sind daher ebenso anzusetzen wie die Verwaltungs- pp. Kosten (v).

setzen. Für das den Regeln der allgemeinen Wirtschaftslehre entsprechende Verfahren, daß der Wert des Vorrats wie aller Wirtschaftsgüter nach den Kosten der Erzeugung berechnet wird, besteht eine völlige Übereinstimmung zwischen den auf das Ganze und den auf die einzelnen Bestände gerichteten Rentabilitätsnachweisen[1]). Ebenso ist es bei Anwendung von Bestandeserwartungswerten, die bekanntlich bei Unterstellung von Bodenerwartungswerten mit den Kostenwerten übereinstimmen. Bei einer solchen Methode der Wertbestimmung wird das ganze Waldkapital auf einem bestimmten Zinsfuß aufgebaut; alle Teile des Waldes arbeiten mit dem diesem Aufbau entsprechenden Prozent. Da aber Kostenwerte selbst unter den regelmäßigsten Verhältnissen für ältere Bestände nicht angewandt werden können, für Erwartungswerte aber die notwendige Kenntnis der Zukunftswerte des Holzes nicht vorliegt, so kann in der Praxis in absehbarer Zeit für den Hauptteil des Vorrats, der in den älteren Beständen liegt, nur der Verbrauchswert in Frage kommen[2]). Bei Zugrundelegung von Verbrauchswerten arbeiten aber die jüngeren und mittleren Glieder des Vorrats zu einem höheren Massen- und Wertzuwachsprozent als dem für das Waldkapital geforderten Wirtschaftszinsfuß[3]). Es steht daher zur Forderung einer angemessenen Verzinsung des Ganzen nicht im Gegensatz, wenn bei der Feststellung der Umtriebszeiten auf Grund der Untersuchung einzelner

---

[1]) G. Heyer, welcher den oben angegebenen Standpunkt der ausschließlichen Anwendung von Kostenwerten vertritt, stellt daher (Handbuch der forstl. Statik, S. 22) den Satz auf: „Der Beweis für die Richtigkeit dieser Behauptung (daß die vom aussetzenden Betrieb abgeleiteten Folgerungen auch für den jährlichen Betrieb Geltung haben), folgt aus dem Axiom, daß das Ganze gleich der Summe seiner Teile ist."

[2]) Vgl. den 3. Abschn. des 2. Teils, III. Tatsächlich ist diese Methode auch von den meisten Autoren vertreten worden, soweit sie nicht nur Formeln und Theorien aufgestellt und begründet haben. So insbesondere Hundeshagen (vgl. G. Heyer: Statik, S. 23). König: Forstmathematik, ermittelte den Wertvorrat eines Waldes derart, daß die Massen jeder Altersstufe mit den entsprechenden Wertzahlen der Einheit multipliziert wurden. v. Thünen: Der isolierte Staat, berechnet den Wert von Kiefernbeständen nach den wirklichen Ergebnissen der Wirtschaft. Helferich: Zeitschr. für die gesamte Staatswissenschaft, 1867, S. 23, ging bei der Kritik des Preßlerschen Waldwirts von der Ansicht aus, daß ein anderes Verfahren der Vorratsermittelung als dasjenige nach Verbrauchswerten nicht in Frage komme, obwohl ihm die allgemeine Theorie der Kostenwerte nicht unbekannt sein konnte. Auch die Bestimmungen der Praxis haben, abgesehen von jungen Beständen, die Anwendung von Verbrauchswerten angeordnet. In Sachsen geschieht es z. Z. beim Nachweis des Waldkapitals der über 40jährigen Bestände; vgl. das sächsische Verfahren im 5. Teil. In Preußen sind ähnliche Bestimmungen erlassen. Vgl. die Anleitung zur Waldwertberechnung 1866, § 14—16 und die allgemeine Verfügung, betr. Waldwertsermittelungen vom 15. Mai 1905.

[3]) Bereits König: Forstmathematik, 1854, § 424 und 433, hat diese Verschiedenheiten zahlenmäßig dargestellt, und zwar in den Tafeln über den Wertzuwachs normaler Holzbestände und den Wertertrag normaler Wirtschaftswälder. Hier

Bestände die den Umtrieb begrenzenden Weiserprozente der ältesten
Glieder niedriger bemessen werden, als dem für das Waldkapital im
ganzen geforderten Zinsfuß entspricht. In der Auffassung des Waldes
als eines zusammenhängenden Ganzen liegt hiernach ein konservatives
Moment für die Richtung der leitenden Behörden[1]).

IV. Schätzung der Umtriebszeit nach dem Zuwachsgang

Einer vollständig durchgeführten Berechnung der Umtriebszeit
stellen sich oft Hindernisse entgegen. In vielen Fällen der Praxis muß
man sich mit gutachtlicher Schätzung begnügen. Für eine solche bildet
der Nachweis des Zuwachsganges und die Statistik der Preise der wichtigsten Sortimente die beste Grundlage. In jedem Revier oder Wirtschaftsgebiet können auf Grund der seitherigen Preisstatistik bestimmte
Holzsortimente bezeichnet werden, deren Erzeugung für die Betriebsregelung als Wirtschaftsziel gelten kann. Es ist das Holz des Schaftes,
das entweder in ganzen Längen liegen bleibt, oder in Abschnitte zerlegt
wird. In einem gegebenen Wirtschaftsgebiet, wo die substantielle Beschaffenheit des Holzes durch das Klima bestimmt ist, sind es die Dimensionen des Holzes, Länge und Stärke, von welchen die technische
Brauchbarkeit und damit auch Hiebsreife und Umtriebszeit abhängen.

Das Alter, welches zur Erzeugung eines bestimmten Schaftholzsorti-
ments erforderlich ist, setzt sich, vorstehender Erörterung gemäß, zusammen: Erstens aus der Zeit, die erforderlich ist, um die Höhe, in der
die Durchmesser der Stammklassen gemessen werden, zu erreichen;
zweitens aus der Zeit, die erforderlich ist, um an dieser Stelle eine bestimmte Stärke hervorzubringen. Die Höhe regelmäßiger Bestände ist
bei richtiger Behandlung eine Folge von Alter und Bonität; sie kann
Ertragstafeln entnommen werden. Die Beurteilung der zur Bildung
einer gewissen Stärke erforderlichen Zeit erfolgt nach dem Stärkezuwachs. Bestimmend ist die durchschnittliche Jahrringbreite

---

wird für den einzelnen Buchenbestand (mit 0,8 Ertragsgüte) das Wertzunahmeprozent am Gesamtbetrag angegeben:

Altersstufe:	60—70	70—80	80—90	90—100 Jahre
zu	5,50	4,4	3,7	3,1 %/0
Altersstufe:	100—110	110—120	120—130	130—140 Jahre
zu	2,5	1,2	0,9	0,7 %/0

Das Nutzungsprozent vom Wertzuwachs eines normalen Wirtschaftswaldes
ist dagegen

Alter:	60	80	100	120	140 Jahre
	6,15	4,6	3,6	2,8	2,2 %/0

[1]) Vgl. des Verfassers forstliche Statik, 9. Abschn., die Würdigung des Ganzen
und des Einzelnen, sowie die Hilfstabellen für Forsttaxatoren, herausgeg. von der
Forstabteilung des badischen Finanzministeriums 1924; Verzinsungsprozente
der normalen Betriebsklasse und Weiserprozente.

der betreffenden Stammscheibe. Diese zeigt in regelmäßigen Hochwaldbeständen ein weit gleichmäßigeres Verhalten, als man nach den Ungleichheiten der verschiedenen Altersstufen vermutet.

Bezeichnet man mit

a die Zeit, in der die Höhe, wo die Stärke gemessen wird, erreicht ist,

d den Durchmesser an dieser Stelle,

n die Zahl der Jahrringe, die im Durchschnitt der Jahre, in denen dieser Durchmesser gebildet ist, auf einen cm entfallen, so ist die Umtriebszeit

$$u = a + \left(d : \frac{2}{n}\right) = a + \frac{nd}{2}.$$

Die vorstehende Formel läßt sich auf Laub- und Nadelhölzer anwenden.

Beim Laubholz ist meist das untere astreine Stammstück für die wirtschaftliche Behandlung ausschlaggebend, das selten zu erheblich mehr als etwa ein Drittel — also bei 30 Meter hohem Bestand zu 10 m, bei 24 m hohem Bestand zu 8 m — angenommen werden kann. Die zur Erzeugung nachstehender Sortimente erforderlichen Umtriebszeiten können folgendermaßen eingeschätzt werden:

Holzart	Standort	Wirtschaftsziel astreine Stämme		a	d	n	$a + \dfrac{nd}{2}$
		Länge m	Durchmesser cm				
Eiche. . .	gut	10	60	20	60	5	170
„ . . .	mittel	8	50	20	50	6	170
Buche . .	gut	10	50	20	50	5	145
„ . . .	mittel	8	40	20	40	6	140

Hiernach sind, um astreine Eichenstämme von 50 und 60 cm Mittendurchmesser auf guten und mittleren Bonitäten zu erzeugen, 170 Jahre erforderlich; für Buchen von 40 und 50 cm auf gleichem Standort 140 bzw. 145 Jahre. Da in den meisten Laubholzgebieten die Mischung von Eiche und Buche die wichtigste Bestandesart bildet, so muß man die verschiedenen Hiebsreifealter vereinigen. Dem Umstand, daß die Umtriebszeit der Eiche unter den angegebenen Bedingungen um etwa 30 Jahre höher ist als diejenige der Buche, entspricht es am besten, daß die betreffenden Flächen zunächst mit der Eiche angebaut werden und daß diese später im Alter von 30—40 Jahren mit Buche unterbaut wird. Sofern beide Holzarten aber gleichzeitig verjüngt werden, muß die Eiche als die in ökonomischer Hinsicht wichtigere Holzart für die Zeit der Hiebsreife bestimmend sein.

Beim Nadelholz tritt der Einfluß der Länge auf die Verwendbarkeit der Stämme viel stärker hervor. Es ist nicht die Stärke im unteren

Stammteil sondern in einer bestimmten oberen Höhe, welche die Tauglichkeit zu den wichtigsten Verwendungarten, insbesondere zu Bauholz bestimmt. Diesem Umstand trägt die in Süddeutschland übliche Sortierung Rechnung, bei der die Klassen

	I	II	III	IV	V	VI
in der Höhe von	18	18	16	· 14	10	— m;
die Mindestdurchmesser	30	22	17	14	12	7 cm

haben sollen. Hiernach ergeben sich die Hiebsreifealter folgendermaßen:

Holzart	Standort	Wirtschafts-ziel Stämme	a	d	n	$a + \dfrac{n\,d}{2}$
Fichte . . .	gut	18^{22}	50	22	4	94
„ . . .	mittel	16^{17}	55	17	5	97
Kiefer . . .	mittel	18^{22}	70	22	6	136

Zu ähnlichen Resultaten, wenn auch von geringerer Schärfe, gelangt man auch bei Zugrundelegung der Stammklassen nach der Stärke in der Mitte der Stämme.

Gegen die vorstehende Methode der Umtriebsbestimmung kann geltend gemacht werden, daß ihr kein klares wirtschaftliches Prinzip zugrunde liegt. Bestimmend für das Wirtschaftsziel ist das subjektive Urteil des Waldbesitzers oder Wirtschaftsführers. Es darf aber angenommen werden, daß mit dem Fortschritt der Betriebsregelung und Erfahrung das Urteil der maßgebenden Personen an Einsicht in die ökonomischen Grundlagen und Folgerungen der Forstwirtschaft zunimmt.

V. Allgemeine Folgerungen der Wirtschaftsprinzipien für die Umtriebszeit.

Da der Durchschnittszuwachs geschlossen erzogener Hochwaldbestände in standortsgemäßen Lagen innerhalb der wirtschaftlich in Frage kommenden Altersstufen fast gleichbleibt (wie bei Buche, Tanne) oder nur wenig abnimmt (wie bei den Lichtholzarten), während der Wert des Durchschnittsfestmeters mit wachsendem Alter stetig zunimmt, so führt das Prinzip des größten Waldreinertrags oder Wertdurchschnittszuwachses zu sehr hohem, die üblichen Nutzungsalter übersteigenden Umtriebsalter. Der den Waldreinertrag darstellende Quotient

$$\frac{A + D - (c + v)}{u}$$ steigt so lange, als die Mehrung des Zählers $A + D$ im

stärkeren Verhältnis erfolgt als die Zunahme des Nenners u. Wird nur A berücksichtigt, so ist dies der Fall, wenn das Massen- und Wertzuwachsprozent für 100jährige Bestände größer ist als 1, für 150jährige Bestände größer als 0,7. Unter Einbeziehung der vorausgegangenen

Vorerträge sind diese Zahlen entsprechend dem Verhältnis des Werts derselben zum Haubarkeitsertrag zu erhöhen. Aber auch dann bleibt die dem Prinzip des größten Waldreinertrags entsprechende Richtung in bezug auf die Umtriebszeit sehr konservativ[1]).

Die Bodenreinertragslehre tritt dagegen durch die ihr eigentümliche Auffassung des Vorrats als Kapital einer zu starken Anhäufung desselben entgegen. Sie verlangt, daß sich das Waldkapital durch den an seinen Beständen erfolgenden Massen- und Wertszuwachs angemessen verzinst. Um dieser Forderung zu genügen, verlangt die Bodenreinertragslehre erstens kräftigere Durchforstungen, namentlich in der zweiten Hälfte der Umtriebszeit; sodann eine frühere Abnutzung der Bestände, als es der Kulmination des Waldreinertrags entsprechend ist[2]).

So entschieden nun auch die ausgesprochenen Gegensätze erkannt und beachtet werden müssen, so ist doch auch im Auge zu behalten, daß bei stetiger Führung einer pfleglichen Forstwirtschaft Wirkungen eintreten, die dahin gerichtet sind, jene Gegensätze zu mildern. In dieser Beziehung ist folgendes zu bemerken:

1. Die Berechnungen der Umtriebszeit des größten Waldreinertrags sind seither meist auf Grund normaler Ertragstafeln vorgenommen worden, in denen die Verhältnisse regelmäßiger Bestände zum Ausdruck kommen. Die praktische Wirtschaft hat es aber meist mit Beständen zu tun, die durch Sturm, Anhang, Pilze, Insekten oder sonstige Schäden gelitten haben. In bezug auf die Umtriebszeit haben Schäden jeder Art die Folge, daß diese herabgedrückt wird, da durch ihren Einfluß der wichtigste Bestimmungsgrund für hohe Umtriebszeiten, nämlich der Wertszuwachs, vermindert oder ganz aufgehoben wird[3]).

[1]) Nach den neuesten Tafeln von Schwappach beträgt auf der mittleren Standortsklasse die durchschnittliche Werterzeugung

für $u =$	80	100	120	140
bei der Buche	33,4	42,9	49,6	54,1
bei der Fichte	111,8	130,1	135,6	—
bei der Kiefer	48,5	53,1	53,6	54,9

[2]) Zahlenmäßige Nachweise über den Einfluß der Durchforstungsgrade auf die finanziellen Ergebnisse der Wirtschaft sind kürzlich von der badischen Staatsforstverwaltung gegeben worden. Sie betreffen die Bodenertragswerte, die Verzinsung der normalen Betriebsklassen und die Weiserprozente der Hauptholzarten — Hilfstabellen für Forsttaxatoren 1924.

[3]) Als Beispiel hierfür sei hingewiesen auf die Verwertung der Kiefer in der Oberförsterei Eberswalde während meiner Verwaltung in den Jahren 1901 bis 1903. Der Durchschnittspreis für 1 fm Derbholz betrug in Beständen annähernd gleicher Bonität

im Alter von:	100	110	130	140	160 Jahren
	15,0	17,19	20,5	22,3	21,8 Mk.

Hier liegt die Ursache für die Abnahme des Werts des Durchschnittsfestmeters Derbholz in der Zunahme des Kiefernbaumschwammes, die das Nutzholzprozent, das für 120jährige Bestände noch 83 betrug im 100jährigen Bestande auf 76 ermäßigte. (Zeitschr. f. Forst- u. Jagdw. 1903, S. 685ff., Kiefernbaumschwamm.)

2. Mehr noch kommt der Umstand in Betracht, daß die Folgen der Bodenreinertragslehre weit konservativer sind, als es bei Zugrundelegung von Beständen, die zu spät und zu schwach durchforstet und im Kahlschlagbetrieb behandelt sind, der Fall zu sein scheint. Alle guten wirtschaftlichen Maßnahmen haben eine Erhöhung der Umtriebszeit zur Folge: Je mehr auf die Erhaltung des Bodens in gutem Zustand eingewirkt wird, um so anhaltender ist der Massenzuwachs der auf ihm stockenden Bestände; je entschiedener bei den Durchforstungen auf die Wuchsförderung der wertvollsten Stämme eingewirkt wird, um so anhaltender ist der Wertszuwachs des ganzes Bestandes; je bestimmter das Prinzip der Stetigkeit durch die gleichmäßige Zunahme der Kronen zur Gestaltung gebracht wird, um so später und langsamer tritt die Abnahme des Weiserprozents ein. Zu den Ursachen, die in der gleichen Richtung wirksam sind, gehört ferner, wie oben hervorgehoben wurde, die Auffassung des Waldes als eines zusammenhängenden Ganzen, sowie der weitere Umstand, daß der in der Forstwirtschaft anzuwendende Zinsfuß wegen der Wertzunahme des Holzes niedriger sein soll als der landesübliche und daß für Laubholz und hohe Umtriebszeiten die Ursachen für das Zurückstehen des Zinsfußes im stärkeren Grade vorliegen als für Nadelholz und niedrige Umtriebszeiten[1]). Endlich können auch politische Verhältnisse, wie insbesondere die Erschwerung des Handels mit Holzausfuhrländern Veranlassung geben, den forstlichen Betrieb konservativer zu gestalten, als es sonst geschehen würde.

3. Wenn auch zahlenmäßige Untersuchungen über die Hiebsreife für bestimmte Holzarten und Wirtschaftsgebiete notwendig sind, so können doch bestimmte Nachweise von allgemeiner Gültigkeit wegen der Menge von Einflüssen forsttechnischer und ökonomischer Natur für dieselbe nicht gegeben werden. Die Wirkungen, welche die Begründung und Durchforstung auf den Boden und den Wertzuwachs ausüben, lassen sich, ebenso wie bodenkundliche und handelspolitische Erwägungen, oft nicht in bestimmten Zahlen zum Ausdruck bringen. Die Urteile über die Umtriebszeit können deshalb häufig nur in der Fassung eines Gutachtens zum Ausdruck gebracht werden. Es ist ferner im Auge zu behalten, daß die Umtriebszeit infolge der forsttechnischen Fortschritte der neuesten Zeit nicht in einer bestimmten Zahl, wie bei einer Rechnung mit bestimmten Größen, darzustellen ist, sondern daß bestimmte Zeitspannen (von 80 bis 100 — 100 bis 120 Jahren usw.) angegeben werden, innerhalb welcher die Umtriebszeit liegen soll. Dies

---

[1]) Die in meinen „Folgerungen der Bodenreinertragstheorie" (1. Bd. 1894) und später in meiner forstl. Statik 1918, S. 135ff. gegebene Begründung für die Höhe des forstlichen Zinsfußes habe ich trotz vielfach kundgegebener gegenteiliger Anschauungen (auf die in dieser Schrift nicht eingegangen werden kann) im wesentlichen beibehalten.

ergibt sich beim Kahlschlagbetrieb durch die allmähliche Aneinanderreihung schmaler Schläge, bei Naturverjüngungen durch die allmähliche
Erweiterung des Wachsraumes der stehenbleibenden Stämme im Wege
der die Verjüngung vorbereitenden Durchforstung und Lichtung.

4. Das für die Praxis wichtigste Ergebnis der auf die Abwägung der
Umtriebszeiten gerichteten Untersuchungen geht dahin, daß extreme
Richtungen vermieden werden. Ein großer Nachteil hoher Umtriebszeiten liegt darin, daß sich unter ihrem Einfluß, wenn nicht rechtzeitig entsprechende Gegenmaßnahmen getroffen sind, namentlich bei
Lichtholzarten die Bodenzustände verschlechtern und die Bedingungen
für die Erzeugung guten Jungwuchses ungünstiger werden. Auch manche
Naturschäden (durch Pilze, Insekten, Stürme usw.) treten mit zunehmendem Alter der Bestände in verstärktem Maße auf. Die entgegengesetzte Richtung einer zu hohen und schnellen Abnutzung der
Bestände hat dagegen die in mancher Hinsicht noch bedenklichere Folge,
daß zu große Flächen von gleichaltrigen Jungwüchsen entstehen, die
zu weiteren Schäden (durch Frost, Insekten, Wildverbiß u. a.) Veranlassung geben. Beide Richtungen müssen bei der Festsetzung der Umtriebszeiten in Erwägung gezogen werden. Das wirtschaftlich Er-
strebenswerte liegt auf einer mittleren Linie. Bei Einhaltung derselben
wird auch der natürlichen Verjüngung am besten Rechnung getragen,
die weder in zu jungen noch in sehr alten Beständen erfolgreich durchgeführt werden kann.

VI. Abweichungen von der normalen Umtriebszeit.

1. Abweichungen der Nutzungszeit einzelner Bestände.

Die meisten Abweichungen werden durch schlechte Beschaffenheit
der Bestände verursacht. In gesunden Beständen werden sie insbesondere
herbeigeführt:

a) Durch die Rücksicht auf die Hiebsfolge. Besteht z. B. in dem nachstehend dargestellten Beispiel Hiebszug *A* von 600 m Länge aus 80jäh-
rigem Holz, und soll die Abnutzung in sechs Schlägen von je 100 m Breite

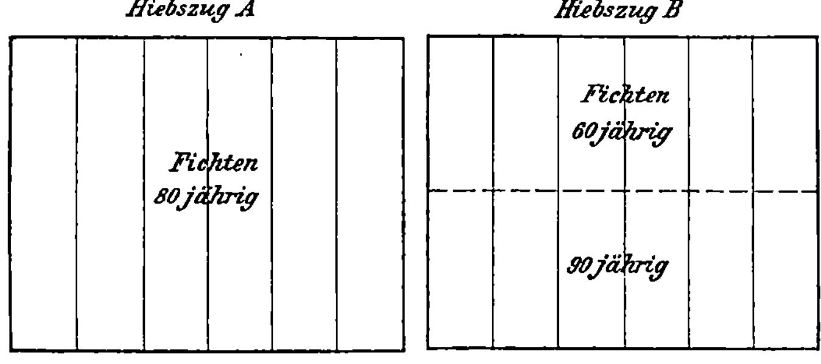

Abb. 5.

mit 5 jährigen Intervallen erfolgen, so beträgt die Altersdifferenz zwischen dem ersten und dem letzten Schlage 25 Jahre. Wird der erste Schlag alsbald mit 80 Jahren abgetrieben, so erreicht der letzte ein Alter von 105 Jahren. Besteht Hiebszug *B* zum Teil aus 60 jährigem, zum Teil aus 90 jährigem Holz, so ist es mit Rücksicht auf die Hiebsführung wünschenswert daß beide Bestände trotz des 30 jährigen Altersunterschiedes gleichzeitig abgetrieben werden. Wird der nördliche Teil des ersten Schlags mit 60 Jahren angehauen, so erreicht der letzte Schlag des südlichen Bestandes das Alter von 115 Jahren. Es liegt also, lediglich mit Rücksicht auf die Hiebsfolge, ein Unterschied von 55 Jahren vor.

b) Durch das Altersklassenverhältnis. Veränderungen der bestehenden Waldzustände dürfen nur allmählich bewirkt werden. Sind z. B. in einem Revier, dessen normale Umtriebszeit auf Grund positiver, der Wirtschaft entnommener Zahlen zu 100 Jahren berechnet ist, 40 Prozent mit Holz von 120 Jahren bestanden, so wird, selbst wenn im nächsten Wirtschaftszeitraum die Nutzungsfläche auf das Doppelte der normalen festgesetzt wird, das Alter der zum Einschlag kommenden Bestände 120 bis 140 Jahre betragen. Eine schnellere Abnutzung als die hier unterstellte hat aber in forsttechnischer und ökonomischer Beziehung so große Bedenken, daß man sie, wenigstens in größerem Maße, auch wenn man den Normalzustand des Waldes mit Entschiedenheit anstrebt, doch nicht zur Anwendung bringen wird.

2. Sonstige Verhältnisse, welche auf die Nutzungszeit von Einfluß sind.

a) Die Eigentumsverhältnisse. Die Einhaltung hoher Umtriebszeiten setzt Waldeigentümer voraus, die ein bedeutendes Vermögen besitzen und am Waldzustand nachhaltiges Interesse haben. Unbemittelte Waldeigentümer können das für hohe Umtriebszeiten nötige Kapital nicht festlegen, weil sie es zu anderen Verwendungsarten als zur Holzzucht nötig haben. Auch als indirekte Grundlage für die Beschaffung beweglichen Kapitals kann das Waldkapital nur unvollkommen dienen, weil die Möglichkeit der Beleihung der Waldungen beschränkt ist. Der geldbedürftige Private muß deshalb oft Bestände einschlagen, auch wenn sie hohe Massen- und Wertzuwachsprozente besitzen. Bei der Beurteilung der Forstwirtschaft vom nationalökonomischen und forstpolitischen Standpunkt bleibt ferner zu beachten, daß der Staat neben seiner privatwirtschaftlichen Tätigkeit auch forstpolizeiliche Aufgaben zu erfüllen hat. Solche liegen ihm für alle Waldungen des Landes ob. Es liegt aber in der Natur der Sache, daß er eine dahin gehende Tendenz in seinen eigenen Waldungen am entschiedensten zur Durchführung bringen kann. Meist werden derartige Erwägungen dahin führen, daß die Umtriebszeit behufs Erhaltung starker Sortimente für die Zukunft höher gehalten wird, als es ohnedies, lediglich auf Grund von Zahlen, die der Gegenwart entnommen sind, geschehen würde. Eine solche Richtung kann auch ohne Verletzung des Prinzips der Reinertragslehre um so unbedenklicher eingehalten werden, als die Vermutung besteht, daß durch die Steigerung der Holzpreise die etwa auftretenden Gegensätze vermindert oder ganz aufgehoben werden.

b) Standortsverhältnisse. Allgemeine Beziehungen zwischen Umtriebszeit und Standortsgüte können für keine Holzart aufgestellt werden. Die Umtriebszeit kann auf guten Böden höher — sie kann aber auch niedriger sein als auf schlechten. Sofern lediglich die Massenfaktoren in Betracht gezogen werden, enthält die Standortsgüte ein Moment, das die Hiebsreife beschleunigt. Ist das Wirtschaftsziel auf Böden verschiedener Güte das gleiche, so wird sich für den besseren Standort immer eine kürzere Umtriebszeit ergeben, da alle Sortimente hier früher erreicht werden. In der Regel werden jedoch auf Böden von verschiedener Güte verschiedene Wirtschaftsziele aufgestellt werden. Hierdurch kann der Einfluß des schnelleren Wachstums aufgewogen oder übertroffen werden. Dies um so mehr, als auf guten Böden häufig auch die Beschaffenheit der Bestände eine bessere ist, weil mannigfache Schäden, die die Bestände betreffen, auf ärmeren Böden schwerer überwunden werden als auf guten. Als allgemeine Regel kann man nur sagen, daß warmes Klima die Hiebsreife beschleunigt, kaltes sie verzögert.

c) Die Lage des Waldes zu den Verbrauchsorten. Sie ist, schon bevor eine eigentliche Betriebsregelung bestand, von großem Einfluß auf die Forstwirtschaft gewesen, namentlich auf Betriebsart, Holzart, Gewinnung von Nebennutzungen. Auch in der Gegenwart ist sie von großer Bedeutung.

Die Preise der Forstprodukte werden, ebenso wie es bei allen übrigen Wirtschaftsgütern der Fall ist, an den Orten, wo sie gebraucht werden, bestimmt. Die höchsten Preise, welche im Wald gezahlt werden können, ergeben sich dadurch, daß von dem Preise an den Verbrauchsorten die Transportkosten, welche erforderlich sind, um das Holz von dem Ort seiner Entstehung nach dem Ort des Verbrauchs zu schaffen, abgezogen werden. Diese sind negative Posten. Sie stehen ungefähr in geradem Verhältnis zum Gewicht oder (bei gleichschwerem Holz) zum Festgehalt. Sie sind daher für verschiedene Sortimente, absolut bemessen, gleich; relativ, im Verhältnis zum Wert der Sortimente, sind sie sehr verschieden. Sie fallen bei Rentabilitätsberechnungen und allgemeinen Erörterungen um so stärker in die Wagschale, je geringer der Wert der betreffenden Sortimente ist. Die Anwendung des hieraus hervorgehenden Grundsatzes führt dahin, daß in Waldungen, die den Verbrauchsorten nahe liegen, oft niedrigere Umtriebszeiten eingehalten werden können, daß dagegen das Wirtschaftsziel um so bestimmter auf die Erzeugung guter und starker Sortimente gerichtet werden muß, je weiter die Produktionsgebiete von den Verbrauchsorten entfernt sind[1]).

d) Bestandesverhältnisse. Theoretischen Berechnungen über die Höhe der Umtriebszeit werden regelmäßige Bestände zugrunde gelegt. Die Abtriebszeit kann aber von der normalen um so mehr abweichen, je größer die Unterschiede zwischen den tatsächlich vorliegenden und den normalen Beständen sind. Zu beachten sind hierbei insbesondere folgende Verhältnisse: Zunächst die Entstehung. Stockausschläge haben eine frühere Hiebsreife als Kernwüchse. Je stärker Kernwüchse von Stockausschlägen durchsetzt sind, um so mehr wird die Umtriebszeit herabgedrückt. Auch die Weite der Verbände beschleunigt die Umtriebszeit. Sodann kommt die Vollständigkeit der Bestockung in Betracht; stärkere Lücken jeder Art setzen die Umtriebszeit herab. Ebenso Mängel in der Beschaffenheit des Holzes, sowohl solche materieller als formaler Art, sowie ungünstige Bodenzustände, die durch gute Kulturen verbessert werden können.

Vierter Abschnitt.

Die Ermittelung des Abnutzungssatzes.

I. Der Gesamtertrag.

Den allgemeinsten Bestimmungsgrund für die Höhe der Abnutzung bildet der Zuwachs. Wenn keine besonderen Gründe vorliegen, welche Abweichungen nach der einen oder anderen Richtung begründen, so soll gerade der Zuwachs, nicht mehr und nicht weniger, genutzt werden. Deshalb ist es auch erforderlich, den Zuwachs der einzelnen Reviere auf Grund positiver Untersuchungen so genau nachzuweisen, als es die obwaltenden Verhältnisse gestatten. Das Einsetzen des Zuwachses nach allgemeinen Hilfsmitteln (Ertragstafeln) genügt nicht.

Wenn der Zuwachs auf Grund positiver Untersuchungen — durch Messung der Durchmesser und Höhen geeigneter Probestämme in Beständen — ermittelt wird, so ist das Ergebnis derartiger Untersuchungen der **gesamte laufende Zuwachs**, der stets den ganzen, auf Haupt- und Nebenbestand sich erstreckenden Zuwachs einer bestimmten Zeit umfaßt[2]). Gegenstand der Nutzung ist aber nicht der laufende Zuwachs

---

[1]) Vgl. Martin: Folgerungen der Bodenertragstheorie, § 75, Die Umtriebszeit der Kiefer. Hier wird für astreine Bestände in guter Absatzlage (Mainebene) die Umtriebszeit zu 120 Jahren, in ungünstiger Absatzlage zu 140 Jahren angegeben; für ästige Bestände im östlichen Deutschland zu 60, im westlichen Deutschland (Reg.-Bez. Düsseldorf) zu 50 Jahren.

[2]) Daß die Beschränkung der Zuwachsnachweise auf den bis zum Schluß der Umtriebszeit verbleibenden Hauptbestand ungenügend ist, kann am besten aus den Mitteilungen des forstlichen Versuchswesens in Preußen ersehen werden.

einzelner Jahre, sondern der Zuwachs aller in dem betreffenden Revier vorkommenden Altersstufen. Indem man den Zuwachs derselben zusammenfaßt und das Ergebnis auf die Fläche repartiert, ergibt sich der auf die Flächeneinheit entfallende, aus dem laufenden Zuwachs abgeleitete Durchschnittszuwachs. Und dieser ist es, welcher der zulässigen Abnutzung am besten Ausdruck gibt.

Grundlage und Maßstab der Abnutzung eines Reviers ist hiernach der Gesamtzuwachs. Trotz dieses unzweifelhaften Sachverhalts hat die forstliche Praxis jederzeit Wert darauf gelegt, die Nutzungen gemäß ihrer wirtschaftlichen Bedeutung und der Zeit ihres Eingangs getrennt zu halten, derart, daß derjenige Teil des Ertrags, welcher zur Zeit der Verjüngung genutzt wird, von demjenigen gesondert wird, welcher im Wege der Durchforstungen entfällt[1]). Eine scharfe Sonderung zwischen diesen beiden Teilen ist allerdings nicht immer möglich. Es gibt eine Menge von Nutzungen, deren Zugehörigkeit zu dem einen oder anderen Teil des Ertrags nicht mit Sicherheit erwiesen werden kann. Dahin gehören z. B. kräftige Durchforstungen, welche der Verjüngung vorausgehen. Zwischen ihnen und einem Vorbereitungsschlag ist oft kein Unterschied. Das gleiche ist der Fall bei den Lichtungshieben, welche ganz allmählich aus Durchforstungen hervorgehen, sowie bei manchen Erträgen, die durch Naturschäden veranlaßt werden, namentlich solchen, die sich zu wiederholen pflegen, und die im Einzelfall nach ihrer Wirkung auf den Endertrag nicht eingeschätzt werden können. Um aber Zweifel über die Behandlung derartiger Nutzungen nach Möglichkeit einzuschränken, müssen bestimmte Vorschriften über ihre Zugehörigkeit von den Staatsforstverwaltungen gegeben werden[2]).

II. Haubarkeitsnutzungen.

Hierbei kommt es einmal darauf an, die richtige Wahl der Bestände zu treffen, welche für den nächsten Wirtschaftszeitraum zur Abnutzung herangezogen werden sollen, sodann auf Feststellung der Höhe der Abnutzung.

Nach den Normalertragstafeln für die Kiefer von Schwappach, 1908, ist die Masse der Kiefer auf III. Standortsklasse im Alter von

80	100	120	140 Jahren
303	323	325	305 fm.

Hiernach ist der Zuwachs am Hauptbestand während des langen Zeitraumes von 80 bis 140 Jahren fast = 0; in den letzten 20 Jahren erscheint er sogar negativ.

[1]) Vgl. den Abschnitt über die Verteilung des laufenden Zuwachses auf Haubarkeits- und Vornutzung im 2. Teile.

[2]) Solche sind z. B. für Preußen erlassen in der Anweisung zur Führung des Kontrollbuchs vom Jahre 1919. Vgl. das preußische Verfahren im 5. Teil, 2. Abschn., I; für Sachsen durch die Anweisung für die Nachtragsarbeiten im Bereiche der Kgl. Sächs. Staatsforstverwaltung, 1906, B. Begriffsbestimmungen.

1. Auswahl der Bestände.

Innerhalb des durch die Umtriebszeit und das Alter gegebenen Rahmens sind für die Wahl der zur Verjüngung heranziehenden Orte hauptsächlich folgende Bestimmungsgründe maßgebend:

1. Die Beschaffenheit der Bestände. Lückige, ästige, mit Fehlern behaftete Bestände sind zur Abnutzung und Aufforstung heranzuziehen, auch wenn sie das Alter der Umtriebszeit noch nicht erreicht haben. Gutwüchsige Orte sind dagegen länger, als diesem entspricht, zu erhalten.

2. Der Zustand des Bodens. Mit starkem Überzug versehene Böden müssen wegen der Gefahr der Verwilderung, die zu befürchten ist, möglichst bald durch Aufforstung in einen besseren Zustand gebracht werden. Meist sind solche Böden auch mit mangelhaftem Holzbestand versehen.

3. Die Verteilung der Altersklassen über die Revierfläche. Die Anhäufung großer zusammenhängender Bestände derselben Altersklasse ist mit Rücksicht auf die Gefahren, welchen sie ausgesetzt sind, möglichst zu beschränken.

4. Der Einfluß auf die Umgebung. Freilegung ungeschützter Bestände gegen Sonne und Wind muß vermieden werden.

5. Verminderung der Ungleichheiten innerhalb der ständigen Wirtschaftsfiguren. Es ist für die technische und geschäftliche Seite der Wirtschaft wünschenswert, daß nicht zu viel Unterabteilungen bestehen. Die einheitliche Behandlung von Beständen, die im Alter um 1 bis 2 Jahrzehnte abweichen, hat meist gar keine Bedenken.

2. Maßstab für die Höhe der Abnutzung.

Als solcher kann sowohl die Fläche als die Masse in Anwendung kommen.

a) Fläche. Unter regelmäßigen Verhältnissen bildet der Jahresschlag, dessen Größe sich aus dem Quotient $\dfrac{\text{Fläche } (f)}{\text{Umtriebszeit } (u)}$ ergibt, oder der Periodenschlag $\left(\dfrac{f}{u} \cdot 5,\ \dfrac{f}{u} \cdot 10,\ \dfrac{f}{u} \cdot 20\right)$ den Maßstab der Nutzung[1]. Je einfacher die Bestandesverhältnisse liegen, um so besser genügt die Fläche den Ansprüchen, die hinsichtlich der Nutzung gestellt werden. Der in den Wirtschaftsplänen niederzulegende Abnutzungssatz ergibt sich alsdann durch die Messung oder Schätzung des Holzgehalts der zum Hiebe heranzuziehenden Bestände. Über die Aufnahme der Holzmassen vgl. den 7. Abschnitt des 1. Teils.

---

[1] Soll dem Umstand Rechnung getragen werden, daß die Schläge häufig 1 Jahr unangebaut bleiben, so tritt an Stelle von u $u + 1$.

b) Masse. Die Grundlage hierfür bildet der in den bleibenden Bestand übergehende Zuwachs, der Haubarkeitsdurchschnittszuwachs. Um diesen zahlenmäßig darzustellen, wird er entweder für die einzelnen Bestände im Betriebsplan nach Maßgabe der Bonitäten und Vollertragsfaktoren nachgewiesen; oder er wird nach den Abschlüssen der Betriebspläne für die einzelnen Standortsklassen unter Einsetzung durchschnittlicher Ertragsfaktoren summarisch berechnet. In beiden Fällen ist erforderlich, daß bestimmte Vorschriften über die Grade der Dichtigkeit, in welcher die Bestände erzogen werden sollen, gegeben werden. Andernfalls kann man den Zuwachs nicht zahlenmäßig einsetzen.

Die genannten Maßstäbe der Flächen und Massen sind nur unter regelmäßigen Verhältnissen einzuhalten. Wenn die Verhältnisse unregelmäßig sind, müssen Abänderungen eintreten, deren Grad durch die Altersklassen oder die Höhe des Vorrats bestimmt wird. Überwiegen die höheren Altersklassen, oder ist der Vorrat größer als der normale, so ist mehr zu nutzen als der normale Schlag oder als der Zuwachs; andernfalls weniger. Der Grad, in welchem die Nutzung erhöht oder vermindert werden soll, wird unter den wirtschaftlichen Verhältnissen meist auf gutachtlichem Wege für den einzelnen Fall festgestellt.

3. Die Zusammenfassung und Zerlegung des Abnutzungssatzes.

a) Die Einheit der Rechnung. Als solche kann entweder 1 Festmeter Derbholz oder 1 Festmeter oberirdische Holzmasse oder 1 Festmeter gesamte Holzmasse angenommen werden. Für die Aufstellung des Betriebsplans empfiehlt es sich, die Rechnung auf Derbholz zu beschränken. In gewisser Beziehung fällt allerdings das Reisholz als Objekt der Nutzung stärker in die Wagschale, weil es dem Boden mehr an anorganischen Stoffen entzogen hat als das ausgereifte ältere Holz. Gleichwohl empfiehlt es sich mit Rücksicht auf die Ungleichheit der Nutzung des Reisigs, von der Einführung desselben in die Wirtschaftspläne abzusehen. Es wird dann, nach dem Abschluß der Pläne, gemäß den Durchschnittsergebnissen der seitherigen Wirtschaft eingestellt.

b) Zerlegung des Abnutzungssatzes. Der Abnutzungssatz muß nicht nur im ganzen nachgewiesen werden, sondern er bedarf nach mehrfacher Richtung einer Sonderung. Insbesondere ist eine solche erforderlich:

1. Nach Betriebsarten. Verschiedene Betriebsarten sind nach jeder Richtung getrennt zu behandeln. Daher muß auch der Abnutzungssatz für sie besonders festgestellt werden.

2. Nach Holzarten. Je nach der Bedeutung der Holzarten findet entweder eine Sonderung nach den 4 Holzartengruppen (Eiche, Buche, anderes Laubholz, Nadelholz) oder nur nach Laub- und Nadelholz statt.

3. Nach Sortimenten. Für den Betriebsplan genügt es, wenn die

Nutzungen im ganzen (nach dem Festgehalt) dargestellt werden. Der Nachweis, in welche Sortimente der Abnutzungssatz zerfällt, ist dann in besonderen Anlagen beizufügen. Insbesondere ist es erforderlich, daß die Nutzholzprozente und das zur Begründung der Umtriebszeit dienende Verhältnis der Stammklassen für die einzelnen Holzarten nachgewiesen werden.

III. Vornutzungen.

Auch die Vornutzungen müssen in den Wirtschaftsplänen nach Fläche und Masse geregelt werden.

1. Fläche.

Sie gibt die wichtigste Grundlage für die Ausführung der Durchforstungen. Nach Maßgabe der Altersklassentabelle wird bei der Betriebseinrichtung ein Durchforstungsplan gefertigt, in welchen alle durchforstungsfähigen Bestände eingetragen werden. Zur besseren Verteilung der Erträge empfiehlt es sich hierbei, die älteren Bestände, welche vorzugsweise Derbholz ergeben und für den Ertrag größere Bedeutung haben, von den jüngeren, welche vorwiegend Reisholz liefern und nur mit Rücksicht auf die Bestandespflege aufgeführt werden, getrennt zu halten. Je nach der Wiederholung der Durchforstungen, die vom Alter, von der Holzart, von der Entstehung und Mischung abhängig ist, werden die Bestände in den 10jährigen Durchforstungsplan entweder nur einfach oder (namentlich bei stammreichen, jüngeren Beständen) doppelt eingesetzt. Am Schlusse des Betriebsplanes sind die Durchforstungsflächen zusammenzustellen. Die jährliche Durchforstungsfläche ergibt sich durch Division der periodischen Fläche mit der Zahl der Jahre, für die der Betriebsplan Geltung haben soll.

2. Masse.

Die von den Durchforstungen zu erwartenden Nutzungen werden entweder für die einzelnen Bestände eingeschätzt, oder sie werden nur summarisch für ganze Reviere oder Revierteile oder für (durch Alter und Bonität gebildete) Gruppen von Beständen berechnet.

Soll die Schätzung der Vorerträge für die einzelnen Bestände vorgenommen werden, so erfolgt sie im Anschluß an die Ausführung der Bestandesbeschreibungen nach der vorliegenden Bestandesbeschaffenheit mit Zuhilfenahme von Ertragstafeln und sonstigen brauchbaren Hilfsmitteln. Die Ergebnisse der Schätzung werden im Durchforstungsplan zusammengestellt. Die jährliche Abnutzung ergibt sich aus der Division der Endsumme mit der Zahl der Jahre, für die der Betriebsplan aufgestellt wird.

Erfolgt die Schätzung der Vorerträge für ganze Reviere oder für

Gruppen von Beständen, so werden die Erfahrungen, welche bei der seitherigen Praxis gewonnen und aus den Wirtschaftsbüchern zu entnehmen sind, zugrunde gelegt. Voraussetzung der unmittelbaren Anwendbarkeit diesbezüglicher Zahlen ist jedoch, daß die zu durchforstenden Bestände den Beständen, auf die sich die vorliegenden Zahlen beziehen, ähnlich sind, und daß erhebliche Abweichungen bezüglich der Führung der Durchforstungen gegenüber der seitherigen Praxis nicht eintreten sollen. Andernfalls sind die Ertragsansätze entsprechend zu berichtigen.

Die Grundlage für die Schätzung der Vorerträge — sowohl bei der summarischen Behandlung als auch bei der Schätzung der einzelnen Bestände — bildet einerseits der laufende Zuwachs, welcher in dem betreffenden Wirtschaftszeitraum erfolgt, andererseits die Bestimmung über die Haltung der Bestände. Von dem laufenden Zuwachs geht — wie im zweiten Teil, I. Abschnitt, II C hervorgehoben ist — ein Teil in den bleibenden Bestand über. Wie hoch dieser Teil des Zuwachses zu bemessen ist, muß gutachtlich unter Zuhilfenahme von Ertragstafeln eingeschätzt werden. Die angewandten Sätze sind mit den Wirtschaftsregeln über die Bestandeshaltung zu begründen. Der nicht in den bleibenden Bestand eingehende Teil des Zuwachses wird im Wege der Durchforstung genutzt. Ist Z der Zuwachs in der Zeit, für die der Betriebsplan Geltung haben soll, m die zu Anfang, M die am Schlusse desselben vorhandene Masse, so beträgt der im Wege der Durchforstung zu nutzende Teil des Zuwachses $Z - (M - m)$.

Bei der Anwendung der so gewonnenen Nutzungssätze darf jedoch nicht unbeachtet gelassen werden, daß nicht nur die Durchforstungserträge, sondern auch die kleinen, durch Naturschäden erfolgenden Erträge in jenem Zuwachsanteil einbegriffen sind.

Die Massen der Vornutzung werden in bezug auf Rechnungseinheit und Zerlegung in gleicher Weise wie die Haubarkeitserträge behandelt. Sie werden diesen zugefügt. Der aus dem Haubarkeits- und Vorertrag gebildete Abnutzungssatz bildet nicht nur den Maßstab für die Ertragsleistung der einzelnen Reviere, sondern er dient auch der Ertragsschätzung ganzer Länder und den auf ihr beruhenden wirtschaftspolitischen Maßnahmen zur Grundlage[1]).

IV. Reserven.

Unter Reserven sind hiebsreife Holzvorräte zu verstehen, welche auf die Höhe des Abnutzungssatzes nicht in Anrechnung gebracht werden. Sie sollen dazu dienen, um bei eintretender Notlage des Waldbesitzers oder aus anderen Gründen eine besondere Einnahme zu gewähren.

---

[1]) Weitere Angaben über die Ermittelung des Abnutzungsgesetzes folgen im 2. Abschnitt des 5. Teils bei den Verfahren der einzelnen Staaten.

Man unterscheidet: feste Reserven, welche örtlich festgelegt sind. Sie werden aus besonderen Beständen gebildet, welche von der Schätzung und Anrechnung auf den Etat ausgeschlossen sind. Reserven dieser Art bestehen namentlich in Frankreich. In den dortigen Gemeindewaldungen waren sie bereits von Colbert eingeführt; sie haben sich seither unverändert erhalten. Ihnen gegenüber stehen sogenannte fliegende Reserven, die sich von einem zum anderen Ort übertragen. Sie werden dadurch gebildet, daß der Etat niedriger festgesetzt wird, als es der Masse der zur Nutzung aufgenommenen Bestände entsprechend ist. Die Differenz zwischen dem Holzgehalt und der Nutzung überträgt sich, da die betreffenden Orte z. T. doch ganz genutzt werden, von einem zum anderen Bestande.

Zum Zwecke der Bedarfsbefriedigung in Notfällen sind Reserven nur ausnahmsweise zu empfehlen. Man darf bei ihrer Beurteilung nicht Kriegszeiten oder Handelsstockungen zugrunde legen, sondern friedliche Verhältnisse von Kulturvölkern. Eine Reserve von Beständen, die ihre Hiebsreife überschritten haben, ist immer mit Nachteilen für das Volkseinkommen durch Zinsenverlust, häufig auch mit Schäden durch Sturm, Insekten u. a. verbunden. Bestimmter als ökonomische Gründe können waldbauliche Verhältnisse zur Erhaltung von Reserven Veranlassung geben. In den Schlägen der natürlichen Verjüngung darf nie ein Zustand entstehen, bei dem alle Stämme, die der nächsten Wirtschaftsperiode angehören, genutzt sind; ein Teil derselben muß zum Schutz der Jungwüchse belassen werden.

Ein besseres Mittel für einen stetig geführten Betrieb als die Erhaltung von Beständen über ihre Hiebsreife hinaus liegt in der Einrichtung eines Geldreservefonds, der in der forstlichen Literatur der neueren Zeit wiederholt befürwortet ist und auch praktische Anwendung gefunden hat. Der Reservefonds wird dadurch gebildet, daß die Überschüsse ertragsreicher Jahre ganz oder zum Teil zurückgelegt werden, um später forstlichen Anlagen verschiedener Art zu dienen. Ein Reservefonds ermöglicht es, die Bestände zur Zeit ihrer Hiebsreife zu nutzen, ohne daß dadurch starke Ungleichheiten in den Einnahmen des Waldeigentümers herbeigeführt werden[1]).

---

[1]) Die Einführung eines Reservefonds ist in der neueren Zeit aus Württemberg bekannt geworden. Durch Gesetz vom 25. Juli 1910 wurde die Bildung eines solchen angeordnet. Das Finanzministerium wird dadurch ermächtigt, innerhalb der Gültigkeitsdauer dieses Gesetzes außerordentliche Nutzungen in den Staatswaldungen bis zum Gesamtbetrag von einer Million Festmeter Derbholz und die dadurch bedingten Ausgaben für Holzhauerlöhne, Wegbauten und Kulturen anzuordnen. Der Bestand des Reservefonds ist zur Deckung von Einnahme-Ausfällen und von Fehlbeträgen, welche sich beim Reinertrag aus den Staatsforsten gegenüber dem verabschiedeten Hauptfinanzetat ergeben, zu verwenden. Weiterhin kam er auch zu größeren Grundstückserwerbungen für den forstwirtschaftlichen Betrieb und zu Ablösung von Holzberichtigungen verwendet werden.

Fünfter Abschnitt.

Die waldbaulichen Aufgaben der Forsteinrichtung.

Die Forsteinrichtung steht zwar mit allen Zweigen der Forstwirtschaft (Forstschutz, Forstbenutzung, Forstpolitik u. a.) in Zusammenhang; aber die meisten und wichtigsten Beziehungen bestehen zwischen ihr und dem Waldbau. Die Regeln, die dieser für die Wirtschaftsführung gibt, haben auf die örtliche und zeitliche Gestaltung der Ertragsregelung den größten Einfluß. Sie kommen einmal für ein ganzes Revier oder für ein einheitliches Wirtschaftsgebiet zum Ausdruck, sodann in den Vorschriften für die Behandlung einzelner Bestände.

Die wichtigsten waldbaulichen Regeln betreffen: Die Erhaltung des Bodens in gutem Zustand, die Wahl der Holzarten, die Bestandesbegründung, die Bestandespflege, die Durchforstung, die Lichtung und den Überhalt.

I. Maßnahme der Bodenpflege.

Da der Boden die wichtigste Grundlage der forstlichen Erzeugung bildet, so müssen bei der Betriebsregelung die Eigenschaften der wichtigsten in den betreffenden Revieren vorkommenden Böden untersucht und die Mittel dargelegt werden, welche zur Erhaltung oder Herbeiführung guter Bodenzustände geeignet sind. Diese haben sich insbesondere auf die chemischen und physikalischen Eigenschaften des Bodens, auf seinen Gehalt an Humus und auf den Bodenüberzug zu erstrecken.

Hinsichtlich des chemischen Gehalts des Bodens müssen die Wirtschaftsregeln die Vorschrift enthalten, daß alles verhütet wird, wodurch eine Verschlechterung desselben herbeigeführt werden kann. Diese Vorschrift bezieht sich in erster Linie auf die Streunutzung. Sie darf nur dann stattfinden, wenn die Streudecke in dichten Schichten lagert, die mit den Mitteln der Schlagstellung und durch forsttechnische Maßnahmen (Hacken, Bearbeitung mit der Rollegge u. a.) nicht zu beseitigen sind. Dasselbe gilt von der Nutzung des Grases, die nur da ausgeführt werden soll, wo ein Unterlassen den Kulturen Schaden bringen würde.

Unter den physikalischen Eigenschaften des Bodens stehen Lockerheit und Frische an erster Stelle. Um dem Boden ein hinlängliches Maß von Lockerheit zu erhalten, sind zunächst negative Mittel von Bedeutung, welche der Entstehung einer Verhärtung vorbeugen. Dahin gehört das Verbot der Ausübung mancher Nebennutzungen, insbesondere der Waldweide und der Streunutzung, sodann die Vermeidung der Öffnung aller geschlossenen Waldränder. Die Frische des Bodens

ist häufig die im Minimum vorhandene, seine Leistungen bestimmende
Eigenschaft. Im allgemeinen sind frische Böden dem Gedeihen der
wichtigsten Holzarten am zuträglichsten. Ein Übermaß von Feuchtigkeit ist dagegen ein Hemmnis einer guten Bestandesentwicklung. Es
verhindert das Gedeihen der Kulturen, vermehrt die Entstehung ungünstiger Humusformen und gibt zu Windwurf Veranlassung. Daher
sind unter Umständen Entwässerungen erforderlich, welche ein Übermaß von Feuchtigkeit fortschaffen. Weit wichtiger und von allgemeinerer
Bedeutung sind jedoch die Maßnahmen, welche darauf gerichtet sind,
dem Boden die Feuchtigkeit zu erhalten. Bei der Betriebsregelung muß
auf solche Bedacht genommen werden. Allmähliche Leitung der Beschirmung bei der natürlichen Verjüngung, Erhaltung von Schirm-
bestand für schutzbedürftige Kulturen, Führung schmaler, der Sonne
und dem Wind entgegengesetzter Schläge, tunlichste Erhaltung der vorhandenen und Herstellung neuer Waldmäntel sind die in dieser Richtung
wichtigsten Vorschriften des Wirtschaftsplanes. Auch die Leitung des
Wassers aus feuchten Mulden nach trockenen Hängen kann sehr empfehlenswert sein.

Auch über den Humus, die wichtigste Quelle der Ernährung der
Waldbäume, muß in den Wirtschaftsregeln das Notwendigste bemerkt
und bei der Forsteinrichtung auf die einzelnen Bestände übertragen
werden. Die Mischung des Humus mit dem Mineralboden ist die wichtigste Bedingung dafür, daß sein Gehalt an Nährstoffen den Holz-
pflanzen zugute kommt. Schädlich wirkt dagegen der Humus, wenn er
sich ungenügend zersetzt und dem Mineralboden in starken Schichten
auflagert. Die wichtigsten Mittel, um einen guten Humuszustand
herbeizuführen, liegen in der Wahl der Holzart und der Erhaltung der
richtigen Schlußgrade. Lockere Beschirmungsgrade, bei welchen die
Standortsgewächse zurückgehalten werden, Luft und Licht aber auf
den Boden einwirken können, verhalten sich am besten. Von vorteil-
haftem Einfluß auf die Beschaffenheit des Humus sind an den meisten
Orten richtige Bestandesmischungen, über die deshalb auch nach
dieser Richtung in den Wirtschaftsregeln eingegangen werden muß.

Endlich haben sich die Wirtschaftsregeln auch mit dem Verhalten
des Bodenüberzugs zu beschäftigen, dessen Beschaffenheit für alle
wirtschaftlichen Maßnahmen von Einfluß ist. Allgemeine Regel ist es,
die Bildung starker Überzüge nicht aufkommen zu lassen; sie wirken
in forsttechnischer und ökonomischer Hinsicht stets nachteilig. Die
wichtigsten hierauf gerichteten Mittel sind vorbeugender Art. Der Eintritt der Bedingungen, unter denen sich stärkere Bodenüberzüge ausbilden, muß verhindert werden. Bei der natürlichen Verjüngung geschieht dies durch die Leitung der Beschirmung, bei der künstlichen
durch rechtzeitige, gut ausgeführte und nicht zu weit gehaltene Kulturen.

II. Bestimmung der Holzart.

Bei der Aufstellung der Wirtschaftspläne gewinnt die Wahl der Holzart namentlich bei den Bestimmungen über die Bestandesbegründung Bedeutung. Bei der künstlichen Begründung muß eine Holzart gewählt werden, die für eine ganze Umtriebszeit herrschend sein soll. Bei der natürlichen Verjüngung ist eine solche allerdings durch die vorherrschende Holzart des vorhandenen Altbestandes gegeben. Aber hier muß, bevor Vorschriften über die Stellung der Verjüngungsschläge Platz greifen, eine Entscheidung über die einzumischenden Holzarten getroffen werden, da diese für die Schlagstellung von Einfluß sind. Ebenso muß man sich vor Erlaß der Bestimmungen zur Ausführung der Durchforstungen in gemischten Beständen ein Urteil über den relativen Wert der vorkommenden Holzarten gebildet haben.

In welchem Maße die Schlagführung auf die Holzarten des deutschen Waldes gewirkt hat, lehrt die Geschichte aller größeren Waldgebiete. Durch den Kahlschlag, namentlich den Großkahlschlag, sind Holzarten, die gegen klimatische Schäden empfindlich sind, von vielen Orten eingeschränkt oder ganz verdrängt worden. Insbesondere gilt dies für die Buche, die durch manche Maßnahmen der modernen Wirtschaft, insbesondere durch Einteilungslinien und Wege, durch Loshiebe und Umhauungen an dem Gebiet, das sie früher in den Waldungen Deutschlands innehatte, eingebüßt hat. Durch eine dunkle Haltung der Schläge wird dagegen, wo mehrere Holzarten zusammen vorkommen, eine Wirkung dahin ausgeübt, daß die lichtbedürftige Holzart zurückgeht, wie es namentlich im deutschen Laubholzgebiet in bezug auf die Eiche der Fall gewesen ist.

Da die Schlagführung einen so großen Einfluß auf die Holzart ausübt, so ergibt sich ohne weiteres, daß die Forderung, eine bestimmte Holzart zu erhalten oder zu begünstigen, auf die Führung der Schläge von Einfluß sein muß. Die Mengen der aus einem gegebenen Bestand zu entnehmenden Holzmassen und die Zeit, die zu seiner völligen Abnutzung erforderlich ist, können je nach der Holzart, auf die gewirtschaftet wird, sehr verschieden sein. Ebenso ist beim Kahlschlagbetrieb die Breite der Schläge von der Holzart abhängig. Aus diesen und anderen Verhältnissen ergibt sich, daß es notwendig ist, bei der Betriebsregelung die Wahl der Holzart eingehend zu begründen und die wichtigsten technischen Maßnahmen danach festzusetzen.

III. Bestandesbegründung.

1. Natürliche Verjüngung.

Da die Aufstellung und Ausführung der Wirtschaftspläne durch die Art der Bestandesbegründung wesentlich bestimmt wird, so muß bei der Betriebsregelung über die Frage der Zulässigkeit der natürlichen Verjüngung ein Urteil abgegeben werden. Liegen die zu ihrer erfolgreichen Durchführung erforderlichen Bedingungen, insbesondere ein für das Keimen der Samen und die erste Entwicklung der jungen Pflanzen geeigneter Bodenzustand vor, so verhält sich die natürliche Verjüngung in waldbaulicher und ökonomischer Hinsicht sehr günstig: die Kulturkosten sind geringer als bei jeder Art künstlicher Begründung; der Ertrag wird durch den Lichtungszuwachs, der während der Verjüngung an den Mutterbäumen erfolgt, gefördert; der Boden wird weniger von den starken Überzügen der Standortsgewächse, wie sie beim Kahlschlag eintreten, in Anspruch genommen; bezüglich der Herkunft des Samens liegen die besten Bedingungen vor; die jungen Bestände gelangen infolge der hohen Stammzahl frühzeitig zum Schluß. Gleichwohl kann man nach den vorliegenden Waldzuständen und den wirtschaftlichen Erfahrungen eines ganzen Jahrhunderts nicht darüber in Zweifel sein, daß die Anwendung der natürlichen Verjüngung insbesondere in Mittel- und Norddeutschland, sehr häufig ausgeschlossen ist, weil die zu ihrer Durchführung notwendigen Bedingungen fehlen. Schon durch die Seltenheit der Samenjahre wird sie eingeschränkt. Fast alle Bodenzustände, die in bezug auf die chemischen und physikalischen Eigenschaften des Bodens, auf Humus und Überzug ungünstig sind, stehen der natürlichen Verjüngung entgegen. Nasse und trockene Böden schließen sie gänzlich aus. In stärkeren Lagen von Trockentorf gehen die entstandenen Jungwüchse in anhaltenden Trockenheitsperioden zugrunde. Forstunkräuter aller Art ersticken die jungen Pflanzen, oder sie lassen sie gar nicht zur Entwicklung kommen. Häufig ist auch das Ziel der Wirtschaft auf andere als die vorhandenen Holzarten gerichtet.

Auch über die Stellung der Schläge müssen bei der Aufstellung der Wirtschaftspläne Vorschriften abgegeben werden. Die allgemeinste Regel, die hier Anwendung findet, geht dahin, daß die Rücksicht auf den Jungwuchs für die Zeit und den Grad der Lichtung bestimmend sein soll. Deshalb sollen die Mutterbäume nicht länger in den Schlägen erhalten bleiben, als es der Schutz der Jungwüchse gegen Frost, Hitze und die Konkurrenz der Forstunkräuter erforderlich macht. Ist dieser Zustand vorüber, so entwickeln sich die Jungwüchse aller Holzarten bei freier, senkrecht nicht beschirmter Stellung am besten. Sofern es sich um reine Bestände handelt, hat eine gleichmäßige Stellung der eine waldbauliche Einheit bildenden Schläge die Regel zu bilden. Die Erziehung gemischter Bestände, insbesondere von Mischungen der Licht- mit Schattenholzarten, macht jedoch, zumal bei wechselnden Standortsverhältnissen, Abweichungen von der Regel erforderlich, da sonst in gleichmäßig gelichteten Verjüngungsschlägen stets die Schattenholzart begünstigt — die Lichtholzart zurückgedrängt wird.

2. Künstliche Bestandesbegründung.

Für die Richtung und Aneinanderreihung der Schläge gilt die Regel, daß sie den gefährlichen Faktoren der Atmosphäre entgegengeführt werden. Ob die Rücksicht auf Sturmgefahr oder auf die austrocknende Wirkung der Sonne unter den Bestimmungsgründen der Schlagführung an erster Stelle steht, ist nach Holzart und Standort sehr verschieden zu beurteilen. Im ersten Falle muß die Führung der Schläge von Ost nach West — im zweiten von Nord nach Süd vorherrschend sein. Abweichungen sind nur unter besonderen Verhältnissen, in geschützten Lagen und bei Holzarten, die vom Sturm nicht zu leiden haben, vorzunehmen. Die Breite und zeitliche Aneinanderreihung der Schläge richtet sich nach der Holzart und den vorliegenden klimatischen Verhältnissen. Im Wirtschaftsplan sind hierüber stets Angaben zu machen, mit denen zugleich die Verteilung der zu verjüngenden Bestände über die Revierfläche begründet wird.

Das Verhalten der verschiedenen Kulturverfahren, namentlich von Saat und Pflanzung, muß im allgemeinen Teil des Wirtschaftsplanes hervorgehoben werden. Über die Art der Kultur, insbesondere die Saat- und Pflanzverfahren, die Pflanzenerziehung und andere Teile des Kulturwesens sind nach Boden und Lage unter Beachtung der Erfahrungen, die in der seitherigen Wirtschaft gemacht sind, Bestimmungen zu treffen. Die Weite der Verbände ist einerseits durch die Notwendigkeit einer baldigen Deckung des Bodens, andererseits durch die Absatzfähigkeit der geringen Sortimente, welche sich bei stammreicher Begründung ergeben, zu begründen. Auch über die Kosten der Kulturen sind auf Grund der Abschlüsse der Kulturpläne Anschläge zu machen.

IV. Durchforstung[1].

Der Ertrag aus Durchforstungen und anderen Vornutzungen beträgt nach den Mitteilungen aus den forstlichen Versuchswesen Preußens auf der mittleren Standortsklasse bei

Fichte Ertragstafeln 1902 für $u = 100$ Jahre 46,3% des Gesamtertrags
Kiefer   ,,   1908 ,, $u = 120$,, 53,9% ,,   .   ,,
Buche   ,,   1911A ,, $u = 120$,, 60,6% ,,   ,,
Eiche   ,,   1920 ,, $u = 140$,, 63,1% ,,   ,,

Daraus ist ersichtlich, daß die Vorerträge einen sehr bedeutenden Anteil am Gesamtertrage haben und daß ihnen deshalb auch bei der Betriebs-

---

[1] Die große Bedeutung der Durchforstungen für die Masse der Bestände, den Bodenreinertrag und die Verzinsung des Vorrats ist kürzlich von der Badischen Staatsforstverwaltung (Hilfstabellen für Forsttaxatoren 1924) eingehend nachgewiesen. Es werden darin drei Durchforstungsgrade unterschieden. Beim ersten entfallen 30%, beim zweiten 40%, beim dritten 50% des Gesamtertrags auf die Summe der Durchforstungserträge. Der Einfluß der starken Durchforstung tritt insbesondere beim Bodenertragswert in Erscheinung. Bei der Fichte ist z. B. auf

regelung die gebührende Würdigung zuteil werden muß. Sie können nicht einfach nach früheren Ergebnissen angesetzt werden, da sich im Verlaufe der Wirtschaft häufig sowohl die Bestandesverhältnisse als auch die Ansichten über die Ausführungen der Durchforstungen wesentlich geändert haben. Es müssen vielmehr bei der Betriebsregelung eingehende Urteile über den Durchforstungsbetrieb niedergelegt werden. Diese betreffen einerseits die allgemeinen Grundsätze, nach welchen bei diesem verfahren werden soll, andererseits die einzelnen Bestände, die Gegenstand der Taxation sind.

Bestimmend für die Ausführung der Durchforstungen sind, abgesehen von den fast überall vorkommenden Naturschäden, zunächst die physiologischen Besonderheiten der Holzarten. Lichtholzarten machen in allen Altersstufen größere Ansprüche an Wachsraum; ihre Stammzahlen sind daher stets geringer als die der Schattenholzarten in entsprechendem Alter. Auch die Standortsverhältnisse sind nicht ohne Einfluß auf die Grade der Bestandesdichte und die Führung der Durchforstungen. Je wärmer die Lage und je tätiger der Boden ist, um so mehr Wert muß auf eine vollständige Deckung des Bodens gelegt werden.

Die allgemeinen Gegenstände, die bei der Forsteinrichtung auf diesem Gebiete zu beachten sind, betreffen den Beginn und die Wiederholung, den Grad und die Art der Durchforstungen.

Frühzeitiger Beginn der Durchforstungen ist seit K. Heyers bahnbrechendem Einfluß als ziemlich allgemeingültige Regel angesehen worden. Er ist schon deshalb unbedingt erforderlich, weil die Durchforstungen von den ihnen vorausgehenden Läuterungen nicht zu trennen sind — nicht einmal begrifflich, noch weniger bei der praktischen Ausführung. Die Läuterungshiebe, deren rechtzeitige Vornahme für die Entwicklung der Bestände von der größten Bedeutung ist, haben die Aufgabe, die mit schlechten Eigenschaften versehenen Individuen (Vorwüchse, Stockausschläge, Weichhölzer) aus den Beständen zu entfernen, dagegen die edelen, meist langsamwüchsigeren Holzarten, deren Erzeugung das Ziel der Wirtschaft bilden soll, durch Beseitigung ihrer Konkurrenten im Wuchse zu fördern. Die gleiche Aufgabe soll aber, wie die Begründer mancher neueren Durchforstungsverfahren (von Borggreve, Heck u. a.) mit Recht betonen, auch beim weiteren Durchforstungsbetriebe verfolgt werden.

---

einem Standort von 12 fm Gesamtdurchschnittszuwachs der Bodenertragswert für

	$u =$ 80	100	120
bei mäßiger Durchforstung	333	158	32
bei starker Durchforstung	583	460	364

Die Verzinsung einer normalen Betriebsklasse wird für $u = 80$ bei der mäßigen Durchforstung zu 3,3, bei der starken zu 4,0 angegeben.

Auch die Regel K. Heyers, daß die Durchforstungen häufig zu wiederholen sind, hat ihre Anerkennung behalten. In der neuesten Zeit ist eine dahin gehende Richtung besonders von den Vertretern des sogenannten Dauerwaldes, welche die Stetigkeit des Waldwesens betonen, in einer das rechte Maß überschreitenden Weise[1]) geltend gemacht worden. Die zeitlichen Zwischenräume zwischen zwei Durchforstungen sind in den jüngeren Beständen, z. Zt. des lebhaften Höhenwuchses, am geringsten.

Hinsichtlich der Durchforstungsgrade gilt dagegen im allgemeinen die Regel, daß sie mit dem Alter stärker werden. Dies ergibt sich aus den ökonomischen Zielen der Wirtschaft, die einerseits auf die Bildung astreiner Stämme, anderseits auf genügend starke Durchmesser gerichtet sind. Zur Bildung astreiner Stämme ist die Erziehung in geschlossenem Stande erforderlich, wenn dieser Bedingung auch nicht in dem strengen Sinne G. L. Hartigs genügt werden kann. Bei schwachen Durchforstungen erfolgt eine mangelhafte Ausbildung der Krone, was auf die Entwicklung der Stämme von nachteiligem Einfluß ist. Bei frühzeitiger starker Durchforstung liegt dagegen die Gefahr vor, daß sich starke Äste bilden und daß der Boden durch das Auftreten von Standortsgewächsen gefährdet wird. Mäßige Durchforstungen in der Jugend entsprechen den Anforderungen, die nach den genannten beiden Richtungen zu stellen sind, am besten. Nach erreichter Ausbildung einer guten Schaftform muß dagegen auf die Verstärkung der Durchmesser entschiedener hingewirkt werden, was nur bei kräftiger, in den Bestandesschluß eingreifender Durchforstung geschehen kann.

Als ein ungefährer Maßstab für die Haltung der Bestände in der zweiten Hälfte der Umtriebszeit kann die Regel aufgestellt werden, daß die Stammgrundfläche in den Beständen gleichbleiben oder sich nur wenig verändern soll, wie das auch in manchen neueren Ertragstafeln zum Ausdruck gekommen ist[2]). Aus dieser Regel gehen bestimmte Folgerungen in bezug auf die Durchforstungserträge hervor. Beim Gleichbleiben der Stammgrundfläche nimmt die Masse des bleibenden Bestandes nur in dem Verhältnis zu, in welchem die Richthöhen sich vergrößern; alle übrigen Teile des Zuwachses entfallen auf die Vorerträge, denen dann aber auch die etwa durch Naturschäden anfallenden Massen zuzuweisen sind.

Von mindestens gleicher Bedeutung, wie der Grad, ist die Art der

---

[1]) So namentlich von Wiebecke: Dauerwald, Frage V: Wie oft muß man hauen? Alljährlich — überall.

[2]) Namentlich in den Ertragstafeln für Hessen 1913 (Eiche und Kiefer im Lichtungsbetrieb, Fichte und Buche bei starker Durchforstung). Aber auch die neuern Ertragstafeln aus Preußen (von Schwappach für Fichte, Kiefer, Buche, Eiche) lassen die gleiche Richtung erkennen.

Durchforstungen oder die Bestimmung, welche Stämme oder Stammklassen bei der Durchforstung entfernt und welche begünstigt werden
sollen. Mit Rücksicht auf die gleichmäßige Ausbildung der Wurzeln und
Kronen sind bei der Durchforstung von Beständen, in denen Kronen,
Zwiesel, Vorwüchse usw. rechtzeitig ausgehauen sind, in der Regel; die
Stämme der herrschenden Klassen zu begünstigen. Sie vermögen den
erweiterten Wachsraum, welchen die Durchforstung gewährt, am un-
mittelbarsten auszunutzen und sind widerstandsfähiger gegen die Gefahren, von denen die Bestände im Stangenholzalter seitens der anorganischen Natur zu leiden haben. Zurückgebliebene Stämme besitzen
zwar gute Formen und sind im besonderen Grade befähigt, bei entsprechenden Bedingungen erhöhten Zuwachs anzulegen. Aber diese
Bedingungen können vor Einlegung der eigentlichen Lichtung, bei der
Durchforstung, meist nicht in genügendem Grade gegeben werden. Über-
dies sind die zurückgebliebenen Stämme häufig einseitig entwickelt;
sie haben daher, wenn sie freier gestellt werden, mehr von der Belastung
durch Sturm-, Schnee- und Eisanhang zu leiden, da Stämme, die ungleichmäßig ausgebildeten Kronen haben, dem Bruchschaden in besonderem Grade zum Opfer fallen.

Die äußeren Merkmale für die Haltung der bleibenden Stämme liegen
einmal in dem Ansatz der Krone, deren Länge mindestens ein Drittel
der Baumlänge betragen soll, zum anderen in einer möglichst gleichmäßigen Ausbildung der Kronen in horizontaler Richtung. Außer
diesen Gliedern der herrschenden Klasse sind alle Stämme zu erhalten,
welche, ohne in bezug auf Insekten und Pilzgefahren schädlich zu wirken,
zur Erhaltung des Bodens in gutem Zustand dienen können. Die nach
vorstehenden Merkmalen bestimmte Hochdurchforstung hat in der
Neuzeit eine fortgesetzt zunehmende Bedeutung erlangt. Von besonderem Wert ist die Erhaltung eines schützenden Unterstandes
auf tätigen, zu starken Überzügen geneigten Böden und in warmen
Lagen. Eine systematische Durchführung der Hochdurchforstung mit
verschiedenen vertikalen Stufen kann am besten in gemischten Beständen durchgeführt werden, in welchen dann Schattenholzarten (Buche,
Hainbuche, Tanne) die untere, — Lichtholzarten (Eiche, Esche, Kiefer,
Lärche) die obere Bestandesstufe zu bilden haben.

V. Lichtung.

Wie der Durchforstung, so muß auch der Lichtung bei der Betriebsregelung Aufmerksamkeit geschenkt werden, da sie bei sachgemäßer
Ausführung auf den Massen- und Wertzuwachs von wesentlichem Einfluß ist. Der Lichtungszuwachs hat bereits in vielen Bestandesformen
der früheren Wirtschaft Anwendung gefunden, so daß ein reiches Material

über sein Verhalten im Walde vorliegt. Der Plenterwald, Mittelwald und ähnliche zusammengesetzte Bestandesformen mit Lichtwuchsstämmen waren früher im Laubholz häufig vertreten. Nach Einführung des geschlossenen Hochwaldes trat der Lichtungszuwachs, abgesehen vom Verjüngungszeitraum, zurück. Dies hatte an vielen Orten die Folge, daß die wünschenswerten Stärken innerhalb der üblichen Umtriebszeiten nicht erzielt wurden. Um den Stärkezuwachs zu fördern und Holz von bestimmtem Durchmesser in nicht zu hohen Umtriebszeiten zu erzeugen, ist der Lichtungsbetrieb, der nach Erreichung guter Stammformen im Stangenholzalter durchgeführt wird, ein sehr geeignetes Mittel. Damit sich der Boden nicht mit Standortsgewächsen bedeckt oder in anderer Richtung verschlechtert, wird der Lichtungsbetrieb mit dem Unterbau verbunden. Der Lichtungsbetrieb hat hauptsächlich für Eiche und Kiefer große Bedeutung. Bei Buche und Tanne sucht man den Lichtungszuwachs nur soweit auszunutzen, als es der Schlagstellung bei der natürlichen Verjüngung entsprechend ist. Bei der Fichte genügen in den meisten Wirtschaftsgebieten kräftige Durchforstungen, um die Sortimente zu erzeugen, die bei ihr das Ziel der Wirtschaft bilden sollen.

Die Zeit der Lichtungshiebe wird in der Regel durch die Forderung bestimmt, daß, ehe sie geführt werden, die Bestände eine gute Stammform, insbesondere eine genügende Astreinheit erreicht haben. Hierzu ist der Schlußstand am besten geeignet. Was den Grad der Lichtung betrifft, so gilt der Grundsatz, daß der Wachsraum der einzelnen Stämme in der Regel allmählich erweitert wird. Die Lichtung soll sich der Durchforstung fast unmerklich anschließen, der Schluß also nur schwach unterbrochen werden. Den geeignetsten Maßstab für den Grad, in welchem die vorbereitenden Durchforstungen und Lichtungshiebe zu führen sind, bildet die Stammgrundfläche. Es ist in mehrfacher Hinsicht, vom waldbaulichen und ökonomischen Standpunkt aus von Bedeutung, daß über ihre Höhe eine Regel aufgestellt wird, die, wie bei den Durchforstungen, dahin zu fassen ist, daß von einem bestimmten Alter ab die Stammgrundfläche nicht mehr zunehmen, sondern (annähernd) gleichbleiben soll. Zur Erhaltung eines guten Bodenzustandes werden Lichtungshiebe, die nicht zugleich die Verjüngung einleiten (wie Besamungsschläge, Lichtschläge, Schirmschläge) mit dem Unterbau verbunden.

VI. Überhaltbetrieb.

Endlich ist bei der Aufstellung der Wirtschaftspläne darüber Bestimmung zu treffen, ob in den zur Verjüngung kommenden Beständen einzelne Stämme überhalten werden sollen, wie es früher vielfach als Regel galt. Abgesehen von besonderen Verhältnissen (namentlich ästhetischer Natur) ist dies von der Werterzeugung abhängig, die die Überhälter im Verhältnis zu ihrem Kapitalwert und im Vergleich zu dem negativen Einfluß auf den nachwachsenden Bestand leisten. Wenn auch zunächst an wüchsigen, gut bekronten, allmählich an den Freistand gewöhnten Überhaltstämmen ein bedeutender Stärkezuwachs erfolgt, und dieser Zuwachs sich in hohen Werten darstellt, so bleibt doch zu beachten, daß jede Art von Überhalt auf die Entwicklung der nachwachsenden Bestände einen nachteiligen Einfluß ausübt. Da der Anspruch des jungen Bestandes an Wachstumsfreiheit mit jedem Jahrzehnt zunimmt, der Aushieb der Überhalter aber nicht immer zur wünschenswerten Zeit bewirkt werden kann, so wird das Mißverhältnis zwischen dem Überhalt und dem nachwachsenden Bestand fortgesetzt größer. Es kommt hinzu, daß die übergehaltenen Stämme von Schäden der organischen und anorganischen Natur nicht frei bleiben. Der Überhalt bildet deshalb eine Ausnahme; er ist beschränkt auf gute Stämme mit hochangesetzten Kronen von Holzarten, die als Starkholz besonderen Wert haben.

VII. Die Aufstellung der Hauungs- und Kulturpläne.

Auf der Anwendung der waldbaulichen Regeln für die einzelnen Bestände eines Reviers beruhen die bei der Betriebsregelung zu entwerfenden Hauungs- und Kulturpläne. Sie werden nach der Folge der Bestände im Betriebsplan meist für einen zehnjährigen Zeitraum aufgestellt.

1. Hauungsplan.

Es ist seit langer Zeit üblich, die Erträge des Hochwaldes als Haupt- (oder Haubarkeits-) und Vornutzungen getrennt zu halten. Als Hauptnutzungen werden die Erträge bezeichnet, welche die Begründung neuer Bestände durchführen oder vorbereiten sollen. Dahin gehören: Abtriebsschläge, Vorbereitungs-, Besamungs- und Lichtschläge, stärkere Lichtungen, Nutzungen jeder Art von Überhalt, Einschläge infolge von Naturschäden, die Kulturen erforderlich machen, die Nutzungen des Oberholzes im Mittelwald und sämtliche Nutzungen im Plenterwald.

Die einzelnen Bestände, in denen Hauptnutzungen ausgeführt werden sollen, sind nach der Folge, die sie im Betriebswerk haben, im Hauungsplan aufzuführen: die zu erwartenden Erträge werden, getrennt nach Holzarten oder Holzartengruppen, nach den Ergebnissen der Schätzungen des Taxators entweder in Derbholz oder in Gesamtmasse eingestellt.

Zu den Vornutzungen gehören die Ergebnisse aller Hiebe, welche in erster Linie die Wuchsförderung des bleibenden Bestandes zur Aufgabe haben; ferner Nutzungen, die infolge von Naturschäden schwächeren Grades anfallen.

Die Regelung der Vornutzungen erfolgt in erster Linie nach der Fläche. Es ist aber empfehlenswert, daß auch ihre Massen, entsprechend den Hauptnutzungen, wenn auch in vereinfachter Weise, angegeben werden.

2. Kulturplan.

Die im nächsten Wirtschaftszeitraum vorzunehmenden Kulturen werden als Neukulturen, Nachbesserungen früherer Kulturen, Ergänzungen der natürlichen Verjüngungen und Bodenbearbeitungen getrennt gehalten. Die betreffenden Angaben, durch die aber der Wirtschafter nicht gebunden werden darf, erstrecken sich auf Holzart und Kulturart (Saat, Pflanzungen usw.).

Aus den Abschlüssen der Kulturpläne und den sonst noch in Betracht kommenden, auf die Kulturen bezüglichen Maßnahmen (Pflanzenerziehung, Kulturgeräte) kann der Bedarf an Kulturgeldern eingeschätzt werden.

Häufig besteht die Einrichtung, daß auf der linken Seite der betreffenden Formulare die Vorschläge über Hauungen und Kulturen, auf der rechten deren spätere Ausführung verzeichnet wird.

Sechster Abschnitt.

Der Nachweis der Rentabilität.

In jedem geordneten nachhaltigen Betrieb ist es Regel, daß eine Bilanz gezogen und nachgewiesen wird, wie sich die positiven und negativen Elemente des Betriebs, Ertrag und Kosten, zueinander verhalten. Auch in der Forstwirtschaft muß dies geschehen. Seit dem bahnbrechenden Einfluß Hundeshagens[1] ist deshalb die forstliche Statik, welche beide Seiten gegeneinander abzuwägen hat, in das System der Forstwissenschaft aufgenommen worden. G. Heyer[2] hat dann den Methoden der forstlichen Rentabilitätsrechnung eine besondere Schrift gewidmet. Er unterschied dabei die Methode des Unternehmergewinns, dadurch bestimmt, daß die Produktionskosten von den auf gleichem Zeitpunkt reduzierten Erträgen abgezogen werden, und die Methode der Verzinsung, bei der das Prozent festgestellt wird, in dem der Ertrag zu den ihm zugrunde liegenden Kapitale steht. Beide Methoden sollen, wie Heyer im Vorwort der genannten Schrift seinen Fachgenossen erklärte, benutzt werden zur Lösung der umfassenden Aufgabe: „die in praxi üblichen Wirtschaftsverfahren auf ihre Rentabilität zu prüfen, nach Bedürfnis auch andere, besser rentierende Verfahren ausfindig zu machen

---

[1] Forstliche Gewerbslehre, 3. Aufl. § 580.

[2] Handbuch der forstlichen Statik, 1. Abteilung: Die Methoden der forstlichen Rentabilitätsrechnung. 1871.

und zu diesem Zwecke nicht allein die Erträge und Produktionskosten der Waldwirtschaft aus der Literatur, sowie durch besonders anzustellende Untersuchungen und Versuche zu erheben, sondern auch die Methoden der Rentabilitätsrechnungen weiter zu vervollkommnen.

Neben solchen statischen Untersuchungen, die sich auf bestimmte Wirtschaftsverfahren beziehen, sind auch Abwägungen erforderlich, welche nach Art der kaufmännischen Bilanz eine ganze Wirtschaftseinheit — sei es ein einzelnes Revier oder ein größeres Wirtschafts- gebiet — betreffen. Eine solche Bilanz ist aber seither unter den deutschen Staatsforstverwaltungen nur von der sächsischen[1]) durchgeführt worden. Mit Rücksicht auf die neueren Bestrebungen auf dem Gebiet der Bilanzierung hat man sowohl innerhalb als auch außerhalb Sachsens allen Anlaß, auf diese einzugehen.

I. Die Bilanz der Sächsischen Staatsforstverwaltung.

In Sachsen gehen manche statistische Nachweise über Ertrag und Kosten bis zur Gründung der Forsteinrichtungsanstalt (1817), andere bis zur Mitte des vorigen Jahrhunderts zurück. Die Nachweise wurden für 10jährige Zeiträume dargestellt. Neben den Flächen, Altersklassen und Bonitäten sind die für die Bilanz der Wirtschaft wichtigsten Gegenstände:

1. Die durchschnittlich jährliche Abnutzung. Sie erfolgt getrennt nach Derbholz und Reisig, Nutz- und Brennholz.

2. Der Holzvorrat. Dieser wird dargestellt:

a) Nach Masse. Die Massenvorräte sind seit 1844 nachgewiesen. Das eingehaltene Verfahren besteht darin, daß die Massen der 1 bis 40jährigen Bestände nach den Abschlüssen der Bestandesbonitäts- und Altersklassentabelle unter Zugrundelegung der Ertragstafeln von Preßler berechnet wurden. Der Vorrat der über 40jährigen Hölzer erfolgt durch Okularschätzungen, die bei jeder Hauptrevision vorgenommen werden.

b) Nach Werten. Die jüngeren, 1 bis 40jährigen Bestände werden als Kostenwerte, die älteren, über 40jährigen nach dem Produkt aus Masse und Durchschnittswert der Masseneinheit berechnet.

3. Der Zuwachs. Der Massenzuwachs ergibt sich aus der tatsächlichen Abnutzung unter Hinzufügung der positiven oder negativen Veränderungen des Holzvorrats, die innerhalb des betreffenden Zeitraums stattgefunden haben. Der Wertzuwachs kann aus der Statistik der Holzpreise berechnet oder eingeschätzt werden.

---

[1]) Durch die von der Sächs. Forsteinrichtungsanstalt bewirkte Darstellung der Entwicklung der Staatsforstwirtschaft im Kgr. Sachsen. Thar. forstl. Jahrbuch, 47. Band.

4. **Die Einnahme für Holz**, die einerseits im ganzen, andererseits für ein Festmeter Derbholz nachgewiesen wird.

5. **Die Ausgaben**, getrennt nach Besoldungen, anderen Verwaltungskosten, Forstverbesserungs-, Aufbereitungs- und sonstigen Betriebskosten.

6. **Der Waldreinertrag**. Auch dieser wird einmal im ganzen angegeben, zum anderen zur Holzbodenfläche (je ha) und zur Masse (je fm Derbholz) in Beziehung gesetzt.

7. **Das Waldkapital**, das sich ergibt, indem dem Vorratskapital der Bodenwert hinzugefügt wird.

8. **Der Nachweis der Rentabilität**. Er erfolgt:

a) durch den Nachweis der **Verzinsung** des Waldkapitals durch den jährlichen Ertrag.

b) durch die Berechnung von **Bodenbruttowerten**, die unter Zugrundelegung eines bestimmten Zinsfußes nach Maßgabe verschiedener Holzpreise und verschiedener Kulturkosten stattgefunden hat.

Es bedarf keiner besonderen Begründung, daß eine Statistik, welche den Nachweis der positiven und negativen Elemente des Ertrags während fast eines vollen Jahrhunderts durchgeführt hat, für die vorliegende Frage von hohem Wert sein muß. Dieser Wert liegt zunächst für Sachsen selbst vor, da im Nachweis der seitherigen Wirtschaftsergebnisse ein vortreffliches Mittel liegt, manche forstliche Maßnahmen, insbesondere die Feststellung des Etats, zu begründen und viele Vorwürfe, die der Sächsischen Staatsforstverwaltung und Forsteinrichtung schon vor dreißig Jahren und wiederum in der jüngsten Zeit von unkundiger Seite gemacht sind, zu entkräften. Aber auch für andere Länder und für die gesamte Forstwissenschaft ist die vorliegende Statistik sehr beachtenswert. Sie zeigt den hohen Wert, den ständige Organe der Forsteinrichtung und gleichmäßig durchgeführte Nachweise ihrer Ergebnisse für die Entwicklung der Forstwissenschaft besitzen. Geht man auf diese Nachweise in Verbindung mit der Preisstatistik in den letzten Jahrzehnten vor dem Weltkrieg näher ein, so zeigt sich, daß bei geordneter Wirtschaftsführung in allen Teilen des Ertrags (Massen- und Werterzeugung, Reinertrag, Einnahme und Ausgaben) viel mehr Regel und Stetigkeit herrscht, als man unter dem Einfluß mancher zeitlicher und örtlicher Besonderheiten vermutet.

Daß die Zahlen, welche in den Reinertragstabellen der Sächsischen Staatsforstverwaltung niedergelegt sind, Mängel besitzen, daß sie, wie Landforstmeister Roth (in vielleicht zu großer Bescheidenheit in bezug auf die forstlichen Verhältnisse seines Heimatlandes) in Bamberg sagte „falsch" seien, ist eine Eigenschaft, die den Zahlen der Statistik auf den meisten Wirtschaftsgebieten in allen Ländern und zu allen Zeiten eigentümlich ist. Aus der großen Menge der Ursachen, welche den statistischen

Zahlen zugrunde liegen, und dem fließenden Charakter aller wirtschaftlicher Verhältnisse geht hervor, daß die Rentabilitätsnachweise nie mit
einer solchen zahlenmäßigen Bestimmtheit geführt werden können, wie
ein Schüler seine Rechnungsexempel zu lösen hat.

II. Neuere Bestrebungen.

In den letzten Jahren hat die Frage der Bilanzierung das Interesse
der Waldbesitzer und Forstwirte im besonderen Grade erregt. Der Reichs-
forstverband stellte in seiner Tagung in Weimar 1923 den Leitsatz auf:
„Die Forstverwaltungen haben über das Ergebnis ihrer Wirtschaft
Bilanzen aufzustellen, aus denen die Zunahme bzw. Abnahme des Holzvorrats an Masse und Wert ersichtlich ist, damit günstige Scheinergeb-
nisse, die durch Kapitalverbrauch entstanden sind, als solche erkannt
werden können". Auch in den Versammlungen der Forstvereine und in
forstlichen Zeitschriften wurde auf die Bedeutung der Bilanzierung hingewiesen. Auf der Versammlung des deutschen Forstvereins in Bamberg (1924) wurde eingehend über sie verhandelt. Der Referent, Professor Krieger[1]), stellte eine Reihe von Leitsätzen auf, die geeignet
waren, das von Ostwald[2]) begründete Verfahren weiteren forstlichen
Kreisen verständlich zu machen. Besonders wichtig für die forstliche
Bilanz sei der Unterschied zwischen dem Ganzen und der Summe
unabhängiger Teile. Das Anlagekapital für die forstliche Bilanz sei der
Wald als Ganzes. Um die wirtschaftliche Leistungsfähigkeit eines Ganzen zu beurteilen, sei auch die räumliche Ordnung der Teile und die
zeitliche Bedingtheit der Nutzungen zu berücksichtigen. Für die forstliche Erfolgsbilanz seien am Anfang und Ende der Wirtschaftsperiode
mit beliebigem, aber gleichbleibendem Zinsfuß ... und mit beliebigen,
aber gleichbleibenden Holzpreisen Walderwartungswerte zu berechnen
und zu vergleichen. Das Problem der Durchführung der forstlichen
Bilanz sei im wesentlichen ein Problem der forstlichen Erntevorhersage.
Diese sei wesentlich vereinfacht durch den Ostwaldschen Satz, daß der
Wert je qm Stammgrundfläche eines Bestandes durch den Brusthöhen-
durchmesser des Mittelstammes und die mittlere Höhe des Bestandes
eindeutig bestimmt sei.

Gegenüber diesen Sätzen und manchen anderen Kundgebungen,
die im Anschluß an die Bamberger Tagung des Deutschen Forstvereins
in Zeitschriften ausgesprochen sind, will ich nachstehend meine Ansicht
über die vorliegende Frage in einigen Sätzen niederlegen:

1. Daß der Wald (eine Eigentumseinheit, Wirtschaftseinheit, Be-

---

[1]) Bericht über die 21. Hauptversammlung des D. Forstv. S. 75.
[2]) Zum Ausbau eines bilanzfähigen Verfahrens der Forstertragsregelung.
Deutscher Forstwirt 1925, Nr. 72.

triebsklasse) als ein zusammenhängendes Ganzes aufzufassen und zu bewirtschaften ist, muß anerkannt werden. Diese Forderung gilt unabhängig vom ökonomischen Wirtschaftsprinzip für Wald- und Bodenreinertragslehre. Ich selbst[1]) habe sie in der forstlichen Literatur wiederholt vertreten. Die Auffassung des Waldes als eines zusammenhängenden Ganzen schließt aber nicht aus, daß die meisten und wichtigsten Aufgaben auf das Verhalten des Einzelnen (auf einzelne Bestände oder Bestandesarten, auf bestimmte Grade der Durchforstung, bestimmte Arten der Begründung usw.) gerichtet werden müssen.

2. Entsprechend dem Zusammenhang des ganzen Waldes und der einzelnen Bestände verhält es sich auch in bezug auf Boden und Vorrat. Für manche Fragen und Nachweise der Forsteinrichtung müssen diese beiden Produktionsfaktoren als ein zusammenhängendes Ganzes aufgefaßt werden, wie es tatsächlich überall geschieht. Da aber die Gesetze, welchen der Boden unterliegt, von denjenigen, welche den Vorrat betreffen, in wesentlichen Richtungen voneinander abweichen, so ist es erforderlich, daß beide Faktoren auseinandergehalten und getrennt untersucht werden. Das leitende, bleibende Prinzip aller Bodenkultur, insbesondere auch der Forstwirtschaft, muß nach der physischen und ökonomischen Seite hin zum **Boden** als dem bleibenden Faktor der Wirtschaft in Beziehung gesetzt werden.

3. Die Bedeutung der räumlichen Ordnung ist seit H. Cotta[2]) (1820) bis Chr. Wagner[3]) (1911) anerkannt, ohne daß ihren Vertretern Widersprüche gegen die ökonomischen Grundsätze der Forstwirtschaft zur Last gelegt werden könnten. Gegenteiligen Einflüssen unterliegen alle menschlichen Dinge. Es ist in dieser Beziehung charakteristisch, daß während des ganzen 19. Jahrhunderts sowohl die Bilanzierung als auch die räumliche Ordnung in Sachsen am entschiedensten vertreten und gefördert worden ist. Abweichungen von den Folgerungen des ökonomischen Wirtschaftsprinzips, die in der räumlichen Ordnung ihre Ursache haben, werden am besten in der Fassung eines Gutachtens begründet, bei dem die wesentlichsten Momente meist besser als durch zahlenmäßige Berechnungen zur Darstellung gebracht werden können.

4. Die Forstwirtschaft hat durch die Eigentümlichkeiten ihrer Produktionsfaktoren und durch die lange Dauer ihres Produktionsprozesses so starke Besonderheiten, daß es sich nicht empfiehlt, die in anderen Wirtschaftszweigen üblichen Methoden der Bilanzierung auf

---

[1]) Das Verhältnis zwischen dem Ganzen und seinen Teilen. Allgem. Forst- u. Jagdztg. 1916; Die Berechtigung konservativer Wirtschaftsführung vom Standpunkt der Reinertragslehre im Leipzig-Band des Thar. Jahrbuchs 1909; Die forstl. Statik 1918, 9. Abschnitt (die Würdigung des Ganzen und des Einzelnen).

[2]) Anweisung der Forsteinrichtung und Abschätzung 1820 (These des Vorworts).

[3]) Die Grundlagen der räumlichen Ordnung, 3. Aufl., 2. Abschn. 4. Kap.

sie zu übertragen. Sie hat ihre Methoden selbstständig auszubilden und anzuwenden.

5. Allgemein anwendbare Methoden zum Nachweis forstlicher Werte, die völlig frei von Fehlern und Ungenauigkeiten wären, gibt es nicht. Gegen alle Verfahren können Einwendungen erhoben werden, die sowohl das grundlegende Prinzip als auch die Genauigkeitsgrade der Rechnung betreffen. Die bekannten Wertarten: Kosten-, Erwartungs- und Verbrauchswerte lassen sich daher nur mit gewissen Beschränkungen zur praktischen Anwendung bringen. Erwartungswerte sind für jüngere — Kostenwerte für ältere Bestände unbrauchbar. Verbrauchswerte sind richtig in strengem Sinne nur für die Zeit unmittelbar vor dem Hiebe.

6. Eine Voraussage der forstlichen Erträge kann nur für kürzere Zeit und mit bestimmten Unterstellungen erfolgen. Dies gilt sowohl hinsichtlich der Masse als auch hinsichtlich des Wertes der zu erwartenden Erträge. Was die Masse betrifft, so genügt ein Blick auf die Ertragstafeln der neueren Zeit, um zu erkennen, wie verschieden sich die Urteile über die zukünftige Beschaffenheit der Bestände selbst unter ganz regelmäßigen Verhältnissen gestalten können. — Die Bildung der Werte ist nicht nur durch die Durchmesser der Mittelstämme regelmäßiger Hochwaldungen bestimmt — auch die Ästigkeit und der Abfall spielen in bezug auf die Verwendungsfähigkeit eine wichtige Rolle. Entsprechende Einschränkungen müssen auch hinsichtlich der Schätzungen der zukünftigen Werte gemacht werden. Selbst in regelmäßigen Hochwaldbeständen der gleichen Standortsklasse kann die Zunahme der Durchmesser je nach der Art und dem Grade der Durchforstungen und nach sonstigen forsttechnischen Maßnahmen sehr verschieden sein.

7. Die Zuweisung der einzelnen Bestände an bestimmte Wirtschaftsperioden der Umtriebszeit ist in der modernen Forstwirtschaft zu vermeiden. Das Fachwerk ist, selbst wo es sich nur um Massen handelte, fast überall wegen seines einer guten Wirtschaftsführung nicht entsprechenden Verhaltens aufgegeben. In noch höherem Maß ist dies berechtigt, wenn nicht Massen sondern Werte Ziel und Maßstab der Betriebsregelung bilden sollen. Die älteren und mittleren Bestände, welche den wesentlichsten Teil des forstlichen Betriebskapitals bilden, werden am besten trotz der oben hervorgehobenen Mängel als Verbrauchswerte, nach dem Produkt aus Masse und Wert der Masseneinheit, in Ansatz gebracht.

8. Eine Trennung von Kapital und Rente, die in einer geordneten Forstwirtschaft angestrebt werden muß, ist zur Zeit wegen der gleichartigen Beschaffenheit von Erzeugung und Kapital in den meisten forstlichen Betrieben nicht durchführbar. Um die wünschenswerte Trennung auf Grund sachlicher Merkmale herbeizuführen, ist es erforderlich, daß bei der Betriebsregelung der volle auf Haubarkeits- und Vor-

nutzungen entfallende Zuwachs nachgewiesen wird. Dieser ist der aus der Natur und Wirtschaft hervorgehende Maßstab für die wirkliche Leistung der Forstwirtschaft. Alle Erträge, welche diesen Zuwachs übersteigen, müssen als Kapitalnutzungen behandelt werden.

9. Die wichtigste Forderung, die anläßlich der Richtlinien des Reichsforstverbandes von 1923 an die Betriebsregelung zu stellen ist, geht dahin, daß die Grundsätze der forstlichen Statik, welche die Aktiva und Passiva der Forstwirtschaft gegeneinander abzuwägen hat, in die Praxis eingeführt werden. Wenn dies geschieht, werden sich im Laufe der Zeit die Grundlagen für die Bilanzierung aus den Abschlüssen der periodischen Wirtschaftspläne ohne weiteres ergeben. Solange diese Grundlagen aber nicht vorliegen, können schnell zu erledigende Aufgaben der Bilanzierung nur in der Form eines allgemeingehaltenen Gutachtens ausgeführt werden, wozu die erforderlichen zahlenmäßigen Elemente von fachkundiger Seite eingeschätzt werden müssen.

Siebenter Abschnitt.

Die Darstellung der Resultate der Forsteinrichtung[1]).

Die äußere Darstellung der Betriebsregelungsarbeiten ist in den einzelnen deutschen Staaten nach den Eigentumsverhältnissen und den vorherrschenden Holz- und Betriebsarten sehr verschieden. Nicht nur haben alle größeren Staatsforstverwaltungen besondere Bestimmungen über die Form der Wirtschaftspläne, ihrer Anlagen und der zugehörigen Karten getroffen — auch viele größere Privatforstwirtschaften haben eigene Vorschriften der Betriebsregelung ihrer Waldungen aufgestellt. Es kann unter diesen Umständen nicht die Aufgabe eines Lehrbuches sein, auf die Menge der vorkommenden Besonderheiten einzugehen. Nachstehend wird nur auf die wichtigsten Punkte, die ziemlich allgemeine Geltung haben, kurz hingewiesen.

I. Schriften.

1. Der Wirtschaftsplan.

In diesen werden die Ergebnisse der Bestandesaufnahme nach der Folge der Abteilungen und Unterabteilungen eingetragen. Für jeden einzelnen Bestand soll aus dem Plane zu ersehen sein, wie er in Zukunft bewirtschaftet werden soll. Die wesentlichsten Angaben der Betriebspläne erstrecken sich auf:

---

[1]) Eine eingehende Behandlung der hierhergehörigen Gegenstände ist Aufgabe der Praxis.

a) Die Ortsbezeichnung (Abteilung, Unterabteilung) mit Flächenangabe.

b) Die Beschreibung des Standorts mit Angabe der Klasse für die vorherrschende Holzart.

c) Die Beschreibung der Bestände mit Angabe des Durchschnittsalters und des Vollbestands- oder Vollertragsfaktors, der das Verhältnis der vorliegenden Bestände zu Beständen von normaler Beschaffenheit ausdrücken soll.

d) Die Altersklassentabelle, welche auf den einzelnen Seiten und am Schlusse des ganzen Plans, geordnet nach Holzarten, zusammengestellt wird.

e) Die Nachweisung der Abnutzung der Flächen und Massen im nächsten Wirtschaftszeitraum.

f) Den Plan für die zu erwartenden Haupt- und Vornutzungen.

g) Bestimmungen über die vorzunehmenden Kulturen.

Die Form der Pläne ist nach der Methode der Ertragsregelung und den vorherrschenden Bestandesverhältnissen verschieden.

2. Sonstige Schriftstücke.

Außer dem speziellen Wirtschaftsplan sind bei der Forsteinrichtung anzufertigen und dem Betriebswerk anzufügen:

a) Eine Revierbeschreibung.

b) Eine Nachweisung über den Zustand der Grenzen.

c) Desgl. über die Resultate der Vermessung des Holzbodens und Nichtholzbodens.

d) Ein Nachweis über die Benutzung des Nichtholzbodens (Pacht- und Dienstland, Steinbrüche, Teiche, Gärten, Gehöfte u. a.).

e) Die Herleitung des Abnutzungssatzes, getrennt nach Haubarkeits- und Vornutzung. Der jährliche Abnutzungssatz geht aus den Ansätzen des Wirtschaftsplanes hervor, wird aber hier spezieller (z. B. mit Angabe des Nichtderbholzes, mit Trennung nach Nutz- und Brennholz usw.) dargestellt.

f) Ein Hauungsplan für das nächste Jahrzehnt, welcher die Art des Hiebes und die zu erwartenden Beträge bestimmter angibt als der Wirtschaftsplan.

g) Ein Kulturplan, welcher für den gleichen Zeitraum die vorzunehmenden Kulturen angibt.

h) Andere die Wirtschaft betreffende Nachweisungen (Holzpreise, Berechnung des Reinertrags, Jagd, Nebennutzungen, Fischerei, Berechtigungen usw.).

i) Beratungsprotokolle zu Anfang und am Schluß der Taxationsarbeiten.

II. Karten.

Zu einer geordneten Wirtschaft sind erforderlich und müssen im Anschluß an die Betriebsregelung hergestellt werden:

1. Karten, welche zum Eintrag von Vermessungen jeder Art, insbesondere der Jahresschläge, Wege, Abfindungsflächen Änderungen in der Benutzungsweise, dienen sollen. Sie werden in großem Maßstab (1:3000, 1:4000, 1:5000) angefertigt.

2. Karten, welche die wichtigsten wirtschaftlichen Verhältnisse erkennen lassen. Von besonderer Bedeutung ist in dieser Beziehung

a) Die Holzart, welche in der Regel durch verschiedene Farben kenntlich gemacht wird.

b) Das Holzalter, welches durch Farbentöne (dunkele für ältere, helle für jüngere Bestände) bezeichnet wird.

c) Die Bonität, welche durch entsprechende Zahlen oder Strichelung dargestellt werden kann.

3. Außerdem können auch andere Karten, Wegnetzkarten, Bodenkarten usw. wünschenswert oder notwendig sein.

Achter Abschnitt.

Die Aufstellung von Wirtschaftsplänen für andere Betriebsarten.

I. Plenterbetrieb.

Auf die allgemeine Bedeutung des Plenterwaldes wurde früher (im Abschnitt über die Bildung der Betriebsklasse) hingewiesen. Da der Plenterwald vorzugsweise für Waldungen Bedeutung hat, deren Behandlung in erster Linie durch die Rücksicht auf den Schutz gegen Naturschäden und die Pflege der landschaftlichen Schönheit bestimmt wird, ist die Ertragsregelung möglichst einfach zu gestalten. Immerhin muß ihm, wenn auch nicht im gleichen Grade wie im Tannengebiet und in den Hochgebirgsforsten der Schweiz, wegen seines Verhaltens zum Boden, seiner Massen- und Werterzeugung auch bei der Forsteinrichtung in Deutschland Beachtung geschenkt werden. Auch die neuesten Bestrebungen, den Plenterwald im größeren Umfang einzuführen, können bei der Forsteinrichtung nicht außer acht gelassen werden.

In bezug auf die allgemeine Behandlung des Stoffes (Beschreibung, Bonitierung u. a.) schließt sich die Betriebsregelung des Plenterwaldes den für den Hochwald gültigen Bezeichnungen und Bestimmungen an. Abweichungen von diesen betreffen insbesondere:

1. Die Ausscheidung der Unterabteilungen und die Nachweisung der Altersklassen.

Da die wichtigsten Bestimmungsgründe für die Ausscheidung von Unterabteilungen, die in der Verschiedenheit der Holzart und des Alters bestehen, beim Plenterwald nicht vorliegen, so ist dieselbe meist nicht erforderlich. Aus gleichem Grunde können auch genaue Flächennachweise der Holzarten und Altersklassen nicht gegeben werden. Dagegen empfiehlt es sich, den Plenterwald in Schläge einzuteilen. Diese sollen den Rahmen für den Verlauf des Hiebes abgeben. Ihre Zahl ist deshalb so zu bestimmen, daß jeder Schlag während der dieser Zahl entsprechenden Umlaufzeit ein- oder zweimal vom Hiebe getroffen wird.

2. Die Bestimmung des Hiebssatzes.

Die Verfahren, die beim Plenterwald zur Bestimmung des Hiebssatzes zur Anwendung gelangen, sind auf den Grundgedanken K. Heyers zurückzuführen, der in der Formel $e = z + \dfrac{wv - nv}{a}$ ausgedrückt ist. Es handelt sich hierbei darum, den Zuwachs des betreffenden Waldes oder Waldteiles festzustellen, den wirklichen und normalen Vorrat zu berechnen oder einzuschätzen, sowie den Zeitraum zu begutachten, innerhalb dessen der Vorrat auf den normalen Stand gebracht werden soll.

a) **Zuwachs.** Die Ermittelung des Zuwachses im Plenterwald kann erfolgen:

1. Durch wiederholte Aufnahme der Masse eines Schlages in zeitlichen Abständen. Der periodische Zuwachs ist gleich der Differenz zwischen den Ergebnissen zweier aufeinander folgenden Aufnahmen, plus den in der Zwischenzeit etwa bezogenen Nutzungen. Bezeichnet man mit V_1 die Masse der ersten, mit V_2 die Masse der zweiten Aufnahme, mit N die in der Zwischenzeit erfolgte Nutzung, so ist $Z = V_2 - V_1 + N$. Diese Herleitung wird für jeden Schlag oder jede Abteilung vorgenommen. Durch Summierung der einzelnen Schläge ergibt sich der Zuwachs des ganzen Waldes[1]. Wegen der gleichmäßigen Wachstumsbedingungen, die im Plenterwalde vorliegen, kann der so aus der Vergangenheit abgeleitete Zuwachs für die Zukunft weit besser angewandt werden als im schlagweisen Hochwald, wo der laufende Zuwachs mit der Zunahme des Alters auch unter übrigens gleichen Umständen starke Unterschiede zeigt. Trotz der theoretischen Richtigkeit dieses Verfahrens stehen seiner Anwendung für den Großbetrieb doch nicht unbedeutende Schwie-

---

[1] Das Verfahren ist in der neuern Zeit bekannt geworden durch die sog. Kontrollmethode von Biolley, ausgeführt im Kanton Neuenburg. Vgl. die „Forstl. Verhältnisse der Schweiz" 1914, S. 108.

rigkeiten entgegen, einmal durch den Aufwand an Zeit und Kosten, den es erforderlich macht; sodann durch die Fehler, die bei den Aufnahmen gemacht werden können. Diese wirken auf den Zuwachs in weit stärkerem Maße ein, als auf die Masse. Deshalb ist bei Zuwachsberechnungen dieser Art die größte Genauigkeit erforderlich, wie es auch bei den Arbeiten des Versuchswesens Regel ist, unter den Bedingungen, die bei der Einrichtung großer Reviere vorliegen, aber nicht durchgeführt werden kann.

2. Durch die Ermittelung von Zuwachsprozenten. Diese Methode ist von Danckelmann für die Plenterwaldblöcke des Lehrreviers Eberswalde angewandt worden. Die in den einzelnen Schlägen aufgenommenen Stämme (Kiefern, Buchen) wurden in Klassen (von 7—20, 21—34, 35—50 über 50 cm) eingeteilt. Für jede Klasse wurde das Zuwachsprozent durch Untersuchungen an geeigneten Probestämmen ermittelt. Durch Summierung des Zuwachses der Klassen ergab sich der Jahreszuwachs des betreffenden Schlags und durch Multiplikation desselben mit der Anzahl der Jahre bis zum Hiebe der für den Wirtschaftszeitraum anzusetzende Zuwachs.

Wegen der Umständlichkeit der Rechnung, die mit den genannten beiden Verfahren verbunden ist, wird in der Praxis meist

3. die einfache Schätzung des Zuwachses vorgenommen. Das dabei einzuhaltende Verfahren besteht darin, daß für die einzelnen Abteilungen oder Schläge der Zuwachs nach Maßgabe der Standortsgüte und der Bestandeszustände, insbesondere nach den Anteilen der Stärkeklassen und Holzarten, mit Zuhilfenahme von Ertragstafeln und Benutzung von Erfahrungssätzen bestimmt wird[1]).

b) Vorrat. Bei der obengenannten Formel muß sowohl der wirkliche als auch der normale Vorrat berechnet werden.

Zur Ermittelung des wirklichen Vorrats ist in Verbindung mit der Forderung der Zuwachsberechnung nach 1 und 2 eine genaue, nach Holzarten und Stärkeklassen gesonderte Aufnahme des Vorrats erforderlich. Eine solche ist nun aber wegen der zahlreichen schwächeren Stämme, die im Plenterwald, unregelmäßig verteilt, vorkommen, kaum durchführbar. Daher lassen die meisten Vertreter der Ertragsregelung im Plenterwald die schwächsten Stämme unberücksichtigt. Aber auch bei einer solchen Beschränkung stößt die Anwendung des Verfahrens unter den Bedingungen, die im großen Betriebe vorliegen, oft auf Schwierigkeiten. Daher hat die Praxis von der stammweisen Aufnahme des Vorrats meist Abstand genommen, wie es am bestimmtesten von der Preußischen Staatsforstverwaltung[2]) ausgesprochen wird.

---

[1]) Für die Preuß. Staatsforsten vgl. die Anweisung zur Betriebsregelung v. 1. April 1925, XVI. Plenterwald.

[2]) A. a. O.

Auch dem Nachweis des normalen Vorrats stellen sich im Plenterwalde besondere Schwierigkeiten entgegen. Die Hilfsmittel, die dem
Taxator bei der Schätzung des Vorrats regelmäßiger Hochwaldungen
zur Verfügung stehen — Ertragstafeln für bestimmte Standortsklassen,
Umtriebszeiten und Grade der Bestandesdichte — sind selten vorhanden.
Die Beurteilung des normalen Vorrats beruht auf dem subjektiven
Urteil des Forsteinrichters. Bei dem Danckelmannschen Verfahren
wurde nach Aufrechnung von Vorrat und Zuwachs bemerkt: „Von dem
zur Zeit des Hiebs vorhandenen Holzvorrat sollen ... fm abgenutzt
... fm übergehalten werden". Wenn nun auch das subjektive Urteil
des Forsteinrichters auf diesem wie auf vielen anderen Gebieten von
hohem Wert ist, so müssen ihm doch mehr objektive Hilfsmittel zur
Verfügung gestellt werden, als sie im Plenterwald vorliegen[1]).

3. Hauungs- und Kulturplan.

Die wichtigsten Vorschriften des Hauungsplans haben sich in der
Regel auf folgende Hiebe zu erstrecken:

1. Aushieb der stärksten Stämme, welche ihre Hiebsreife zweifellos
erlangt haben. Bestimmte Vorschriften über das Hiebsalter können im
Plenterwald wegen der Verschiedenheit der Entwicklung von einzelnen
Stämmen nicht gegeben werden.

2. Aushieb von Stämmen, welche eine Abnahme oder keine genügende Zunahme ihres Wertes erwarten lassen.

3. Begünstigung besonders wertvoller Stämme durch Freihieb
ihrer Kronen.

4. Nachlichtung über vorhandenem Jungwuchs, dessen Erhaltung
und Entwickelung erwünscht ist.

5. Herstellung von senkrecht nicht beschirmten Löchern, die insbesondere dann und dort erforderlich werden, wann und wo Lichtholzarten im Plenterwald angebaut werden sollen. Bei der Wahl solcher
Plätze ist der Standort und die Beschaffenheit des vorliegenden Bestandes zu berücksichtigen. Nur bei gleichmäßig beschaffenen Beständen können sie gleichmäßig über die Fläche verteilt werden.

Die Bestandesbegründung ist, soweit entsprechende Bedingungen
vorliegen, im Wege der natürlichen Verjüngung zu bewirken. Diese ist
namentlich für Schattenholzarten (Tanne, Buche, Hainbuche) anwend-

---

[1]) Eine eingehendere Behandlung als in Deutschland ist der Betriebsregelung
des Plenterwaldes zufolge seiner größeren Bedeutung in der Schweiz zuteil geworden. Neben Arbeiten von Fankhauser, Engler, Biolley in schweizerischen
und deutschen Zeitschriften sei hier besonders auf Balsiger: Der Plenterwald
(S. 30f.; Die Betriebsordnung im Plenterwald) und Wernick (Plenterwald.
Allgem. Forst- u. Jagdztg. 1910) hingewiesen. Auch manche Taxationsvorschriften
der Kantonalregierungen sind in der vorliegenden Richtung von Interesse.

bar. Dagegen sind die Lichtholzarten, da der zu ihrer Entwickelung erforderliche Lichtgrad im Plenterwald nicht vorliegt, in der Regel auf künstlichem Wege durch Gruppenpflanzung auf Kahlflächen einzuführen.

II. Niederwaldbetrieb.

Die Grundlage für die Regelung des Niederwaldes bildet die Fläche. Eine als Niederwald zu behandelnde Betriebsklasse wird in eine durch die Höhe der Umtriebszeit bestimmte Zahl von Jahresschlägen geteilt. Alljährlich wird ein Schlag abgetrieben. Die Folge der Schläge ist von der Windrichtung weniger abhängig, als es beim Hochwald der Fall ist. Sie folgt meist den bestehenden Altersstufen, die das Ergebnis der seitherigen Wirtschaft sind.

Die Umtriebszeit wird durch das Ziel der Wirtschaft bestimmt. Bei der wichtigsten Art des Niederwaldes, dem Eichenschälwald, ist dies auf eine möglichst reiche und wertvolle Rindenproduktion gerichtet. Sofern diese ausschließlich bestimmend ist, ergibt sich, daß die Umtriebszeit niedrig zu halten ist (nicht über 20 Jahre). Sofern jedoch bei der Ertragsregelung auch auf das Holz Wert gelegt wird, muß die Umtriebszeit höher gehalten werden[1]). In der Abnahme der Rindenpreise und dem Steigen der Holzpreise liegt daher ein Moment, das eine Erhöhung der Umtriebszeit zur Folge hat.

Die Erträge des Niederwaldes an Derb- und Reisholz werden gutachtlich auf Grund der seitherigen Hiebsergebnisse für die einzelnen Schläge eingeschätzt. Der Hiebssatz ergibt sich durch die Division der Umtriebszeit in die Summe der Holzmasse aller Schläge.

Die Hauungen im Niederwald bestehen meist ausschließlich in Kahlhieben auf den Schlagflächen. Nur ausnahmsweise werden dabei einzelne Stämme übergehalten.

Die Kulturen erstrecken sich auf den Ersatz rückgängiger Stockausschläge. Sie werden in der Regel durch Pflanzung bewirkt. Die dabei einzuhaltenden Verbände sind weiter als bei der Begründung des Hochwaldes. Rückgängige Böden und lückige Bestände können durch den Anbau der Kiefer verbessert werden.

III. Mittelwaldbetrieb.

Der Mittelwald ist in Deutschland fast nirgends mehr in dem ihm eigentümlichen Charakter erhalten[2]). Er befindet sich durch den Grad

---

[1]) In Frankreich werden deshalb von den Niederwaldungen der Gemeinden $76^0/_0$ — von den Niederwaldungen des Staats $56^0/_0$ mit Umtriebszeiten von 20 bis 29 Jahren bewirtschaftet — Statistique forestière, Paris 1878.

[2]) Das klassische Land für den Mittelwald ist Frankreich. Vgl. des Verfassers Mitteilungen im Forstwiss. Zentralblatt 1909, S. 655ff.

und die Art der Haltung des Oberholzes und durch die horstweise Verjüngung im Übergang zum Hoch- und Plenterwald. Es können daher auch keine bestimmten Regeln über seine Betriebseinrichtung gegeben werden.

Die Grundlage für die Hiebsführung bildet die Fläche, die wie beim Niederwald durch die Umtriebszeit des Unterholzes in Schläge geteilt wird. Die Hiebe im Oberholz bestehen darin, daß die ältesten Klassen vollständig genutzt, die jüngeren zugunsten des bleibenden Bestandes und zur Erhaltung der Ausschlagfähigkeit des Unterholzes gelichtet werden.

Für den Abnutzungssatz des Oberholzes bildet wie beim Plenterwald der Zuwachs den Maßstab. Soweit nicht Durchschnittssätze, die aus den Erfahrungen der seitherigen Wirtschaft hervorgehen, angewandt werden können, muß das Oberholz nach Holzarten und Altersklassen getrennt aufgenommen werden. Die Zeit des Hiebes wird für jeden Schlag festgestellt. Der gefundenen Masse wird der Zuwachs für die Zeit von der Aufnahme bis zur Nutzung der Schläge zugesetzt. Für jeden Schlag wird dann gutachtlich festgestellt, wieviel von der zur Zeit des Hiebes vorhandenen Masse genutzt — wieviel übergehalten werden soll. Der jährliche Etat ergibt sich durch Division der Nutzungsmasse aller Schläge mit der Zahl derselben. Sofern auf die Nutzung jährlich gleicher Massen Gewicht gelegt wird, ergeben sich hierdurch bei einer ungleichmäßigen Bestandesverfassung Abweichungen in den Schlaggrenzen, die deshalb auch meist nicht scharf aufgehauen werden. Häufig kann jedoch Ergänzung der Mehr- und Minderergebnisse der Jahresschläge durch die Hiebe im Hochwald vorgenommen werden.

Mit Rücksicht auf die Stockausschläge, von welchen schwächere Kulturen überwachsen werden, ist im eigentlichen Mittelwald Pflanzung mit stärkeren Pflänzlingen herrschende Kulturmethode.

Bei der Verjüngung in größeren Horsten kommen dagegen auch Saaten zur Anwendung, insbesondere bei der Eiche, der wichtigsten Holzart des Mittelwaldes.

IV. Überführungsbestände.

Die in der Überführung zu einer anderen Betriebsart befindlichen Bestände werden nach dem Verfahren derjenigen Betriebsart, der sie zugeführt werden sollen, behandelt. In der Überführung zum Hochwald begriffene Niederwaldungen werden der ihrem Alter entsprechenden Klasse zugeteilt. Bei der Bestimmung über ihre Nutzung ist der Wachsgang der Stockausschläge und die geringe Qualität ihres Holzes zu beachten. Bei der Umwandlung von Mittel- und Plenterwald in Hochwald werden die Altersklassen nach der am stärksten vertretenen Klasse — aber unter Berücksichtigung der sonst noch vorkommenden älteren und jüngeren Klassen — eingeschätzt.

Vierter Teil

Die Kontrolle und Fortführung der Wirtschaftspläne[1]).

Da die Grundlagen der Forsteinrichtung durch Naturereignisse und wirtschaftliche Verhältnisse Veränderungen unterliegen, so bedürfen alle Betriebspläne der Kontrolle und der zeitweisen Berichtigung. Auch wo keine Störungen im Laufe des Wirtschaftszeitraums eintreten, müssen sie nach Ablauf desselben erneuert oder fortgeführt werden.

I. Kontrolle.

Diese hat sich auf den erfolgten Holzeinschlag und sein Verhältnis zu den Ansätzen des Wirtschaftsplans zu erstrecken, ferner auf die eingetretenen Flächenveränderungen und auf sonstige Revierverhältnisse, welche von wirtschaftlicher Bedeutung sind.

1. Kontrolle des Einschlags.

Änderungen gegen die Ansätze des Betriebsplans ergeben sich sowohl durch Fehler der Schätzungen als auch durch Abweichungen in der Hiebsführung. Die Ergebnisse des jährlichen oder periodischen Einschlags müssen gegen die Angaben des Betriebswerks kontrolliert werden. Diesem Zwecke dient ein Kontroll- oder Wirtschaftsbuch, in welches für die einzelnen Unterabteilungen die jährlichen Einschläge eingetragen und zusammengestellt werden.

Die Bestimmungen über die Führung der Kontrollbücher erfolgen durch die leitenden Forstbehörden, die sie in Zusammenhang mit anderen Vorschriften der forstlichen Buchführung zu erlassen haben. Die wichtigste Frage von allgemeiner Bedeutung, die hierbei zu entscheiden ist, betriffs die Feststellung der Grundsätze, nach welchen das Mehr oder Weniger des Einschlags gegenüber dem Soll der Abnutzung mit der Wirkung zu vergleichen ist, daß ein stattgehabter Mehreinschlag eine Einsparung von entsprechender Höhe zur Folge hat und umgekehrt. Die Einheit, welche der Kontrolle des Einschlags zugrunde gelegt wird,

---

[1]) Vgl. hierzu die im 2. Abschnitt des 5. Teils für die einzelnen Staaten gemachten Angaben.

ist ein Festmeter Holzmasse. Das zu kontrollierende Holz kann entweder auf die Gesamtmasse (Haupt- und Vornutzung) ausgedehnt werden oder auf die Hauptnutzung beschränkt bleiben. In beiden Fällen bezieht sich die Kontrolle entweder nur auf das Derbholz oder die Gesamtmasse (Derb- und Reisholz, oder auch Derb-, Reis- und Stockholz).

a) **Ausdehnung der wirksamen Kontrolle auf Haupt- und Vornutzung.** Da die Leistungsfähigkeit des Standorts nur im Gesamtertrag zum Ausdruck kommt, und dieser daher Grundlage und Maßstab für alle forstwirtschaftlichen und forstpolitischen Maßnahmen und Erwägungen bilden muß, so entspricht es sowohl dem Sachverhalt als auch dem Interesse des Eigentümers, daß die wirksame Kontrolle auf den Gesamtertrag ausgedehnt wird und nicht auf die Hauptnutzung beschränkt bleibt. Dieser Grundsatz muß um so mehr eingehalten werden, als eine scharfe Trennung zwischen Haupt- und Vornutzung trotz der gegebenen Begriffsbestimmungen nicht einmal begrifflich, noch weniger aber praktisch durchführbar ist[1]). Ausnahmen von dieser Regel sind nur begründet, wenn die auszuführenden Hauungen lediglich zum Zwecke der Pflege des bleibenden Bestandes vorgenommen werden, wie es namentlich bei den Läuterungshieben der Fall ist. Später aber sind die Vornutzungen viel zu bedeutend, um bei der Kontrolle einfach außer acht gelassen werden zu dürfen. Voraussetzung einer erfolgreichen Kontrolle ist es aber, daß die Vornutzungen auch wirklich bei den Vorarbeiten der Forsteinrichtung mit den vorliegenden Hilfsmitteln der Statistik der Schätzung unterzogen werden. Um aber den Wirtschafter in der Führung der Durchforstungen nicht allzusehr einzuschränken, empfiehlt es sich, daß die Grenzen, bis zu welchen die Abnutzung seitens der Wirtschafter überschritten werden kann, weiter gesetzt werden als bei der Hauptnutzung, und daß im Laufe der Wirtschaftsperiode Änderungen der Vornutzungssätze verfügt werden können.

b) **Beschränkung der wirksamen Kontrolle auf das Derbholz.** Vom Standpunkt theoretischer Konsequenz lassen sich hier analoge Gründe, wie sie vorstehend hinsichtlich der Vornutzungen hervorgehoben sind, dahin geltend machen, daß das Reisholz in die zu kontrollierende Masse einbezogen wird, zumal dasselbe dem Boden mehr anorganische Stoffe entzieht als eine gleiche Menge ausgereiften Holzes. Trotzdem liegen die Verhältnisse hier wesentlich anders als bei den Vornutzungen. Der Ertrag vom Reisholz läßt sich oft gar nicht bestimmt angeben, weil sein Festgehalt sehr verschieden sein kann, und weil es häufig gar nicht benutzt wird, sondern liegen bleibt oder verbrannt wird. Wenn es aber darauf ankommt, die Nutzung an Gesamtmasse festzustellen, so kann das Reisig nach den Erfahrungssätzen der letzten Jahre gutachtlich

---

[1]) Z. B. zwischen Durchforstungen und Vorbereitungsschlägen bei der Buche zwischen starken Durchforstungen und Lichtungen bei der Kiefer und Eiche.

eingesetzt werden. Die Kontrolle wird aber ebenso wie die Ertragsregelung überhaupt besser auf das Derbholz beschränkt.

2. Kontrolle der Flächenveränderungen.

Alle im Laufe der Wirtschaft durch Kauf, Verkauf und Tausch eingetretenen Veränderungen der Eigentumsverhältnisse müssen in den
entsprechenden Büchern der Verwaltung vermerkt werden. Dabei empfiehlt es sich, Änderungen, welche nur eingeleitet sind, von solchen,
welche definitiv abgeschlossen sind, getrennt zu halten. Ebenso müssen
alle Veränderungen in der Benutzungsweise des Bodens nachgewiesen
werden (Übergang von Äckern, Wiesen zum Holzboden und umgekehrt).

Definitive Flächenveränderungen hinsichtlich des Eigentumsverhältnisse, der Kulturart und des Holzbestandes sind auch in die Spezialkarten einzutragen, und zwar entweder alsbald nach ihrem Eintritt
oder bei der nächsten Revision.

3. Kontrolle der Veränderungen im Revierzustand.

Um eine gute Betriebsregelung durchführen zu können, ist es von
großem Wert, daß alle Ereignisse, welche wirtschaftliche Bedeutung
haben, und alle wichtigen Beobachtungen, die bei der Betriebsführung über das wirtschaftliche Verhalten der Holzarten von den Beamten der Verwaltung gemacht sind, schriftlich niedergelegt werden. Dies
geschieht in einem sog. Merkbuch, welches eine fortlaufende Revier-
chronik enthalten soll.

Insbesondere hat sich der Inhalt einer solchen auf die Vermessung,
Abschätzung und Einteilung, auf den Betrieb der Hauungen und
Kulturen, den Ausbau des Wegenetzes, auf eingetretene Naturschäden,
rechtliche Verhältnisse, Absatz, Nebennutzungen, Geldertrag u. a. zu
erstrecken.

II. Revision.

Da die Betriebspläne nur für kurze Zeit (meist für 10 oder 20 Jahre)
Geltung haben sollen, und im Laufe dieser Zeit häufig durch Naturereignisse und wirtschaftliche Verhältnisse Veränderungen der Grundlagen eintreten, so bedürfen alle Betriebspläne nach Ablauf der Zeit,
für die sie eingeteilt sind, oder innerhalb dieser Zeit der Revision, die
zum Teil in Berichtigung der Grundlage der Pläne, zum Teil in der
Fortführung derselben besteht.

Die Ausführung der Revision entspricht in sachlicher Hinsicht
den Bestimmungen, die für neue Betriebswerke Geltung haben. Nach
Inhalt und Form sind die Nachweise nicht wesentlich verschieden von
denjenigen der ursprünglichen Betriebswerke. Ob und in welchem Grade

die Betriebspläne zu erneuern oder nur zu ergänzen sind, hängt von den im abgelaufenen Zeitraum eingetretenen Verhältnissen ab.

Die wichtigsten Aufgaben der Revision betreffen:

1. Die Berichtigung aller Teile des Vermessungswerkes, der Grenzen und Karten.

2. Die Fortschritte der Hauungen und Kulturen.

3. Die Prüfung des Betriebsplans in bezug auf die allgemeinen und die für die einzelnen Abteilungen getroffenen Bestimmungen. (Wahl der Holzarten, Art der Kultur, Durchforstungsbetrieb, Holzpreise usw.).

4. Die Regelung des Abnutzungssatzes.

Die zu diesen Aufgaben erforderlichen Vorarbeiten bestehen im Abschluß aller auf Fläche, Masse und Ertrag gerichteten Nachweisungen einschließlich der Karten. Es soll bei der Revision der gegenwärtige Revierzustand im Vergleich zu dem bei Aufstellung des Betriebsplans vorhandenen dargestellt und Urteil darüber abgegeben werden, wie sich die Bestimmungen des seitherigen Wirtschaftsplanes bewährt haben, und oft sie beizubehalten oder zu verändern sind.

Die Ergebnisse der seitherigen Wirtschaft werden zum Teil in Nachweisungen von tabellarischer Form niedergelegt (wie z. B. alle auf Nutzung, Kultur, Einnahme, Ausgabe und Reinertrag bezüglichen Verhältnisse), zum Teil durch entsprechende Gutachten (wie z. B. über die Art der Verjüngung, Wahl der Holzart, Feststellung der Umtriebszeit u.a.).

Meist erfolgen die Revisionen nach Ablauf von 10 Jahren. In manchen Ländern (Sachsen) finden auch Zwischenrevisionen statt.

Fünfter Teil

Die Methoden der Forsteinrichtung.

Die in den vorausgegangenen Teilen behandelten Gegenstände sind allgemein dargestellt. Ihre praktische Anwendung erfolgt jedoch überall unter dem Einfluß besonderer zeitlicher und örtlicher Verhältnisse. Demnach sind zum Nachweis der befolgten Methoden der Forsteinrichtung einerseits ihre geschichtlichen Entwicklungsstufen, andererseits die in der Gegenwart vorkommenden Verschiedenheiten darzulegen.

Erster Abschnitt.

Übersicht über die geschichtliche Entwicklung der Forsteinrichtung[1].

Wegen der Mannigfaltigkeit der in den deutschen Waldungen vorliegenden Standorts- und Bestandesverhältnisse, der abweichenden Bildungsstufen der Forstbeamten und der Schwierigkeit, gegenseitige Erfahrungen auszutauschen, waren die Wege, welche zur Herstellung einer geordneten Betriebsregelung eingeschlagen wurden, sehr verschieden. Form und Inhalt der Wirtschaftspläne zeigen mannigfache Abweichungen. Geht man aber auf die Kernpunkte der Sache näher ein, so ergibt sich, daß die wirklich zur Anwendung gelangten Verfahren der Betriebsregelung im Grunde viel mehr Gemeinsames haben, als man nach der äußeren Darstellung der Wirtschaftspläne vermutet. Insbesondere erstreckt sich diese Übereinstimmung auf die meisten Vorarbeiten und die Anordnungen über den Hauungs- und Kulturbetrieb, deren Inhalt überall mehr durch die vorherrschenden Verhältnisse des Standorts und Waldbaus als durch die Methode der Forsteinrichtung bestimmt wird. Die für diese am meisten charakteristischen Unterscheidungsmerkmale betreffen die Herleitung des jährlichen oder periodischen Abnutzungssatzes.

---

[1] Eine vollständige Geschichte der Forsteinrichtung soll hier nicht gegeben werden; ihre Darstellung würde den Zweck dieser Schrift überschreiten. Nur die wichtigsten, für das Verständnis der Entwickelung der Ertragsregelung am meisten charakteristischen Erscheinungen sind kurz angegeben.

Fast bei allen Methoden der Ertragsregelung war das Bestreben darauf gerichtet, die Abnutzung für längere Zeit gleichmäßig zu gestalten, zugleich aber auch eine geregelte Abstufung der Altersklassen herbeizuführen. Die Grundlage hierzu bildete einerseits die Fläche, andererseits die auf ihr stockende Masse und der an dieser sich anlegende Zuwachs. Je nachdem das ausschließliche oder vorwiegende Gewicht auf die Fläche oder auf die Masse gelegt wurde, bildeten sich verschiedene Verfahren der Ertragsregelung aus. Die wichtigsten Methoden der Literatur und Praxis sind:

1. Die Flächenteilung; 2 die Fachwerksmethoden; 3. die Vorratsmethoden.

I. Flächeneinteilung (Schlageinteilung).

1. Begriff.

Der Wald oder die Hauptteile desselben (Blöcke, Betriebsklassen) werden in eine der Umtriebszeit entsprechende Zahl von örtlich festzulegenden Schlägen eingeteilt. Wenn nicht besondere Gründe zu Abweichungen vorliegen, erhalten die einzelnen Schläge gleiche Ausdehnung, so daß ihre Größe $= \dfrac{f}{u}$ (oder wenn beim Hochwald eine ein- oder mehrjährige Schlagruhe stattfindet, $= \dfrac{f}{u+1}, \dfrac{f}{u+2}$) ist. Diese Art der Teilung wird auch die reine Flächenteilung genannt. Mit Rücksicht auf die häufig vorherrschenden ungleichmäßigen Verhältnisse machte sich jedoch schon frühzeitig das Bestreben geltend, nicht die Fläche, sondern den auf ihr zu erwartenden Ertrag gleichmäßig zu gestalten. Die Jahresschläge mußten nach Maßgabe der Güte des Bodens und Bestandes derart verändert werden, daß die Flächen zur Standortsgüte oder Bestockung im umgekehrten Verhältnis standen. Ein derartiges Verfahren wird als Teilung in Proportionalschläge bezeichnet. Wegen der Unvollständigkeit der Vermessung und der Schwierigkeit, Flächenreduktionen vorzunehmen, blieb jedoch eine richtige Durchführung dieses Verfahrens beschränkt.

2. Geschichte.

Die Flächenteilung ist die älteste Methode der Ertragsregelung. Sie wurde in zahlreichen Forstordnungen des 16. und 17. Jahrhunderts vorgeschrieben. Eine der ältesten und bekanntesten derselben ist die Forstordnung für die Grafschaft Mansfeld vom Jahre 1585, die anordnete, daß alle Gehölze in 12jährige Gehaue geteilt werden sollten. Ähnliche Bestimmungen wurden auch in vielen anderen Forstordnungen getroffen. Insbesondere gelangte das Verfahren der Flächenteilung in den bevölkerten, ebenen und hügeligen Gegenden Mitteldeutschlands zur Anwendung, wo wegen des starken Holzbedarfs auf die Ordnung des Betriebs zuerst Wert gelegt wurde. Im Laubholzgebiet war hier der Mittelwald nebst ähnlichen Betriebsformen (Niederwald mit Überhalt, Stangenholzbetrieb) herrschend. Hierdurch finden auch die niedrigen Umtriebszeiten, die in fast allen älteren Verordnungen ausgesprochen werden, ihre Erklärung[1]). Erst weit später wurde das Verfahren auf den Hochwald[2]) übertragen.

Für die Kiefernwaldungen Norddeutschlands wurde die Flächenteilung durch die Instruktionen Friedrichs des Großen, welche bald nach seinem Regierungsantritt erlassen[3]) und mehrfach wiederholt wurden, vorgeschrieben: Alle Kiefernforsten sollten nach Verhältnis

---

[1]) So waren z. B. die Mühlhäuser Forsten in 12, die Miltenberger in 16 Schläge eingeteilt, die Forstordnung für das Fichtelgebirge schreibt eine Teilung in 15 bis 18 Schläge vor (nach Schwappach: Forstgeschichte, § 60).

[2]) Bemerkenswert ist in dieser Richtung die Nassauer Forstordnung von 1731, welche bestimmt, daß die Hochwälder in 68, die Nieder- und Rindenwaldungen in 20, die Birken und weichen Hölzer in 14 Jahresschläge geteilt werden. Die Gräflich Wernigerodische Forstordnung von 1745 will die gemischten Laub- und Nadelholzorte zu Kohl- und Brennholz in 80 bis 40 Schläge geteilt haben (nach Pfeil: Forsttaxation, 3. Aufl., S. 17).

[3]) Zunächst durch einen Kabinettsbefehl, wonach das Hauen des Holzes in einem ganzen Forst eingestellt und nur auf gewissen Distrikten geholzt werden sollte. „Da indessen", sagt v. Kropff: System und Grundsätze, 3. Kap., „die Oberforstmeisterstellen durch ausgediente Stabsoffiziere besetzt waren, so verstrich die Zeit darüber bis 1754, wo jene Befehle durch gedruckte Immediat-Reglements wiederholt wurden. Als auch diese ohne sonderliche Wirkung bleiben, so erschien unter dem 6. Jan. 1764 eine . . . . . Immediatinstruktion . . . . . Diese enthält mit Rücksicht auf ihren Sinn und den glorwürdigsten Urheber derselben so merkwürdige und interessante höchsteigene Vorschriften zu der Forsteinteilung, daß sie zum Muster und Regel dienen kann." In Artikel 3 wird gesagt: „Nach Vermessung und Kartierung müssen alle Forsten in 3 gleiche Teile geteilt werden. Ein jedes von diesen drei Revieren wird wiederum nach Beschaffenheit des Bodens in 60, 70 oder 80 Schläge geteilt." — „Es hat jedoch", sagt v. Kropff weiter, „kein sonderlicher Gebrauch davon gemacht werden können, weil die Grenzen der Forsten nicht zugleich überall berichtigt und bei der Einteilung auf den Karten die dabei zu beobachtenden Regeln ganz außer acht gelassen worden sind." — Eine neue Instruktion erschien 1770, die bezüglich der Einteilung die gleichen Bestimmungen enthält wie diejenige von 1764. Wiederum nahmen die Arbeiten einen sehr langsamen Fortgang. v. Kropff suchte die Notwendigkeit einer 140jährigen Umtriebszeit darzulegen, der König bestand auf Einhaltung einer 70jährigen. In den Jahren 1780 und 1783 wurden die letzten Instruktionen erlassen, deren Inhalt oben mitgeteilt ist.

Zur Erklärung der niedrigen Umtriebszeiten, die um die Mitte des 18. Jahrhunderts auch für die Hochwaldungen festgesetzt wurden, gereicht die Tatsache, daß damals weit mehr vom Überhalt Anwendung gemacht wurde als in späterer Zeit und in der Gegenwart. Das Starkholz sollte in doppelter Umtriebszeit erzogen werden. So wird z. B. in der erwähnten Nassauer Forstordnung ausdrücklich hervorgehoben, daß die erforderlichen Waldrechter 3 bis 4 Ruten voneinander entfernt stehen bleiben sollen.

ihrer Größe, Lage und Umstände, ohne Rücksicht auf ihre Beschaffenheit und die Güte des Bodens, zuvörderst in eine gewisse Anzahl Hauptabteilungen, jede derselben aber in zwei gleich große Teile, Blöcke genannt, und jeder Block in 70 gleich große Schläge geteilt, die Hauptabteilungen mit römischen Zahlen, die Blöcke mit *A*, *B*, die Schläge mit den Nummern 1—70 bezeichnet werden.

Ähnlich wie in den norddeutschen Forsten wurde das Verfahren auch in Mittel- und Süddeutschland zur Anwendung gebracht, mit manchen Abweichungen in der Ausführung, die durch die Natur der Waldungen und deren Wirtschaftsziele bestimmt waren. Von hervorragender Bedeutung waren die Einrichtungen, die der Oberjägermeister von Langen in Norwegen, Dänemark und später in den braunschweigischen Weserforsten zur Ausführung brachte. Ihm schlossen sich von Zanthier[1]), Döbel[2]), Büchting und andere Forstwirte des 18. Jahrhunderts an. Auch die Vorläufer der späteren Fachwerkmethoden und deren Vertreter (wie z. B. der nachbenannte Oettelt) selbst sind von der Schlageinteilung ausgegangen und knüpfen an den Jahresschlag an, so daß scharfe Grenzen zwischen der vorliegenden und den Fachwerksmethoden (Flächenfachwerk) nicht immer gezogen werden können[3]).

Die Einführung von Proportionalschlägen wurde zuerst 1741 durch den Förster Jacobi im Göttinger Stadtwald durchgeführt, in der Literatur aber auch von vielen anderen (z. B. Büchting, Oettelt) vertreten.

Auch außerhalb Deutschlands hat die Flächenteilung Anwendung gefunden. So sollen schon im 15. Jahrhundert die Waldungen der Republik Venedig in 27 Schläge eingeteilt worden sein. Insbesondere ist die Flächenteilung in Frankreich durchgebildet und dauernd festgelegt worden. Die durch Colberts Ordonnanzen vom Jahre 1669 veranlaßten Einteilungen der Mittelwaldungen haben sich bis zur Gegenwart erhalten.

---

[1]) Abhandlungen über das theoretische und praktische Forstwesen, mit Zusätzen und Anmerkungen von Hennert. Hier wird bezüglich der Schlageinteilung bemerkt: „Bei der Einteilung ist zu beachten, ob die Lage des Reviers bergig oder eben sei; ferner Klima, Holzgattung usw. Ist das Revier in bergigen Gegenden, so muß man mehr Teile daraus machen, als derjenige nötig hat, dessen Revier in einer Ebene, in einem sanften Klima liegt. Ein Revier dieser Art muß in 50—60 Teile geteilt werden, als soviel Jahre es braucht, ehe es wieder zum tüchtigen Scheit- oder Schlagholz heranwächst; dahingegen das auf einer Ebene in der Zeit von 30—40 Jahren zu gleicher Vollkommenheit kommt. Ist es hingegen vorteilhafter, daß das Holz zu Reisig abgetrieben werde, so erfordert es an den Bergen 20—30 Jahre, auf der Ebene aber nur 15 Jahre Zeit."

[2]) Jägerpractika, Anhang. Hier wird die Abtriebszeit in der Ebene für starkes Bauholz zu 80 Jahren, für geringes Bauholz zu 60 Jahren angegeben. In gebirgigen Gegenden soll sie 10 bis 20 Jahre höher sein.

[3]) Einige Schriftsteller, insbesondere G. Heyer: Waldertragsregelung, 3. Aufl., § 191, ordnen sogar die Flächenteilung der Methode des Flächenfachwerks unter.

3. Würdigung.

Die Flächenteilung hat hauptsächlich deshalb große Bedeutung erlangt, weil sie das Mittel bildete, durch das der alte regellose Plenterbetrieb (das Ausleuchten, plätzige Hauen), dessen Nachteile vielfach in starken Farben geschildert werden, aufgehoben und der schlagweise Betrieb eingeführt wurde. Zugleich wurden dadurch die Bedingungen für einen geregelten Kulturbetrieb geschaffen, dessen Unausführbarkeit im Plenterwald von Beckmann und anderen Schriftstellern jener Zeit überzeugend dargelegt ist. Für den Mittelwald mit kurzer Umtriebszeit und regelmäßiger jährlicher Schlagführung war das Verfahren durchaus geeignet. Bei der Übertragung auf den Hochwald traten jedoch Nachteile hervor, die seine Anwendung bald einschränkten oder aufhoben. Die wesentlichsten Mängel sind folgende:

a) Die Umtriebszeit muß bei der Flächenteilung, die ihre Jahresschläge dauernd abgrenzt und versteint, als eine unveränderliche Größe angesehen werden. Tatsächlich unterliegt sie aber je nach der Holzart, der technischen Behandlung, den Wirtschaftszielen und äußeren Einflüssen im Laufe längerer Zeit manchen Abweichungen, wie aus der Geschichte der Hochwaldungen, in denen Flächenteilungen stattgefunden haben, am besten zu ersehen ist.

b) Den waldbaulichen Forderungen, die an die Betriebsregelung zu stellen sind, kann bei der Führung der Wirtschaft nach der Flächenteilung nicht genügend Rechnung getragen werden. Selbst beim regelmäßigen Kahlschlag müssen oft Abweichungen von der gleichmäßigen Aneinanderreihung der Schläge stattfinden. Noch weniger können die künstlich abgegrenzten Jahresschläge bei der natürlichen Verjüngung zur Grundlage der Betriebsführung dienen, weil hier die gleichzeitig in Angriff zu nehmenden Flächen durch die Standorts- und Bestandesverhältnisse und die Häufigkeit der Samenjahre so bestimmt vorgeschrieben werden, daß künstliche Abgrenzungen für längere Zeit nicht tunlich sind. Auch andere Hiebe (Lichtungshiebe, Durchforstungen, Einschläge infolge von Naturschäden) bewirken Abweichungen in der Größe der jährlichen Abtriebsschläge.

c) Im Gebirge mit wechselndem Terrain ist die Bildung gleicher oder sachgemäß reduzierter Schläge in bezug auf Form und Zusammengehörigkeit der Flächenteile nicht durchführbar.

In der neueren Forstwirtschaft bleibt die Flächenteilung auf den Nieder- und Mittelwald beschränkt. Mit der Überführung dieser Betriebsarten in den Hochwald schwindet die Berechtigung der vorliegenden Methode in der Neuzeit mehr und mehr. — Auch für den Plenterwald bildet die Schlageinteilung die örtliche Grundlage der Ertragsregelung.

II. Die Fachwerksmethoden.

Seitdem die volkswirtschaftliche Bedeutung der Forstwirtschaft erkannt war, wurde das Ziel der Betriebsregelung dahin gerichtet, den Ertrag nachhaltig zu gestalten. Wegen der Unentbehrlichkeit des Nutz- und Brennholzes, der Beschränktheit des Absatzes, der Schwierigkeit, Ersatzstoffe für Holz zu beschaffen, und der Belastung der meisten Wälder mit Servituten, welche den Eingang von Erträgen in jährlich gleicher Höhe erforderlich machten, mußte eine möglichst gleichmäßige Verteilung der Nutzungen auf die Jahre oder Perioden der Zukunft angestrebt werden. Insbesondere wurden an die Staatswaldungen nach dieser Richtung strenge Anforderungen gestellt, da die Sorge für die Befriedigung des Holzbedarfs als eine wichtige Aufgabe der Forstpolizei angesehen wurde. Zugleich sollte aber auch die Rücksicht befolgt werden, daß die Bestände nicht früher zur Nutzung gelangten, als bis sie ein gewisses Alter, das der gewünschten Verwendung entsprach, erreicht hatten. Beiden Rücksichten konnte man jedoch nicht immer gerecht werden. In den meisten Fällen mußten nach der einen oder anderen Seite Abweichungen eintreten. Das Verfahren der Fachwerksmethode war folgendes:

Zum Zwecke des Nachweises der zeitlichen Verteilung der Erträge eines Reviers oder Revierteils wurde ein bestimmter Zeitraum, ein sog. Einrichtungszeitraum, festgestellt, für dessen Dauer der aufzustellende Wirtschaftsplan Gültigkeit haben sollte. Derselbe wird in der Regel gleich der Umtriebszeit angenommen, bei verschiedenen Umtriebszeiten gleich der am stärksten vertretenen. Kleinere Unterschiede (von geringem Grade oder auf beschränkten Flächen) blieben meist unberücksichtigt. Bei starken Unterschieden auf großen Flächen wurden besondere Verbände (Hauptwirtschaftsteile, Blöcke, Betriebsklassen) ausgeschieden, für die die Nachhaltigkeit des Ertrags besonders nachgewiesen wurde.

Der Einrichtungszeitraum wird in Zeitabschnitte, Perioden, von gleicher Dauer geteilt. Beim Hochwald waren diese meist zwanzigjährig. In der ersten Zeit des Fachwerks wurden aber meist längere Perioden gebildet, so von Cotta, Hartig u. a. In manchen Länderr (Bayern, Frankreich) haben sich längere Perioden bis zur neuesten Zeit erhalten. Im Mittel- und Niederwald wurden dagegen, sofern sie überhaupt nötig erschienen, kürzere Perioden gewählt.

Jeder Bestand (Unterabteilung) wurde gemäß der Folge der wirtschaftlichen Einteilung einer bestimmten Periode zugewiesen. Maßgebend für die Einordnung in die Perioden war zunächst das Alter Zum Nachweis der in dieser Hinsicht bestehenden Verhältnisse wurde eine Altersklassen-Tabelle aufgestellt und dem Wirtschaftsplan bei gefügt. Neben dem Alter wurde bei der Einordnung der Bestände in die Perioden des Wirtschaftsplanes auch auf den Gesundheitszustand und andere Verhältnisse (Hiebsfolge, Bodenbeschaffenheit) Rücksicht genommen. Die Altersklassen wurden in der Regel nach Holzarten geordnet.

Am Schlusse des Wirtschaftsplanes wurden die Altersklassen und Periodenflächen für die einzelnen Revierteile und das ganze Revier zusammengestellt. Die Abschlüsse weisen nach, wie sich die Nutzungsanteile für die Perioden gestalten. Ergibt sich nach Abschluß der Tabelle eine das zulässig erscheinende Maß übersteigende Ungleichheit der Nutzungen, so findet ein Verschieben von Beständen aus Perioden, die zuviel Nutzungsanteile besitzen, in solche, welche Mangel haben, statt. In der Regel soll dabei nur in die nächstliegenden Perioden vor- und zurückgeschoben werden.

Je nachdem die Gleichstellung auf die Fläche oder auf die Masse oder auf beide gerichtet wurde, haben sich verschiedene Arten des Fachwerks ausgebildet: Das Flächenfachwerk, das Massenfachwerk und das kombinierte Fachwerk. Es bleibt jedoch zu bemerken, daß eine scharfe Abgrenzung dieser drei Arten des Fachwerks nicht möglich ist[1]), vielmehr gilt ziemlich allgemein die im Wesen der Sache liegende Forderung, daß bei der Betriebsregelung auf die Fläche und Masse Rücksicht genommen werden muß; jene Unterscheidung liegt nur insoweit wirklich vor, als der eine oder andere Faktor in den Vordergrund gestellt wird.

1. Das Flächenfachwerk.

a) Begriff. Wie der Name sagt, soll hier die Fläche den Regulator der Abnutzung bilden. Das Ziel der Betriebsregelung ist beim Flächenfachwerk dahin gerichtet, daß nicht nur eine gleichmäßige Abnutzung, sondern auch eine gute Lagerung der periodischen Betriebsflächen herbeigeführt wird.

Die örtliche Grundlage für die Anwendung des Flächenfachwerks bildet zunächst die Einteilung in ständige, durch Wirtschaftsstreifen, Schneisen, Wege usw. begrenzte, von der Umtriebszeit unabhängige Wirtschaftsfiguren, die nach Beseitigung der alten, durch die Umtriebszeit bestimmten, örtlich festgelegten Schlageinteilung in den meisten geordneten Forstbetrieben — zunächst in der Ebene, später aber auch im Gebirge — durchgeführt wurde. Die Entstehung des Flächenfachwerks steht daher, wie insbesondere aus der Geschichte des preußischen

---

[1]) Hierdurch finden die verschiedenartigen Auffassungen über die Stellung mancher Vertreter des Fachwerks (z. B. H. Cottas) ihre Erklärung. Bei älteren Schriftstellern (vgl. namentlich Pfeil: Forsttaxation, 3. Aufl., S. 69 ff.) kommt eine Teilung des Fachwerks in der hier angegebenen Richtung gar nicht vor.

Forsteinrichtungswesens zu ersehen ist[1]), mit der systematischen Einteilung in unmittelbarem Zusammenhang.

Bei der Einordnung der Flächen in die Perioden wurde das Augenmerk dahin gerichtet, daß innerhalb der ständigen Wirtschaftsfiguren (Abteilungen, Jagen) die Verschiedenheiten der Bestände in bezug auf die Zeit ihrer Abnutzung, soweit es ohne große Opfer zulässig erschien, vermindert wurden. Bei großen gleichaltrigen Bestandsmassen, wie sie in zusammenhängenden Waldgebieten meist vorlagen, konnte oft die ständige Wirtschaftsfigur als die Einheit für das Fachwerk angenommen werden.

Für die Bestimmung der Perioden, denen die einzelnen Bestände zugewiesen wurden, war neben deren Alter und Beschaffenheit (Bodenzustand, Wuchs, Schluß) in erster Linie die gegenseitige Lagerung der Altersklassen maßgebend. In der Anbahnung einer guten Ordnung der Wirtschaftsflächen liegt der wichtigste und nachhaltigste Einfluß, den das Flächenfachwerk für die Betriebsregelung gehabt hat. In den durch die Einteilung gegebenen Rahmen sollten die Periodenflächen so eingefügt werden, daß die Bestände bei ihrer Inangriffnahme gegen die Schäden durch Wind und Sonne tunlichst geschützt waren. Die periodische Abnutzung der Fläche sollte daher von Ost und Nord gegen West und Süd fortgesetzt werden. Bei der in Norddeutschland am häufigsten vorliegenden Richtung der Gestelle von Ost nach West und der entsprechenden Periodenfolge war zugleich das Augenmerk dahin gerichtet, daß die nördlichen Jagen vor den südlichen in Angriff genommen wurden. Es wurde ferner als wünschenswert angesehen, daß nicht zu große Flächen mit Holz von gleichem Alter beisammen lagen.

Die Ausstattung der Perioden erfolgte entweder mit wirklichen oder auch mit reduzierten Flächen. Die Reduktion wurde, entsprechend dem Grundgedanken, daß die Fläche den bestimmenden Faktor der Ertragsregelung bilden müsse, nach der Standortsgüte bewirkt, für die der Haubarkeitsdurchschnittszuwachs den Maßstab bildete. Die Reduktion wurde entweder auf die beste oder auf die mittlere Bonität bezogen, so daß im letzteren Falle, wenn die dritte Standortsklasse bei einem Durchschnittszuwachs von 6 Festmetern die Einheit bildete, die erste, wenn deren Durchschnittszuwachs 12 Festmeter betrug, mit einem Reduktionsfaktor $= 2,0$, die fünfte bei einem Durchschnittszuwachs von 3 Festmetern mit einem Reduktionsfaktor von 0,5 ausgestattet wurde. Da eine richtige Reduktion schwer durchführbar ist, und die

---

[1]) Den unter I erwähnten Instruktionen Friedrichs des Großen folgte bald nach dessen Tode, nachdem 1787 die Leitung des Vermessungswesens dem ehemaligen Artillerieleutnant Hennert übertragen war, die Bestimmung, daß die preußischen Staatsforsten der Ebene in Jagen eingeteilt werden sollten. (Reglement von 1796 und Instruktion für die Kgl. Pr. Forstgeometer von 1819.)

rechnerische Arbeit dadurch sehr vermehrt wird, so ist in der Praxis
von der Reduktion meist Abstand genommen und der Nachweis der
Verteilung nach den wirklichen Flächen als genügend angesehen worden.

Die Massenberechnung wurde beim Flächenfachwerke auf die der
ersten Periode zugewiesenen Bestände beschränkt. Der gegenwärtige,
durch vollständige Aufnahme oder durch Probeflächen oder auch durch
Okularschätzung ermittelten Masse wird der Zuwachs für die Mitte der
Periode zugefügt.

b) Geschichte. Die Bedeutung der Fläche als Regulator der Betriebsregelung hat unter den älteren Vertretern des Fachwerks H. Cotta am
entschiedensten betont. Auf ihn wird daher auch die spätere Anwendung dieser Methode meist zurückgeführt. Die Beispiele zu Cottas
Taxation und Forsteinrichtung zeigen zwar die Form des kombinierten
oder sogar des reinen Massenfachwerks[1]. Aber der mehr und mehr
hervortretende Grundgedanke in Cottas Schriften geht doch dahin,
daß die Regelung der Flächen wichtiger sei als die Massenermittelung,
daß daher, wenn in dieser Beziehung Differenzen hervortreten, die Abnutzung gemäß der Fläche, nicht aber umgekehrt die Flächenabnutzung
nach der Masse zu berichtigen ist.

Indessen schon vor Cotta war das Wesen der vorliegenden Methode
erkannt und diese, wenn auch in abweichender Weise, angewandt
worden. Das Flächenfachwerk ist fast unmerklich aus der älteren
Flächenteilung hervorgegangen, indem an Stelle der Jahresschläge die
Periodenfläche (das Zwanzigfache der Jahresschläge) gesetzt und von
der Festlegung der Schlagfläche in der Natur Abstand genommen
wurde. Als der hervorragendste unter den Vorläufern des Fachwerks
muß Oettelt[2] bezeichnet werden, der einerseits die Schlageinteilung
mit reinen und reduzierten Flächen zur Anwendung brachte, andererseits aber eine Ordnung der Bestände nach Altersklassen vornahm, die
nicht, wie es später allgemein geschah, nach gleichen Abstufungen, sondern nach natürlichen, ungleich langen Wuchsklassen gebildet waren.
Es wurde dann bestimmt, daß in den ältesten Beständen so lange gehauen
werden sollte, bis die Bestände der folgenden Klasse das Alter der Hiebsreife erlangt hätten. Hierdurch ergaben sich auch ungleich lange Perioden.

Unter den späteren Vertretern ist insbesondere v. Wedekind[3]

---

[1]) Von einigen Schriftstellern, insbesondere G. Heyer: Waldertragsregelung,
3. Aufl., S. 307, wird deshalb H. Cotta den Vertretern des Massenfachwerks ein-
geordnet.

[2]) Praktischer Beweis, daß die Mathesis bei dem Forstwesen unentbehrliche
Dienste tue, 3. Aufl., 1756. Ein klarer Einblick in die Art der Ertragsregelung
ist aus dieser trefflichen Schrift jedoch nicht zu erlangen; daher manche Widersprüche in der Literatur.

[3]) Anleitung zur Betriebsregulierung und Holzertragsschätzung der Forsten,
2. Aufl., 1839.

zu nennen, der eine Instruktion über alle Teile der Forsteinrichtung entwarf. Für die Ertragsregelung wurde ein Fachwerk empfohlen, bei dem die nach der Standortsgüte oder auch nach der Bestandesgüte reduzierte Fläche nachgewiesen wurde. In sehr einfacher Form hat auch Burckhardt[1]) die Ertragsregelung nach der Fläche vertreten.

In der Praxis hat das Flächenfachwerk vorzugsweise unter einfacheren Verhältnissen, insbesondere beim regelmäßigen Kahlschlagbetrieb, Anwendung gefunden. So z. B. in Sachsen, Hannover, Hessen. Auch in Preußen ist es tatsächlich in der 2. Hälfte des 19. Jahrhunderts die herrschende Methode der Ertragsregelung in den Staatsforsten, insbesondere in den im Kahlschlag behandelten Kiefernrevieren gewesen, ohne daß Mißstände hervorgetreten wären. Je mehr sich aber die Wirtschaftsführung vom Kahlschlagbetrieb entfernte, um so weniger erschien es geeignet, den Maßstab für die Abnutzung zu bilden.

c) **Beurteilung.** Das Flächenfachwerk hat den Vorzug der Einfachheit und leichten Anwendbarkeit. Im Laufe einer Umtriebszeit wird, wenn keine Störungen eintreten, das normale Altersklassenverhältnis hergestellt. Hierbei ist jedoch zu beachten, daß der Begriff des Normalen kein allgemein gültiger, bleibender ist, daß namentlich auch die Umtriebszeit im Laufe längerer Zeit sich ändert. Dagegen haften dem Flächenfachwerke folgende wesentlichen Mängel an:

1. Es wird keine Rücksicht auf die vorhandenen Bestandesverhältnisse (Altersklassen-Verhältnis, Vorrat, Zuwachs) genommen. Diese müssen aber bei der Feststellung des Maßes der Nutzung unter allen Umständen gewürdigt werden. Beim Vorherrschen alter, lückiger, zuwachsloser Bestände muß mehr, unter entgegengesetzten Verhältnissen weniger an Fläche genutzt werden, als der Regel des Flächenfachwerks entspricht.

2. Viele Nutzungen finden in der Fläche keinen genügenden Ausdruck. Dahin gehören z. B. Hiebe, welche die Verjüngungen vorbereiten (Vorbereitungsschläge), starke Durchforstungen in älteren Beständen; Lichtungshiebe, Nutzungen von Stämmen infolge von Naturschäden, Aushiebe von Überhältern. Solche Nutzungen müssen deshalb, wenn sie beim Flächenfachwerk berücksichtigt werden sollen, künstlich auf Fläche reduziert werden. Beim Vorherrschen solcher Nutzungen treten die dem Flächenfachwerk sonst anhaftenden Vorzüge zurück.

2. Das Massenfachwerk.

Hier ist das Bestreben des Taxators dahin gerichtet, den Perioden des Einrichtungszeitraums gleiche (oder etwas ansteigende) Erträge zuzuweisen. Die Massen der 1. Periode werden in der Regel durch

---

[1]) Hilfstafeln für Forsttaxatoren, 3. Aufl., 1873.

spezielle Aufnahme von ganzen Beständen oder Probeflächen ermittelt, die der späteren Perioden nach Ertragstafeln oder sonstigen Hilfsmitteln angesetzt.

Der einflußreichste Vertreter des Massenfachwerks ist G. L. Hartig. Aber schon vor ihm hat das Massenfachwerk an vielen Orten bestanden. Manche der älteren Vertreter weichen jedoch dadurch von Hartig ab, daß die von ihnen gebildeten Altersklassen und Perioden ungleich lang sind.

a) **Ältere Vertreter (vor G. L. Hartig).** Unter den zahlreichen älteren Vertretern des Massenfachwerks und der ihm vorausgegangenen Massenteilung sind besonders folgende hervorzuheben:

J. G. Beckmann, Gräfl. Schönburgscher Jäger in Lichtenstein bei Zwickau. Er wird als der erste Forstmann bezeichnet, der Holzmassenaufnahmen zum Zwecke der Ertragsregelung praktisch durchführte. Die abzuschätzenden Waldungen wurden mit Bindfaden umzogen und die einzelnen Stämme durch Einschlagen von Birkennägeln kenntlich gemacht, deren verschiedene Farbe die Stärken der Stämme bezeichnete. Der kubische Inhalt der Stämme wurde für die verschiedenen Stärkenklassen nach dem Augenmaß taxiert. Der Masse wurde ein nach Prozenten ($2^1/_2\,^0/_0$ auf gutem, $2\,^0/_0$ auf mittelmäßigem, $1^1/_2\,^0/_0$ auf schlechtem Boden) bemessener Zuwachs hinzugefügt. Eine solche Rechnung wurde für den ganzen Wald und für die ganze Umtriebszeit entworfen. Beckmanns Methode erregte Aufsehen und fand Anwendung. Über den wichtigsten Punkt der Ertragsregelung, wie nämlich der jährliche Abnutzungssatz ermittelt werden soll, ist jedoch aus seinen Schriften nichts zu entnehmen[1]).

v. Wedell, Landjägermeister in Schlesien. Er führte in den umfangreichen Waldungen des Kammerdepartements Breslau ein einheitliches Verfahren der Betriebsregelung ein, das jedoch wegen seiner Umständlichkeit bei der Wirtschaftsführung nicht lange hat eingehalten werden können. Zur allgemeinen Kenntnis ist es durch den Forstmeister Wiesenhavern[2]) gebracht worden. Größere Reviere wurden nach Verschiedenheit der Holzart, des Bodens, der Lage, der Betriebsart, der Servituten und des Absatzes in Blöcke eingeteilt und diese wieder in Schläge von schmaler Form. (Bisweilen sollten auch Kulissenhiebe geführt werden.) Die Größe der Schläge war der Standortsgüte entgegengesetzt. Unter regelmäßigen Verhältnissen war durch solche Proportio-

---

[1]) In Judeich: Forsteinrichtung, wird hierzu bemerkt: „Die Summe aus dem vorhandenen Vorrat und dem an ihm erfolgenden .... Zuwachs verteilte er (wahrscheinlich durch mühsames Probieren) auf die einzelnen Jahre eines Zeitraumes, welcher ihm hinreichend erschien, um die ersten Schläge wieder haubar werden zu lassen."

[2]) Anleitung zu der neuen, auf Physik und Mathematik gegründeten Forstabschätzung. 1794.

nalschläge ein Maßstab der Nutzung gegeben. Unter den meist vorliegenden sehr unregelmäßigen Verhältnissen sollte die Nutzung nach Maßgabe der vorhandenen Alter und Bonitäten geregelt werden, die deshalb aufgenommen wurden. Die Bonitäten waren nach 4 Klassen gebildet; die Zahl der Altersklassen war verschieden. Die gesamte Holzmasse wurde nach Probeflächen ermittelt. Durch Division der Summe der geschätzten Masse durch die Umtriebszeit ergab sich der mittlere jährliche Abnutzungssatz, dessen Anwendung jedoch durch die Forderung berichtigt wurde, daß die nächstjüngere Klasse nicht früher herangezogen werden durfte, als bis sie das Alter der Haubarkeit erreicht hatte.

Hennert[1]), Geh. Forstrat in Berlin. Wie v. Wedell in Schlesien, so führte Hennert in der Mark Brandenburg eine geordnete Betriebsregelung ein. Die Staatsforsten wurden nach Aufhebung der früheren Schlageinteilung in Jagen eingeteilt und vermessen. Dabei wurden die Bestände nach 3 Standortsklassen bonitiert und nach Altersklassen geordnet. Diese waren für die Hauptholzarten verschieden gebildet. Für die Kiefer waren es 4 Klassen: von 70—140, 40—70, 15—40, 0—15 Jahren. Der Ermittelung der Masse und Einschätzung des ganzen Holzvorrats wurden Probeaufnahmen zugrunde gelegt. Bei der Disposition über die Nutzung galt als Regel, daß in den jüngeren Klassen nicht früher Endhiebe geführt werden sollten, als bis sie das Alter der Reife erlangt hatten. Daher waren die Massen für die einzelnen Perioden besonders zu berechnen. Der jährliche Etat der nächsten Periode, der durch die 70—140 Jahre alten Bestände zu decken war, wurde so berechnet, daß die Masse derselben durch 70 geteilt wurde. Ebenso geschah es für die späteren Perioden. Die periodische Nutzung gestaltete sich daher in den Altersklassen verschieden. Bei großer Ungleichheit derselben wurden Verschiebungen der Nutzungen für zulässig erachtet.

Ähnliche Verfahren wie von v. Wedell und Hennert sind auch von dem Kurfürstlich Sächsischen Oberförster Maurer[2]) und dem kurpfälzischen Forsttaxator Schilcher[3]) bekanntgemacht worden.

b) Das Verfahren G. L. Hartigs. Es ist zunächst durch seine einflußreiche Schrift[4]), später in der Form einer Instruktion[5]) niedergelegt.

Den besten Ausdruck findet die von G. L. Hartig vertretene Methode der Betriebsregelung in dem Taxationsregister für Hoch-

---

[1]) Anweisung zur Taxation der Forsten. 1791.
[2]) Betrachtungen über einige ... Lehrsätze. 1783.
[3]) Über die zweckmäßigste Methode, den Ertrag der Waldungen zu bestimmen. 1796.
[4]) Anweisung zur Taxation der Forsten. 1795.
[5]) Instruktion, nach welcher bei spezieller Abschätzung der Kgl. Preuß. Forsten verfahren werden soll. 1819.

waldungen, welches der Instruktion von 1819 beigefügt ist[1]). Hier werden die einzelnen Bestände in geordneter Folge (nach Blöcken, Jagen, Abteilungen) aufgeführt und nach Standort und Bestand beschrieben. Dann folgen Angaben über Zuwachs und Masse. Die Erträge werden, geordnet nach Sortimenten (Nutzholz, Kloben, Knüppel, Reis) für alle Perioden des Einrichtungszeitraums nachgewiesen. Die Dauer der Periode wurde zunächst zu 30 Jahren, später zu 20 Jahren angenommen.

Beim Entwurf des Taxationsplanes[2]) sollte davon ausgegangen werden, „daß der Holzertrag in jeder Periode nicht viel verschieden und von Periode zu Periode etwas steigend sein soll, — daß, wenn es die Umstände erlauben, die Hochwaldungen für sich gleichen oder nicht viel abweichenden Holzertrag gewähren, — daß, wenn es ohne Nachteil geschehen kann, jede Holzgattung im Hochwald für sich periodisch fast gleichen Ertrag geben soll, — daß aber in dem Falle von der Gleichheit des periodischen Ertrags einer jeden Holzgattung abgewichen werden soll, wenn sie ohne beträchtlichen Verlust an Zuwachs nicht stattfinden kann, oder wenn eine andere Holzgattung, deren periodischer Ertrag ebenfalls abweicht, die Lücke ausfüllen kann". Wenn hiernach Hartigs Verfahren als strengstes Massenfachwerk zu bezeichnen ist, so wurde doch auch die Fläche als Hilfsmittel bei den Schätzungen und Verschiebungen herangezogen.

Die Aufnahme der Holzmasse soll in der Regel in haubaren und gering haubaren, reinen und gemischten Beständen mittels Probeflächen erfolgen[3]). Die Haubarkeitserträge für jüngere Bestände sollen nach Erfahrungstabellen angesetzt werden; ebenso die Durchforstungserträge. Für die Aufstellung solcher Ertragstabellen werden besonders Regeln gegeben; ebenso für die Ermittelung des Zuwachses.

Eine Generaltabelle gibt an, wie hoch sich der jährliche Einschlag für die einzelnen Holzarten an Sortimenten (Nutzholz, Kloben, Knüppel, Reis), getrennt nach haubarem Holz und Durchforstungsholz, gestalten wird.

Auch für Niederwaldungen, die in Jagen und Schläge geteilt werden, sollen die Erträge, geordnet nach Holzarten und Sortimenten, nach Perioden von 10- oder 5jähriger Dauer für 2 Umtriebszeiten nachgewiesen werden.

---

[1]) Anlage E der Instruktion.

[2]) In dem für das Verfahren Hartigs am meisten charakteristischen 7. Abschnitt der Instruktion.

[3]) 8. Abschn., 1. Kap. d. Instr.: „Wenn ein haubarer Holzbestand zu taxieren ist, so hat ihn der Taxator erst zu untersuchen, ob er allenthalben gleichen Holzbestand hat. Wäre dies nicht der Fall, so muß er nach Verschiedenheit der Güte des Bodens in mehrere Abteilungen gebracht werden. Ist dies geschehen, so werden in jeder gleich bestandenen Abteilung 3 gleich große Probeflächen an verschiedenen Orten . . . . abgeschätzt."

Wenn auch das vorliegende, kurz dargestellte Verfahren wegen der Umständlichkeit der Berechnungen eine unmittelbare Anwendung kaum gefunden hat, so hat Hartig doch durch die Forderung der Aufstellung von Wirtschaftsplänen, durch die Feststellung allgemeiner Grundsätze für die Betriebsarten, Holzarten und Umtriebszeiten, durch die Vorschrift über die Ermittelung des Vorrats und Zuwachses und die Aufstellung von Ertragstafeln weitgehenden Einfluß auf die Entwickelung des Forsteinrichtungswesens ausgeübt.

c) **Beurteilung.** Vor dem Flächenfachwerk hat das Massenfachwerk den Vorzug, daß den Ansprüchen des Waldbesitzers und der Holzkonsumenten mehr Rechnung getragen wird. Die wesentlichsten ihm anhaftenden Mängel sind:

a) Die Gleichheit der Nutzungen entspricht oft nicht dem Interesse des Waldbesitzers. Beim Vorherrschen alter Bestände kann dieser verlangen, daß in der nächsten Periode mehr genutzt wird, als der periodischen Gleichheit der Erträge entspricht; im umgekehrten Falle weniger. Auch im Interesse der Konsumenten, welches das Massenfachwerk vertritt, ist eine strenge Gleichstellung der periodischen Erträge nicht erforderlich.

b) Die Ertragsberechnungen für die späteren Perioden sind unsicher. Die zukünftige Behandlung der Bestände ist (auch abgesehen von Naturschäden) von Verhältnissen abhängig, die in der Gegenwart noch nicht beurteilt werden können. Für unregelmäßige Verhältnisse, unter denen die Methode vorzugsweise angewandt werden sollte, fehlen die erforderlichen Hilfsmittel der Massenberechnungen.

3. Das kombinierte Fachwerk.

Eine Verbindung der Rücksichtnahme auf Fläche und Masse, die das charakteristische Merkmal des kombinierten Fachwerks bildet, wurde zuerst von H. Cotta empfohlen und durchgeführt. Cotta stellt in seiner älteren Schrift[1]) Wirtschaftspläne auf, in denen die Flächen und Massen — diese getrennt nach Holzarten und Sortimenten — nachgewiesen werden. In seinen späteren Schriften[2]) sind sogar Beispiele mit Ertragsnachweisen enthalten, welche lediglich die Massen angeben. Gleichwohl lehrt der Inhalt jener Schriften, daß Cotta fortgesetzt mehr Wert auf die Fläche gelegt hat, wie aus den Sätzen klar hervorgeht, die er als das Resultat seiner „geprüften Erfahrungen" bezeichnet[3]). Hierin lagen aber gerade die wichtigsten Keime für die

---

[1]) Systematische Anleitung zur Taxation der Waldungen. 1804.

[2]) Anweisung zur Forsteinrichtung und Abschätzung. 1820.

[3]) „Kein Forsttaxator kann den Holzertrag genau und sicher angeben. Eine gute (auf die Fläche gegründete) Einrichtung des Waldes ist gewöhnlich viel wichtiger als die Ertragsbestimmung."

weitere Entwicklung seiner Lehre und ihrer praktischen Anwendungen, wie sie zunächst in Sachsen und später auch in anderen Ländern gemacht wurden.

Wenn nun auch die vereinigte Rücksichtnahme auf Fläche und Masse dem Wesen und den Zwecken der Betriebsregelung entspricht und als Regel angesehen werden kann, so war es doch außerordentlich schwierig, dieser zweifachen Rücksichtnahme so bestimmte Fassung zu geben, wie es die Aufstellung eine Planes in der Form des Fachwerks erforderlich macht. Die Anwendung des kombinierten Fachwerks stieß auf dieselben Hindernisse, die beim Massenfachwerk hervorgehoben wurden: es fehlen genügende Hilfsmittel für den Nachweis der Erträge, insbesondere der späteren Perioden. Selbst für regelmäßige Bestände waren keine Ertragstafeln vorhanden, die man als Grundlage hätte benutzen dürfen. Noch weniger war dies bei unregelmäßigen Verhältnissen der Fall, unter denen das kombinierte Fachwerk doch besonders zur Anwendung kommen sollte, da für normal bestandene Reviere allgemein die Flächenregelung als genügend erachtet wurde. Eine Gleichstellung der Flächen und Massen ist bei unregelmäßigen Verhältnissen nicht ausführbar. Wenn die Althölzer schlechtwüchsig und lückig sind, während die Mittel- und Junghölzer sich in gutem Zustand befinden, so muß mehr Fläche zur Nutzung herangezogen werden, wenn die periodischen Nutzungen gleich sein sollen. Im umgekehrten Falle, bei sehr massenreichen Althölzern, ist, um Ertragsgleichheit zu bewirken, weniger Fläche zu nutzen. Ferner waren die mit dem Streben nach Gleichstellung der Erträge erforderlichen Verschiebungen beim kombinierten Fachwerk sehr schwierig. Endlich ist zu beachten, daß der Nachweis der Nachhaltigkeit in allgemeingehaltenem Sinne auf einfachere Weise gegeben werden kann, nämlich durch Reduktion der Fläche nach Maßgabe nicht nur der Standortsgüte, sondern auch der Bestandesbeschaffenheit. Wenn auch solche Reduktionen nicht empfohlen werden können, so geben sie doch dem gutachtlichen Urteil einen einfacheren und besseren Ausdruck als die umständlichen Berechnungen des kombinierten Fachwerks, die in ihrer zahlenmäßigen Bestimmtheit wenig Wert besitzen.

Wegen der angegebenen Schwierigkeiten hat die Entwicklung des kombinierten Fachwerks im allgemeinen die Richtung zu größerer Einfachheit genommen. Cotta hat selbst eine solche Richtung vertreten, wenn er sagt: „Große Künsteleien sind hier unnütz, das einfachste Verfahren ist das beste." In dieser Einsicht lag die wesentlichste Ursache, daß Cottas Einrichtung eine weit größere Anwendung und Fortbildung erfahren hat als diejenige von Hartig. Die meisten Vertreter Süd- und Norddeutschlands sind ihm hierin gefolgt. v. Klipstein[1])

---

[1]) Versuch einer Anweisung zur Forstbetriebsregulierung. 1823.

vereinfachte die Berechnungen beim kombinierten Fachwerk, das er vertrat, indem er die Massen in einfachen Zahlen, ohne Trennung nach Holzarten und Sortimenten, in die Wirtschaftspläne einsetzte. Andere Autoren, namentlich Grebe[1]) gingen in dem Streben nach Vereinfachungen noch weiter, indem sie die Massenberechnungen nur auf die beiden ersten Perioden beschränkten, während man sich für die späteren Zeiträume mit dem Nachweis der Fläche begnügte. In dieser vereinfachten Form hat das Fachwerk unter dem Namen des kombinierten (was es aber eigentlich kaum noch ist) nicht nur in der Literatur zahlreiche Anhänger gefunden [Graner[2]), Stötzer[3]) u. a.], sondern es ist auch in den meisten süddeutschen Staaten, namentlich in Bayern, Württemberg und in Thüringen, zur Anwendung gelangt.

Für die Entwicklung des Fachwerks in Norddeutschland hat kein anderer Schriftsteller so großen Einfluß gehabt als Pfeil. Zunächst geschah es durch seine umfassende Tätigkeit in der Literatur. Indirekt, durch seine zahlreichen Schüler, gewann er auch nachhaltigen Einfluß auf die Gestaltung der Praxis. Pfeil betont insbesondere den wirtschaftlichen Charakter der Betriebsregelung gegenüber ihrer mathematischen Behandlung und die Bedeutung der örtlichen Verhältnisse gegenüber der dogmatischen, verallgemeinernden Richtung, wie sie von Hartig vertreten wurde. Sich unmittelbar an H. Cotta anschließend, vertritt Pfeil das Fachwerk in seiner einfachsten, von allen unnötigen Ertragsberechnungen befreiten Form.

4. Gründe für die Aufhebung des Fachwerks.

Die Fachwerksmethoden haben in den meisten Ländern einer geordneten Betriebsführung zur Grundlage gedient und dadurch weitgehenden Einfluß auf die Zustände der deutschen Forsten ausgeübt. Unter den Verhältnissen der neueren Zeit haben sie jedoch mehr und mehr an Bedeutung verloren. Gegen alle drei Arten des Fachwerks ist folgendes geltend zu machen:

1. Das Fachwerk entspricht nicht der wichtigsten Forderung, die an die Methode der Betriebsregelung gestellt werden muß, daß sie sich nämlich den waldbaulichen Maßnahmen der Wirtschaftsführung anpaßt und unterordnet. Um dies zu begründen, hat man einmal auf die Art der Bestandesbegründung, sodann auf den technischen Betrieb der Durchforstungen, Lichtungen und Aushiebe einzugehen.

a) Weder bei der natürlichen noch bei der künstlichen Bestandesbegründung kann sich die Wirtschaftsführung der Forderung des Fach-

---

[1]) Die Betriebs- und Ertragsregulierung der Forsten, 2. Aufl., 1879.
[2]) Forstbetriebseinrichtung. 1889.
[3]) Forsteinrichtung, 2. Aufl., S. 219.

werks, daß die Verjüngung einer Bestandesabteilung im Laufe einer 20jährigen Periode durchgeführt werden soll, anpassen. Bei der natürlichen Verjüngung ist die Dauer von der ersten Inangriffnahme eines Bestandes bis zur definitiven Räumung der Mutterbäume meist weit länger als die 20jährige Periode des Einrichtungszeitraumes. Sie ist abhängig von dem Eintritt der Samenjahre, dem Zustand des Bodens, dem Wertzuwachs der Stämme, der Entwicklung des Jungwuchses und läßt sich deshalb im voraus nicht festsetzen. Diesem tatsächlichen, durch die natürlichen Grundlagen bedingten Stand der Sache hat sich die Methode der Ertragsregelung unterzuordnen. Es ist deshalb gewiß richtiger, daß z. B. bei der Ertragsregelung eines zu verjüngenden, noch nicht angegriffenen Buchenbestandes nur ein Teil der Masse (ein Drittel oder die Hälfte oder zwei Drittel) als Einschlagssoll eingeschätzt und in einfacher Form der Nutzung des vorliegenden Zeitraums zugeschrieben wird, als daß man die ganze Fläche für eine Periode einsetzt.

Bei der künstlichen Bestandesbegründung scheinen die Verhältnisse für das Fachwerk günstiger zu liegen; es stehen hier seiner Anwendung seitens der Natur keine zwingenden Hindernisse entgegen. Aber eine Übereinstimmung zwischen den Forderungen der Wirtschaft und der Betriebsregelung findet auch hier nicht statt. Die Regeln der Schlagführung gehen dahin, daß bei schutzbedürftigen Holzarten die Schläge nicht zu breit angelegt, und daß sie allmählich aneinandergereiht werden. Ein neuer Schlag soll erst geführt werden, wenn der vorausgegangene gegen die Gefahren der ersten Jugend gesichert ist. Über den Zeitraum, der hierzu erforderlich erscheint, lassen sich im voraus für längere Zeit keine Bestimmungen festsetzen. Tatsächlich erfolgt aber die Schlagführung in einer größeren Abteilung meist langsamer, als der Periode des Fachwerks entspricht.

b) Auch bei den übrigen Erträgen ergeben sich Gegensätze zwischen dem Fachwerk und der Wirtschaftsführung. Die Durchforstungen werden bekanntlich jetzt oft so geführt, daß sie in den herrschenden Bestand eingreifen. Die Massen der Endhiebe werden dadurch vermindert. Die Ergebnisse solcher Durchforstungen müssen daher bei der Taxation in Rechnung gestellt und auch der wirksamen Kontrolle unterworfen werden. Beim Fachwerk finden aber solche unter allen Umständen zur Hauptnutzung zählende Erträge, sofern die betreffenden Abteilungen späteren Perioden angehören, in der Regel keinen Ausdruck.

In noch höherem Grade als der Durchforstungsbetrieb befindet sich der Lichtungsbetrieb zur Ertragsregelung nach dem Fachwerk im Gegensatz. Scharfe Grenzen zwischen Haubarkeits- und Vornutzungen können hier noch weniger gezogen werden als bei den Durchforstungen. Ein Bestand, der gelichtet und unterbaut wird, gehört nicht einer bestimmten Periode an, wie es beim Fachwerk angenommen wird, sondern es finden in allen Perioden Hiebe statt, welche bei der Ertragsregelung berücksichtigt werden müssen.

Endlich bieten auch die Erträge, die durch zufällige Ereignisse erfolgen, der Anwendung des Fachwerks Schwierigkeiten dar. Sie müssen nach Maßgabe der Standorts- und Bestandesverhältnisse und unter Berücksichtigung der seitherigen Wirtschaftsergebnisse eingeschätzt werden. Im Fachwerksrahmen ist für diese Erträge aber kein Raum vorhanden. Man pflegt sich daher meist so zu behelfen, daß für die zu erwartenden Erträge nach Maßgabe des durchschnittlichen Holzgehalts je Hektar eine gewisse Fläche angesetzt wird. Die Notwendigkeit, solche Künsteleien vorzunehmen, läßt aber erkennen, daß da, wo zufällige Nutzungen in großem Maße vorkommen, das Fachwerk keine geeignete Art der Ertragsregelung ist.

. 2. Bei Anwendung des Fachwerks wird der ökonomischen Bedeutung des Vorrats nicht genügend Rechnung getragen. Nach der Reinertragslehre, die den Vorrat als Betriebskapital auffaßt, müssen die älteren Bestände bei der Ertragsregelung auf ihre Hiebsreife untersucht werden. Ihre Leistungsfähigkeit, die im Massen- und Wertzuwachs ihren Ausdruck findet, ist der entscheidende Faktor für den Gang der Nutzung und die Höhe des Etats. Einer Vereinigung des Fachwerks mit der Reinertragslehre, welche eine Verzinsung des Vorrats verlangt, stehen deshalb unter unregelmäßigen Verhältnissen große, auf prinzipiellen Gegensätzen beruhende Schwierigkeiten entgegen. Es wäre in der Tat gänzlich überflüssig, gründliche Untersuchungen über die Hiebsreife anzustellen, wenn das praktische Resultat derselben dahin ginge, daß je nach dem Einrichtungszeitraum des Fachwerks ein Fünftel oder ein Sechstel der Bestände der ersten — und ebenso der zweiten, dritten usw. Periode überwiesen werden sollte. Der technischen Forderung, daß alle Bestandesveränderungen nicht überstürzt werden dürfen, kann auf anderem Wege als durch Periodennachweise Rechnung getragen werden.

3. Zur Begründung der Nachhaltigkeit ist das Fachwerk nicht erforderlich. Wenn man bei 100jähriger Umtriebszeit ein Fünftel, bei der 120jährigen ein Sechstel der ganzen Fläche der ersten 20jährigen Periode zuweist und für die übrigen vier Fünftel oder fünf Sechstel die ihrem Alter entsprechende wirtschaftliche Behandlung vorschreibt, so darf man erwarten, daß den Ansprüchen der zukünftigen Generation Genüge geleistet wird, wenn anders Kultur und Bestandespflege in der rechten Weise vollzogen werden. Eine Gleichstellung der Erträge in dem Sinne, wie sie im vorigen Jahrhundert von G. L. Hartig, Hundeshagen, K. Heyer u. a. vertreten wurde, hat aber in der Neuzeit für das einzelne Forstrevier an Bedeutung sehr

verloren. Die Betonung der Gleichmäßigkeit der periodischen Nutzungen war zu einer Zeit gerechtfertigt, als die Forsten noch mit Servituten belastet waren, als Ersatzstoffe nicht vorlagen und Holz zu einer weiteren Beförderung wegen seiner Schwere nicht geeignet war. Aber mit der Aufhebung der Servituten, der Einführung von Ersatzstoffen für Nutz- und Brennholz, dem Eingreifen des Handels, der Verbilligung der Beförderung durch Eisenbahnen ist dies jetzt anders geworden. Ganz unabhängig von dem mehr oder weniger konservativen Standpunkt, den der Wirtschafter vertritt, darf man sagen, daß für Groß- und Kleinbetrieb, für Staats-, Gemeinde- und Privatforsten eine strenge periodische Gleichmäßigkeit der Nutzungen in den einzelnen Revieren nicht mehr nötig ist.

4. Auch für den Nachweis der Hiebsfolge ist das Fachwerk nicht erforderlich. Die Hiebszüge, die als eine Reihe von Perioden dargestellt wurden, waren meist zu lang; sie sind auch selten eingehalten worden. Tatsächlich ist auf die Sicherheit der Bestände gegen Sturmschaden durch andere Mittel mehr eingewirkt worden als durch die Anordnung der Perioden. In der Herstellung und Begrenzung der Wirtschaftsfiguren durch genügend breite Gestelle, an deren Rändern sich sturmfeste Mäntel bilden können, und in der Regelung der Hiebsfolge sind die besten Mittel zum Schutz der Bestände gegen Sturm gegeben. Das Ideal der Einrichtung geht dahin, daß jede Abteilung für sich bewirtschaftet werden kann oder daß sie mit nur einer anderen zu einem Hiebszug vereinigt wird. Was weiter zu geschehen hat, um Bestände oder Abteilungen zu schützen und genügende Anhiebsflächen zu schaffen, kann aus der Lagerung der Altersklassen am besten erkannt werden. Die Bestandeskarten, welche diese darstellen, sind zur Begründung der Anlage von Wirtschaftsstreifen, Loshieben, Umhauungen besser geeignet, als die von der Ansicht einzelner Personen abhängigen Periodenzahlen.

Aus den vorstehend angegebenen Gründen ist das Fachwerk in den meisten Staaten aufgehoben worden. Sofern es erwünscht ist, über die zukünftigen Erträge ein Gutachten abzugeben, wird dies in einer Beilage zu dem Betriebswerke geschehen können, nicht aber in der die Betriebsregelung beherrschenden Form, wie es während des 19. Jahrhunderts beim Fachwerk der Fall gewesen ist.

III. Die Vorratsmethoden.

Während die Fachwerksmethoden das ganze 19. Jahrhundert hindurch in fast allen deutschen Staaten herrschend gewesen sind, haben die nachstehend darzustellenden Vorratsmethoden in der großen Praxis fast nirgends Anwendung gefunden. Man nennt sie Vorrats- oder

Normalvorratsmethoden, weil bei ihnen die Herstellung des normalen Vorrates einen wichtigen Bestimmungsgrund für die Feststellung des Abnutzungssatzes bildet. Da dieser auf dem Wege der Rechnung, unter Zugrundelegung einer Formel, ermittelt wird, werden sie auch Formelmethoden genannt.

Die Elemente für den Nachweis des Hiebssatzes bilden Vorrat (v) und Zuwachs (z). Die Berechnung von v erfolgt entweder aus dem Produkt von Haubarkeitsdurchschnittszuwachs und Alter oder nach Ertragstafeln. Das Bestreben bei der Einrichtung nach den Vorratsmethoden geht dahin, einen normalen Zustand herzustellen, der durch das Vorhandensein des normalen Vorrats (nv) und des normalen Zuwachses (nv) charakterisiert wird. Diesen normalen Größen soll der wirkliche Vorrat (wz) möglichst nahe gebracht werden.

Da auch in Zukunft von keiner der hier zu nennenden Methoden eine unmittelbare Anwendung wird gemacht werden können, so genügt eine kurze Hervorhebung der wesentlichsten Merkmale derselben.

1. Die österreichische Kameraltaxation[1]).

Sie ist die älteste der Vorratsmethoden und hat ihren Ursprung in einem Dekret der Wiener Hofkammer vom Jahre 1788. Nach dessen Inhalt sollte der Wert eines forstmäßig behandelten (mit normalem Zuwachs und Vorrat versehenen) Waldes durch Kapitalisieren des reinen jährlichen Geldertrages bestimmt werden. Der Wert eines nicht forstmäßig behandelten Waldes wurde unter Berücksichtigung des Unterschiedes zwischen dem normalen Vorrat, der fundus instructus genannt wird, und dem wirklichen Vorrat hergeleitet. Das hierin liegende charakteristische Merkmal wurde von der Wertberechnung auf die Ertragsregelung übertragen und zur Begründung des Hiebssatzes benutzt. Beim Vorhandensein normaler Verhältnisse bildet der Zuwachs (z) den Maßstab der Nutzung. Bei Abweichung des Vorrats von seiner normalen Höhe soll der Etat entsprechend verändert werden. Ein zu hoher Verlust wird durch Mehrnutzung vermindert — ein zu niedriger durch Ermäßigung des Etats erhöht. Der Zeitraum, binnen welchem der wirkliche Vorrat auf die Höhe des normalen gebracht werden soll, wird der Umtriebszeit gleichgesetzt. Die Formel für den Hiebssatz ist hiernach:

$$z + \frac{wv - nv}{u}.$$

Der Zuwachs wird von der Kameraltaxation grundsätzlich als Durchschnittszuwachs veranschlagt. Derselbe ist für jede Altersstufe

---

[1]) Eine Darstellung dieser Methode wurde zuerst gegeben von K. André in der Zeitschrift: Ökonomische Neuigkeiten, dann von E. André: Versuch einer zeitgemäßen Forstorganisation. 1823.

gleich und wird durch die Haubarkeitsmasse m am Schlusse der Umtriebszeit $(u) = \dfrac{m}{u}$ bestimmt. Da hiernach das Alter der einzelnen Bestände und das Altersklassenverhältnis im Walde keinen Bestimmungsgrund für den Zuwachs bilden, so liegen die Ursachen für die Unterschiede zwischen dem wirklichen und normalen Zuwachs auf gegebener
Bonität lediglich in der Beschaffenheit der Bestände. Dieser Umstand
hat zu verschiedenartiger Beurteilung der Frage Anlaß gegeben, ob die
österreichische Kameraltaxation den normalen oder wirklichen Zuwachs
als Maßstab der Nutzung ansehe. In der obigen Formel ist aber nach
der Begründung, die von dem Verfasser gegeben wird, der wirkliche
Zuwachs in dem angegebenen Sinne einzusetzen[1]).

Die Masse der einzelnen Bestände wird als Produkt aus dem Haubarkeitsdurchschnittszuwachs und dem Alter berechnet. Der normale
Vorrat einer aus u Altersstufen gebildeten Betriebsklasse läßt sich als
arithmetische Reihe darstellen. Er ist $= \dfrac{m}{u}\,1 + \dfrac{m}{u}\,2 + \ldots \dfrac{m}{u}\,u$ oder

$= z + 2z + \ldots + uz$. Die Summe der Glieder ist $= u \cdot \dfrac{uz}{2}$ oder,

wenn $uz = Z$ gesetzt wird, $= \dfrac{uZ}{2}$. Entsprechend dem normalen wird

auch der wirkliche Vorrat als Produkt von Haubarkeitsdurchschnittszuwachs und Alter durch Summierung der vorliegenden Bestände berechnet. Die Berechnungen des Vorrats in der angegebenen Weise
machen daher Untersuchungen über den Gang des laufenden Zuwachses
innerhalb der Umtriebszeit überflüssig.

Die einheitliche Darstellung von Zuwachs und Vorrat macht die
Ausscheidung von Betriebsklassen erforderlich.

2. Das Verfahren von K. Heyer[2]).

K. Heyer legte in seinen Schriften in systematischer Weise und in
allgemeiner Fassung die Grundbedingungen für den Normalzustand
dar. Als solche werden von ihm der normale Zuwachs, die normale
Altersstufenfolge und der normale Vorrat hervorgehoben. In der Herstellung des Normalzustandes sieht Heyer die wichtigste Aufgabe
der Ertragsregelung. Der normale Zuwachs soll durch waldbauliche
Mittel (Nutzung schlechtwüchsiger Bestände, Anbau leistungsfähiger
Holzarten, Kultur- und Bestandespflege) herbeigeführt werden. Die
normale Altersstufenfolge wird, unter übrigens regelmäßigen Verhält-

---

[1]) Vgl. Judeich: Forsteinrichtung, 6. Aufl., S. 360. („Der Zuwachs wird als
wirklicher, nicht als normaler berechnet.")

[2]) Die Waldertragsregelung, 1. Aufl. 1841; 3. Aufl., herausgeg. von G. Heyer,
1883. Die Hauptmethoden der Waldertragsregelung. 1848.

15*

nissen, hergestellt, wenn jährlich der normale Etat (der dem normalen Zuwachs gleich ist) genutzt wird. Das Eintreten des normalen Vorrats soll nach dem Vorgang der österreichischen Kameraltaxation dadurch erreicht werden, daß die Nutzung bei vorhandenem Vorratsüberschuß erhöht, bei zu geringem Stande des Vorrats ermäßigt wird. Der Zeitraum (a), innerhalb dessen die Annäherung des wirklichen an den normalen Vorrat erreicht werden soll, wird mit Rücksicht auf die Vermeidung von Zuwachsverlusten, auf die Absatzverhältnisse, auf die Gleichmäßigkeit der Nutzungen, Servituten und Vermögensverhältnisse gutachtlich festgestellt. Die hiernach für den jährlichen Hiebssatz gültige Formel ist:

$$wz + \frac{wv - nv}{a}.$$

Der das erste Glied dieser Formel bildende Zuwachs ist der Haubarkeitsdurchschnittszuwachs der vorliegenden Bestände, der nach Maßgabe des wirklichen Abtriebsalters einzusetzen ist. Der normale Zuwachs wird, getrennt für die Bonitäten, durch Ertragsuntersuchungen an Normalbeständen oder mit Hilfe von Ertragstafeln ermittelt. Bei nicht zu starken Unterschieden des konkreten Abtriebsalters von der Umtriebszeit wird der wirkliche Zuwachs aus dem normalen durch Multiplikation desselben mit dem Vollertragsfaktor hergeleitet. Von grundlegender Bedeutung für die Ausführung des Verfahrens ist die Ausscheidung von Betriebsklassen.

Der normale Vorrat ergibt sich als Produkt von Haubarkeitsdurchschnittszuwachs und $\frac{u}{2}$. Ebenso wird der wirkliche Vorrat als Produkt von Haubarkeitsdurchschnittszuwachs und Alter für die vorliegenden Bestände ermittelt. Heyer[1] sucht den Nachweis zu erbringen, daß diese Art der Berechnung des wirklichen und normalen Vorrats die allein richtige sei, was jedoch in der Theorie und Praxis der Ertragsregelung nicht anerkannt wird. Übrigens ist zu bemerken, daß Heyer, wie schon aus der obigen Begründung für den Ausgleichungszeitraum hervorgeht, in der von ihm aufgestellten Formel nur einen allgemeinen grundsätzlichen Ausdruck für die Nutzung, nicht eine bindende Norm für deren Höhe geben wollte[2]. Auch ist es für K. Heyers Stellung charakteristisch,

[1] Waldertragsregelung, 3. Aufl., § 34 und 36: „Man bestimmt den wirklichen Vorrat, indem man den wirklichen Haubarkeitsdurchschnittszuwachs eines Bestandes mit dessen gegenwärtigem Alter multipliziert."

[2] K. Heyer kennzeichnet seine Auffassung über den Wert der Formel für den Etat durch folgende Bemerkung (Ertragsregelung, 2. Aufl., S. 218): „In diesen einfachen Grundzügen erblicke man nur den arithmetischen Nachweis der Regeln zur Herstellung und Sicherung des Normalzustandes im allgemeinen, also keineswegs die Möglichkeit einer jederzeitigen strengen Durchführung dieser Verfahren in allen Fällen, und glaube überhaupt nicht, daß die praktische Etatsordnung mit gutem Erfolg in die engen Grenzen einer mathematischen Formel sich einzwängen lasse."

daß er im Gegensatz zu anderen Vertretern der Vorratsmethoden auf
die Aufstellung von Betriebsplänen großen Wert legte.

3. Das Verfahren von Karl[1]).

In den Grundlagen und Zielen stimmt die von Karl vertretene
Methode mit derjenigen von Heyer und der österreichischen Kameraltaxation überein. Dagegen ist die Art der Ermittelung des Zuwachses
und Vorrats wesentlich abweichend. Die von Karl gegebene Formel
für den Abnutzungssatz lautet:

$$wz + \frac{wv - nv}{a} - \frac{wz - nz}{a} n.$$

Der Zuwachs dieser Formel ist nicht der nach der Vorschrift
K. Heyers und der Kameraltaxation berechnete Haubarkeitsdurchschnittszuwachs, sondern der laufende Zuwachs. Dieser ist gleich
der Differenz des Holzgehalts zweier aufeinanderfolgender Jahre. Er
wird für die einzelnen Bestände derart ermittelt, daß der Holzgehalt
jedes Bestandes mit dem Zuwachsprozent multipliziert wird. Der
Zuwachs einer ganzen Betriebsklasse oder eines Reviers ergibt sich durch
die Summierung des Zuwachses der einzelnen Bestände. Der normale
Vorrat wird mit Hilfe von Ertragstafeln berechnet, der wirkliche durch
Einschätzung oder Berechnung der vorhandenen Masse mit den zur
Verfügung stehenden Hilfsmitteln. Nach allen diesen Richtungen
vertritt Karl bezüglich der Vorrats- und Zuwachsermittelung die Grundsätze, die, im Gegensatz zu K. Heyer, später ziemlich allgemein als
richtig anerkannt sind.

In der Annahme, daß eine Veränderung des Vorrats eine Veränderung des Zuwachses in der gleichen Richtung nach sich ziehe, wurde der

Differenz des Vorrats $\dfrac{wv - nv}{a}$ noch eine entsprechende Veränderung

des Zuwachses $\dfrac{wz - nz}{a}$ hinzugefügt. Ist $wv - nv$ positiv, so wird,

da alsdann mehr als z genutzt wird, der Vorrat vermindert. Der Zuwachs
wz und die Nutzung soll daher geringer sein. Im entgegengesetzten
Fall ist es umgekehrt. Die Zuwachsdifferenz enthält daher stets das
entgegengesetzte Vorzeichen wie die Differenz des Vorrats. Die Annahme,
daß dem höheren Vorrat auch ein höherer Zuwachs entspreche, ist in
ihrer Allgemeinheit nicht zutreffend. Beim Vorliegen sehr alter Bestände
kann das umgekehrte Verhältnis stattfinden oder im Laufe der Zeit herbeigeführt werden. Das letzte Glied der Karlschen Gleichung hat
daher keine Bedeutung. n bedeutet darin die Zahl der Jahre, die seit

---

[1]) Grundzüge einer wissenschaftlich begründeten Forstbetriebsregulierungs-
methode. 1838.

Beginn der Wirtschaftsperiode verstrichen sind. Um den Abnutzungssatz gleichmäßig zu gestalten, ist empfohlen worden, anstatt der wechselnden Jahreszahl die Zuwachsdifferenz auf die Mitte der Periode zu beziehen, n also bei 10jähriger Gültigkeitsdauer des Betriebsplans $=$ 5 zu setzen.

4. Das Verfahren von Hundeshagen[1]).

Auch Hundeshagen entwickelt den Abnutzungssatz aus dem Verhältnis zwischen normalem und wirklichem Vorrat. Während aber in den genannten Methoden ein arithmetisches Verfahren beider Vorräte (in der Form einer Differenz) zum Ausdruck gebracht wird, wurden sie von Hundeshagen in ein geometrisches Verhältnis gesetzt. Hundeshagen betrachtet den Zuwachs als den Zins des Vorrats und stellt den Satz auf, daß der gesuchte wirkliche Hiebssatz sich zum wirklichen Vorrat verhalte, wie der normale Etat zum normalen Vorrat. Hieraus ergab sich die Formel

$$we = wv\,\frac{ne}{nv}.$$

Der Normalvorrat für eine Betriebsklasse wird durch Aufsummierung aller Glieder einer regelmäßig abgestuften normalen Ertragstafel berechnet; der wirkliche Vorrat durch spezielle Erhebungen unter Benutzung von Ertragstafeln; der normale Hiebssatz einer Betriebsklasse ist gleich dem ältesten Glied der eine solche darstellenden Ertragstafel.

Der Quotient $\dfrac{ne}{nv}\left(\text{oder } \dfrac{ne}{nv}\,100\right)$ wird Nutzprozent oder Nutzungsfaktor genannt. Unter regelmäßigen Verhältnissen ist er von der Umtriebszeit abhängig und für bestimmte Umtriebszeiten eine konstante Größe. Diesem zuerst von Paulsen[2]) in der Forstwirtschaft eingeführten Begriff wurde vielfach eine weitere, über die Etatsbestimmung hinausgehende Anwendung gegeben. Wird nv nach dem

Haubarkeitsdurchschnittszuwachs $=\dfrac{uZ}{2}$ gesetzt, so ist, da $ne = Z$,

$$ne:nv = Z:\frac{uZ}{2}=\frac{2}{u},\ \text{das Nutzungsprozent daher} = 200:u.$$

Eine Begründung, daß das genannte Verhältnis wirklich Gültigkeit besitze, ist weder von Hundeshagen gegeben, noch wird sie für die

---

[1]) Enzyklopädie der Forstwissenschaft, 2. Abt., Forstl. Gewerbslehre. 1821. Die Forstabschätzung auf neuen wissenschaftlichen Grundlagen. 1826.

[2]) Kurze praktische Anweisung zum Forstwesen, 1795 (anonym erschienen). Schon Paulsen hat hier das Nutzprozent entwickelt und auf die Etatsbestimmung angewandt, so daß er als der eigentliche Begründer des vorliegenden Verfahrens anzusehen ist.

Folge gegeben werden können. Das Verfahren beruht vielmehr auf unrichtiger Grundlage und kann keine praktische Anwendung erhalten.

5. Das Verfahren von Breymann[1]).

Die Schwierigkeit, den Vorrat in bestimmten Zahlen nachzuweisen, gab Veranlassung, an seine Stelle das Alter treten zu lassen. Da das Altersklassenverhältnis eine notwendige und allgemeine Grundlage jeder Betriebsregelung bildet, und sein Nachweis häufig an die Stelle des Vorratsnachweises treten muß, so ist es auch begründet, es für die Zwecke der Etatsaufstellung nutzbar zu machen. Breymann stellt, entsprechend der Auffassung von Hundeshagen über den Einfluß des Verhältnisses zwischen dem wirklichen und normalen Vorrat, den Satz auf, daß sich der wirkliche Etat (we) zum normalen verhalte, wie das durchschnittliche Alter der Bestände eines Reviers oder einer Betriebsklasse (wa) zum mittleren Alter einer normalen Betriebsklasse (na). Hiernach ergibt sich die Formel

$$we = ne\,\frac{wa}{na}.$$

Der normale Etat ist gleich der ältesten Stufe einer Ertragstafel, das mittlere Alter einer Betriebsklasse mit regelmäßiger Abstufung von 1, 2, 3 ... $u$jährigen Beständen $= \dfrac{u}{2}$. Das mittlere wirkliche Alter wird gefunden, wenn man die auf gleiche Bonität reduzierten Flächen mit dem Alter multipliziert, die Produkte addiert und diese Summe durch die Flächensumme dividiert $\left(= \dfrac{f_1\,a_1 + f_2\,a_2 + \dots}{f_1 + f_2 + \dots} \right).$

6. Allgemeine Würdigung der Vorratsmethoden.

Alle Vorratsmethoden leiden an dem Fehler, daß in den Formeln, die sie aufstellen, lediglich die mathematischen Beziehungen von Zuwachs und Vorrat nachgewiesen werden, während häufig die Beschaffenheit der Bestände und wirtschaftliche Verhältnisse, die nicht in mathematische Form gebracht werden können, für den Etat viel wichtiger sind. Auch bei gleicher Höhe des Vorrats können sich je nach seiner Zusammensetzung — wenn er z. B. einerseits aus Althölzern und Jungwuchs, andererseits aus Mittelhölzern besteht — in der Praxis sehr verschiedene Folgerungen für die Höhe der Abnutzung ergeben. Von Bedeutung für die praktische Behandlung des Gegenstandes bleibt ferner der Umstand, daß eine Begründung des Normalzustandes, wie sie zur zahlenmäßigen

---

[1]) Anleitung zur Waldwertberechnung usw., 1855; Anweisung zur Holzmeßkunst usw., 1868.

Durchführung erforderlich ist, seither nicht hat gegeben werden können. Der Normalzustand ist nicht nur von der Umtriebszeit, sondern auch von dem Grade der Bestandesdichte während der verschiedenen Altersstufen abhängig. Keiner Ertragstafel kann Allgemeingültigkeit zugesprochen werden, so daß man sie als Norm in dieser Hinsicht ansehen dürfte. Nur innerhalb gewisser Grenzen und unter gewissen Voraussetzungen läßt sich dem Begriff des Normalen zahlenmäßig Ausdruck geben.

Ein weiterer Mangel der vorliegenden Methoden besteht darin, daß alle Berechnungen auf die Enderträge beschränkt bleiben. Auf denjenigen Teil des Zuwachses, welcher periodisch aus den Beständen im Wege der Nutzung ausscheidet, wird keine Rücksicht genommen. Dieser Teil des Zuwachses nimmt aber mit dem Fortschritt der technischen und wirtschaftlichen Verhältnisse, durch Regelmäßigkeit der Begründung und Pflege, mit der Ausbreitung des Absatzes, der Transportmittel und dem Eingreifen des Handels zu. Die Beschränkung des Zuwachses auf den bis zum Endhieb bleibenden Bestand führt zu dem widersinnigen Resultat, daß der Zuwachs auch bei normalen Beständen verschwindend klein, unter Umständen sogar negativ wird[1]).

Gegen einzelne Vorratsmethoden ist endlich geltend zu machen, daß ihre Vertreter keine speziellen Wirtschaftspläne aufgestellt wissen wollen oder diesen nicht die gebührende Bedeutung zuerkennen. Spezielle, die Behandlung der einzelnen Bestände nachweisende Wirtschaftspläne sind zur Begründung des Abnutzungssatzes und aller damit zusammenhängenden Rechnungen unerläßlich, wenn diese nicht allgemein und schematisch gehalten werden soll. Zur Etatsbestimmung treten andere Aufgaben (Kultur und Bestandespflege), denen nur dann gehörig entsprochen werden kann, wenn ein alle Bestände betreffender Plan aufgestellt wird.

Trotzdem aus den vorliegenden Gründen eine unmittelbare Anwendung der Vorratsmethoden im Sinne ihrer Autoren nicht möglich ist, gebührt diesen doch das Verdienst, daß sie die wichtigsten Begriffe der Ertragsregelung erkannt und festgestellt, daß sie insbesondere die forsttechnische und ökonomische Bedeutung des Vorrats und Zuwachses hervorgehoben haben. Der Normalzustand, den sie begründen, kann zwar nie verwirklicht werden, die ihm eigentümlichen Ideen müssen aber bei jeder geordneten Betriebsregelung Einfluß üben.

---

[1]) Mitteilungen aus dem forstlichen Versuchswesen Preußens: Die Kiefer, von Schwappach, 1908, mit Angabe der Masse der mittleren Bonität für die Altersstufe 80 = 303 fm, 100 = 323 fm, 120 = 325 fm, 140 = 305 fm.

Zweiter Abschnitt.

Die jetzigen Forsteinrichtungsverfahren in den größeren deutschen Staaten.

I. In Preußen[1]).

Während des 19. Jahrhunderts war in Preußen die Fachwerksmethode die herrschende Art der Ertragsregelung. Zunächst kam sie durch G. L. Hartig in der Form des strengen Massenfachwerks zur Anwendung. Nach der Instruktion von 1819[2]) sollte für Haupt- und Vornutzung ein Nachweis der nach Sortimenten (Nutzholz, Scheit, Knüppel, Reis) getrennten Erträge für alle Perioden des 120jährigen Einrichtungszeitraums geführt werden. Das Verfahren von Hartig konnte aber wegen der Umständlichkeit der Berechnungen, für welche es an genügenden Grundlagen fehlte, nicht lange aufrechterhalten werden. Es wurde deshalb, nachdem in den Jahren 1826 bis 1835 summarische Ertragsermittelungen für die Staatswaldungen durchgeführt waren, im Jahre 1836 vom Oberlandesforstmeister v. Reuß eine neue Anleitung der Betriebsregelung erlassen[3]), welche bis fast zum Schluß des 19. Jahrhunderts Geltung gehabt hat. Sie stand zwar gleichfalls noch auf dem Boden des Massenfachwerks, vereinfachte aber die Ertragsberechnungen und nahm auch auf die Regelung der Fläche Rücksicht. Zugleich wurde auf eine gute Verteilung der Altersklassen und auf die Regelung der Hiebsfolge hingewirkt. Im Anschluß an die genannte Anleitung standen bei der Aufstellung der Betriebspläne, je nach den vorliegenden Bestandesverhältnissen, zwei verschiedene Arten des Fachwerks in Geltung:

a) Das kombinierte Fachwerk, welches vorzugsweise bei unregelmäßigen Bestandesverhältnissen Anwendung finden sollte.

b) Das Flächenfachwerk, das unter regelmäßigen Verhältnissen als genügend erachtet wurde. In der Regel wurden nur einfache Flächen zugrunde gelegt.

In der neueren Zeit sind die Ertragsnachweise mehr und mehr auf die nächste Wirtschaftsperiode beschränkt worden. Das Fachwerk wurde aufgehoben; von der Ausstattung der späteren Perioden wurde Abstand genommen. Auch in anderer Richtung sind Vereinfachungen eingetreten. Auf Grund der im Laufe der Zeit gemachten Erfahrungen wurde 1912 eine Betriebsregelungsanweisung erlassen. Manche Ände-

---

[1]) Bezüglich der geschichtlichen Entwicklung vgl. v. Hagen-Donner: Forstl. Verhältnisse Preußens, 3. Aufl., S. 193—219.

[2]) Instruktion, nach welcher bei spezieller Abschätzung der Kgl. Preuß. Forsten verfahren werden soll. Berlin, den 19. Juli 1819.

[3]) Anweisung zur Erhaltung, Berichtigung und Ergänzung der Forstabschätzungs- und Einrichtungsarbeiten vom 24. April 1836.

rungen, die im nächsten Jahrzehnt eintraten, gaben Veranlassung, daß schon 1925 eine neue Anweisung[1]) ins Leben trat. Die wichtigsten in dieser enthaltenen Vorschriften betreffen, abgesehen von allen geschäftlichen und geometrischen Gegenständen, vorzugsweise folgende Punkte:

1. Wirtschaftsgrundsätze und Ziele. Die Anweisung beginnt mit den Worten: „Der Betrieb in den Staatsforsten soll wirtschaftlich und nachhaltig sein. Als oberster und wichtigster Grundsatz wird die Pflege des Bodens, die Erhaltung und womöglich Verbesserung der Produktionskraft des Standorts aufgestellt." Die Nachhaltigkeit der Wirtschaft ist sowohl durch die Rücksicht auf die Staatsfinanzen, als auch auf die privat- und volkswirtschaftlichen Interessen der Holzkonsumenten geboten. Vom Standpunkt der Wirtschaftlichkeit muß eine angemessene Verzinsung der im forstlichen Betriebe angelegten Kapitalien gefordert werden.

Indem die Anweisung die Erhaltung der Bodenkraft und die Verzinsung des Waldkapitals betont, trägt sie den Grundsätzen der Bodenreinertragslehre vollständig Rechnung, da deren Grundlagen im physischen Bodenzustand — ihre Folgerungen in der Verzinsung des Waldkapitals den besten Ausdruck finden.

Im Anschluß an die genannten Grundsätze und Ziele werden einige Angaben über die durchschnittlichen Umtriebszeiten und ihre Schwankungen nach den Standorts- und Bestandesverhältnissen für die Hauptholzarten Mittel- und Norddeutschlands (Kiefer, Fichte, Buche, Eiche) gemacht.

2. Einrichtungsmethode. Die der Anweisung zugrunde liegende Methode für den Hochwald wird als eine Altersklassenmethode bezeichnet. Sie trägt aber auch, wie in der Anweisung gesagt wird, Züge der Normalvorratsmethoden an sich, was darin begründet ist, daß Vorrat und Altersklassen in mancher Hinsicht einander parallel laufen. Als Ziel der Wirtschaft wird demgemäß einmal die Herstellung des normalen Vorrats aufgestellt; daneben aber soll auch die Erreichung einer normalen Altersabstufung im Auge behalten werden. Sowohl der normale, als auch der wirklich vorhandene Vorrat soll am Flächendurchschnittsalter gemessen werden. „Die seither in Preußen übliche reine Flächenkontrolle wird zwar nebenher beibehalten; aber die Nachhaltigkeit wird in erster Linie durch eine Vorratskontrolle gesichert, wobei das Alter der Bestände als Maßstab für ihren Vorrat dient."

3. Vorbereitende Arbeiten und Einleitungsverhandlung. Um die Arbeiten der Betriebsregelung vorzubereiten, sind vor ihrer Inangriffnahme vom Oberförster eine Reihe von Nachweisungen auf-

---

[1]) Anweisung zur Ausführung der Betriebsregelungen in den Preuß. Staatsforsten vom 1. April 1925.

zustellen, insbesondere: eine vorläufige Altersklassen-Übersicht, die ein ungefähres Bild der Altersklassen-Verteilung und damit auch des Holzvorrats geben soll; eine Nachweisung der Durchschnittspreise einiger wichtiger Holzsortimente, sowie der Reinerträge für die letzten abgeschlossenen 5 Wirtschaftsjahre; eine Hiebsnachweisung für die seit Beginn der ersten Periode abgeschlossenen Jahre; eine Abschrift der Alterspreisnachweisung, welche für die verschiedenen Altersstufen und Bonitäten die Durchschnittspreise je Festmeter angibt; eine vorläufige Bestandeskarte, welche die Lagerung der Altersklassen erkennen lassen soll.

Die Ausführung der Betriebsregelung beginnt mit einer Einleitungsverhandlung, die vom Oberförster aufgestellt und gelegentlich einer gemeinsamen Bereisung der zuständigen Beamten der Regierung und der Forsteinrichtungsanstalt geprüft wird. In der Einleitungsverhandlung sollen unter kurzer Schilderung des gegenwärtigen Revierzustandes und der bisherigen Bewirtschaftung Vorschläge über die künftige Bewirtschaftung und das bei der Betriebsregelung anzuwendende Verfahren niedergelegt werden. Dieselben haben sich insbesondere auf die Karten und die Vermessung, das Wege- und Einteilungsnetz, die Grenzen, den Revierzustand und die bisherige Bewirtschaftung, die künftige Bewirtschaftung und Förstereieinteilung, sowie endlich auf das Verfahren bei der Betriebsregelung zu erstrecken.

4. Das Wege- und Einteilungsnetz. Die grundlegende Arbeit der Wegenetzlegung und wirtschaftlichen Einteilung wird kurz und treffend behandelt. Letztere wird in Revieren der Ebene durch ein System gerader Linien bewirkt, deren Verlauf, wo Sturmgefahr vorliegt, gegen die gefährlichste Sturmrichtung einen Winkel von 45^0 bilden soll. Die Einteilung ist, soweit tunlich, mit dem Wegenetz zu verbinden. Dabei sind die Grundsätze vertreten, welche im letzten Viertel des vorigen Jahrhunderts in den Gebirgsforsten Preußens in großem Umfange zur Anwendung gelangt sind. Sie stimmen mit den im ersten Teil dieser Schrift gegebenen Beispielen und Lehrsätzen, die von der Praxis in Preußen abgeleitet sind, im wesentlichen überein.

5. Die Bildung der Betriebsverbände. Hier tritt die den Kenner der preußischen Taxationsgeschichte zunächst überraschende Erscheinung hervor, daß die sog. Blöcke, welche seit $1^1/_2$ Jahrhunderten (seit den Instruktionen Friedrichs des Großen) ein charakteristisches Merkmal der Betriebsregelung in den Preußischen Staatsforsten gebildet haben, in Wegfall gekommen sind. Ihre Beseitigung entspricht aber dem Wesen der Sache durchaus, da die Blöcke mit den Förstereibezirken zusammenfallen und scharfe Unterschiede zwischen ihnen und den Betriebsklassen nicht gegeben werden können. Diesen letzteren ist dagegen eine ihrer Bedeutung entsprechende eingehende Behandlung zuteil ge-

worden. Als Bestimmungsgründe für die Bildung von **Betriebsklassen** werden zunächst Unterschiede der herrschenden Holzart angegeben. Für jede in größerem Umfang vorkommende Holzart ist im Hochwald in der Regel eine besondere Betriebsklasse zu bilden. Holzarten, welche nur in geringerem Umfang vertreten sind, werden der Hauptholzart angeschlossen (Sammelbetriebsklassen). Auch im Plenterbetriebe zu bewirtschaftende Bestände, sowie Niederwaldungen werden, sofern sie nicht dem Hochwaldbetrieb eingefügt werden können, als besondere Betriebsklassen ausgeschieden. Die Bildung fester Betriebsklassen nach Verschiedenheiten der Umtriebszeit stößt dagegen dadurch auf Schwierigkeiten, daß bei der wichtigsten Holzart der Preußischen Staatsforsten, der Kiefer, das Alter der Hiebsreife in sehr weiten Grenzen liegt und die Zeit des Eintritts der letzteren bei jüngeren Beständen häufig nicht im voraus festgestellt werden kann. Um den hierin liegenden Schwierigkeiten zu begegnen, werden „**fliegende Betriebsklassen**" gebildet, über die in der Anweisung folgende Erläuterung gegeben wird: „Soll eine Holzart in verschiedenen Umtrieben bewirtschaftet werden, dann empfiehlt es sich nicht, verschiedene feste Betriebsklassen für diese Holzart, sondern fliegende Betriebsklassen zu bilden. Sie unterscheiden sich von den festen Betriebsklassen dadurch, daß bei ihnen nur der **Flächenumfang** von vornherein festgesetzt wird, die örtliche Auswahl der Flächen für jede einzelne Betriebsklasse aber unterbleibt und daß es von der Entwickelung der einzelnen Bestände abhängig gemacht wird, in welchem Alter sie später zur Nutzung angesetzt werden."

- 6. **Die Ausscheidung der Abteilungen:** Für diese wird der Grundsatz aufgestellt, „daß durch Abteilungslinien getrennt werden soll, was verschieden bewirtschaftet werden muß und verschiedene Betriebsmaßnahmen erfordert". Als Bestimmungsgründe für die Ausscheidung werden daher besonders hervorgehoben: Verschiedenheit der Betriebsart, Verschiedenheit der Holzart, erheblichere Unterschiede im Alter, in der Bestandesverfassung und unter Umständen auch größere Verschiedenheiten im Boden. Aneinandergrenzende Abteilungen, deren Bestandesverschiedenheiten im Laufe der nächsten Wirtschaftsperiode verschwinden (z. B. Schlagfläche, Kultur und zum Abtrieb bestimmtes Altholz), sind mit demselben Buchstaben zu bezeichnen und durch eine diesem beigefügte kleine Nummer (a^1, a^2 usw.) zu unterscheiden — Bestandesabteilungen von weniger als 1 ha Flächengröße sind in der Regel nicht auszuscheiden.

Soweit die Abteilungen durch Wege, Schneisen oder natürliche Grenzen sich nicht abscheiden oder nicht dauernd durch den Bestandesunterschied kenntlich sind, werden sie durch Linien mit möglichst wenig Brechungspunkten abgegrenzt. Diese Linien sind örtlich durch verhügelte Pfähle mit Richtungsgräben oder im Stangen- und Baumholz durch Farbringe an Stämmen festzulegen.

Zur Holzzucht nicht bestimmte Flächen werden als Nichtholzboden-Abteilungen ausgeschieden und auf den Karten mit kleinen deutschen Buchstaben kenntlich gemacht, während die Holzbodenabteilungen durch kleine lateinische Buchstaben bezeichnet werden.

7. Die Standorts- und Bestandesaufnahme. Zur Eintragung der Standorts- und Bestandesbeschreibung wird für jede Försterei ein Heft angelegt, in dem für jede Wirtschaftsfigur (Jagen, Distrikt) zwei Seiten bestimmt werden, die eine zur Aufnahme einer Abzeichnung der Spezialkarte, die andere zur Eintragung kurzer Vermerke aus dem laufenden Betriebswerk, dem Hauptmerkbuch und dem Kontrollbuch. — Für die in den Beschreibungen anzuwendenden technischen Ausdrücke ist die Anleitung zu Standorts- und Bestandesbeschreibung beim forstlichen Versuchswesen von 1908 maßgebend. Die Beschreibungen sind kurz zu fassen, müssen aber das für die spätere Bestandesgeschichte Wichtige enthalten. Für die Bodenbeschreibung liefern die von der geologischen Landesanstalt veröffentlichten Karten eine wertvolle Grundlage.

In jeder Abteilung ist die Standortsklasse für die Hauptholzart unter Beifügung des Namens dieser Holzart anzugeben. Zur Beurteilung der Standortsklasse dient die Hauptbestandsmittelhöhe. Sie wird auf den meist vertretenen Standortsklassen in einigen Musterbeständen gemessen, im übrigen geschätzt. Die benutzten Ertragstafeln werden auf dem Titelblatt des Betriebsplans namhaft gemacht.

Die Bestandesbeschreibungen erstrecken sich auf die Hervorhebung der vorkommenden Holzarten, auf Entstehung, Alter, Schluß und Wuchs. Die Entstehung ist immer anzugeben, wenn sie mit Sicherheit festzustellen ist. Fehler, Vorzüge oder andere Besonderheiten werden angeführt, wenn sie für die Kennzeichnung des Bestandes von Wichtigkeit sind. Auf genaue Angabe des Alters wird besonderer Wert gelegt, namentlich deshalb, weil die späteren Altersangaben von den früheren abgeleitet werden. Für jüngere Bestände, die in ihrer Entwicklung im besonderen Grade zurückgeblieben sind, wird neben dem tatsächlichen Alter auch das wirtschaftliche Alter angegeben. Bei erheblichen Altersverschiedenheiten der Teile einer Bestandesabteilung wird das mittlere Alter als Flächendurchschnittsalter bestimmt. Der Vollbestandsfaktor ist bei den über 40jährigen Beständen aus dem Verhältnis der vorhandenen Masse zu den Angaben der Ertragstafeln zu schätzen.

8. Den Betriebsplan im Hochwald. Er wird nach den vorkommenden Betriebsklassen geordnet. Jede Betriebsklasse erhält einen besonderen, für sich aufzurechnenden Abschnitt. Auf der linken Seite des Plans wird die Ortsbezeichnung, Flächengröße sowie Standorts-

und Bestandesbeschreibung angegeben. Dann folgt eine Altersklassentabelle mit 20jähriger Abstufung der Klassen, von denen die jüngste (1—20jährig) mit I — die älteste (über 140jährig) mit VIII bezeichnet wird. Hieran schließen sich nähere Angaben über die Behandlung der Bestände der I. Periode.

Als Hauptaufgabe des Betriebsplans wird hervorgehoben, daß die Bestände gehörig erzogen und zur Zeit ihrer Hiebsreife benutzt werden, daß die zweckmäßigste Hiebsfolge eingehalten und die zur Wiederbegründung der Bestände geeignetste Holz- und Kulturart gewählt werden. Die Hiebsfolge ist an der Hand der Bestandeskarte so zu gestalten, daß Sturm und Feuersgefahr, Bodenaushagerung, Sonnenbrand und sonstige Bestandesbeschädigungen vermieden oder verringert werden. Zur Verminderung der Feuersgefahr sind ausgedehnte Nadelholzdickungen durch Streifen aufzuteilen, die entweder holzleer bleiben, oder mit Laubholz angebaut oder landwirtschaftlich benutzt werden. In sturmgefährdeten Lagen darf nicht versäumt werden, auf die rechtzeitige Anlage von Loshieben und Sicherheitsstreifen Bedacht zu nehmen.

Aus dem Betriebsplan soll zu ersehen sein, wie sich die in jeder Betriebsklasse für die erste Periode zur Benutzung angesetzten Bestände auf die verschiedenen Altersklassen verteilen. Für die in der Verjüngung begriffenen und andere mehrstufige, von der regelmäßigen Gleichaltrigkeit abweichende Bestandesformen werden noch weitere, vorwiegend formale Vorschriften gegeben, auf die hier nicht eingegangen werden kann.

9. Den periodischen Abnutzungsplan. Die Aufstellung eines solchen bildet eine wesentliche Neuerung. Während in der Betriebsregelungs-Anweisung von 1912 die Ausstattung der ersten Periode mit einer der normalen Periodenfläche annähernd gleichen Nutzungsfläche als genügend zur Sicherung der Nachhaltigkeit angesehen wurde, verlangt die neue Anweisung die Aufstellung eines summarischen (nicht auf die einzelnen Abteilungen ausgedehnten) periodischen Abnutzungsplans, für den die Herbeiführung eines normalen Altersklassenverhältnisses bestimmend ist. In diesem Plane, der für jede Betriebsklasse gesondert aufgestellt wird, ist zunächst das normale Altersklassenverhältnis darzustellen. Unter den dasselbe nachweisenden Zahlen werden die bei Aufstellung des Planes vorhandenen Altersklassen nach ihren Flächen eingetragen. Alsdann folgt ein Nachweis der Abtriebsflächen in der ersten Periode, sodann ein solcher nach Ablauf der ersten Periode. Dieselben Berechnungen werden für die zweite, dritte und die ferneren Perioden durchgeführt, bis ein annähernd normales Altersklassenverhältnis erreicht ist. Aus dem Nachweis der Altersklassen wird auch das Flächendurchschnittsalter des Vorrats, das als Maßstab für die Höhe desselben dient, hergeleitet.

10. Den Durchforstungsplan. Um den Vollzug der Vornutzungen in einem geordneten Rahmen zu bewirken, wird ein Durchforstungsplan aufgestellt, in welchem alle im nächsten Jahrzehnt zu durchforstenden Bestände mit Ausnahme derjenigen der ersten Periode aufgeführt werden. Zur Sicherstellung eines gleichmäßigen Fortschreitens der Durchforstungen in den jüngeren und älteren Beständen empfiehlt sich eine Trennung derselben nach Altersgruppen. Dabei wird eine Dreiteilung mit den Altersgrenzen 40 und 70 empfohlen.

11. Die Massen- und Zuwachsermittelungen. Die Veranschlagung der zu nutzenden Holzmassen beschränkt sich auf die Bestände der ersten Periode. Es wird dabei nur das Derbholz berücksichtigt; Reis- und Stockholz werden nachträglich im ganzen zugesetzt. Wenn, wie es meist der Fall ist, eine genauere Ermittelung der Massen vorgenommen werden soll, so sind die Brusthöhendurchmesser aller Stämme in 4 cm-Klassen zu kluppen und die Höhen einiger Stämme, die annähernd die Stärke des Mittelstammes besitzen, zu messen. Das arithmetische Mittel der gemessenen Höhen wird als mittlere Bestandeshöhe angenommen. Die Berechnung der Massen erfolgt entweder mittelst Formzahlen oder nach Massentafeln.

Für die Ermittelung der Masse regelmäßiger Bestände genügt die Schätzung im Anhalt an einige gekluppte Musterbestände oder an Erträge, die gleichartige Bestände geliefert haben. Die Masse jüngerer Bestände kann unter Anlehnung an Ertragstafeln angesprochen oder nach Probeflächen ermittelt werden.

Der jetzigen Masse ist der Zuwachs der Bestände bis zur Mitte der Periode zuzusetzen und der Fällungsverlust abzuziehen.

Der Zuwachs ist entweder aus der Masse der Bestände mittelst des Zuwachsprozentes zu berechnen oder nach seinem absoluten Betrag im Anhalt an die Ertragstafeln zu veranschlagen. Beide Methoden sollen nach der Anweisung nur auf die Bestände, welche in der nächsten Periode zur Verjüngung kommen, durchgeführt werden. Sobald aber, wie es sich beim Fortschreiten der Betriebsregelung, insbesondere zur Begründung des Etats und der Produktionsfähigkeit der Preußischen Staatsforsten, als notwendig erweisen wird, der Zuwachs ganzer Reviere nachzuweisen ist, werden die beiden hier genannten Verfahren auch für weitergehende Zuwachsuntersuchungen angewandt werden können.

12. Die Ermittelung des Abnutzungssatzes. Aus der Summe der Einträge für die Bestände der ersten Periode ergibt sich, nach Abzug der Masse etwaigen Überhalts, die Haubarkeitsnutzung (gewöhnlich als Hauptnutzung bezeichnet). Sie wird für jede Betriebsklasse in besonderen Abschnitten, in jedem Abschnitt nach der Reihenfolge der Förstereien, Wirtschaftsfiguren und Abteilungen nachgewiesen. Die Endsumme der Holzmasse ist für jede Betriebsklasse nach den

vier Holzartenklassen zusammenzustellen und zur Herleitung des jährlichen Abnutzungssatzes der Hauptnutzung mit 20 zu teilen.

Der Abnutzungssatz für die Vornutzung ist ohne Trennung nach Betriebsklassen nach den Derbholzerträgen zu ermitteln, welche die Vornutzungen nach dem Kontrollbuch in den letzten Jahren durchschnittlich geliefert haben. Jahre mit ungewöhnlich hohen und ungewöhnlich niedrigen Erträgen sind bei der Durchschnittsberechnung auszuschließen. Der so ermittelte Abnutzungssatz der Vornutzung ist mit den normalen Ertragstafelsätzen summarisch zu vergleichen und wird gutachtlich erhöht oder erniedrigt, wenn besondere Gründe, z. B. Änderungen im Durchforstungsverfahren oder in der Größe der Durchforstungsfläche oder bisherige unsachgemäße Führung des Durchforstungsbetriebs hierzu Anlaß geben.

13. Die Vorschriften für andere Betriebsarten. Diese sind sehr kurz gefaßt. Bezeichnend für ihre jetzige Beurteilung ist es, daß der Mittelwald, welcher früher bei der Taxation in Preußen eine hervorragende Rolle gespielt hat, in der Anweisung gar nicht erwähnt wird. Es ist dies, abgesehen von der geringeren Leistung des Mittelwaldes in der Massen- und Werterzeugung, eine logische Folge der Schlagführung. Durch die Vorschrift, daß die Kulturen in der Form von Horsten vorgenommen werden sollen, wird der Mittelwald nicht erhalten, sondern er geht in den Plenterwald über.

Im Niederwald findet eine regelmäßige Schlageinteilung statt unter möglichst einfacher Gestaltung der auf die Fläche zu beschränkenden Taxationsgrundlagen. Die Zahl der Schläge entspricht der Umtriebszeit. Die Hiebsjahre werden nach Maßgabe der Hiebsreife und unter Anstrebung einer geordneten Hiebsfolge bestimmt. Die Erträge an Derbholz und Reisig sind schlagweise nach früheren Hiebsergebnissen unter Sonderung der vier Holzartenklassen anzusprechen. Der jährliche Abnutzungssatz wird ermittelt, indem die Summe des Ertrags aller Schläge durch die Zahl der Jahre des Umtriebs geteilt wird.

Im Plenterwald werden — abgesehen von Überführungsbeständen von Hochwald und Plenterwald, in denen die alten Bezeichnungen vorläufig beibehalten werden — Bestandesabteilungen in der Regel nicht ausgeschieden. Es wird, wie im Hochwald, eine Altersklassennachweisung gefertigt, in welcher die Teilflächen der Holzarten und Altersklassen, gutachtlich getrennt, eingetragen und zusammengezählt werden. Die Regelung der Abnutzung erfolgt im Sinne der Methode K. Heyers. Unter regelmäßigen Bestandesverhältnissen ist als Abnutzungssatz der Gesamtdurchschnittszuwachs anzunehmen, der entweder im ganzen oder für die einzelnen Teile eingeschätzt wird. Die Schätzung des Vorrats und die Beurteilung, ob dieser normal oder zu hoch oder zu niedrig ist, erfolgt auf gutachtlichem Wege; ebenso die Erhöhung oder

Ermäßigung des Abnutzungssatzes, die in beiden letzteren Fällen vorzunehmen ist.

14. Den Abschluß der Betriebsregelungsarbeiten bildet eine von den beteiligten Beamten aufzunehmende Schlußverhandlung, die eine Erklärung derselben über ihr Einverständnis enthalten muß. Alsdann werden Fläche und Abnutzungssatz festgestellt und weiter geschäftliche Anordnungen getroffen.

15. Die Zwischenprüfung. Das Betriebswerk wird für einen 20jährigen Zeitraum aufgestellt. Mit Rücksicht auf die im Laufe desselben eintretenden Störungen und Veränderungen der Wirtschaftsgrundlagen ist im 11. Jahre eine Revision des Betriebswerks, die sogenannte Zwischenprüfung, vorzunehmen. Durch sie soll festgestellt werden, ob die Wirtschaftsführung nach den Vorschriften des Betriebswerks erfolgt ist, ob diese Vorschriften auch ferner aufrechterhalten werden können und ob der Abnutzungssatz unverändert beibehalten werden kann.

Zur Vorbereitung der Zwischenprüfung hat der Oberförster eine Hiebsnachweisung für die ersten 10 Jahre der Periode anzufertigen, in welcher alle Bestände, in denen Hiebe der Hauptnutzung stattgefunden haben, aufgeführt werden. Alsdann findet eine Bereisung der beteiligten Beamten der Verwaltung und der Forsteinrichtung statt. Durch diese soll festgestellt werden, ob und in welcher Richtung Abweichungen von dem Inhalt des Betriebsplanes stattgefunden haben und ob in Zukunft Änderungen in dieser Richtung eintreten sollen. Auf Grund der Bereisung findet eine von allen Teilnehmern an derselben zu vollziehende Vorverhandlung statt, in der beantragt wird, ob das Betriebswerk unverändert beibehalten werden soll, oder ob und welche Veränderungen empfehlenswert erscheinen. Insbesondere muß hierbei über die Höhe des Abnutzungssatzes und über die waldbaulichen Grundsätze, die seither befolgt sind, ein Urteil abgegeben werden.

16. Die Kontrolle der Nutzungen. Sie erstreckt sich auf das Derbholz der Hauptnutzung im Hoch- und Plenterwald, sowie auf das Derbholz der Vornutzung im Hochwald. Stock- und Reisholz, sowie das Derbholz des Niederwaldes werden der Kontrolle nicht unterworfen. Über die Art der Kontrolle sind besondere Anweisungen gegeben[1]).

---

[1]) Insbesondere durch die Anweisung zur Anlegung und Führung des Kontrollbuchs vom 17. April 1919. Darnach gehören zur Hauptnutzung im Hochwald:

1. Alle Holznutzungen in Beständen der I. Periode;
2. In Beständen, die nicht in der I. Periode stehen.
  a) Flächenweise Bestandesabtriebe;
  b) Aushiebe, die als solche im Betriebsplan vorgesehen und deren Massen bei Herleitungen des Abnutzungssatzes berücksichtigt worden sind;
  c) Alle sonstigen Holznutzungen, die eine Bestandesergänzung notwendig machen oder die künftige Endnutzung des Bestandes um mehr als 5 $^0/_0$ schmälern.

17. **Die Ausführung der Betriebsregelungsarbeiten.** Während die Anweisung von 1912 mit den Worten begann: „Die Betriebsregelungsarbeiten gehören zu den Dienstgeschäften des Revierverwalters", sind bald nach dem Kriege in Preußen mehrere Forsteinrichtungsanstalten ins Leben getreten, deren Aufgabe es ist, in Verbindung mit den Beamten der Verwaltung die Betriebsregelungsarbeiten in regelmäßiger Ordnung und nach gleichen Grundsätzen durchzuführen. Die Art, wie die Arbeiten geregelt werden sollen, befindet sich noch in der Entwicklung. Leitend ist aber der Gedanke, daß bei den Betriebsregelungen die Forsteinrichtungsanstalt und die örtliche Verwaltung verständnisvoll Hand in Hand arbeiten, und daß . . . neben den ökonomischen Grundsätzen vor allem auch die Erfahrungen der örtlichen Verwaltung voll zu Gehör kommen und ausgenutzt werden. Obenan wird der Grundsatz gestellt, daß die Forsteinrichtung die Wirtschaft in waldbaulicher Beziehung nicht beengen darf.

II. In Bayern.

Wie in fast allen anderen deutschen Staaten, so herrschte auch in Bayern während fast des ganzen 19. Jahrhunderts das Fachwerk. Zuerst (1819) war es in der strengen Form des Massenfachwerks vertreten. Später bildete sich unter dem Einfluß von H. Cottas Lehren das kombinierte Fachwerk aus, bei dem 24jährige Perioden gebildet wurden. Von nachhaltigem Einfluß war dann eine Instruktion von 1830, die in Verbindung mit ergänzenden Erlassen lange Zeit hindurch für die Betriebsregelung der Staatsforsten bestimmend gewesen ist. Eine völlige Neugestaltung erfuhr das Forsteinrichtungswesen durch die Anweisung vom Jahre 1910. In neuester Zeit ist für diese unter Beibehaltung der wesentlichsten Grundsätze eine Neuauflage vorbereitet.

Als die wichtigsten Aufgaben der Forsteinrichtung werden die nachfolgenden bezeichnet. Die Forsteinrichtung soll: die Waldungen entsprechend gliedern; im Tatbestand ein übersichtliches Bild geben von den gesamten Verhältnissen des Betriebsverbandes; hieraus die Wirtschaftsgrundzüge(Betriebsarten, Betriebsklassen, Holzarten, Bestockungsarten, Wirtschaftsziele, Abtriebsalter, Umtrieb) festlegen; die Flächen- und Massenabnutzung bestimmen; Wirtschaftsregeln und Betriebspläne entwerfen; den Vollzug sichern und den Wirtschaftserfolg nachweisen, sowie endlich in der Mitte der Wirtschaftsperiode den Waldstand überprüfen und am Schluß der Periode das Waldstandswerk erneuern.

A. Gliederung.

Die bleibende örtliche Grundlage bildet die ständige Einteilung. Waldungen, die nach gemeinschaftlichem Plan bewirtschaftet werden können, bilden einen Betriebsverband. Die Staatswaldungen eines Forstamts sollen in der Regel zugleich den Betriebsverband bilden.

Die Betriebsverbände werden in Distrikte und diese in Abteilungen gegliedert. Jede von Fremdgrund umschlossene Waldparzelle bildet in der Regel einen Distrikt. In größeren zusammenhängenden Waldungen sind Zahl und Umfang der Distrikte bestimmt durch topographische Verschiedenheiten, durch Belastung mit Forstrechten u. a.

Für die Bildung der Abteilungen sollen vorzugsweise bleibende wirtschaftliche Verhältnisse bestimmend sein. Ihre Begrenzung erfolgt, soweit sie vorhanden sind, durch natürliche Linien; außerdem durch künstliche Schneisen, Wege usw. An dieser ständigen Waldeinteilung, welche für die Geschichte des Waldes von Bedeutung ist, bei der Bevölkerung sich eingelebt hat und bei der Landesvermessung häufig zur Bildung der Katasterparzellen benutzt wurde, dürfen Änderungen nur aus zwingenden Gründen vorgenommen werden. Distrikts- und Abteilungsgrenzen sind vom Holzwuchs freizuhalten. Wo sie lediglich der Waldgliederung dienen, genügt hierfür eine Breite von $2^1/_2$ m; wo zugleich Sicherung gegen Feuer oder Wind in Absicht liegt, ist die Breite dementsprechend zu bemessen.

B. Forstwirtschaftlicher Tatbestand.

Er erstreckt sich auf Standort und Bestockung. Klima, Lage und Boden sind nach ihrer Bedeutung für die forstliche Wirtschaftsführung darzustellen, die Bodenarten nach den vorkommenden Gütestufen und mit Rücksicht auf die wechselnden Höhenlagen und Hangneigungen. Das örtliche Vorkommen der Bodenarten wird auf einer Karte ersichtlich gemacht. Bodenerkrankungen sind zu schildern und abzugrenzen.

Der Darstellung der Bestockungsverhältnisse soll eine Ausscheidung der Bestände vorausgehen. Im allgemeinen sind für diese die im ersten Teil dieser Schrift angegebenen Geschichtspunkte und Merkmale bestimmend. Der Bestand soll in bezug auf Beschaffenheit und Bewirtschaftung eine Einheit bilden. Unterabteilungen von geringerer Größe als 1 ha sind nur ausnahmsweise zu bilden. Zur Ersichtlichmachung im Walde sind die Grenzen der Unterabteilungen, wenn sie künstlich gebildet werden müssen, auf 1 bis 2 m Breite aufzuhauen.

Von wesentlichem Einfluß auf die Darstellung der Bestockungsverhältnisse ist der zutreffende Nachweis des Alters. Für die in der Verjüngung begriffenen Bestände werden besondere Erläuterungen gegeben. Unter Umständen wird nicht das physische, sondern das wirtschaftliche Alter den Bestandesbeschreibungen und Betriebsmaßnahmen zugrunde gelegt. Nach Abschluß der entsprechenden Aufnahmen werden die vorliegenden Verhältnisse durch eine nach Betriebsklassen geordnete Flächen- und Altersklassenübersicht dargestellt. In dieser werden die in regelmäßigem Betrieb stehenden Bestände nach Klassen mit 20jähriger Abstufung, von denen aber jede wieder geteilt wird, aufgenommen. Auch die außerhalb des regelmäßigen Betriebs stehenden Bestände, sowie die Nichtholzbodenflächen werden in der Übersicht aufgeführt. Auf Grund dieser Übersicht werden graphische Darstellungen über die Verteilung der Holzarten, Bestandesformen und Gütestufen auf die Altersklassen gegeben.

Eine für die zukünftige Wirtschaft wichtige Einrichtung liegt in der Art der Bestandesbeschreibung und ihrer Verbindung mit der Reviergeschichte: Jeder Bestand ist auf besonderem Bogen zu beschreiben, wobei alle Verhältnisse, die Ertrag und Nutzungsweise beeinflussen, darzustellen sind. Der für einen Bestand angelegte Bogen ist so lange beizubehalten, als die Unterabteilung bestehen bleibt. Wenn sich an der Standorts- und Bestandesbeschreibung späterhin Änderungen oder Ergänzungen notwendig erweisen, sind solche gelegentlich der Waldstandsprüfungen vorzunehmen; außerdem sind Ereignisse, die den Betrieb im ganzen berühren, chronologisch aufzuzeichnen.

An die Beschreibung der Bestände schließt sich die Erhebung des Vorrats an. Die Ermittelung des gesamten Hauptbestandsvorrats wird als sehr erwünscht bezeichnet. Es sollen aber einfache Methoden der Schätzungen Platz greifen. Aufnahme mit der Kluppe in Verbindung mit Massentafelberechnungen oder Probestammfällungen ist auch in Angriffsbeständen nur anzuwenden, soweit Mischung, Ausformung und Schluß sehr ungleichmäßig sind. Anderenfalls genügen Ermittelungen nach Probeflächen und Ertragstafeln. Für die nicht zum Angriff bestimmten älteren Bestände wird ein Erkunden durch Orientierungsgang empfohlen. Bei den Beständen der zweiten und dritten Altersklasse wird die Masse summarisch nach Altersklassen und Bonitäten eingeschätzt.

Ähnliches gilt auch hinsichtlich des Zuwachses. Für die in der ersten 20jährigen Periode zu verjüngenden Bestände wird der volle Zuwachs für 10 Jahre in Ansatz gebracht. Besonderes Gewicht wird auf die Ermittelung des laufenden Zuwachses vom Hauptbestand des ganzen Betriebsverbandes gelegt. Er wird entweder summarisch nach den vorliegenden Altersklassen berechnet oder durch Untersuchungen an geeigneten Beständen. Der laufende Gesamtzuwachs wird dadurch erhoben, daß dem Zuwachs an Hauptbestandsmasse der 10. Teil des für den nächsten Zeitabschnitt berechneten Durchforstungsanfalls zugezählt wird.

Neben den auf die Masse bezüglichen Elementen der Produktion hebt die Anweisung die Bedeutung der Werterzeugung hervor. Als Kennzeichen derselben wird der Verlauf des Stärkezuwachses, das Verhältnis der anfallenden Sortimente und die Qualitätsziffer bezeichnet.

Den einfachsten Maßstab für den Stärkezuwachs bildet der nach Standort und Bestandesdichte sehr verschiedene Mittelstamm. Es ist zu ermitteln, welche Zeit jede Hauptholzart auf den verschiedenen Bonitäten gebraucht hat, um gewisse Stärke hervorzubringen. Die darauf bezüglichen Ergebnisse sollen graphisch dargestellt werden.

Der Anfall an Sortimenten ist für charakteristische Baumholzbestände entweder nach Ertragstafeln oder aus Fällungsergebnissen annähernd normaler Bestände oder durch Fällung von Probestämmen zu ermitteln. Aus den jeweils dem gleichen Alter entsprechenden Sortimentsprozenten und den Holztaxen des laufenden Jahres wird die Qualitätsziffer berechnet.

Nach den auf Masse und Wert gerichteten Untersuchungen läßt sich der Zerschlagungswert der einzelnen Bestände und der ganzen Betriebsklasse ermitteln. Ihm kann auch der wirtschaftliche Wert zur Seite gestellt werden.

C. Grundzüge der zukünftigen Bewirtschaftung.

Hier ist Entscheidung zu treffen über Betriebsart und Betriebsklasse, Holzart und Bestockungsart, Wirtschaftsziel und Umtriebszeit.

Die Betriebsart ist meist schon vor der Bearbeitung der einzelnen Reviere durch die geschichtlich gegebenen Verhältnisse und die allgemeine Richtung der Wirtschaft bestimmt.

Als Ursachen für die Bildung der Betriebsklassen werden bezeichnet: das Vorkommen verschiedener Betriebsarten, erhebliche Unterschiede der Wuchsleistung auf räumlich zusammenhängenden Flächen, zumal bei sehr unterschiedlicher Höhenlage oder großer Verschiedenheit der Bodenformen, belangvolle, die Wirtschaft beeinflussende Forstberechtigungen.

Hinsichtlich der Holzarten wird die von Borggreve begründete Regel an die Spitze gestellt, daß die von Natur einheimischen oder einheimisch gewesenen Holzarten sich in der Regel auch wirtschaftlich am besten verhalten. Bei ihrer Würdigung sollen unter steter Beachtung des Standorts neben der Massen- und Wertproduktion ganz besonders die waldbaulichen und bodenpfleglichen Einwirkungen berücksichtigt werden.

Die Wirtschaftsziele sind in erster Linie nach dem Standort, der hier das Primäre ausdrückt, festzusetzen. Daneben ist aber auch die Bestockung, das Sekundäre, zu beachten. Die Wirtschaftsziele erhalten ihre charakteristische Bezeichnung durch die Holzarten, welche vorherrschen sollen, durch die Art ihrer Mischung mit anderen und durch die Stärke der Sortimente, welche zur Zeit der Haubarkeit vorliegen soll.

Die Umtriebszeit ist in der Bayrischen Anweisung so eingehend behandelt, wie es in keiner anderen Anweisung der Fall ist. Es wird unterschieden zwischen dem durchschnittlichen Abtriebsalter der auf beachtenswerten Flächen vorkommenden Bestockungsarten und dem Gesamtumtrieb, d. i. der Zeitraum, innerhalb dessen die zu einem Betriebsverband oder zu einer Betriebsklasse zusammengefaßten Bestände der Idee noch einmal vollständig durchgeschlagen werden sollen, und zwar so, daß jeder Bestand in der Hauptsache in den Jahren abgenutzt wird, in denen er wirtschaftlich reif oder sonst hiebsbedürftig ist. Bei der Feststellung der Umtriebszeit sind zunächst gesetzliche Bestimmungen zu beachten: „Der Forstwirtschaft in den Staatswaldungen ist gesetzlich die Aufgabe zugewiesen, unter Wahrung der Nachhaltigkeit und unter Berücksichtigung der vorhandenen Nutzungsrechte Dritter die höchstmögliche Produktion in den dem Bedürfnis der Gegend und des Landes entsprechenden Sortimenten zu erzielen. Außerdem hat die Staatsforstverwaltung die Verpflichtung, das ihr anvertraute Staatsgut wirtschaftlich zu nutzen und aus der Bewirtschaftung einen möglichst hohen Geldertrag zu erzielen. — Soweit ein Wald nicht der Befriedigung von Forstrechten oder als Schutzwald öffentlichen Zwecken oder ähnlichen Interessen zu dienen hat und seine Nutzung darnach zu regeln ist, muß die Bewirtschaftung auf die höchstmögliche Erzeugung meist begehrter Sortimente und auf die Gewinnung eines möglichst hohen, wirtschaftlich jedoch noch vertretbaren Geldertrags gerichtet sein." Was unter meistbegehrten Sortimenten zu verstehen ist, ergibt sich häufig aus den gewerblichen Verhältnissen der betreffenden Gegend und den Erfahrungen der forstlichen Praxis. Wo solche nicht in genügender Bestimmtheit vorliegen, sollen besondere Untersuchungen mit zahlenmäßigen Ergebnissen ausgeführt werden. Zu solchen Untersuchungen ist für die hauptsächlichsten Bonitätsstufen und Altersklassen nachzuweisen: Der Sortimentenanfall in Prozenten des Derbholzertrags; der erntekostenfreie Durchschnittspreis der Sortimente (nach dem Durchschnitt der letzten 3 Jahre); der Durchschnittswert des Festmeters Derbholz; der Massenertrag an Derbholz je ha; der Wert dieses Abtriebsertrags je ha; der Wert der Durchforstungsderbholzerträge je ha innerhalb der Jahrzehnte; die Wertzunahme des Bestandes innerhalb eines Jahrzehntes je ha; der Waldreinertrag oder die Waldrente je ha in den in Betracht kommenden Jahrzehnten und die Zunahme der Waldrente von 10 zu 10 Jahren.

Die Grenzen der Umtriebszeit sind nach unten bestimmt durch die Absatzbarkeit der Sortimente; nach oben durch den Zeitpunkt, von dem ab die Waldrente nicht mehr zunimmt. Innerhalb dieser Grenzen kommen als Bestimmungsgründe in Betracht: Zunächst der Anfall an Sortimenten, deren Beschaffenheit und Dimensionen aber nach Holzart, Mischung, Standort und Erziehung sehr verschieden sind. Sodann die Wertzunahme der Bestände. Solange die Kurve, die diese darstellt,

noch einen lebhaften Aufschwung zeigt, ist die Hiebsreife noch nicht
eingetreten. Dagegen ist die Produktion zu schließen, wenn die Wertzunahme stark abnimmt oder ganz aufhört. Sofern aus diesen Erwägungen kein genügendes Ergebnis hervorgeht, soll das Verhältnis
zwischen Wertzuwachs und Produktionsaufwand mit Hilfe des Weiserprozents gewürdigt werden.

Außer den rechnerischen Ergebnissen haben auch nicht ziffermäßig
nachweisbare sonstige Verhältnisse (Einfluß der Umtriebszeit auf den
Bodenzustand, Fähigkeit der natürlichen Verjüngung, Sturmgefahr, Erziehung der Bestände) bei der Bestimmung der Umtriebszeit Berücksichtigung zu finden.

D. Regelung der Nutzung.

Sie hat nach Fläche und Masse zu erfolgen. Für jede Betriebsklasse
ist die Fläche zu bestimmen, die innerhalb des nächsten 20jährigen
Wirtschaftszeitraums zur Abnutzung kommen soll. Leitender Grundsatz
soll es sein, die Flächen so zu wählen, daß einerseits Nutzungen von überreifen und unreifen Beständen, anderseits unerwünschte Schwankungen

der Erträge vermieden werden. Die normale Abnutzungsfläche $= \dfrac{f}{u}$

dient nur als Vergleichsmaßstab. Sie wird durch das Altersklassenverhältnis und die Gestaltung von Vorrat und Zuwachs in mehr oder weniger
starkem Grade verändert.

Die Nutzungen werden, wie es allgemein üblich ist, in Haupt- und
Zwischennutzungen unterschieden. Für diese Begriffe werden entsprechende Definitionen gegeben. Von weitgehendem Interesse ist die
Absicht, versuchsweise, unter Verzicht auf ein Ausscheiden von Haupt-
und Zwischennutzungen, en Hiebssatz im Anhalt an den laufenden
Gesamtzuwachs zu ermitteln. Da die Unhaltbarkeit einer scharfen Trennung von Haupt- und Zwischennutzungen in Zukunft unter vielen Verhältnissen noch stärker als seither hervortreten wird, so wird auch
die vorliegende Absicht in höherem Grade zur Geltung kommen, als es
jetzt erforderlich erscheint.

Bezüglich der Inangriffnahme der Bestände zur Verjüngung ist
dem Wirtschafter ein weitgehendes Maß von Freiheit eingeräumt, das
zweifellos von guten Folgen begleitet sein wird. Der Fällungsplan wird
in der Hochwaldsbetriebsklasse nur für 10 Jahre aufgestellt. Es genügt
jedoch nicht, nur die Hälfte der festgesetzten periodischen Abnutzungsflächen zur Verfügung zu stellen. Der Wirtschafter bedarf eines Spiel-
raums in der Auswahl der Schläge, da er einen angemessenen Hiebs-
wechsel einhalten, die Samenjahre ausnutzen, durch Vorausverjüngung
den Mischwuchs sichern, die Schwankungen der Nachfrage berücksichtigen muß usw. Das ist nur möglich, wenn eine Angriffsfläche zur Ver-

fügung steht, die größer ist als das vorgezeichnete Soll. Andererseits ist aber auch eine zu reiche Ausstattung des Fällungsplans nicht zweckmäßig.

Für die Wahl der Bestände, welche zur Vorbereitung oder Durchführung der Verjüngung in Angriff genommen werden, sollen Hiebsbedürftigkeit, Hiebsfolge, Hiebsnotwendigkeit und Hiebsreife bestimmend sein. Charakteristische Beispiele von Beständen und wirtschaftlichen Maßnahmen werden hier angefügt. Außer rückgängigen, überreifen und bereits in Angriff genommenen Orten, sowie von Beständen, die wegen der Hiebsfolge und Bestandessicherung genutzt werden müssen, gehören hierher auch Nutzungen auf ideeller Fläche in noch nicht hiebsreifen Beständen, welche zur Erreichung eines bestimmten wirtschaftlichen Zweckes über den Rahmen eines Durchforstungsangriffs hinausgehen. Sie werden vorzugsweise bestimmt durch die Absicht, eine ideelle Teilfläche zur Sicherung der Mischung vorauszuverjüngen, dann aber auch zum Zwecke der Vorratspflege.

Zur Ermittelung des Hiebssatzes ist zunächst der durchschnittliche Haubarkeitsertrag eines ha der Abnutzungsfläche festzustellen. Er ergibt sich durch Division der in den Fällungsplan zur Hauptnutzung eingestellten Gesamtfläche in den Hauptnutzungsertrag. Das Produkt aus dem durchschnittlichen Haubarkeitsertrag je ha und dem aus den periodischen Abnutzungsflächen sich berechnenden jährlichen Flächensoll ergibt den Hiebssatz an Hauptnutzung. Er wird im ganzen ausgeworfen; wo es aber notwendig erscheint, kann bestimmt werden, mit welchen Beträgen Laubholz und Nadelholz, einzelne Teile des Betriebsverbandes oder bestimmte Holzarten am Hiebssatz beteiligt sein sollen. Der Hiebssatz an Zwischennutzungen ist der zehnte Teil der im Fällungsplan veranschlagten Durchforstungserträge.

In bezug auf die wichtige Frage der Kontrolle der Nutzungen wird in der Anweisung bemerkt, daß der Wirtschafter innerhalb des Zeitabschnitts an das Hauptnutzungssoll gebunden ist.

Beim Niederwald und oberholzarmen Mittelwald wird in der Regel lediglich die Fläche als Nutzungsmaßstab benutzt; das zu erwartende Massenergebnis ist aber zu veranschlagen. Im oberholzreichen Mittelwald und im Plenterwald ist der Holzbestand nach Holzarten getrennt stammweise aufzunehmen. Diese Aufnahme gibt zugleich eine Übersicht der Stärkeklassen, die als Ersatz der Altersklassenübersicht dienen kann. Zur Nutzung werden solche Stämme herangezogen, welche gewisse Stärken erreicht haben oder aus anderen Gründen hiebsreif erscheinen. Als Nutzungsmaßstab innerhalb der durch die Bestandesbeschaffenheit gegebenen Grenzen hat der laufende Zuwachs zu dienen, welcher sich aus den Zuwachsprozenten der einzelnen Stärkeklassen ergibt.

E. Wirtschaftsregeln und Betriebspläne.

1. Wirtschaftsregeln.

Die von der Bayerischen Staatsforstverwaltung für manche Forst-
bezirke aufgestellten Wirtschaftsregeln sind rühmlichst bekannt. In
der Anweisung wird bemerkt, daß solche Regeln für die hauptsächlichsten Waldgebiete, deren in Bayern 29 unterschieden werden, aufgestellt
werden sollen. Einleitend ist zu schildern, wie die Bestockung nach Art
und Güte durch die bisherige Wirtschaft beeinflußt wurde. Hierauf
folgen Erörterungen über die erforderlichen Maßnahmen der Boden-
und Bestandespflege, sowie über die in Frage kommenden Verjüngungs-
verfahren.

2. Betriebspläne.

Sie betreffen Fällungen und Kulturen. Der Füllungsplan ist nach
Betriebsklassen zu ordnen. Innerhalb jeder Betriebsklasse werden Haupt-
und Zwischennutzung unterschieden. Die vorgesehenen Hauungen werden nach der Folge der Unterabteilungen eingetragen. Bei den Hauptnutzungen werden Flächen und Massen für die einzelnen Bestände
angegeben; bei den Vornutzungen erscheinen bei den einzelnen Beständen nur die Flächen, die Massen nur summarisch. Außer diesen Zahlen
enthält der Fällungsplan, sowohl bei den Haupt- als auch bei den
Zwischennutzungen Angaben über die Wirtschaftsziele und die Wirtschaftsmaßnahmen. — Die Kulturpläne bieten keine Besonderheiten.

F. Prüfung und Erneuerung des Einrichtungswerkes.

Die Gültigkeit eines Einrichtungswerkes ist auf 20 Jahre bemessen.
Um die Durchführung der Pläne zu sichern, ist nach 10 Jahren der
Waldstand zu überprüfen. Nach Ablauf von 20 Jahren ist das Be-
triebswerk zu erneuern.

1. Waldstandsüberprüfung.

Sie soll sich bei Hochwaldbetriebsklassen darauf beschränken: die
Zuverlässigkeit der Ertragsermittelung zu prüfen und im Bedarfsfall
eine Berichtigung vorzunehmen, die Flächenabnutzung zu ermitteln;
sie mit dem Flächensoll zu vergleichen und hiernach die Abnutzungsfläche des nächsten Zeitabschnitts zu bemessen; die Betriebspläne nach
Bedarf zu berichtigen und zu ergänzen; den im zweiten Zeitabschnitt
zu erwartenden Haubarkeitsertrag zu berechnen; den Hiebssatz für den
nächsten Zeitabschnitt festzusetzen und eine neue Wirtschaftskarte
zu fertigen. Zu den einzelnen Punkten werden in der Anweisung nähere
Erläuterungen gegeben.

Die Bestandesausscheidung soll nicht geändert werden. Etwaige

Änderungen an den Wirtschaftsregeln und Vorschriften des Fällungs-
planes sind anzufügen.

2. Betriebswerkserneuerung.

Beim Erneuern des Betriebswerks sind nicht nur die Ergebnisse der
ganzen Wirtschaftsperiode festzustellen, sondern auch die Grundlagen
des Forsteinrichtungswerkes einer eingehenden Würdigung zu unterziehen.

G. Zuständigkeit und Geschäftsgang.

Betreffs der Zuständigkeit wird bemerkt: die Anordnung und Leitung
der Forsteinrichtungsarbeiten sowie die Ausarbeitung der Betriebswerke
und Waldstandsprüfungen gehört zur Geschäftsaufgabe der Regierungen,
Kammern der Forsten, bei welchen hierfür eigene Sachreferate bestellt
sind. Das Forstamt ist zu allen wesentlichen Teilen des Werkes einzu-
vernehmen; seine Äußerungen haben Beilagen des Forsteinrichtungswerkes zu bilden. Sämtliche Beamte des Forstamts sind nach Anordnung der Regierungsforstkammer zur Mitwirkung verpflichtet. Die
Grundlagen bedürfen der Genehmigung des Staatsministeriums.

Über den Verlauf der Arbeiten und ihrer Verteilung unter die Vertreter der Verwaltung und Forsteinrichtung folgen weitere Vorschriften.

III. In Sachsen[1]).

Auch in Sachsen ist die Ertragsregelung von der Fachwerksmethode
ausgegangen. H. Cotta, der die Vermessung und Taxation der Sächsischen Staatsforsten in den Jahren 1811—1831 systematisch durchführte, hat sowohl das Flächen- als auch das kombinierte Fachwerk
vertreten. Infolge der regelmäßig stattfindenden Revisionen erwies
sich jedoch schon frühzeitig die Ertragsberechnung für spätere Zeiten
als überflüssig. Man verließ deshalb das Fachwerk und beschränkte die
Ertragsregelung auf das nächste Jahrzehnt.

Die wichtigsten Gegenstände, auf welche sich die nachfolgende Besprechung erstrecken soll, betreffen die räumliche Ordnung des Waldes
und seiner Teile, die Aufnahme des tatsächlichen Waldzustandes, den
Nachweis des Vorrats und Zuwachses, die Umtriebszeit, die Feststellung
des Hiebssatzes, die Bestimmungen über den Hauungs- und Kulturbetrieb, den Nachweis über die Rentabilität, sowie endlich die Revision
und Kontrolle der Wirtschaftspläne.

----

[1]) Eine in mancher Beziehung genauere Darstellung des sächsischen Verfahrens, als sie hier gegeben werden kann, enthält Neumeister: Die Forsteinrichtung
der Zukunft. 1900.

A. Die räumliche Ordnung des Waldes und seiner Teile.

Hierher gehören die Einteilung in ständige Wirtschaftsfiguren, die Ausscheidung der Unterabteilungen, sowie die Bildung der Hiebszüge und Betriebsklassen.

1. Die Einteilung in ständige Wirtschaftsfiguren.

Sie erfolgt durch ein System von geraden Linien, die sich unter Winkeln kreuzen, die, soweit tunlich, vom rechten nicht stark abweichen sollen. Die Hauptlinien, sog. Wirtschaftsstreifen, verlaufen in den meisten Revieren Sachsens von Nordost nach Südwest. Sie dienen als Grenzen der Hiebszüge und werden, damit sich an ihren Rändern zum Schutze gegen senkrechte und seitliche Winde Mäntel bilden, in einer Breite von 9 m aufgehauen. Die senkrecht zu den Wirtschaftsstreifen liegenden Schneisen sollen die Richtung der Jahresschläge angeben und in der Regel eine Breite von 4,5 m erhalten. Auch Straßen, Eisenbahnen, Bachläufe und andere gegebene Grundlagen werden zur Einteilung benutzt.

Im Gebirge erhält die Richtung der Einteilungslinien Abänderungen durch die Geländebildung. Höhen- und Talzüge sind tunlichst zur Einteilung zu benutzen. Da die Täler meist mit Randwegen versehen werden, so treten diese häufig an Stelle der Wirtschaftsstreifen. Auch die Schneisen werden oft durch seitliche Rücken- und Muldenlinien ersetzt. Übrigens erhalten sie die Richtung des stärksten Gefälls. Auch die Fahrbarkeit bzw. Nichtfahrbarkeit der Linien, die zur Einteilung benutzt werden, ist zu beachten. Diese trägt hiernach zum Teil einen künstlichen, zum Teil einen natürlichen Charakter.

2. Die Ausscheidung der Unterabteilungen (Bestände).

Wie ein Blick auf die Bestandeskarten ersehen läßt, geht die Sächsische Forsteinrichtung in der Ausscheidung der Unterabteilungen viel weiter als es in anderen deutschen Staaten geschieht. Während diese meist 1 ha als ungefähre Mindestgröße der Unterabteilungen annehmen, geht man in Sachsen bis zu 0,2 ha (manchmal noch weiter) herab. Die weitgehende Ausscheidung hat ihren Grund in der Bedeutung, die, zufolge der Methode der Betriebsregelung, auf einen genauen Nachweis der Holzarten und Altersklassen gelegt wird. Die Zunahme gemischter und ungleichaltriger Bestände wird aber voraussichtlich dazu führen, daß die Zahl der Unterabteilungen, die jetzt oft 10 bis 20 in einer Abteilung beträgt, im Laufe der Zeit vermindert wird.

3. Die Bildung der Hiebszüge[1]).

Sie ist für die Sächsischen Staatsforsten infolge des Vorherrschens der Fichte von großer Bedeutung. Die Hiebszüge haben sich der wirtschaftlichen Einteilung möglichst anzuschließen. Es ist erwünscht, daß

---

[1]) Vgl. hierzu den sächsischen Hiebszug Tafel 11 im 2. Abschnitt des 3. Teils.

die Richtung der Haupteinteilungslinien und der Hiebszüge miteinander übereinstimmen, wenn auch Ablenkungen oder Drehungen der Schlagfronten infolge der Geländebildung, der Bodenverhältnisse, des Anbaues anderer Holzarten oder aus anderen Gründen notwendig oder zweckmäßig werden.

Soweit die Hiebszüge auf bleibenden örtlichen oder wirtschaftlichen Grundlagen beruhen, tragen sie einen ständigen Charakter. Feststehende Grenzen der Hiebszüge sind im Gebirge die natürlichen Linien des Geländes, namentlich Rücken und Mulden. Nicht nur die Haupthöhen- und Talzüge, sondern auch seitliche sind bei der Hiebsfolge zu beachten; sie bezeichnen oft die von der Natur gegebenen Anfänge oder Enden der Hiebszüge. Dagegen sind die in den Bestandesverhältnissen liegenden Bestimmungsgründe derselben unter Umständen vorübergehender Natur. Durch Naturschäden oder wirtschaftliche Maßnahmen können die bestehenden Hiebszüge Änderungen erleiden.

Die Ausdehnung der Hiebszüge hängt namentlich von der Schlagführung ab, ihre wünschenswerte Länge wird durch die Umtriebszeit, die Breite der Schläge und die Schnelligkeit, mit der sie fortgeführt werden, bestimmt. Da für die Fichte, die wichtigste Holzart Sachsens, schmale Schläge geführt und diese erst fortgesetzt werden sollen, wenn die vorhergehenden Kulturen den ihnen durch Frost, Hitze und Unkrautwuchs drohenden Gefahren entwachsen sind, so gilt als Regel, daß die Hiebszüge kurz bleiben.

Um das Ziel der Bildung kurzer Hiebszüge zu erreichen, müssen genügende Anhiebsmöglichkeiten geschaffen werden. Sie werden herbeigeführt durch rechtzeitige Freistellung von Beständen, die später den Wirkungen des Windes und der Sonne ausgesetzt sein werden. Von den Mitteln der Durch- und Loshiebe, Absäumungen und Umhauungen, durch die sturmsichere Bestandesränder geschaffen werden, hat die Sächsische Forsteinrichtung in reichem Maße Anwendung gemacht.

Auf den Bestandeskarten werden die Hiebszüge nur durch die Darstellung der Altersklassen ersichtlich.

4. Die Bildung der Betriebsklassen.

Hinsichtlich der Bildung der Betriebsklassen, die aus einer Summe von Abteilungen oder Bestandeskomplexen bestehen, zeigt die Sächsische Forsteinrichtung keine Besonderheiten. Technische Maßnahmen werden für ihre Darstellung weder im Walde noch auf den Karten erforderlich. Die Betriebsklassen werden, wie überall, durch voneinander abweichende Betriebsarten, durch Unterschiede in den Holzarten und bisweilen auch in den Umtriebszeiten bestimmt. Die allmählichen Übergänge im Abtriebsalter und die auf gemischte Bestände gerichteten Bestrebungen haben dahin geführt, die Betriebsklassenbildung zu vereinfachen.

B. Aufnahme des bestehenden Waldzustandes.

Die hierhergehörigen Arbeiten erstrecken sich auf die Beschreibung und Bonitierung der Standorte und Bestände, sowie die Aufnahme von Zuwachs und Vorrat.

Die Bezeichnungen, die bei der Beschreibung und Bonitierung der Standorte und Bestände angewandt wurden, sind kurz gehalten, stehen aber mit der Anleitung zur Standorts- und Bestandesbeschreibung beim forstlichen Versuchswesen sachlich in Übereinstimmung. Es werden fünf Standortsklassen gebildet, deren Leistungsfähigkeit seither durch die Haubarkeitsmasse unter Anwendung der Ertragstafeln von Preßler charakterisiert wurde. Sie geben für die nach Jahrfünften geordneten Altersstufen die Gesamtmasse (Derbholz und Reisig) an.

Neben den Standortsbonitäten werden auch die Bestandesbonitäten nachgewiesen. Sie werden in einfachen Zahlen ausgedrückt, welche die vereinigte Wirkung von Standorts- und Bestandesbeschaffenheit (Schluß, Wuchs usw.) angeben sollen. Dies Verfahren hat den Vorzug großer Einfachheit. Alle auf den Ertrag bezüglichen Verhältnisse können in bestimmten Zahlen dargestellt werden. Aus der Summe der eingeschätzten Bestände läßt sich eine mittlere Bestandesbonität feststellen, durch die ein ganzes Revier in seiner Leistungsfähigkeit gekennzeichnet wird.

Die Beschreibung der Bestände wird in Sachsen wegen der Kleinheit der Unterabteilungen und der meist gleichmäßigen Bestandesverhältnisse kurz und einfach gehalten. Für die Ermittelung des Alters liegen zufolge der langjährigen Geschichte des Forsteinrichtungswesens hinlängliche Grundlagen vor. Danach werden die Bestände bestimmten Altersklassen zugewiesen, die nach 20jähriger Abstufung (I. Klasse 1—20, II. von 21—40 usw. Jahren) gebildet werden. Diese Klassen werden nochmals in 2 je 10 Jahre umfassende Altersstufen geteilt. Die Altersklassen werden zunächst für den ganzen Hochwald, sodann auch für die Hauptholzarten nachgewiesen. Die auf die Gesamtfläche bezüglichen Ergebnisse werden sowohl nach absoluten als auch nach prozentischen Beträgen angegeben. Die für das ganze Land aufgestellten Nachweise zeigen, daß sich das Altersklassenverhältnis im Laufe langer Zeit nur wenig verändert hat.

Der Zuwachs ist seither bei der Forsteinrichtung nicht durch besondere Untersuchungen ermittelt, sondern auf Grund der obengenannten Ertragstafeln, die jedem Wirtschaftsplan beigefügt wurden, berechnet worden. Für jede Betriebsklasse wird der Zuwachs an Hauptbestandsmasse nach der Fläche und der durchschnittlichen Standorts- und Bestandesbonität im ganzen und für 1 ha angegeben.

Der Wertzuwachs hat seine Grundlagen in der Statistik der Holzpreise, die seit langer Zeit in den sächsischen Staatsforsten geführt wird. Sie zeigt in ihren durchschnittlichen Ergebnissen, daß das Verhältnis der Preise der verschiedenen Stammklassen ein sehr gleichmäßiges gewesen ist. Aus den Preisen der Sortimente und dem Anteil, welche sie am ganzen Bestande haben, läßt sich auch der Wert des Durchschnittsfestmeters für verschiedene Altersstufen und Bonitäten berechnen (weiteres hierüber siehe unter III).

Zum Nachweis des Vorrats werden die Massen der bis 40jährigen Orte nach den Abschlüssen der Bestandesbonitäts- und Altersklassen-Tabelle unter Zugrundelegung von Ertragstafeln berechnet. Der Vorrat der über 40jährigen Hölzer wird durch Okularschätzungen ermittelt, die bei jeder 10jährigen Hauptrevision vorgenommen werden. Holzmassenaufnahmen mit der Kluppe finden in der Regel nur in Verjüngungsklassen oder älteren Beständen geringen Schlußgrades statt. Bei der Regelmäßigkeit der Bestandesverhältnisse, dem Vorherrschen des Kahlschlagsbetriebs, der gleichmäßigen Bestandesbehandlung, der gründlichen Statistik über die Ergebnisse der früheren Wirtschaft haben die Okularschätzungen seither gute Ergebnisse gehabt.

Aus den nach Jahrzehnten geordneten Vorratsnachweisen ist zu entnehmen, daß die Vorräte von der Mitte bis gegen Ende des vorigen Jahrhunderts stetig gestiegen und dann ziemlich gleich geblieben sind. Sie haben betragen je ha Holzboden

1844/53	1854/63	1864/73	1874/83	1884/93	1894/1903	1904/13
152	162	177	189	187	189	185 fm

Dem Nachweis der Masse sind in Sachsen auch Nachweise über den Wert des Vorrats zur Seite gestellt. Jüngere Bestände werden als Kostenwerte nach der bekannten Formel berechnet. Dabei werden unter Anlehnung an eine Berechnung des Bodenerwartungswertes, dessen Höhe aber unter Rücksichtnahme auf die vorliegenden wirtschaftlichen Verhältnisse modifiziert und abgerundet wird, Bodenbruttowerte $(B + V)$ berechnet. Verwaltungs- und Kulturkosten werden nach den für das ganze Land ermittelten Durchschnittsergebnissen der letzten 10 Jahre angesetzt; der Geldwert der Vorerträge in Prozenten des erntekostenfreien Abtriebsertrags angegeben. Die Werte der älteren Bestände werden als Verbrauchswerte berechnet. Es wird für die nach Jahrzehnten geordneten Altersstufen ermittelt, wie hoch im Durchschnitt des abgelaufenen Jahrzehnts ein Festmeter der betreffenden Bestände nach Abzug der Erntekosten verwertet worden ist. Durch Multiplikation dieses Betrags mit der eingeschätzten Masse ergibt sich der Wert der Bestände für die Flächeneinheit.

C. Die Bestimmung der Umtriebszeit.

Infolge der Tätigkeit der frühzeitig ins Leben getretenen und stetig wirksam gebliebenen Forsteinrichtungsanstalt ist der Nachweis der Umtriebszeit mit Hilfe der seit langer Zeit eingeführten eingehenden

Statistik in Sachsen früher ausgeführt worden, als es in den meisten anderen deutschen Staaten der Fall sein konnte. Auch die einfachen wirtschaftlichen Verhältnisse waren den rechnerischen Nachweisen förderlich. Von den Hilfsmitteln und Methoden, welche zur Begründung der Umtriebszeit dienen konnten, sind folgende hervorzuheben.

1. Die Anwendung des Weiserprozents.

Auf Anregung von Preßler und Judeich trat im Frühjahr 1866 eine aus Vertretern der Verwaltung, der Forsteinrichtung und des forstlichen Unterrichts gebildete Kommission zusammen, um die Weiserprozente der Fichte und Kiefer zu untersuchen und dadurch Grundlagen für die Bestimmung der Umtriebszeit zu gewinnen. Später wurden diese Berechnungen geprüft und fortgeführt. Ihre Ergebnisse gingen dahin, daß die finanzielle Umtriebszeit bei einem Zinsfuß von 3 Prozent für die Fichte auf I. Standortsklasse in das Alter von 55 bis 65 — auf II. Standortsklasse von 65 bis 75 — auf III. Standortsklasse von 70 bis 80 auf IV. Standortsklasse von 85 bis 90 Jahren fiele. Mit Rücksicht auf manche das Wachstum hemmende Verhältnisse wurde die in der Praxis anzuwendende Umtriebszeit um etwa 10 Jahre erhöht, so daß unter mittleren Verhältnissen ein Alter von etwa 85 Jahren als das der Hiebsreife der Fichte entsprechende erschien. Neuerdings ist die Umtriebszeit noch weiter (auf etwa 95 Jahre) erhöht. Für die Kiefer war das Material, welches zu den Untersuchungen verwendet werden konnte, ungenügend; es fehlten namentlich die für die Umtriebszeit der Kiefer so wichtigen starken Sortimente.

2. Die Statistik der Holzpreise.

Wie in Bayern so wurde auch in Sachsen Wert darauf gelegt, daß auf Grund der Ergebnisse der seitherigen Wirtschaft festgestellt wurde, welche Sortimente in der Volkswirtschaft am stärksten begehrt und demgemäß auch im Verhältnis zu ihren Erzeugungskosten am besten bezahlt wurden. Ein zahlenmäßiger Nachweis hierüber ergibt sich aus den in den letzten Jahrzehnten erzielten Durchschnittspreisen. Aus den seit 1880 geführten Nachweisen der Preise der Stammholzklassen geht hervor, daß bei Zugrundelegung der mittlere Durchmesser auf 1 cm Stärkezuwachs nachfolgende Preiszunahmen entfallen:

Stammklasse	I	II	III	IV	V
Durchmesser	bis 15	16—22	23—29	30—36	über 36 cm
	Mk.	Mk.	Mk.	Mk.	
Jahrzehnt 1880/89	0,21	0,38	0,33	0,12	
„ 1890/99	0,34	0,53	0,35	0,04	
„ 1900/10	0,42	0,57	0,39	0,03	

Nach diesen Zahlen ist man zu der Vermutung berechtigt, daß, wo der Standort genügt, auf die Erzeugung von Stämmen III. Klasse mit 23—29 cm Mittendurchmesser besonderer Wert gelegt werden muß; sie ist auf den besseren Standortsklassen als Ziel der Wirtschaft in Aussicht zu nehmen. Aber auch die II. Klasse von 16—22 cm hat gegenüber der ersten einen bedeutend höheren Wert. Sie enthält Stämme einer sehr verschiedenen Verwendungsfähigkeit und zeigt in ihren einzelnen Abstufungen große Preisunterschiede. In der neueren Zeit wurde sie in zwei Unterklassen: II a von 16—19 und II b von 20—22 cm zerlegt. Die Durchschnittspreise betrugen im Jahre 1912 für II a 20,7 — für II b 23,5 Mark. Es bestehen daher zwischen beiden Klassen verhältnismäßig starke Unterschiede; auf einen Zentimeter Stärkezunahme entfallen etwa 0,80 Mark. Das Ergebnis der weiteren Erörterungen, die hieran angeschlossen werden können, würde etwa dahin gehen, daß auf zweiter Standortsklasse Stämme III. Klasse, auf dritter Standortsklasse Stämme der Klasse II b, auf vierter solche der Klasse II a als Wirtschaftsziel betrachtet werden können.

Die Zeit, welche zur Erzeugung der bezeichneten Stämme erforderlich ist, hängt nach dem früher angegebenen Verfahren der Umtriebsbestimmung von dem Gange des Höhen- und Stärkezuwachses ab. Nimmt man an, daß die Stämme auf II. Standortsklasse (bei 20 m Länge) in 10 m, auf III. in 8 m, auf IV in 6 m gemessen werden und daß die durchschnittliche Jahrringbreite auf II. Standortsklasse $\frac{1}{4}$ cm, auf III. $\frac{1}{5}$ cm, auf IV. $\frac{1}{6}$ cm beträgt, so ergeben sich für die Erzeugung der das Wirtschaftsziel bildenden Sortimente folgende Zeiträume:

Standorts- klasse	Wirtschaftsziel Stämme von	Zeit zur Erzeugung		
		der Länge	d. Stärke	im ganzen
II (gut) . . .	20 m Länge	(= 10 m)		
	26 cm Durchmesser . .	34	52	86 Jahre
III (mittel). .	16 m Länge	(= 8 m)		
	21 cm Durchmesser . .	36	52	88 „
IV (gering). .	12 m Länge	(= 6 m)		
	17,5 cm Durchmesser . .	37	52	89 „

3. Die Berechnung von Bodenerwartungswerten.

Vom sächsischen Finanzministerium wurde 1904 eine Anweisung zur Anfertigung von Wertsermittelungen bei Erwerbung und Veräußerung von Grundstücken erlassen. Aus ihr können auch wichtige Folgerungen für die Umtriebszeit gezogen werden. Sie gibt Vorschriften über die Herleitung des Bodenbruttowerts ($B + V$) für Fichte und Kiefer bei Anwendung eines Zinsfußes von 3 Prozent. Für die dem Umtrieb und der Bonität entsprechende Masse ist zunächst der erntekostenfreie Wert für ein Festmeter zu berechnen. Die Einstellung der Abtriebsmasse erfolgt nach den Preßlerschen Ertragstafeln. Die Holzpreise werden nach den in den Lagerbüchern niedergelegten Wirtschaftsergebnissen bestimmt. Die Zwischennutzungen sind in Prozenten des erntekostenfreien Geldwerts der Abtriebsmasse eingesetzt. Die Instandbringungskosten werden nach dem Durchschnitt der letzten fünf Jahre in Rechnung gestellt.

Aus dem umfangreichen Material, das auf Grund dieser Berechnungen vorliegt, seien hier nur einige charakteristische Zahlen wiedergegeben. Für die Fichte sind die Bodenbruttowerte bei einem Kulturkostenaufwand von 200 Mark für die nachstehend bezeichneten Umtriebszeiten, Standortsklassen und Werte für den Abtriebsertrag folgende:

Standortsklasse	$u=60$	80	100
II Wert je fm Abtriebsertrag	12	16	20 M.
$B + V$	1160	1280	1180 ,,
III Wert je fm Abtriebsertrag	10	13	16. ,,
$B + V$	640	720	640 ,,
IV Wert je fm Abtriebsertrag	8	10	12 ,,
$B + V$	210	240	190 ,,

Aus diesen Zahlen wird die große Bedeutung ersichtlich, welche dem Verhältnis zwischen den Preise des Holzes verschiedener Altersstufen bei der Bestimmung der Umtriebszeit zukommt. In dem vorstehenden Beispiel ist der Übergang von der 60jährigen zur 80jährigen Umtriebszeit mit der angegebenen Erhöhung des Bodenerwartungswertes verbunden, wenn der Wert je fm Abtriebsertrag auf II. Standortsklasse im Verhältnis von 12 zu 16 — auf III. Klasse von 10 zu 13 — auf IV. Klasse von 8 zu 10 Mark steigt. Beim Übergang von der 80jährigen zur 100jährigen Umtriebszeit genügt eine gleichstarke Zunahme der Preise nicht, um den Bodenerwartungswert auf seiner Höhe zu erhalten. In welchem Maße sich das Verhältnis von Wert und Alter gestaltet, hängt vorzugsweise von der Zunahme des Durchmessers in den verglichenen 20 Jahren ab. Bei einer Jahrringbreite von $^1/_6$ cm wird die Spannung zwischen je zwei Klassen der sächsischen Einteilung in etwa 20 Jahren überwunden, und dieser Spannung entspricht bei der II. und III. Stammklasse eine Preisdifferenz von 4 Mark. Wie die Verhältnisse auch liegen mögen, stets wird sich ergeben, daß ein guter Durchforstungsbetrieb, der nach Herbeiführung astreiner Schaftbildung auf gleichmäßige Ausbildung der Kronen und stetige Zunahme der Durchmesser gerichtet ist, in außerordentlichem Maße dazu beiträgt, den aus den obigen Zahlen zu entnehmenden Bedingungen zu genügen.

4. Nach der Verzinsung des Waldkapitals,

für die oben die Formel

$$\frac{A + D - (c + v)}{B + N} \cdot 100$$

aufgestellt und als Weiserprozent einer Betriebsklasse oder Wirtschaftseinheit bezeichnet wurde.

Auch von diesem Verfahren ist in der Sächsischen Forsteinrichtung
seit langer Zeit Anwendung gemacht worden[1]). Es kommt zum Ausdruck
in den jährlichen Reinertragsübersichten, deren Zweck zwar nicht
direkt auf die Ermittelung der Umtriebszeit gerichtet ist, mit dieser
aber doch in naher Beziehung steht.

Der Rückblick auf die genannten Methoden der Umtriebsbestimmung
läßt erkennen, daß sie alle richtige Grundgedanken enthalten, daß aber
keine in theoretischer und praktischer Beziehung ganz frei von Bedenken ist. Es kommt hinzu, daß zu den zahlenmäßig darstellbaren
Bestimmungsgründen der Umtriebszeit noch andere hinzukommen, die
einen zahlenmäßigen Nachweis überhaupt nicht gestatten. Dahin gehört insbesondere die Fähigkeit der natürlichen Verjüngung, der Gesundheitszustand der Bestände, der Einfluß von Naturschäden u. a.
Allgemein gilt aber die Regel, daß die Umtriebszeit um so höher gehalten
werden kann, je besser Boden und Bestand gepflegt worden sind.

D. Die Regelung der Nutzung.

Die Nutzungen werden in Hauptnutzungen (Abtriebsnutzungen)
und Zwischennutzungen eingeteilt. Die betreffenden Begriffsbestimmungen sind in den Erklärungen der „Anweisung für die Nachtragsarbeiten" (1906) enthalten.

Die Ertragsregelung erfolgt nach den vorkommenden Betriebsklassen. Für die Abtriebsnutzungen gibt einmal die Fläche den
Maßstab ab. Nach der Bestandesaufnahme werden die nach waldbaulichen und sonstigen Gesichtspunkten zu nutzenden Flächen zusammengestellt. Unter normalen Verhältnissen ist die jährlich zu nutzende
Fläche gleich der gesamten Holzbodenfläche, geteilt durch die Umtriebszeit. Unter unregelmäßigen Bestandesverhältnissen werden Abweichungen vom normalen Maßstab erforderlich. Als Weiser für den Grad, in
welchem solche wünschenswert oder zulässig erscheinen, dient das
Altersklassenverhältnis. Sind die höheren Altersklassen im stärkeren
Grade vertreten, als dem Normalzustand entspricht, so wird mehr Fläche
zu Abnutzung herangezogen; im umgekehrten Falle weniger.

Für die Wahl der Bestände zur Abtriebsnutzung ist in erster Linie
ihre Beschaffenheit bestimmend. Es werden innerhalb der, durch die
Nutzungsflächen gegebenen Schranken Bestände, welche nach Alter,
Bodenzustand, Wüchsigkeit und Schluß hiebsreif erscheinen, nach dem
Grade der Hiebsbedürftigkeit zur Nutzung herangezogen. Wesentlichen
Einfluß übt sodann die Rücksicht auf die Verteilung der Bestände und

---

[1]) Vgl. hierzu den 6. Abschnitt des 3. Teils, die Bilanz der Sächsischen Staatsforstverwaltung.

die Hiebsfolge aus. Die Schläge sollen ferner die waldbaulich wünschenswerte Breite nicht überschreiten und allmählich in der dem Sturm und
der Sonne entgegengesetzten Richtung aneinandergereiht werden.

Zur Begründung des Hiebsatzes bietet ferner die seitherige Abnutzung ein wertvolles Hilfsmittel. Diese kann in Sachsen für eine
lange Zeit nachgewiesen werden. Für das ganze Land hat sie betragen:

im Durchschn. d. Jahrzehnte	1817/26	1827/36	1837/46	1847/53	1854/63	
Derbholz	2,87	2,79	2,55	3,01	3,44	fm
Gesamte oberirdische Masse .	3,37	3,46	3,23	3,76	4,18	„
im Durchschn. d. Jahrzehnte	1864/73	1874/83	1884/93	1894/1903	1904/03	
Derbholz	4,28	4,72	4,88	5,03	5,11	fm
Gesamte oberirdische Masse .	5,18	5,98	6,03	6,05	5,67	„

Die Abnutzung zeigt hiernach von der Mitte des vorigen bis zum
Anfang dieses Jahrhunderts ein sehr gleichmäßiges Verhalten. In Verbindung mit dem Nachweis der Altersklassen und des Holzvorrats läßt
sich aus den vorliegenden Zahlen ein klares Urteil über den Einfluß,
den die seitherige Abnutzung auf die Entwicklung der wirtschaftlichen
Verhältnisse gehabt hat, bilden. Für die Begründung des zukünftigen
Hiebssatzes ist die Abnutzung der vorausgegangenen Zeit von besonderer Bedeutung. Erhebliche Abweichungen von dieser bedürfen der Begründung.

Als Weiser für die Höhe der Abtriebsnutzung dient endlich auch der
Durchschnittszuwachs an Hauptbestandsmasse, worauf schon
unter III hingewiesen wurde. Er wird mit Hilfe der früher erwähnten
Ertragstafeln und Bestandesbonitätstabellen nachgewiesen und mit den
Ergebnissen der Massenschätzung auf den neuen Hiebsflächen ver-
glichen.

Die Vornutzungen werden für jeden einzelnen Ort, der durchforstet werden soll, gutachtlich eingeschätzt. Die Ergebnisse der Schätzung und stärkere Abweichungen vom seitherigen Hiebssatz sind mit
dem Zustand der Bestände und den Aufgaben der zukünftigen Wirtschaft zu begründen.

Alle Angaben über die zukünftige Abnutzung werden im Wirtschaftsplan nach Laub- und Nadelholz getrennt gehalten. Eine weitergehende Zerlegung nach Holzarten, wie sie sonst vielfach Regel ist, erscheint in Sachsen wegen des Zurücktretens des Laubholzes nicht erforderlich.

Aus der Summe von Haupt- und Vornutzung für die verschiedenen
Betriebsklassen ergibt sich schließlich der gesamte Hiebssatz, der, getrennt nach Derbholz und Gesamtmasse, im ganzen und für die Einheit
der Holzbodenfläche ausgeworfen wird.

In bezug auf die Begründung des Hiebssatzes besteht das Eigentümliche des sächsischen Verfahrens darin, daß zwar alle Elemente des Ertrags, die sich statistisch erfassen und nachweisen lassen, bearbeitet und

dargestellt werden, daß der Taxator jedoch an die ermittelten Zahlen nicht streng gebunden ist. Die Etatsbegründung trägt die Form eines Gutachtens, in dem alle (auch die unwägbaren) Verhältnisse, die auf die Nutzung von Einfluß sind, gewürdigt werden müssen.

E. Sonstige zu beachtende Punkte.

Die übrigen auf das sächsische Forsteinrichtungswesen bezüglichen Gegenstände können hier nur kurz hervorgehoben werden, einmal weil sie praktischer Natur sind und am besten von Vertretern der Praxis behandelt werden, sodann auch weil auf manche derselben bereits an anderer Stelle hingewiesen wurde. Hervorzuheben sind namentlich: die Wirtschaftsziele, Wirtschaftsregeln und Wirtschaftspläne; der Nachweis der Rentabilität; die Revision der Pläne und die Kontrolle der Nutzung; die Organisation des Forsteinrichtungswesens.

1. Wirtschaftsziele, Wirtschaftsregeln, Wirtschaftspläne.

In bezug auf die Grundsätze der Staatsforstverwaltung erfolgte 1922 eine Aufstellung der allgemeinen Wirtschaftsziele, worin der Grundsatz an die Spitze gestellt wird: dem Waldboden durch die Erzeugung möglichst großer Mengen hochwertigen Nutzholzes bei schärfster Anspannung aller wertschaffenden Kräfte und bei sparsamster Bemessung des Aufwandes eine möglichst hohe Rente abzugewinnen. Als Mittel zur Erreichung dieses Zieles wird besonders auf die Erhaltung und Steigerung der Ertragskraft des Bodens hingewiesen; ferner auf die Herstellung gemischter Bestände, namentlich auf die Mischung von Nadelholz mit Laubholz, von Licht- mit Schattenholzarten, und die Mehrung des Holzvorrats.

Allgemeine, die Forsten des ganzen Landes betreffende Wirtschaftsregeln werden von der Sächsischen Staatsforstverwaltung auf Grund der bei den Hauptrevisionen gemachten Beobachtungen von Zeit zu Zeit aufgestellt. Die letzten wurden im Jahre 1920 erlassen. Sie beziehen sich auf die Einhaltung des Hiebssatzes, die Aufbereitung und Sortierung des Holzes, die zeitliche und örtliche Verteilung der Hauungen, die Einhaltung der Hiebsflächen, die Ausführung von Absäumungen und Loshieben, den Durchforstungs-Lichtungs- und Überhaltbetrieb, die Pflanzenerziehung und Bestandesbegründung, die Einsprengung von Laubholz in Nadelholzbestände, auf Ent- und Bewässerungen, Anlagen von Waldmänteln u. a.

Für die einzelnen Bestände kommen die Vorschriften der Forsteinrichtung zunächst bei der Aufnahme im Walde durch die Einträge in das Abschätzungshandbuch zur Anwendung. Von diesem werden sie in die speziellen Hauungs- und Kulturpläne übernommen.

Der Hauungsplan wird nach Abtriebs- und Zwischennutzungen geordnet. Der Plan für die Abtriebsnutzungen enthält für die einzelnen Bestände die zu nutzende Fläche, die geschätzte Holzmasse, getrennt nach Laub- und Nadelholz, sowie Bemerkungen über die Art der Hauungen; die Zwischennutzungen werden nach Läuterungen und Durchforstungen getrennt gehalten. Der spezielle Kulturplan erstreckt sich auf alle Kulturmaßregeln, die nach den Vorschriften des Wirtschaftsplans im Laufe des nächsten Jahrzehnts vollzogen werden sollen.

2. Nachweis der Rentabilität.

Bereits im allgemeinen Teil wurde auf die Art des Rentabilitätsnachweises in Sachsen hingewiesen. Die Sächsiche Forsteinrichtung ist vor allen anderen in der Praxis zur Ausführung gekommenen Verfahren der Betriebsregelung dadurch ausgezeichnet, daß die Rentabilität der Wirtschaft auf Grund ihrer wirklichen Ergebnisse nachgewiesen wird. Die seit langer Zeit geführte Statistik der Erträge und Kosten bietet hierfür gute Hilfsmittel. Die betreffenden Angaben sind nach Jahrzehnten geordnet und reichen bis zum Jahrzehnt 1854—63 zurück. Von allgemeinem Interesse sind die Zahlen über Einnahmen (E) die Ausgaben (A) und den Waldreinertrag (E—A).

Die Einnahmen aus Holz und Nebennutzungen betrugen im Durchschnitt der Jahre

1854/63	1864/73	1874/83	1884/93	1894/1903	1904/13
5,5	7,9	10,5	11,6	13,3	15,0 Mill. M.

Die Ausgaben, geordnet nach Besoldungen, anderen persönlichen Ausgaben, Forstverbesserungen und Aufbereitungskosten, haben sich belaufen in den Jahrzehnten

	1854/63	1864/74	1874/83	1884/93	1894/1903	1904/13
auf	1,8	2,3	3,5	4,0	5,1	5,7 Mill. M.
i. Proz. d. Einnahme	32	28	33	34	38	38

Der Waldreinertrag (E—A) betrug für die Jahrzehnte

	1854/63	1864/73	1874/83	1884/93	1894/1903	1904/13
im ganzen . . .	3,7	5,7	7,0	7,6	8,3	9,3 Mill. M.
je Hektar	24,8	36,6	43,2	45,4	49,0	54,1 M.

Aus den vorstehenden Zahlen geht hervor, daß die Einnahmen und Ausgaben und ebenso der aus ihnen hervorgehende Reinertrag eine steigende Tendenz gehabt haben, und daß sie durch ein hohes Maß von Stetigkeit ausgezeichnet sind.

Auf die Methode des Weiserprozents für einzelne Bestände und ganze Betriebsklassen wurde oben hingewiesen.

3. Die Revision der Pläne und Kontrolle der Nutzungen.

Die Revisionen fanden in Sachsen alle 5 Jahre statt; es werden Haupt- und Zwischenrevisionen unterschieden. In neuester Zeit sind die fünfjährigen Zwischenrevisionen wesentlich vereinfacht worden. Die wichtigsten Aufgaben der Hauptrevision betreffen die Nachträge der Schlag-flächen und aller andern Flächenveränderungen auf den Karten, den Vergleich der Hiebsergebnisse mit der Schätzung, die Abweichungen, die sich durch wirtschaftliche Maßnahmen, Naturschäden und äußere Verhältnisse ergeben haben u. a. An die Revision schließt sich eine neue Abschätzung an, die je nach dem Grade der eingetretenen Veränderungen mehr oder weniger den Charakter einer neuen Betriebsregelung annimmt. Im wesentlichen gehen die Aufgaben, welche der Revision obliegen, aus den Bestimmungen über die Aufstellung neuer Wirtschaftspläne hervor, so daß hier, wo es sich hauptsächlich um die grundsätzlichen Fragen des Forsteinrichtungswesens handelt, nicht weiter auf sie eingegangen zu werden braucht.

Die Kontrolle der Nutzungen geht dahin, daß die Summe der Haupt- und Vorerträge an Derbholz der wirksamen Vergleichung mit dem Etat unterzogen wird.

4. Die Organisation des Forsteinrichtungswesens.

In Sachsen hat, seitdem H. Cotta 1811 als Leiter der Forstvermessung und Abschätzung nach Sachsen berufen war, bis zur Gegenwart eine be-sondere Behörde für das Forsteinrichtungswesen (das Forsteinrichtungs-amt) bestanden. Die Vorzüge, die einer solchen infolge des Prinzips der Arbeitsteilung zukommen — bessere Ausführung der Messungen und an-derer Vorarbeiten durch die geübten Mitglieder einer ständigen Behörde, die gleichmäßige Durchführung und die rechtzeitige Fertigstellung der Arbeiten — sind in Sachsen sehr entschieden hervorgetreten. Aller-dings kann eine auf Tatsachen beruhende Kritik der Sächsischen Forst-einrichtung nicht verkennen, daß mit einer Forsteinrichtungsanstalt auch Nachteile verbunden sein können und in Sachsen auch nach man-chen Richtungen verbunden gewesen sind. Es ist im allgemeinen zu gleichmäßig verfahren; von Kahlschlägen und Aufhieben ist oft mehr Anwendung gemacht worden, als es in waldbaulicher Beziehung geboten oder erwünscht ist; die Erfahrungen der Revierverwalter sind oft nicht genügend zur Geltung gekommen. Die Erkenntnis dieser Mängel hat aber in neuester Zeit dahin geführt, daß die Beamten der Verwaltung, insbesondere die Revierverwalter, berechtigt und verpflichtet sein sollen, die Urteile über die zukünftige Behandlung des ihnen anvertrauten Waldes wirksam zur Geltung zu bringen.

IV. In Württemberg.

Die im Jahre 1878 als gedruckter Entwurf erlassene Anweisung über die Aufstellung, den Vollzug und die Erneuerung der Wirtschaftspläne hatte das kombinierte Fachwerk zur Grundlage. Im Jahre 1898 wurde diese Anweisung durch neue Bestimmungen, welche insbesondere

den Flächeneinrichtungsplan beseitigten und die Ertragsregelung auf die
Ausscheidung der Hiebsfläche für die erste Periode beschränkten, ab-
geändert und ergänzt. Von einer Neubearbeitung der Vorschriften wurde
1898 abgesehen; die Änderungen wurden lediglich der Vorschrift von
1878 als Anhang angefügt, obwohl mit denselben der Übergang vom
kombinierten Fachwerk zur Altersklassenmethode vollzogen.wurde.

Im Jahre 1911 brachte sodann die „Vorläufige Anleitung zu den
Vorarbeiten der Wirtschaftseinrichtung" einen weiteren Fortschritt,
indem neben zeitgemäßen Bestimmungen über die Ausführung dieser
Vorarbeiten eine Forsteinrichtungsanstalt ins Leben gerufen wurde.
Wenn auch der Wirkungskreis derselben zunächst noch beschränkt war,
so war doch damit die Grundlage geschaffen, auf der die lange erstrebte
Einheitlichkeit im Forsteinrichtungswesen aufgebaut werden konnte.
Dieser Aufbau wurde jedoch durch den Ausbruch des Krieges unter-
brochen. Zur Zeit ist eine neue Forsteinrichtungsvorschrift in Bearbeitung, mit deren Veröffentlichung in Bälde zu rechnen ist.

Die folgende Darstellung bezieht sich indessen noch auf die Vorschriften von 1898 und 1911, die bisher für Staats- und Körperschaftswaldungen in Geltung waren. Die wichtigsten Bestimmungen betreffen
die Vorarbeiten, die Aufstellung der Wirtschaftspläne, sowie den Vollzug
und die Erneuerung derselben, ferner die Stellung und den Wirkungskreis der Forsteinrichtungsanstalt.

A. Stellung und Wirkungskreis der Forsteinrichtungsanstalt.

Die Forsteinrichtungsanstalt ist eine Hilfsanstalt für das Forsteinrichtungswesen. Dem Vorstand derselben liegt ob:

Die Betätigung allseitiger Anregung auf dem Gebiete des Einrichtungs-
wesens, die Berichterstattung in allen grundsätzlichen Fragen der Forsteinrichtung, insbesondere, was die Auslegung, Ergänzung und Weiter-
bildung der Vorschriften betrifft; die Überwachung der Tätigkeit der
Hilfsbeamten; die Wahrung der erforderlichen Einheitlichkeit bei Feststellung des wirtschaftlichen Zustands; endlich die Verarbeitung der
Ergebnisse der Forsteinrichtung. Zur Geschäftsaufgabe der Anstalt
gehört die Vornahme der geometrischen und taxatorischen Vorarbeiten
für die Aufstellung des Wirtschaftsplans, einschließlich der Ertragsberechnung; doch soll auch bei diesen Arbeiten dem Forstamtsvorstand
das nötige Maß der Mitwirkung gesichert bleiben. Sache des Forstamtsvor-
standes sind dann unter Leitung des Forstinspektors der Aufbau des Wirtschaftsplans auf der Grundlage des wirtschaftlichen Befunds, die Wahl der
Betriebsart, Holzart und Umtriebszeit, die Feststellung der Abnutzungsfläche, die Festlegung der Anhiebe und Hiebsfolge, der Entwurf des Haupt-
nutzungsplans, des Zwischennutzungsplans und des Kulturplans, die wirtschaftlichen Anordnungen und schließlich die Aufstellung des Protokolls.

B. Vorarbeiten der Wirtschaftseinrichtung.

Am meisten Bedeutung haben nächst den auf die Festsetzung der Fläche, die Vermessung und Kartierung bezüglichen Vorschriften die Bestimmungen über die Bildung der Betriebsklassen und die wirtschaftliche Einteilung.

1. Die Bildung von Betriebsklassen.

Zu einer Betriebsklasse (Wirtschaftsverband) sind diejenigen Bestände zusammenzufassen, welche in gleicher Betriebsart und im Rahmen desselben Ertragsregelungswerks mit besonderer Altersklassenabstufung bewirtschaftet werden sollen.

2. Die wirtschaftliche Einteilung.

a) Distrikte. Die Distrikte sind entweder zusammenhängende Waldkomplexe und geographisch gegebene Größen oder Teile solcher, welche aus Rücksichten der örtlichen Waldgeschichte abgeschieden werden. Ihr Hauptzweck liegt in der erleichterten Orientierung.

b) Abteilungen. Die weitere Gliederung der natürlichen Waldzusammenhänge durch Bildung von Abteilungen geht einerseits von dem Gesichtspunkt des Waldaufschlusses und der Orientierung aus, hat aber andererseits auch nutzungs- und einrichtungstechnische Rücksichten zu nehmen. Das Ziel der Abteilungseinheit ist mit dem kombinierten Fachwerk aufgegeben worden; die Abteilung umschließt daher häufig zahlreiche Bestandesverschiedenheiten. Das Einteilungsnetz hat sich teils den natürlichen Trennungslinien des Geländes anzupassen, teils den vorhandenen ständigen Wegen oder vorhandenen zweckmäßig gelagerten Teilungslinien, je unter Berücksichtigung der vorherrschenden Windrichtung. Oberster Gesichtspunkt für die Wahl einer Linie ist die Rücksicht auf die Bildung geeigneter Hiebszüge und auf die Einleitung eines waldbaulich zweckmäßigen Verjüngungsganges. Die Einteilung in Abteilungen soll die bleibende Grundlage des Betriebs bilden, Änderungen sollen daher nach Möglichkeit vermieden werden.

c) Unterabteilungen. „Die Unterabteilungen sind die Einheiten des laufenden Betriebes." Sie sollen nach Holzart, Alter, Standort, Bestandesverfassung möglichst gleichartig sein. Anlaß zur Ausscheidung von Unterabteilungen, bei der nicht kleinlich verfahren werden soll, liegt vor:

1. „wenn eine andere als die in der Abteilung sonst herrschende Holzart räumlich getrennt vorhanden ist";

2. „wenn bei gleicher Holzart der Altersunterschied die Einreihung in eine andere Altersklasse bedingt";

3. bei „erheblicher Verschiedenheit der Wuchsverhältnisse, insbesondere des Schlußgrads" infolge Wechsels der Standortsgüte oder vorzeitiger Verlichtung durch Naturereignisse.

Mindestgröße der Unterabteilungen im allgemeinen 0,5 ha, ausnahmsweise.0,2 ha.

Die Grenzen der Unterabteilungen werden im Wald durch weiße Ölfarbstriche längs der Randbäume und Gräbchen an den Winkelpunkten kenntlich gemacht.

Die Bezeichnung der Unterabteilungen auf der Karte erfolgt mit kleinen lateinischen Buchstaben, die so gewählt werden, daß sie zugleich die Altersklassen angeben ($a = 1 — 20, b = 21 — 40, c = 41 — 60$ Jahre usw.).

d) Schlageinteilung. Bei den Mittel- und Niederwaldungen ist lediglich die Einteilung in Jahresschläge oder Periodenschläge erforderlich.

C. Der Wirtschaftsplan.

Allgemein wird angeordnet: Durch den Wirtschaftsplan soll der gesamte Wirtschaftsbetrieb so geordnet werden, daß der Zweck der Wirtschaft — vorteilhafteste Benützung der Waldungen unter gleichzeitiger Sicherung der Nachhaltigkeit und Berücksichtigung der Zwecke und Bedürfnisse des Waldbesitzers — möglichst bald und vollständig erreicht wird.

1. Form der Darstellung.

Das Muster des Wirtschaftsplans enthält auf der linken Hälfte die Beschreibung des wirtschaftlichen Zustands, auf der rechten die Betriebsvorschriften, den Plan der Hauptnutzung, der Zwischennutzungen und der Kulturen.

2. Darstellung des wirtschaftlichen Zustandes.

a) Standortsbeschreibung. Die Kennzeichnung des Standorts beschränkt sich auf die unterabteilungsweise Angabe der Landesbonitäten nach den Ertragstafeln von Lorey (für Fi, Ta), von Weise, Speidel (für Ki), von Wimmenauer (Ei) und von Eberhard (Bu), wie sie in den Tafeln zur Bonitierung und Ertragsbestimmung von Eberhard zusammengestellt sind.

b) Bestandesbeschreibung. Die Bestandesbeschreibung umfaßt „das mittlere Alter, die mittlere Höhe, den Schlußgrad, die Zusammensetzung im einzelnen nach Bestandesform, Holzarten, Mischungsverhältnis und Einzelalter, endlich Geschichtliches."

Als Alter einer Unterabteilung wird das Mittel der Einzelalter derjenigen Bestandesteile angesehen, welche das Wirtschaftsziel des laufenden Umtriebs und voraussichtlich die Hauptmasse des künftigen Haubarkeitsbestandes bilden. Bei Ungleichaltrigkeit in angehauenen, in natürlicher Verjüngung stehenden Bestände wird das Alter von Altbestand und Jungwuchs gesondert bestimmt; die Fläche des Bestands wird verschiedenen Altersklassen zugeteilt.

Die Holzartenverteilung nach Standorts- und Altersklassen wird außerdem in einer besonderen Tabelle zusammengestellt, welche die Grundlage bildet für die Berechnung des Haubarkeitsdurchschnittszuwachses der Gesamtfläche und der Abnutzungsfläche.

3. Die Hauptnutzung.

a) Flächenplan. Im Gegensatz zum Flächeneinrichtungsplan des Fachwerks wird jetzt nur die Abnutzungsfläche für die nächste 20jährige Periode bestimmt und im einzelnen ausgeschieden. Das Maß der auszuscheidenden Nutzungsfläche bildet die normale Abnutzungsfläche der 20jährigen Periode, die bei einem Mangel an hiebsreifen Beständen herabgesetzt, bei einem Übermaß an solchen über den Normalbetrag erhöht wird. Dem Altersklassenverhältnis und dem Zustand der Bestände ist hierbei Rechnung zu tragen.

Die Eintragung der Fläche erfolgt nach Unterabteilungen. Wird eine Unterabteilung nur teilweise zur Verjüngung in der I. Periode bestimmt, so ist nur ein entsprechender Teil ihrer Fläche in die I. Periode einzustellen, der Rest aber außer Betracht zu lassen (z. B. bei löcherweisen Vorverjüngungen, Besamungsschlägen usw.).

Bei der Auswahl der zu verjüngenden Bestände ist nicht nur die Rücksicht auf diese Bestände selbst, sondern auch eine gute Hiebsfolge und Bestandesordnung mit entsprechender räumlicher Verteilung der Altersklassen im Auge zu behalten. Auch ist stets darauf hinzuwirken, daß einer die sachgemäße Hiebsführung beeinträchtigenden Verwachsung von Beständen durch Loshiebe, Freihiebe rechtzeitig vorgebeugt wird. In größeren Nadelholzkomplexen ist insbesondere auch die allmähliche Bildung kurzer und, soweit möglich, selbständiger Hiebszüge anzustreben.

b) Massenplan. Die Ertragsregelung erfolgte bis zum Jahre 1898 im Sinne des vereinfachten kombinierten Fachwerks, wie es von Grebe und Stötzer, für Württemberg insbesondere von Graner in der Literatur vertreten worden ist. Nach der Vorschrift vom Jahr 1898 erstreckt sich die Regelung der Hauptnutzung nur auf die nächste 20jährige Periode. Die Grundlagen für den Massenplan bildet die Summe der Erträge (Vorrat + Zuwachs) sämtlicher der I. Periode zugewiesenen Unterabteilungen. Der planmäßigen Nutzung sind die zufälligen Nutzungen aus den nicht in den Nutzungsplan der I. Periode eingezogenen Beständen nach Erfahrungssätzen unter Nichtberücksichtigung des Massenanfalls außerordentlicher Naturereignisse zuzufügen. Die Hauptnutzung des nächsten Jahrzehnts ist in der Regel nach dem halben Ertrag der ersten Periode anzusetzen, wobei zu der Nutzungsmasse des 1. Jahrzehnts der 5jährige, zur Nutzungsmasse des 2. Jahrzehnts der 15jährige Zuwachs zugeschlagen wird.

Gegenstand der Ertragsregelung ist nur das Derbholz. Die Holzmassen der Bestände der I. Periode werden in der Regel stammweise mit der Kluppe aufgenommen. Zuwachsermittlungen an Probestämmen sind vorgeschrieben

a) um die Zuwachsgrößen der Einzelbestände unter sich und mit denen der Ertragstafeln vergleichen und hieraus auf den Zuwachsgang und die Hiebsreife schließen zu können;

b) um in den im nächsten Jahrzwanzig zur Abnutzung eingestellten Beständen Unterlagen für die Ertragsberechnung zu erhalten.

Der Zuwachs wird als Zuwachsprozent ermittelt, am liegenden Stamm nach dem Preßlerschen Verfahren inmitten des zuwachsrecht entwipfelten Stamms, am stehenden Stamm mit der Schneiderschen Formel.

Die Berechnung des Haubarkeitsdurchschnittszuwachses der Gesamtfläche und der Abnutzungsfläche dient zur Beurteilung des in der geschilderten Weise ermittelten Nutzungssatzes.

4. Die Zwischennutzungen.

Für den Vollzug der Zwischennutzungen im Lauf des 1. Jahrzehnts ist neben dem Flächenplan zugleich auch ein Voranschlag des Ertrags in Derbholzfestmetern auszufertigen.

5. Sonstige Gegenstände der Wirtschaftspläne.

Außer den genannten Plänen der Ertragsregelung ist dem Einrichtungswerk noch beizufügen: ein Flächenplan für Reinigungshiebe; ein Flächenplan für die im 1. Jahrzehnt auszuführenden Kulturen; ein Streunutzungsplan.

6. Statistik.

Seit dem Jahre 1882 werden in Württemberg alljährlich Mitteilungen herausgegeben, welche die wirtschaftlichen Ergebnisse des abgelaufenen Jahres darstellen: „Forststatistische Mitteilungen aus Württemberg, herausgegeben von der Forstdirektion". In diesen werden auch die Resultate der Wirtschaftseinrichtung von Zeit zu Zeit bekanntgegeben (Jahrgang 1884, 1894, 1908).

D. Vollzug und Erneuerung der Wirtschaftspläne.

1. Kontrolle.

Bei dem Vollzug der Hauptnutzung im Hochwald sowie den Oberholznutzungen im Mittelwald, insoweit ein Materialetat für dieselben aufgestellt ist, findet die Materialkontrolle, bei dem Vollzug der Zwischennutzung im Hochwald und im Mittelwalde findet die Flächenkontrolle Anwendung.

Die Einheit, auf welche sich die wirksame Kontrolle erstreckt, ist das Festmeter-Derbholz.

2. Erneuerung der Wirtschaftspläne.

a) Hauptrevision. Sie erfolgt nach Ablauf eines Jahrzehnts und besteht in einer durchgreifenden Erneuerung des Betriebsplans. Vor allem wird nicht etwa nur die restliche Abnutzungsfläche des 2. Jahrzehnts der Erneuerung zugrunde gelegt, es wird vielmehr aufs neue wieder die Abnutzungsfläche für eine 20jährige Periode ermittelt und eingestellt, wodurch größere Beweglichkeit und waldbauliche Freiheit gewährleistet und Ausnützung der natürlichen Verjüngung in größerem Umfang ermöglicht wird.

b) Zwischenrevisionen. In Hochwaldungen von mehr als 300 ha ist nach Ablauf von 5 Jahren eine Zwischenrevision vorzunehmen, die sich namentlich auf die Beurteilung des Hiebssatzes und die Einwirkung etwaiger Naturschäden auf die Nutzung zu erstrecken hat.

V. In Baden.

Auch in Baden ist die Ertragsregelung zunächst nach der Fachwerksmethode (Massenfachwerk) bewirkt worden. Unter den vorherrschenden Verhältnissen des Landes, die durch die Naturverjüngung, insbesondere der Tanne, ausgezeichnet sind, erschien diese Methode aber nicht zweckmäßig. Da die Verjüngung einschließlich der sie vorbereitenden Hiebe beim Laub- und Nadelholz einen längeren Zeitraum als die 20jährige Periode in Anspruch nimmt, so konnte sich, wie es eine Grundbedingung einer richtigen Einrichtungsmethode sein muß, die Wirtschaftsführung dem Rahmen der Ertragsregelung nicht anpassen. Die Erkenntnis der Untauglichkeit des Fachwerks führte zum Erlaß der Anweisung über Forsteinrichtung von 1869, welche über 40 Jahre hindurch bestanden und weitgehenden Einfluß auf die Ausführung der Forsteinrichtung in den Staats- und Gemeindewaldungen ausgeübt hat. An die Stelle des Fachwerks wurde hierdurch eine Vorratsmethode gesetzt, welche den Hiebssatz nach dem Grundgedanken K. Heyers, wenn auch abweichend in der Herleitung der Elemente, ermittelte.

Eine vollständige Neugestaltung erfuhr das Forsteinrichtungswesen durch die Dienstweisung über Forsteinrichtung von 1912, welche allgemeine Grundsätze für die Forsteinrichtung und deren Erneuerung aufstellte und zeitgemäße Vorschriften über ihre Ausführung gab. Ihre Schwäche lag in dem Versuch, die Erzeugung des höchsten Waldreinertrags mit der Forderung einer angemessenen Verzinsung des stehenden Holzvorrats zu verbinden. Teils hierin, teils in der Schwierigkeit der Ermittelung des laufenden Zuwachses und in der Erkenntnis der Bedeutung der räumlichen Ordnung lag der Grund, daß schon sehr bald darauf (1924) eine neue Dienstweisung über Forsteinrichtung[1]) erlassen wurde. Auf diese ist nachstehend Bezug genommen. Ihre wichtigsten Vorschriften betreffen folgende Gegenstände:

1. Wirtschaftsgrundsätze.

Als Ziel der Wirtschaft wird (§ 1) ein möglichst hoher Bodenreinertrag unter voller Erhaltung der Bodenertragsfähigkeit bezeichnet. Die forstliche Produktion soll dem Gesetz der Wirtschaftlichkeit unterstehen und demgemäß alle bei ihr mitwirkenden Faktoren gebührend berücksichtigen. Dies gilt insbesondere auch bezüglich des wichtigsten Produktionsfaktors der Forstwirtschaft, des Vorratskapitals. In einem durch die tatsächlichen Waldzustände bedingten Gegensatz zur sächsischen Staatsforstwirtschaft, welche die Mehrung des jetzigen Holzvorrats als eines ihrer Ziele aufstellt, hebt die badische Dienstweisung die Nachteile zu hoher Vorräte hervor und stellt die Vermeidung unrentabeler Umtriebszeiten, den Abbau von Übervorräten und die Minderung des Vorrats in allen Altersklassen durch früh einsetzende, regelmäßig wiederkehrende Vornutzungen in den Vordergrund. Daneben soll die natürliche Verjüngung und die Hiebsrichtung gebührend gewürdigt werden. Als Mittel zur Erhaltung und Steigerung der Bodenkraft wird hingewiesen auf die Erziehung zweistöckiger Waldungen durch frühzeitige Holzdurchforstung, Erziehung gemischter Bestände, Unterbau in Stangenhölzern der Lichtholzarten, Anlage und Erhaltung von Windmänteln, Bodenverbesserung und Abwehr schädlicher Nebennutzungen. Außerdem wird auch auf die Rücksicht auf das Gemeinwohl und auf die sozialen Pflichten gegenüber den Arbeitern hingewiesen.

2. Die Ausführung der Forsteinrichtung.

Als Zweck der Forsteinrichtung wird (§ 2) die Ermittelung des derzeitigen Waldstandes nach Fläche, Boden, Bestand, Holzmasse und Zuwachs, sowie die Aufstellung eines Wirtschaftsplanes hervorgehoben. Die Erneuerung der Forsteinrichtung findet in der Regel nach Ablauf des 10. Wirtschaftsjahres statt. Die Forsteinrichtungsgeschäfte werden durch das Forsteinrichtungsbüro erledigt, das aus den Hauptreferenten für Forsteinrichtung und der erforderlichen Zahl von Hilfsbeamten besteht. Das Forstamt hat an den wichtigsten Arbeiten der Betriebsregelung mitzuwirken. Über die Verteilung der Geschäfte zwischen den Beamten der Forsteinrichtung und Verwaltung werden (§ 3) genaue Anweisungen gegeben.

---

[1]) Dienstweisung über Forsteinrichtung in den Staats-, Gemeinde- und Körperschaftswaldungen in Baden. 1924.

3. Waldeinteilung.

Jeder innerhalb eigener Grenzen gelegene Waldteil heißt Distrikt. Dieser wird, sofern es die Wirtschaftsführung verlangt, beim Hochwald in Abteilungen, beim Mittel- und Niederwald in Schläge eingeteilt. Als Grenzlinien der Abteilungen sind in erster Reihe natürliche Geländescheiden und Wege — in zweiter künstliche Linién zu verwenden. Die Abteilungs- und Schlaglinien sind zu versteinen und, soweit es der Durchblick erfordert, aufzuhauen.

Am meisten überrascht den Kenner der sonst in der forstlichen Literatur und Praxis gültigen Vorschriften die Bestimmung, daß Unterabteilungen nur ausnahmsweise ausgeschieden werden sollen. Seither galt in Baden[1]), ebenso wie in allen anderen deutschen Staaten, die Regel, daß die Unterabteilungen die Einheit für Wirtschaftsvorschrift und Wirtschaftsvollzug bilden sollten, daß daher die Ausscheidung nicht Ausnahme, sondern Regel sein mußte. Sofern Unterabteilungen gebildet werden, soll ihre Mindestfläche einen Hektar betragen.

Änderungen in der schon bestehenden Waldeinteilung sollen nur aus zwingenden Gründen vorgenommen werden.

4. Waldstandsübersicht.

Über die Beschreibung und Bonitierung von Boden und Bestand, Vorrat und Zuwachs werden (§ 5) eingehende Vorschriften gegeben.

Die Beschreibungen von Boden und Bestand sollen kurz die wesentlichen Merkmale hervorheben, die den Zuwachs und die Wirtschaftsvorschrift für die nächsten 10 Jahre bestimmen und erklären. Bei den einzelnen Beständen sind Alter, Entstehung, Holzarten, Mischungsverhältnis, wenn nötig auf Stammverteilung, Kronenschluß, Kronenform und Gesundheitszustand anzugeben. In gemischten Beständen ist das Verhältnis verschiedener Holzarten in Prozenten der eingenommenen Fläche zu kennzeichnen. Der Boden soll durch Angabe seiner wesentlichen Eigenschaften beschrieben werden; insbesondere ist auch hervorzuheben, wenn durch Maßnahmen oder Unterlassungen günstige oder ungünstige Einwirkungen auf den Boden stattgefunden haben.

Bezüglich der Ermittelung des Holzvorrats wird bestimmt, daß Hochwaldbestände, die in Verjüngung liegen oder im nächsten Jahrzehnt angehauen werden, sowie die Oberhölzer der 10 ältesten Jahresschläge in Mittelwaldungen stammweise in 5 cm-Stärkestufen von 15 cm ab gemessen werden sollen. Das Unterholz in Mittelwaldungen ist nach früheren Hiebsergebnissen einzuschätzen. Es ist aber dem Ermessen des Forsttaxators überlassen, auch sonstige Bestände,

---

[1]) Dienstweisung von 1912, § 4.

wenn es zweckmäßig erscheint, durch Messung zu ermitteln. In Stangen-
und Baumhölzern sind in der Regel Probeflächen in 1 und 2 cm Stufen
aufzunehmen. In allen übrigen Beständen werden die Massen nach
Ertragstafeln geschätzt. Auf die richtige Ermittelung der Bestandes-
höhen ist besondere Sorgfalt zu verwenden.

Als Zuwachs wird zum Zwecke der Bonitierung der durchschnittliche Gesamtzuwachs eingesetzt. Er wird auf Grund des Bestandesmittelhöhe und des Wirtschaftsalters aus Ertragstafeln, bezogen auf
ein Alter von 100 Jahren, entnommen. Hiermit ist der richtigste Maßstab bestimmt, der dem Nachweis der Leistungsfähigkeit des Standorts
zugrunde gelegt werden kann. Dieser Art der Zuwachsschätzung entspricht zugleich die Bildung der Standortsklassen. Sie werden, abweichend von der sonst üblichen Praxis, nach dem auf eine 100jährige
Umtriebszeit bezogenen Gesamtdurchschnittszuwachs benannt. Es
werden demgemäß in den von der Forstabteilung des Finanzministeriums
herausgegebenen Hilfstabellen[1]) bei der Buche die Standortsklassen 3, 4 ... bis 11, bei der Fichte 4, 6, 8 ... bis 16, bei der Kiefer 3, 4 ...
bis 12 unterschieden.

Über die Berechnung des Normalvorrats im Hochwald wird folgendes
bemerkt: „In der Standortsklassenübersicht wird für jede Hauptholzart
nach der zur Zeit der Aufnahme bestehenden Mischung die mittlere
Standortsklasse nebst der zugehörenden Fläche ermittelt. Unter
Beachtung des für die nächste Zukunft anzustrebenden Verhältnisses
von End- und Vornutzung wird mit den Hilfstabellen der normale
Vorrat für die einzelnen Altersklassen und im ganzen berechnet."

5. Betriebsverbände.

Es werden (§ 6), dem Wesen der Sache entsprechend, 2 Betriebsverbände unterschieden: Hiebszüge und Betriebsklassen.

In bezug auf die Regelung der Hiebsfolge enthält die neue Anweisung,
in Verbindung mit anderen Verordnungen der neuesten Zeit[2]), einen
wesentlichen Fortschritt. Während in Baden früher unter dem Einfluß
des an sich berechtigten Strebens, den Lichtungszuwachs gehörig auszunutzen und die natürliche Verjüngung in weitgehendem Maße durchzuführen, der Sicherung der Bestände gegen Wind und Sturm wenig
Beachtung geschenkt wurde, wird deren Bedeutung jetzt mit Entschiedenheit betont. Nicht nur den gewaltsamen Wirkungen der von
Westen kommenden Stürme soll durch die Feststellung der Anhiebe
und deren Weiterführung entgegengetreten werden — auch den Schä-

---

[1]) Hilfstabellen für Forsttaxatoren, herausgeg. von der Forstabteilung des
bad. Finanzministeriums. — Ertragstafeln für Buche, Fichte usw., S. 30ff.

[2]) Namentlich einer Verordnung der Forstabteilung vom April 1925, betreffend
die Sicherung gegen Wind und Sturm.

den, welche Sonne und schwächere Winde, namentlich an den Süd- und Westseiten, ausüben, ist erhöhte Beachtung zu schenken. Auf die große Bedeutung, welche der Anlage und Pflege guter Waldmäntel, insbesondere an den West- und Südrändern der Bestände zukommt, wird nachdrucksvoll hingewiesen.

Unter Bezugnahme auf die in der neueren Zeit in der Literatur und Praxis gemachten Vorschläge sind von der Forstabteilung des Badischen Ministeriums der Finanzen besondere „Hiebsschlüssel" bekannt gegeben worden, durch welche der Anhieb und der Hiebsfortschritt für bestimmte Geländeformen und Bestandesarten zur Anschauung gebracht wird.

Falls das Wegenetz ausgebaut ist und eine darauf begründete Waldeinteilung vorliegt, sind in der Regel mehrere Abteilungen in einen Hiebszug zu vereinigen.

Als Bestimmungsgründe für die Bildung von Betriebsklassen werden Verschiedenheiten in bezug auf Umtriebszeit, Boden, Holzart und Wirtschaftsziel angegeben.

6. Die Feststellung des Hiebssatzes.

Aus der Fassung des § 7, Feststellung des Hiebssatzes, geht hervor, daß auch für diesen der Gesamtdurchschnittszuwachs den wichtigsten Bestimmungsgrund und Maßstab bilden soll. Er wird als obere Grenze der nachhaltigen Nutzung angesehen und soll mit allen Mitteln der forstlichen Kunst angestrebt werden. Für Fällungsverluste sind in der Regel $10^0/_0$ in Abzug zu bringen. Als untere Grenze des Hiebsatzes soll der auf der Fläche bisher erzielte Zuwachs betrachtet werden, wie er sich aus den Hauptergebnissen der Einrichtungserneuerung und der Ertragsgeschichte der einzelnen Abteilungen ergibt. Als Bestimmungsgründe für die endgültige Festsetzung der Holznutzungen, zu deren Begründung alle forstwirtschaftlichen Hilfsmittel beigezogen werden können, werden folgende hervorgehoben: Die Abstufung der Altersklassen, der Gesundheitszustand der Althölzer, die Rücksichten auf vorgeschrittene Verjüngungen, die Rückstände an Erziehungshieben, die Herstellung der räumlichen und zeitlichen Ordnung, die Beschaffenheit der Böden, die Marktverhältnisse, der Ausbau des Wegenetzes, die Bedürfnisse des Waldeigentümers und die Arbeiterverhältnisse. Um jeder mechanischen Behandlung der gegebenen Vorschriften von vornherein entgegenzutreten, ist am Schlusse dieses Abschnittes bemerkt, daß dem gesunden forst- und volkswirtschaftlichen Urteil des Forsttaxators beträchtlicher Spielraum gelassen werden soll.

Mit Rücksicht auf die in neuerer Zeit häufig erörterte Frage der Unterscheidung von Kapital und Rente mag hier endlich noch besonders auf die dahin gerichtete Vorschrift des § 7 hingewiesen werden: „Geben

abnorme Waldzustände Anlaß zu Übernutzungen, so ist der Gesamt-
hiebssatz in die Rente und eine etwaige Kapitalabnutzung grundsätzlich
zu zerlegen."

7. Den Wirtschaftsplan.

Im Hiebsplan zerfallen die Nutzungen in End- und Vornutzungen.
Für die Zugehörigkeit zu beiden werden Vorschriften gegeben. Unter
genauer Beobachtung der Wirtschaftsgrundsätze werden vom Forsttaxator im Anschluß an die Bestandes- und Bodenbeschreibung für
jede Abteilung oder für Teile derselben Hiebsart und Hiebsmasse festgesetzt. Die Vorschriften im Hiebsplan werden zunächst lediglich nach
den waldbaulichen Erfordernissen des Einzelbestandes festgestellt.
Nachträglich können mit Rücksicht auf die nächste Umgebung oder das
Ganze Änderungen nötig werden.

Außer dem Hiebsplan wird auch ein Kulturplan, in welchem alle
die Bodenpflege, die Ergänzung natürlicher und die Begründung künstlicher Verjüngungen betreffenden Maßnahmen aufzunehmen sind, aufgestellt. Ebenso ein Wegebauplan und ein Verzeichnis der Streuentnahmen.

8. Den Vollzug des Wirtschaftsplanes.

Zum Nachweis desselben dient das Wirtschaftsbuch, das durch den
Wirtschaftsleiter eigenhändig zu führen ist. Der Inhalt ist den entsprechenden Einrichtungen anderer Staatsforstverwaltungen ähnlich.

9. Die Forststatistik.

Sie steht in unmittelbarer Verbindung mit der Forsteinrichtung.
Um die Einrichtungswerke bezüglich der allgemeinen Beschreibung einfacher halten zu können und um über Waldgeschichte und Waldertrag gute
Nachweise zu erhalten, wurde die regelmäßige Durchführung der Statistik
in Baden schon 1869 angeordnet. Sie ist seitdem stetig fortgeführt. Nach
der Anweisung von 1924 (§ 10) besteht die Statistik aus folgenden Teilen:

a) Geschichte (des Forstbezirks im ganzen und der einzelnen Teile.)

b) Beschreibung, mit den Abschnitten: Waldfläche, Standort, Bewirtschaftung, Forstbenutzung, Forstschutz, Jagd, Arbeiterverhältnisse.

c) Ertrag mit den Abschnitten: Holzmassenertrag, Geldertrag, Er-
tragsnachweisungen in ständigen Probeflächen.

10. Die Karten und Schriften.

An Karten werden nach § 11 unterschieden: Waldpläne, Wegebau-
karten, Altersklassenkarten, Holzartenkarten, Hiebszugskarten. Bei
einfachen Verhältnissen können mehrere Karten in eine vereinigt
werden, oder Planpausen an Stelle der Karten treten.

Das aus der schriftlichen Ausarbeitung der Einrichtungsarbeiten hervorgehende Einrichtungswerk zerfällt in:

a) Die allgemeine Beschreibung mit den Abschnitten Fläche und wirtschaftliche Einteilung, Standort, Holzarten, Betriebsart und Umtriebszeit, Wirtschaftsregeln, Forstbenutzung, Sonstiges.

b) Die Waldstandsübersicht mit Holzmassen- und Probeflächenaufnahmen.

c) Den Wirtschaftsplan.

d) Das Verzeichnis der Streuentnahmen.

11. Die Hilfstabellen für Forsttaxatoren.

Als Hilfsmittel für die bei der Aufstellung der Wirtschaftspläne nötigen Schätzungen und Berechnungen sind von der Forstabteilung des Finanzministeriums neue Hilfstabellen von bedeutendem Umfang herausgegeben worden, auf die schon oben (unter 4) hingewiesen wurde. Sie betreffen Bonitierungstafeln, Vornutzungstafeln, Massentafeln, Höhentafeln, Ertragstafeln, Sortimentstafeln u. a. für Buche, Eiche, Fichte, Kiefer und Tanne. Noch wichtiger sind für manche Aufgaben der Betriebsregelung die Nachweise über die finanziellen Ergebnisse der Wirtschaft. Hier werden namentlich die Bodenertragswerte, die Verzinsungsprozente normaler Betriebsklassen, die Weiserprozente sowie der Einfluß einer Erhöhung der Umtriebszeit auf die Reineinnahmen für die genannten Hauptholzarten nachgewiesen.

VI. In Hessen[1]).

Die Richtungen und Ziele, welche bei Aufstellung der Betriebspläne befolgt und erstrebt werden sollen, werden mit den Worten gekennzeichnet: „Die Bewirtschaftung der Domanial- und Kommunalwaldungen soll auf das Ziel gerichtet sein, bei gebührender Rücksichtnahme auf die Bedürfnisse der Gegenwart den Ertrag qualitativ und quantitativ tunlichst rasch auf das höchstmögliche Maß zu steigern. Um dieses Ziel zu erreichen, muß dahin gestrebt werden, den wirklichen Zuwachs dem normalen möglichst nahe zu bringen."

Als die wichtigsten Mittel zur Herstellung des Normalzustandes werden dann die waldbaulichen Maßregeln hervorgehoben: Rechtzeitige Nutzung kümmernder Bestände, Wahl standortsgemäßer Holzarten und sachgemäße Ausführung der Kulturen, gründliche Bestandespflege, rationeller Durchforstungsbetrieb. Die wichtigsten Vorschriften der Anleitung betreffen:

1. Die Aufstellung der Bestandestabelle.

Das den Wirtschaftsplan am besten kennzeichnende Schriftstück führt die Bezeichnung „Bestandestabelle und Wirtschaftsbuch" und wird nach folgendem Schema aufgestellt:

---

[1]) Nach der „Anleitung zur Ausführung der Forsteinrichtungsarbeiten in den Domanial- und Kommunalwaldungen des Großherzogtums" (endgültig festgestellt im Jahre 1903).

Distrikt und Abteilung   Holzbodenfläche ... ha

Der Gruppe		Standorts- und Bestandesbeschreibung, Boden, Lage, Himmelsrichtung, Holzarten in Zehnteilen des Bestandes, Begründung, seitherige Bewirtschaftung	Wirtschaftsziel Wirtschaftsmaßnahmen in den nächsten 10 Jahren	Hauptholzart, Alter im Jahre	Bestandesmittelhöhe und Bonität	Sollvorrat an Derb- u. Reisholz nach der Ertragstafel	
lit.	Fläche					für 1 ha	für die Gruppe bzw. Abteilung
	ha 1/100					fm	
1	2	3	4	5	6	7	8

Reduktionsfaktor	Wirklicher Vorrat an Derb- und Reisholz für die Gruppe bzw. Abteilung.	Vorrat an Oberstandsmasse	Laufender		Schätzung des in den nächsten 10 Jahren zu erwartenden Ertrags an Derb- und Reisholz			
			nz	wz	Haubarkeitsnutzung		Zwischennutzungen	
			der nächsten 10 Jahre an Derb- und Reisholz im Durchschnitt pro Jahr u. ha.		a) Oberstandsmasse	b) sonstige Haubarkeitsnutzungen		
					in der Gruppe bzw. Abteilung		pro ha	in der Gruppe bzw. Abteilg.
	fm		fm		fm			
9	10	11	12	13	14	15	16	17

Ergebnisse der Wirtschaft

Wirtschaftsjahr	Es wurden gefällt:			Kulturen:			Nebennutzungen
	Fläche	Holzmasse	Nähere Bezeichnung der Hiebsart und Nummer des Abzählungs-Protokolls	Pflanzen-, Samenmenge. Art der Kultur	Fläche	Kosten	
	ha	fm 1/100			ha	M. Pf,	
18	19	20	21	22	23	24	25

Hierzu sind folgende Erläuterungen gegeben:

Als „Gruppe"[1]) werden solche Teile innerhalb der ständigen Wirtschaftsfiguren (Abteilungen) ausgeschieden, welche nach Standort, Holzart, Alter, Wuchs usw. so wesentlich voneinander abweichen, daß sie einer besonderen Behandlung unterworfen werden. Die Gruppen werden auf den Karten mit kleinen lateinischen Buchstaben bezeichnet und örtlich mit Gräbchen gesichert. Über die Mindestfläche werden keine bindenden Vorschriften gegeben. Es wird vielmehr dem Betriebseinrichter überlassen, zu entscheiden, ob die Abteilungsteile nach Lage, Größe und Form zur besonderen Bewirtschaftung geeignet sind. In dem beigefügten Beispiel kommen Gruppen von 0,3 ha vor.

Liegt die Ursache der Bildung von Gruppen im Standort, so tragen sie einen bleibenden Charakter; liegt sie in den Bestandesverhältnissen, so sind sie vorübergehender Natur. Die Verschiedenheiten sollen alsdann im Laufe der Zeit vermindert odor beseitigt werden.

Die Standorts- und Bestandesbeschreibung erfolgt im Anhalt an die Bestimmungen der forstlichen Versuchsanstalten. Bei den Bestandesbeschreibungen sind Maßregeln der Begründung und Erziehung, welche ven wesentlicher Bedeutung für die fernere Entwicklung der Bestände sind, anzugeben.

Die Wirtschaftsziele sollen für den zur Zeit der Aufnahme vorliegenden Bestand in die Pläne eingetragen werden, und zwar stets nach Angabe des Wirtschafters, dessen Mitwirkung bei der Planaufstellung grundsätzlich vorgeschrieben ist. Die Angabe dieses Wirtschaftszieles soll aber nicht immer bindend sein. Sie soll nur einen Wink geben für neu eintretende Beamte. Eine Veränderung des Wirtschaftziels kann bei Aufstellung des jährlichen Wirtschaftsplans beantragt oder bei dessen Prüfung vereinbart werden. Die dringend notwendigen Maßnahmen der nächsten 10 Jahre sind vom Wirtschaftsbeamten kurz anzugeben.

Als Hauptholzart ist in gemischten Beständen diejenige anzusehen, welche für die Bewirtschaftung maßgebend sein soll.

Für die Bonitierung des Standorts bildet die Höhe den wichtigsten Bestimmungsgrund und Maßstab. Für jede Abteilung bzw. Gruppe soll die Bestandesmittelhöhe durch Messung an mehreren Stämmen von etwa der mittleren Höhe nachgewiesen werden. Auf Grund der Höhen- und Altersermittelung werden die Bonitäten nach Maßgabe der vorliegenden Ertragstafeln festgestellt.

Die normale Bestandesmasse ist aus den Ertragstafeln zu entnehmen. Die wirkliche Masse ergibt sich durch Multiplikation der normalen mit einem Reduktionsfaktor, der in einem Dezimalbruch ausgedrückt wird.

---

[1]) Die Gruppe soll, entsprechend der sonst üblichen Bezeichnung, demnächst Unterabteilung genannt werden.

Der laufende (normale und wirkliche) Zuwachs, der in der Bestandestabelle erscheint, bezieht sich auf denjenigen Teil des Gesamtzuwachses, welcher in den bleibenden Bestand übergeht. Der normale Zuwachs wird dadurch gefunden, daß aus den Ertragstafeln die Haubarkeitsvorratsmasse des Hauptbestandes im Alter a von derjenigen im Alter $a + 10$ abgezogen und die Differenz durch 10 dividiert wird. Durch Multiplikation des Normalzuwachses mit dem Vollertragsfaktor ergibt sich der wirkliche Zuwachs.

2. Die Berechnung des Vorrats und Zuwachses.

Um den Normalzuwachs und Normalvorrat für ein Revier im ganzen zahlenmäßig darzustellen, ist eine Nachweisung der Standortsbonitäten für die vorkommenden Hauptholzarten erforderlich. Auf Grund der Abschlüsse einer solchen Nachweisung lassen sich mit Hilfe der vorliegenden Erträgstafeln der normale Zuwachs und der normale Vorrat nachweisen. Der Normalzuwachs wird, geordnet nach Holzart und Bonität, als Haubarkeitsdurchschnittszuwachs berechnet. Die Berechnung des normalen Vorrats erfolgt unter Zugrundelegung regelmäßig abgestufter Altersklassen (I. 1—20, II. 21—40 Jahre usw.), deren normale Flächen durch das Verhältnis ihrer Dauer zur Umtriebszeit bestimmt werden. Die Ertragssätze werden für die Mitte der Alterstufen ausgeworfen. Durch Summierung der Ansätze der einzelnen Bonitätsklassen ergeben sich Normalzuwachs und Normalvorrat für die verschiedenen Holzarten, durch Summierung der die letzteren betreffenden Zahlen wird der gesamte Normalzuwachs und Normalvorrat gefunden.

Der Darstellung des wirklichen Vorrats dient die Altersklassentabelle zur Grundlage. Für jede Altersklasse wird die Fläche und der wirkliche Vorrat an Derb- und Reisholz nachgewiesen.

Am Schlusse dieser Nachweisung werden Flächen und Vorrat der einzelnen Altersklassen mit den normalen Altersklassen und dem normalen Vorrat verglichen. Das Ergebnis dient zur Begründung des Etats.

Über die zur Umwandlung bestimmten oder in Frage kommenden Orte sind besondere Übersichten zu fertigen, welche Zuwachs und Normalvorrat der vorhandenen Holzart im Verhältnis zu ihrer Gestaltung nach Einführung der zukünftigen Holzart darstellen.

3. Die Feststellung des Hiebssatzes und die Hiebsführung.

A. Haubarkeitsnutzungen.

1. Hiebssatz.

Den grundlegenden Maßstab für die Abnutzung bildet die normale Abtriebsfläche. Sie ergibt sich aus em Verhältnis der Gültigkeitsdauer des Betriebsplans zur Umtriebszeit.

Wenn die Bestandesverhältnisse regelmäßig sind, genügt es, daß der Nutzungsplan für ein Jahrzehnt entworfen wird. Unregelmäßige Verhältnisse können es angezeigt erscheinen lassen, die zu erwartenden Nutzungen auf zwei oder mehrere Jahrzehnte zu veranschlagen.

Abweichungen der wirklichen Abnutzung von der normalen sind zu begründen. Als Gründe kommen hauptsächlich in Betracht:

a) Das Verhältnis zwischen dem wirklichen und normalen Vorrat. Die vorliegenden Differenzen sind, wenn nicht eine Änderung der Umtriebszeit eintreten soll, zu vermindern. Bei der Bestimmung über die Nutzung eines Vorratsüberschusses und ebenso der Einsparung eines vorhandenen Defizits sollen alle in Betracht kommenden waldbaulichen und finanzwirtschaftlichen Verhältnisse eingehend berücksichtigt werden.

b) Das Verhältnis der Altersklasen. In dieser Beziehung ist insbesondere der Vorrat der zwei oder drei ältesten Klassen zu würdigen. Ist der Nachweis erbracht, daß der wirkliche Vorrat nicht wesentlich vom normalen abweicht, und daß ein entsprechender Teil des Vorrats in den drei ältesten Klassen stockt, so darf die Nachhaltigkeit als gesichert angesehen werden.

c) Das Verhältnis der Nutzung zum Zuwachs. Ein Vergleich des Hiebssatzes mit dem wirklichen Zuwachs gibt Aufschluß darüber, ob im nächsten Jahrzehnt eine Verminderung oder Erhöhung des Vorrats erwartet werden darf.

2. Bestimmung der Hiebsorte und Gang der Verjüngung.

Gemäß dem Grundsatz des Verfahrens sollen die schlechtwüchsigsten Orte, deren Zuwachs vom normalen am stärksten abweicht, zunächst zur Nutzung herangezogen werden.

Die zum Hiebe beantragten Bestände werden bei der Begutachtung des Hiebssatzes in nachstehender Folge vorgetragen.

    I. Hiebsnotwendige Bestände.
       a) Zuwachsarme Bestände und Bestandesteile.
       b) Oberstandsreste, Aushieb von Stämmen und Wegeaufhiebe.
       c) Bestandesteile, welche der Hiebsfolge zum Opfer fallen müssen.
    II. Hiebsreife Bestände.
    III. Hiebsfragliche Bestände.

Auf eine geregelte Hiebsfolge und eine gute Verteilung der Nutzungen wird hoher Wert gelegt. Mit Rücksicht auf die Gefahren durch Stürme, Insekten u. a. und auf die örtliche Verteilung der Erträge ist das Zusammenlegen großer gleichaltriger Bestandesmassen möglichst zu beschränken. Die Anleitung schreibt deshalb die Bildung kurzer Hiebszüge vor. Die Grenzen derselben sind an Kreisstraßen, Bahnen, Schneisen, Wege, Wasserläufe, Talzüge, Bergkämme usw. zu legen.

3. Holzmassenermittelung.

Von Interesse ist folgende Bestimmung: „Von einer besonderen Aufnahme der innerhalb der nächsten 10 Jahre zur Hauptnutzung vorgesehenen Bestände mittels Messung sämtlicher Stammdurchmesser ist in der Regel abzusehen; es werden der Berechnung des Hiebssatzes die Angaben der Ertragstafeln oder die durch Schätzung ermittelten Beträge zugrunde gelegt. Vorkommende Schätzungsfehler bei dieser nur annäherungsweisen Ermittelung der Haubarkeitsnutzungen können, wenn solche bei der Nutzung der Bestände festgestellt werden, noch innerhalb des 10jährigen Wirtschaftszeitraums oder bei der am Schlusse desselben stattfindenden Prüfung durch Abänderung des Hiebssatzes Berichtigung finden."

B. Vornutzung.

Für die Durchforstungen, deren Erträge in die genannte Tabelle eingetragen werden, besteht, entsprechend der Haubarkeitsnutzung, ein Flächen- und Massenetat. Der Flächenetat wird so gebildet, daß etwa $1/10$ der gesamten zu durchforstenden Fläche jährlich zur Nutzung kommt, und daß der Hieb gleichmäßig jüngere und ältere Bestände, vorkommendenfalls auch solche verschiedener Holzarten trifft. Die Veranschlagung der Erträge erfolgt auf Grund der Ertragstafeln, jedoch unter sorgfältiger Berücksichtigung der wirklichen Verhältnisse des betreffenden Bestandes. Mit Rücksicht auf die Schwierigkeit, zutreffende Durchforstungssätze festzusetzen und einzuhalten, ist die Bestimmung getroffen, daß am Schluß der jährlichen Wirtschaftspläne eine Zusammenstellung der periodisch durchforsteten Flächen gefertigt wird. Ergibt sich, daß nach diesem Flächennachweis die Zwischennutzungen nicht rasch genug fortschreiten, so soll eine Erhöhung des Zwischennutzungshiebssatzes und der entsprechenden Fläche eintreten.

4. Vollzug und Geschäftsgang.

Um die Stetigkeit und Regelmäßigkeit der Forsteinrichtungsarbeiten zu sichern, wurde durch Verordnung des Ministeriums der Finanzen vom Oktober 1923 bestimmt, daß eine besondere Forsteinrichtungsstelle als Abteilung des Forstwirtschaftsamts geschaffen werden solle, der die Bearbeitung der Forsteinrichtungen übertragen wird. „Damit soll jedoch auf die rege Mitwirkung des Wirtschafters nicht verzichtet werden. Vielmehr ist der hervorragenden Bedeutung des Waldbaus für die Forsteinrichtung dadurch Rechnung zu tragen, daß die waldbaulichen Erfahrungen des Wirtschafters für die Forsteinrichtung und die zukünftigen Betriebsmaßnahmen in weitgehendstem Maße nutzbar gemacht werden und ihm ein bestimmender Einfluß auf die Forsteinrichtung des seiner Bewirtschaftung anvertrauten Waldes gewährleistet wird."

Über die Geschäftsteilung zwischen dem Wirtschafter und dem Beauftragten der Forsteinrichtungsstelle wurden eingehende Vorschriften
gegeben. Nach Darstellung des seitherigen Waldzustandes durch den
Oberförster wird ein „Bewirtschaftungsgutachten" aufgestellt,
das von allen beteiligten Personen anzuerkennen und dann der Forstabteilung des Ministeriums zur Genehmigung vorzulegen ist. Das Bewirtschaftungsgutachten hat sich besonders auf folgende Punkte zu erstrecken: die für die Folge zu begünstigenden Hauptholzarten, die Beimischung anderer und die Art der Bestandesbegründung; die Hiebsreifealter, namentlich für die Hauptholzarten; die Maßnahmen zur Erzielung und Erhaltung eines guten Bodenzustandes; den Beginn und
die Wiederkehr der Pflegehiebe (Reinigungen, Läuterungen, Durchforstungen, Lichtungshiebe); die im nächsten Wirtschaftszeitraum zu
verjüngenden und zur Verjüngung in Angriff zu nehmenden Bestände,
sowie der etwaige Voranbau einzelner Holzarten; allgemeine, aus der
seitherigen Bewirtschaftung geschöpfte Wirtschaftsgrundsätze über Bestandesbegründung, Bestandespflege u. a.

5. Kartierung.

Die dem Betriebswerk beizufügenden, im Maßstab 1:10000 zu fertigenden Bestandeskarten lassen die Altersklassen durch Farbanlage,
die Holzarten durch Baumfiguren, die Bonitäten durch gestrichelte
Linien verschiedener Richtung hervortreten.

6. Kontrolle.

Die wirksame Kontrolle erstreckt sich auf den Gesamteinschlag an
Haupt- und Vornutzung, Derbholz und Nichtderbholz.

Schlußbemerkungen.

Im vorstehenden hat der Verfasser die Forsteinrichtungsverfahren
der größten deutschen Staaten so eingehend dargestellt, als es ihm mit
freundlicher Unterstützung der leitenden Forsteinrichtungsbeamten
möglich war. Neben den größeren haben auch die kleineren Staatsforstverwaltungen durch Erlaß von Instruktionen und deren Ausführung am Fortschritt der Forsteinrichtung mitgewirkt. Zeit und
Raum gestatten aber nicht näher hierauf einzugehen. Auch manche
Privatforstverwaltungen haben das Forsteinrichtungswesen gefördert.
Unter ihnen sei hier nur auf die sehr eingehende Anleitung zur Forsteinrichtung für die fürstlich Thurn und Taxisschen Waldungen vom
1. April 1911 hingewiesen.
Eine vollständige Darstellung des Forsteinrichtungswesens in der
Gegenwart würde es ferner erforderlich machen, auch auf die Verhält-

nisse nichtdeutscher Staaten einzugehen. Hier ergeben sich aber in der angegebenen Richtung noch weit mehr Schwierigkeiten und Hindernisse, weshalb an dieser Stelle nur wenige Andeutungen gemacht werden können.

Unter den Ländern, deren Verhältnisse für die deutsche Forstwirtschaft von besonderem Interesse sind, steht nach ihrer Lage zum Deutschen Reich und ihrer Bedeutung für die Forstwissenschaft die Schweiz an erster Stelle. Sie ist in forstlicher Beziehung ein außerordentlich interessantes Land, ausgezeichnet nicht nur durch eine große Vielseitigkeit der Standortsverhältnisse (nach Höhenlage, Exposition, Grundgestein, Bodenverhältnissen u. a.) sondern auch in forstgeschichtlicher und forstpolitischer Hinsicht. Zufolge der Verfassung des Landes und der Selbständigkeit der Kantone sind die forstlichen Verhältnisse, insbesondere auch hinsichtlich des Forsteinrichtungswesens sehr verschiedenartig. In den Waldungen mancher Städte sind schon frühzeitig vollständige Betriebsregelungen durchgeführt, wie es z. B. von den Waldungen der Stadt Zürich[1]) bekanntgeworden ist. In anderen Waldgebieten, insbesondere in höheren abgelegenen Gebirgsforsten haben dagegen, wie aus den „Forstlichen Verhältnissen" der Schweiz zu entnehmen ist, bis zur neuesten Zeit noch keine Vermessungen und Betriebsregelungen stattgefunden. Eine zusammenfassende Darstellung des Forsteinrichtungswesens der Schweiz kann deshalb von einem außerhalb des Landes Stehenden nicht gegeben werden, wenn auch für einzelne Kantone amtliche Instruktionen[2]) vorliegen. Von weitgehendem Interesse sind die neuerdings bekanntgegebenen Arbeiten und Ergebnisse auf dem Gebiet der Zuwachskunde[3]).

Nach seiner geschichtlichen Entwicklung steht das Forstwesen Österreichs demjenigen des Deutschen Reiches am nächsten. Auch auf dem Gebiet der Betriebsregelung tritt dieser Zusammenhang vielfach zutage. Schon zu Anfang des 19. Jahrhunderts wurde auf Grund eines Dekretes der Wiener Hofkammer vom Jahre 1788 die Kameraltaxation[4]) in den österreichischen Forsten eingeführt, welche Zuwachs und Vorrat als die Grundlagen einer geordneten Taxation hinstellte. Sie hat auf die Anschauungen hervorragender deutscher Forstwirte und weiterhin auch auf die Entwicklung des praktischen Forsteinrichtungswesens in einzelnen deutschen Staaten einen nicht unbedeutenden Einfluß ausgeübt.

Gegenwärtig erfolgt die Forsteinrichtung der österreichischen Staatsforsten auf Grund der „Instruktion für die Begrenzung, Vermessung und

---

[1]) Meister: Die Stadtwaldungen von Zürich, 2. Aufl., S. 113ff.
[2]) So z. B. für Bern (1902), Graubünden (1907).
[3]) Von Biolley: L'aménagement des forêts d'après la methode du contrôle (übersetzt von Eberbach); Balsiger: Der Plenterwald 1914 u. a.
[4]) Vgl. den Abschnitt über die Vorratsmethoden.

Betriebseinrichtung der Staats- und Fondsforste", die 1901 in dritter
Auflage erschienen ist und seitdem keine wesentliche Veränderung erfahren hat. Sie erstreckt sich auf das gesamte Gebiet der Forsteinrichtung und vereinigt die Vorzüge wissenschaftlicher Gründlichkeit und
praktischer Anwendbarkeit.

Abgesehen von der Regelung der Grenzen und der Ausführung der
Vermessungen erstrecken sich die wichtigsten Vorschriften der genannten Instruktion auf die Einteilung des Waldes, die Aufnahme und
Darstellung des Waldzustandes, die Ermittelung des Etats und die
Revision und Kontrolle. In dem auf die Einteilung bezüglichen Abschnitt wird die Bildung der Betriebsklassen, Hiebszüge und Abteilungen,
sowie die Ausscheidung der Bestände oder Unterabteilungen behandelt.
Größere Abweichungen von den in Deutschland gültigen Grundsätzen
sind hier nicht geltend zu machen. Ebenso verhält es sich auch mit
den eingehenden Vorschriften über die Darstellung des Waldzustandes.
Die Instruktion bestimmt, daß bei der Einrichtung der Staatsforst-
reviere für die verschiedenen Betriebsarten, Holzarten und Standortsklassen Lokalertragstafeln aufgestellt werden sollen. Dann werden
Vorschriften für die Beschreibung der einzelnen Bestände gegeben, die
sich auf die Beschaffenheit des Bodens und der Lage, auf Holzart,
Mischungsverhältnis und Bestandesform, auf Bestandesalter und die
Altersklassentabelle beziehen. Als Holzertragsanzeiger werden die
Bestandesmittelhöhe, die Stammgrundfläche, die Standortsklasse und
die gegenwärtige Bestockung im Verhältnis zur normalen bezeichnet.
Auch der Holzmassenvorrat und der Durchschnittszuwachs ist anzugeben. Von besonderem Interesse ist die Vorschrift, daß für haubare
und angehend haubare Bestände das Massenzuwachsprozent, das Wertzuwachsprozent und das Weiserprozent, sofern der finanzielle Umtrieb
zugrunde gelegt wird, ermittelt werden sollen.

Die Holznutzungen werden nach Haubarkeitsnutzungen, Zwischennutzungen und Zufallsnutzungen getrennt gehalten. Die Feststellung
des Etats an Haubarkeitsnutzungen erfolgt bei regelmäßigen Verhältnissen nach Maßgabe der normalen Abtriebsfläche, die durch die Umtriebszeit bestimmt wird. Für die Richtung, welche bei deren Feststellung befolgt werden soll, ist die Vorschrift gegeben: „Wenn keine
zwingenden Gründe, hervorgehend aus den rechtlichen Verpflich-
tungen des Waldeigentümers oder aus den Bedingungen des Holztrans-
portes oder des Holzmarktes zur Beibehaltung des bisherigen, namentlich aber eines sehr hohen Haubarkeitsalters vorhanden sind, dann ist
das Streben, die entsprechende Verzinsung der im Walde geborgenen
Anlage- und Betriebskapitalien im Forstreinertrag zu erzielen, für die
Höhe der Umtriebszeit maßgebend." Damit ist der wesentlichste Grundsatz der Bodenreinertragslehre anerkannt.

Auch auf Frankreich hat man die Blicke zu richten, wenn man ein vollständiges Urteil über den gegenwärtigen Stand des Forsteinrichtungs- wesens gewinnen will. Am eingehendsten sind die Kernpunkte desselben in der Schrift über Betriebsregelung von Tassy[1]) behandelt worden. Sodann haben die Referate über Forsteinrichtung, die von französischen Forstwirten bei den Verhandlungen des Internationalen Landwirtschaft- lichen Kongresses in Wien 1907 abgegeben wurden, über den Stand des Forsteinrichtungswesens in Frankreich Aufschluß gegeben. Auch in manchen deutschen Schriften ist bei Darstellung der Methoden der Forst- einrichtung auf das französische Verfahren Bezug genommen.

Während des 19. Jahrhunderts war auch in Frankreich die Fach- werksmethode vorherrschend. Nach den Mitteilungen von Huffel[2]) kam das Cottasche Verfahren der Ertragsregelung für den gleich- altrigen Hochwald 1825 nach Frankreich und blieb dort, allerdings mit wesentlichen Änderungen, bis zur neueren Zeit erhalten. Die Anzahl und Länge der Perioden war nach Holzarten verschieden (für die Eiche meist 8 Perioden zu 25, für die Buche 6 zu 20, für die Tanne 4 zu 30 Jahren). Als besondere Eigentümlichkeit des französischen Verfahrens ist die· räumliche Ordnung der Periodenflächen hervorzuheben. Nach den Aus- führungen von Tassy und den Anwendungen, die dem Besucher im Walde und auf den Karten vorgeführt werden, sollen die Flächen der gleichen Periode tunlichst zusammengelegt werden. Hieraus ergeben sich große Schläge. Es wird jedoch anerkannt, daß es auch Vorzüge haben kann, wenn die Periodenflächen über den ganzen Forst verteilt werden[3]).

Von besonderem Interesse sind die Erörterungen über die Umtriebs- zeit. Tassy hebt hervor, daß für dieselbe die Menge des erzeugten Holzes, seine Nutzbarkeit, sein Verkaufswert und das Verhältnis des Er- trags zu dem Kapital, das ihm zugrunde liegt, bestimmmend sei. Den genannten Bestimmungsgründen entsprechen vier Arten von Umtriebs- zeiten: Die Umtriebszeit der größten Masse, des höchsten Gebrauchs- werts, des höchsten Geldertrags und des höchsten Reinertrags. Die tat- sächlichen Zustände der französischen Waldungen lassen erkennen, daß die Umtriebszeiten, ebenso wie die Betriebsarten, nach den Eigentums- verhältnissen sehr verschieden sind. Für die Staatsforsten soll eine Um- triebszeit gewählt werden „qui correspond aux produits matériels les plus considérables et les plus utiles". Diese Forderung hat im allgemei- nen eine konservative Richtung zur Folge gehabt, die im Zustand der Waldungen Frankreichs, namentlich auch des früheren Reichslandes,

---

[1]) Études sur l'aménagement des forêts. 1872.

[2]) Referat auf dem Kongreß in Wien 1907.

[3]) Huffel: a. a. O. („Die Periodenflächen können über den ganzen Forst verteilt sein. Eine solche Lagerung ist sogar oft recht nützlich").

zum Ausdruck gekommen ist. In den Staatswaldungen sind Umtriebszeiten zwischen 100 und 150 Jahren am stärksten vertreten.

In der neueren Zeit hat sich das französische Verfahren der Betriebsregelung von der schablonenhaften Behandlung mehr und mehr frei gemacht. Die Einrichtung soll, nach den im Kongreß zu Wien von de Gail
aufgestellten Leitsätzen, so erfolgen, „daß man jedem Bestand die ihm
am besten zusagende Behandlung angedeihen lassen kann und ihn so dem
Nutzungsalter unter den günstigsten Bedingungen entgegenführt."
In der neuesten Zeit hat die Forsteinrichtung eine beachtenswerte
Bereicherung durch die Mitteilungen über das Ertragsregelungsverfahren
in livländischen Forsten durch E. Ostwald erhalten. Die von ihm verfaßte Schrift[1]) gibt Vorträge wieder, die er 1912 im Baltischen Forst-
verein gehalten hat. Indem ich am Schlusse dieser Schrift auf jene Vorträge kurz hinweise, muß allerdings bemerkt werden, daß ich in bezug
auf die ökonomischen Grundlagen und Ziele der Forstwirtschaft zu
Ostwald in einem Gegensatz stehe. Ostwald ist Gegner der Bodenreinertragslehre; ich habe diese in der Literatur und im forstlichen
Unterricht jederzeit vertreten und halte sie durch die wirtschaftliche
Natur des Bodens und die Forderung der Kapitalverzinsung für hinlänglich begründet. Die von Ostwald in bezug auf die Anwendung der
Bodenreinertragslehre gemachten Unterstellungen sind aber nicht zutreffend. Es ist nicht richtig, daß die Bodenreinertragslehre, wie im
ersten Vortrag ausgeführt wird, lediglich auf deduktivem Wege, mit rein
verstandesmäßigen Mitteln aufgebaut sei und dadurch zur forstlichen
Praxis, die auf Erfahrung beruhe und deshalb auf induktivem Wege gefördert werden müsse, im Gegensatz stehe. Schon Preßler hat, um
seine Lehre in die Praxis einzuführen, die Forstwirte aufgefordert, Erfahrungen über den Einfluß von Durchforstungen und Lichtungen auf
den Wuchs der Stämme zu sammeln. Solche Erfahrungen sind aber
schon seither durch Vertreter des Versuchswesens, der Forsteinrichtung
und Forstverwaltung gemacht worden. Sie werden auch in Zukunft
gemacht werden und Bausteine zur Begründung der Folgerungen der
Bodenreinertragslehre liefern. Ebenso ist es nicht zutreffend, daß sich
die letztere lediglich auf normale Verhältnisse stütze, im Gegensatz zur
Praxis, die es meist mit unregelmäßigen Verhältnissen zu tun hat.
Eine Abstraktion von letzteren ist für die Klarstellung mancher Fragen
und Verhältnisse zweifellos wünschenswert und fördernd. Dies schließt
aber nicht aus, daß die von normalen Verhältnissen abgeleiteten Gedanken mit Erfolg auf die Verhältnisse des wirklichen Waldes angewandt
werden, auch wenn dies oft nicht in zahlenmäßiger Fassung geschehen
kann. In bezug auf die Begründung des Hiebssatzes hat das Verhältnis

---

[1]) Fortbildungsvorträge über Fragen der Forstertragsregelung. 1915.

zwischen normalen und konkreten Waldzuständen durch K. Heyer[1]) eine so bestimmte Begründung erhalten, daß eine analoge Beweisführung an dieser Stelle nicht erforderlich erscheint. Auch die Annahme, daß die Bodenreinertragslehre lediglich den aussetzenden Betrieb oder den Einzelbestand zum Gegenstand der Erörterungen heranziehe, ist nicht zutreffend. G. Heyer[2]) hat in seiner nach dieser Richtung noch immer beachtenswerten Schrift den jährlichen und den aussetzenden Betrieb koordiniert nebeneinandergestellt und für beide Formeln entwickelt. Daraus ergeben sich auch gewisse Folgerungen über die Auffassung des Vorratskapitals, das in den Formeln für den jährlichen Betrieb, mit den Boden verbunden, als stehendes Kapital erscheint. Der im Zusammenhang hiermit mehrfach kritisierte Satz, daß das Ganze gleich sei der Summe seiner Teile, ist bei der praktischen Durchführung der Reinertragslehre stets in Verbindung mit dem anderen Satz zur Anwendung gelangt, daß die Teile untereinander und mit dem Ganzen, dem sie angehören, im Zusammenhang stehen. Fast jedes sächsische Revier bietet durch die Bildung seiner Hiebszüge Beweise für die Richtigkeit dieser Anschauung. Endlich beschuldigt Ostwald die Bodenreinertragslehre eines Dualismus, da sie einerseits von den Formeln des Bodenerwartungswertes beherrscht werde, andrerseits vom Normalwald abhängig sei. Hierzu mag an dieser Stelle nur ganz allgemein bemerkt werden, daß alle menschlichen Verhältnisse und Gedanken — Gott und Welt, Geist und Natur, die Naturgesetze und ihre Ursachen, die Bewegungen der Himmelskörper, die Geschichte aller Völker, die Gestaltungen des politischen Lebens und viele andere Verhältnisse — der Herrschaft des Dualismus unterliegen.

Die hier kundgegebenen Gegensätze hindern mich aber nicht, anzuerkennen, daß die Schrift von Ostwald zur Förderung des Forsteinrichtungswesens in wesentlichen Richtungen sehr wohl wird dienen können. Sie hat sehr beachtenswerte Vorzüge, die um so höher bewertet werden müssen, als sie auf Grund eigener Praxis gewonnen sind. Als einen Vorzug sehe ich es an, daß der jährliche Betrieb in den Vordergrund der Erörterungen gestellt wird. Ich[3]) selbst habe schon bei Beginn meiner literarischen Tätigkeit den gleichen Standpunkt vertreten. Zu einer umfassenden Auffassung forstlicher Verhältnisse und zur Behandlung der wichtigsten forstlichen Fragen, namentlich in volkswirtschaftlicher und forstpolitischer Richtung, muß vom jährlichen Betrieb als dem im großen weitaus wichtigsten ausgegangen werden. Als den Vorzug des Verfahrens muß ferner die Forderung anerkannt werden, daß bei der Betriebsregelung für die Behandlung der Bestände ein be-

---

[1]) Die Waldertragsregelung, 3. Aufl., S. 216.
[2]) Die Methoden der forstl. Rentabilitätsrechnung 1871, 1. Kap.
[3]) Folgerungen der Bodenreinertragstheorie, 1. Band, S. 78. 1894.

stimmtes Wirtschaftsziel aufgestellt werden soll, das durch die Stärke
und Beschaffenheit der Stämme des bleibenden Bestands gekennzeichnet wird. In Verbindung hiermit steht die weitere Forderung, daß
zur Feststellung der Massenerzeugung der Bestände Zuwachsermittelungen vorgenommen werden, und zwar sowohl durch Untersuchungen
des Stärke- und Höhenzuwachses an Mittelstämmen von Probebeständen,
als auch durch Anwendung von Zuwachsprozenten auf die vorhandenen
Massen. Beachtenswert ist ferner die Anerkennung der Bedeutung eines
Reservefonds für die Stetigkeit der Ertragsleistungen. Ein solcher
entspricht aber gerade den Forderungen der Bodenreinertragswirtschaft
an die Kapitalverzinsung. Ein besonderes Verdienst von Ostwald liegt
ferner darin, daß er zuerst mit Nachdruck die Forderung einer Trennung
der Erträge nach Kapital und Rente erhoben hat, worin
unter allen Verhältnissen ein wichtiges Mittel liegt, um über das Verhalten der Wirtschaft die wünschenswerte Klarheit zu gewinnen. Als
der allgemeinste Vorzug der Ostwaldschen Schrift muß es angesehen
werden, daß in ihr dem Faktor Wert eine seiner großen Bedeutung für
alle forsttechnischen Maßnahmen entsprechende Würdigung zuteil
wird. Gerade hier kann das Verfahren Ostwalds auch in der deutschen
Forstwirtschaft Einfluß gewinnen, wenn auch die Methode der Wertberechnung, die in der Herleitung von Walderwartungswerten auf Grund
der Einreihung der Bestände in Perioden besteht, schwerlich allgemeinere
Anwendung finden wird. Zur Empfehlung des Ostwaldschen Verfahrens muß es endlich dienen, daß es bereits in umfangreichen Waldungen Livlands durchgeführt worden ist, was von vielen anderen Neue-
rungen auf diesem und anderen Gebieten des Forstwesens oft nicht der
Fall ist.

Druck von Oscar Brandstetter in Leipzig.

Die forstliche Statik

Ein Handbuch für leitende und ausführende
Forstwirte sowie zum Studium und Unterricht

von

Geh. Forstrat Dr. H. Martin

Professor der Forstwissenschaft i. R.

Zweite Auflage. Mit 8 Textabbildungen. (501 S.) 1918
RM 16.—

Inhaltsübersicht:

Einleitung. Erster Teil. Grundlagen und Methoden der forstlichen Statik.
Erster Abschnitt. Die Erzeugung der Holzmasse durch den Zuwachs. — Zweiter Abschnitt. Die Bildung der Werte des Holzes. — Dritter Abschnitt. Die
Produktion der Forstwirtschaft. — Vierter Abschnitt. Der Reinertrag der Forstwirtschaft. — Zweiter Teil. Anwendungen. — Erster Abschnitt. Wahl zwischen
landwirtschaftlicher und forstwirtschaftlicher Benutzung des Bodens. — Zweiter
Abschnitt. Wahl der Betriebsart. — Dritter Abschnitt. Wahl der Holzart. —
Vierter Abschnitt. Wahl der Art der Bestandesbegründung. — Fünfter Abschnitt. Der Durchforstungsbetrieb. — Sechster Abschnitt. Die Ausnutzung des
Lichtungszuwachses zur Erhöhung des Reinertrages. — Siebenter Abschnitt.
Die Bestimmung der Hiebsreife. — Achter Abschnitt. Die forstliche Statik nach
ihrem Verhältnis zu den nationalen Aufgaben der politischen Ökonomie. —
Neunter Abschnitt. Die Würdigung des Ganzen und des Einzelnen bei der Anwendung der forstlichen Statik. — Zehnter Abschnitt. Die immateriellen Werte
des Waldes.

Die Waldbautechnik im Spessart

Eine historisch-kritische Untersuchung ihrer Epochen

von

Dr. rer. pol. et phil. K. Vanselow

ordentl. Professor an der Universität Gießen

Mit 11 Textabbildungen und 4 Tafeln. (238 S.) 1926
RM 15.—; gebunden RM 15.90

Inhaltsübersicht:

1. Das Objekt der Darstellung. Die Fragestellung. Literatur und Quellen. —
2. Die Epoche der Polizeiverordnungen und der Organisation der Forstverwaltung. Der Blenderbetrieb. Anfänge des schlagweisen Hochwaldes. Bis zum
Jahre 1600. — 3. Die Epoche der Forstordnungen 1600 bis 1773. — 4. Die Epoche
der ersten Forsteinrichtung. Der relative Eichenüberhalt 1773 bis 1790. —
5. Die Epoche von 1790 bis 1814. — Die Grundlagen der künstlichen Verjüngung. Die Regelung des Eichenüberhalts. Die Forstbildung des Schirmschlags. —
6. Rückblick. Kritik. Hemmungen der Wirtschaft. Der Tatbestand im Jahre
1814. — 7. Die neue Zeit. A. Die Epoche von 1814 bis 1870. Das Eichenproblem. Der Ausbau des Schirmschlags. Die Zeit der Bestockungswandlung.
B. Die Epoche von 1870 bis zur Gegenwart. Ausbau der Methode der Eichennachzucht. Die buchenmüden Bestände. Neue Aufgaben und Ziele in der Bewirtschaftung der Buchenbestände. — 8. Rückblick und Ausblick. A. Der forstliche Tatbestand in der Gegenwart. B. Die Hemmungen der Wirtschaft. C. Rückblick auf die Waldbautechnik des 19. Jahrhunderts. D. Ausblick. Die Buchenkrise und ihre Überwindung.

Handbuch der Forstpolitik mit besonderer Berücksichtigung der Gesetzgebung und Statistik. Von Prof. Dr. **Max Endres.** Zweite, neubearbeitete Auflage. (922 S.) 1922. Gebunden RM 25.—

Lehrbuch der Waldwertrechnung und Forststatik. Von Prof. Dr. **Max Endres.** Vierte, verbesserte Auflage. Mit 7 Abbildungen. (340 S.) 1923. Gebunden RM 10.—

Die Berechnung des Waldkapitals und ihr Einfluß auf die Forstwirtschaft in Theorie und Praxis. Von Dr. **Theodor Glaser,** bayr. Forstamtsassessor, Bayreuth. Mit 2 Textfiguren. (138 S.) 1912. RM 5.—

Westermeiers Leitfaden für die Försterprüfungen. Ein Handbuch für den Unterricht und Selbstunterricht unter Berücksichtigung der preußischen Verhältnisse sowie für den praktischen Forstwirt. Zwölfte Auflage. Nach dem Tode des Verfassers besorgt von **H. Müller,** Preuß. Oberförster. Mit 123 Textabbildungen und einer Spurentafel. (465 S.) 1919. Gebunden RM 10.—

Der Dauerwaldgedanke. Sein Sinn und seine Bedeutung. Von Prof. Dr. **Alfred Möller †,** Preuß. Oberforstmeister und Direktor der Forstakademie zu Eberswalde. (86 S.) 1922. RM 1.60

Durchforstungs- und Lichtungstafeln. Nach den Normalertragslisten der Deutschen Versuchsanstalten bearbeitet von Dr. **Hemmann.** (35 S.) 1913. RM 2.60

Ertragstafeln für Eiche, Buche, Tanne, Fichte und Kiefer. Von Dr. **E. Gehrhardt,** Regierungs- und Forstrat bei der Preuß. Forsteinrichtungsanstalt zu Magdeburg. (46 S.) 1923. Gebunden RM 2.20

Kubik-Tabelle zur Bestimmung des Inhalts von Rundhölzern nach Kubikmetern und Hundertteilen des Kubikmeters mit angehängten Reduktionstafeln. Nach den für die Preuß. Forstverwaltung ergangenen Bestimmungen zusammengestellt von Geh. Rechnungsrat **H. Behm.** Dreiundzwanzigste Auflage. (72 S.) 1924. Gebunden RM 1.80

Forstliche Rechenaufgaben. Ein Wiederholungs- und Übungsbuch zur Vorbereitung auf die Jäger- und Försterprüfung. Von **Otto Grothe,** Forstschullehrer in Spangenberg. Siebente, vermehrte und verbesserte Auflage. Mit 89 Textfiguren. (184 S.) 1914. Unveränderter Neudruck. 1921. RM 3.—

Leitfaden der Holzmeßkunde. Von Prof. Dr. **Adam Schwappach,** Geheimer Regierungsrat in Eberswalde. Dritte, umgearbeitete Auflage. Mit 20 Textabbildungen. (153 S.) 1923. RM 5.—

Arzneipflanzenkultur und Kräuterhandel. Rationelle Züchtung, Behandlung und Verwertung der in Deutschland zu ziehenden Arznei- und Gewürzpflanzen. Eine Anleitung für Apotheker, Landwirte und Gärtner. Von **Th. Meyer,** Apotheker in Colditz i. S. Vierte, verbesserte Auflage. Mit 23 Textabbildungen. (194 S.) 1922. Gebunden RM 6.—

Grundzüge der chemischen Pflanzenuntersuchung.
Von Dr. **L. Rosenthaler,** a. o. Professor an der Universität Bern. Zweite, verbesserte und vermehrte Auflage. (119 S.) 1923.   RM 4.—

Kryptogamenflora für Anfänger. Eine Einführung in das Studium
der blütenlosen Gewächse für Studierende und Liebhaber. Von Prof. Dr. **Gustav Lindau †,** fortgesetzt von Prof. D. R. Pilger, Berlin-Dahlem.

Erster Band: **Die höheren Pilze** (Basidiomycetes). Zweite, durchgesehene Auflage. Mit 607 Figuren im Text. (242 S.) 1917.   Gebunden RM 7.50

Zweiter Band, 1. Abteilung: **Die mikroskopischen Pilze** (Myxomyceten, Phycomyceten und Ascomyceten). Zweite, durchgesehene Auflage. Mit 400 Figuren im Text. (230 S.) 1922.   RM 6.30; gebunden RM 7.80

Zweiter Band, 2. Abteilung: **Die mikroskopischen Pilze** (Ustilagineen, Uredineen, Fungi imperfecti). Zweite, durchgesehene Auflage. Mit 520 Figuren im Text. (318 S.) 1922.   RM 7.—; gebunden RM 8.10

Dritter Band: **Die Flechten.** Zweite, durchgearbeitete Auflage. Mit 305 Figuren im Text. (260 S.) 1923.   RM 6.50; gebunden RM 7.50

Vierter Band, 1. Abteilung: **Die Algen.** Zweite Auflage. In Vorbereitung.

Vierter Band, 2. Abteilung: **Die Algen.** Mit 437 Figuren im Text. (206 S.) 1914.   Gebunden RM 6 70

Vierter Band, 3. Abteilung: **Die Meeresalgen.** Von Prof. Dr. **Robert Pilger,** Privatdozent der Botanik an der Universität Berlin, Kustos am Botanischen Garten zu Dahlem. Mit 183 Figuren im Text. (154 S.) 1916.   RM 3.60; gebunden RM 4.60

Fünfter Band: **Die Laubmoose.** Von Dr. **Wilhelm Lorch.** Zweite, verbesserte und vermehrte Auflage. Mit 273 Figuren im Text. (244 S.) 1923.   RM 6.50; gebunden RM 7.50

Sechster Band: **Die Torf- und Lebermoose.** Von Dr. **Wilhelm Lorch.** Mit 296 Figuren im Text. **Die Farnpflanzen** (Pteridophyta). Von **Guido Brause,** Oberstleutnant a. D. Für die zweite Auflage revidiert von **Heinrich Andres,** Bonn. Zweite, vermehrte und verbesserte Auflage. Mit etwa 75 Figuren im Text.   In Vorbereitung.

⊛Schlüssel zur mikroskopischen Bestimmung der Wiesengräser im blütenlosen Zustande. Für Kulturtech-
niker, Landwirte, Tierärzte und Studierende. Von Reg.-Rat Dr. **Hans Schindler,** Oberinspektor an der Bundesanstalt für Pflanzenbau und Samenprüfung in Wien. Mit Geleitwort von Prof. Dr. **Otto Porsch,** Vorstand der Lehrkanzel für Botanik an der Hochschule für Bodenkultur in Wien. Mit 16 Abbildungen. (36 S.) 1925.   RM 2.10

Das Mikroskop und seine Anwendung. Handbuch der prak-
tischen Mikroskopie und Anleitung zu mikroskopischen Untersuchungen nach Dr. **Hermann Hager,** in Gemeinschaft mit Dr. **O. Appel,** Professor und Geh. Reg.-Rat, Direktor der Biologischen Reichsanstalt für Land- und Forstwirtschaft zu Berlin-Dahlem, Dr. **G. Brandes,** ehem. Professor der Zoologie an der Tierärztlichen Hochschule, Direktor des Zoologischen Gartens zu Dresden, Dr. **E. K. Wolff,** Privatdozent für allgemeine Pathologie und spezielle pathologische Anatomie an der Universität Berlin, neu herausgegeben von Dr. **Friedrich Tobler,** Professor der Botanik an der Technischen Hochschule, Direktor des Botanischen Instituts und Gartens zu Dresden. Dreizehnte, umgearbeitete Auflage. Mit 482 Abbildungen im Text. (382 S.) 1925.   Gebunden RM 16.50